Mathematische Grundlagen der Informatik

Christoph Meinel · Martin Mundhenk

Mathematische Grundlagen der Informatik

Mathematisches Denken und
Beweisen – Eine Einführung

7. Auflage

 Springer Vieweg

Christoph Meinel
German University of Digital Science
Potsdam, Deutschland

Martin Mundhenk
Institut für Informatik
Friedrich-Schiller-Universität Jena
Jena, Deutschland

ISBN 978-3-658-43135-8   ISBN 978-3-658-43136-5   (eBook)
https://doi.org/10.1007/978-3-658-43136-5

Die Deutsche Nationalbibliothek verzeichnet diese Publikation in der Deutschen Nationalbibliografie; detaillierte bibliografische Daten sind im Internet über https://portal.dnb.de abrufbar.

Planung/Lektorat: Leonardo Milla
Springer Vieweg ist ein Imprint der eingetragenen Gesellschaft Springer Fachmedien Wiesbaden GmbH und ist ein Teil von Springer Nature.
Die Anschrift der Gesellschaft ist: Abraham-Lincoln-Str. 46, 65189 Wiesbaden, Germany

Das Papier dieses Produkts ist recyclebar.

Vorwort zur siebten Auflage

In der siebten Auflage wurden verschiedene Textstellen aktualisiert und Typos reduziert. Für alle Hinweise dazu bedanken wir uns herzlich bei zahlreichen kritischen Lesern.

Potsdam/Jena   Christoph Meinel
März 2024   Martin Mundhenk

Vorwort zur sechsten Auflage

In der sechsten Auflage wurden ein Symbolverzeichnis hinzugefügt und technische Änderungen für die Auflage als eBook eingearbeitet. Außerdem wurden weitere Fehler und Unstimmigkeiten reduziert. Für alle Hinweise dazu bedanken wir uns herzlich bei zahlreichen kritischen Lesern.

Potsdam/Jena   Christoph Meinel
Mai 2015   Martin Mundhenk

Vorwort zur dritten Auflage

In der dritten Auflage wurde ein Kapitel über Modulare Arithmetik mit den mathematischen Grundlagen der Kryptographie angefügt. Außerdem wurden Fehler und Unstimmigkeiten reduziert. Für die Hinweise dazu bedanken wir uns herzlich bei zahlreichen kritischen Lesern.

Potsdam/Jena   Christoph Meinel
März 2006   Martin Mundhenk

Vorwort

Dieses Buch ist entstanden aus einer vom ersten Autor neu konzipierten Vorlesung für Erstsemester der Fächer Informatik und Wirtschaftsinformatik an der Universität Trier. Ziel dieser Vorlesung war es, die Hörer mit ihren recht unterschiedlichen mathematischen Vorkenntnissen und Fertigkeiten abzuholen und sie mit dem für ein erfolgreiches Studium der Informatik oder verwandter Studiengänge notwendigen mathematischen Rüstzeug auszustatten. Am Ende der Vorlesung sollten die Hörer dann in der Lage sein, in der exakten und streng formalisierten Denk- und Schreibweise der Mathematik zu argumentieren – eine Fähigkeit, ohne die eine erfolgreiche Arbeit in der Informatik unvorstellbar ist. Anders jedoch als in den üblichen Mathematikvorlesungen, bei denen die Hörer von vornherein mit dieser abstrakten mathematischen Denk- und Schreibweise konfrontiert werden, sollte diese hier behutsam eingeführt und eingeübt werden, um dem Schein, dass Mathematik schwer, manchmal zu schwer wäre, gleich von vornherein zu begegnen. Vorlesung und Buch beginnen deshalb im ersten Teil mit einer recht informellen, „erzählerischen" Einführung in die Begriffswelt der Aussagenlogik und Mengenlehre und entwickeln dabei ein erstes belastbares Verständnis für den Sinn und Zweck exakter mathematischer Beschreibungen und Argumentationen. Die Bedeutung des mathematischen Beweisens wird erklärt und beim Sprechen über Relationen und Abbildungen systematisch eingeübt. Im zweiten Teil der Vorlesungen werden dann für die Informatik wichtige Beweistechniken, wie z. B. vollständige Induktion oder Abzähltechniken aus der Kombinatorik, mit einigen Anwendungen in der Stochastik vorgestellt. Der dritte Teil erörtert schließlich für die inzwischen mathematisch geschulten Leser einige grundlegende diskrete Strukturen, wie z. B. Graphen oder Boole'sche Algebren. Gleichsam spiralenförmig werden Begriffe, die in den ersten Kapiteln lediglich informell eingeführt wurden, in einem abschließenden Kapitel zur Aussagenlogik nun auf dem Niveau der exakten mathematischen Denk- und Schreibweise wieder aufgenommen und behandelt. Ausgestattet mit einer gesicherten Intuition haben Hörer und Leser nun auch in den höheren Gefilden mathematischer Betrachtungen eine gute Chance, sich zurechtzufinden und souverän zu bewegen.

Wir hoffen, mit einer solchen Aufbereitung des für einen Studenten oder anderen Interessierten der Informatik unerlässlichen mathematischen Stoffes eventuelle Defizite aus der mathematischen Vorbildung der Leser wettmachen und daraus resultierende Vorbehalte gegenüber einer weiterführenden Mathematikausbildung abbauen zu können.

Wir danken den Trierer Informatikstudenten für ihre zahlreichen Anregungen im Verlaufe der Vorlesungen, auch streckenweises Unverständnis hat uns geholfen, die Aufbereitung und Darstellung des Stoffes zu überdenken und am Stil der Darstellung zu feilen. Den Kollegen der Abteilung Informatik der Universität Trier sind wir sehr verbunden für gemeinsame Auffassungen zur Notwendigkeit einer soliden mathematischen Grundausbildung im Informatik- und Wirtschaftsinformatikstudium. Schließlich bedanken wir uns für die Unterstützung beim Zeichnen von Bildern und beim Korrekturlesen ganz herzlich bei Jochen Bern, Benjamin Boelter, Carsten Damm, Lilo Herbst, Lothar Jost und Harald Sack.

Trier   Christoph Meinel
Februar 2000   Martin Mundhenk

Einleitung

*Im Leben ist es nie der mathematische Satz, den wir brauchen,
sondern wir benützenden mathematischen Satz nur, um aus Sätzen,
welche nicht der Mathematik angehören, auf andere zu schließen,
welche gleichfalls nicht der Mathematik angehören.*

Tractatus logico-philosophicus, 6.211
Ludwig Wittgenstein

Die Idee des Buches ist es, allen, die sich mit Themen der Informatik und allgemeiner noch mit den Themen der digitalen Transformation befassen oder befassen wollen, das nötige mathematische Rüstzeug bereitzustellen. Wir bieten einen Einstieg in die Mathematik, über den es gelingt, auch mit geringen Vorkenntnissen die typischen mathematischen Denk- und Schreibweisen zu erlernen und sich mit den grundlegenden mathematischen Strukturen und Theorien vertraut zu machen. Dabei soll insbesondere auch die Fähigkeit zum Führen mathematischer Beweise entwickelt werden, die ja im Mittelpunkt des mathematischen Denkens stehen und mit denen man sich gesichert von der Allgemeingültigkeit von Beobachtungen und Feststellungen überzeugt.

Die Informatik als Wissenschaft von der systematischen, möglichst automatischen Verarbeitung von Informationen ist ohne die Denkweisen und Techniken der Mathematik absolut unvorstellbar. Ob es um die Formulierung und Untersuchung von Algorithmen geht, die Konstruktion und das Verständnis von informations- und kommunikationstechnischen Anlagen und Geräten, den Einblick in die Methoden der künstlichen Intelligenz oder die Bewertung der kryptographischen Verfahren in der Blockchain, stets spielen mathematische Methoden, abstrakte Modelle und formale Beschreibungen eine zentrale Rolle. Die Einführung in die mathematische Begriffswelt, ihre Denk- und Schreibweisen ist deshalb grundlegender Ausbildungsbestandteil für alle, die aktiv und erfolgreich informationsverarbeitende Computeranlagen und Rechennetze konzipieren oder administrieren, Software entwickeln, Data Science betreiben und KI-Anwendungen zum Einsatz bringen oder andere zukunftsträchtige Anwendungen entwerfen und implementieren wollen.

Das vorliegende Buch wendet sich an alle, die tiefer in die Informatik einsteigen wollen und deshalb über solide mathematische Kenntnisse und Fertigkeiten verfügen müssen. Wissend um den gesunkenen Stand der Mathematikausbildung in der gymnasialen Oberstufe will es auch die Leser erreichen, die zunächst nur über eine mäßige mathematische Vorbildung verfügen.

In Teil I unserer „Mathematischen Grundlagen" werden deshalb die grundlegenden mathematischen Konzepte der Aussagenlogik und Mengenlehre informell und in einem eher beschreibenden Stil eingeführt. Leser sollen in die Lage versetzt werden, für die dort behandelten abstrakten und grundlegenden Begriffe eine richtige und fruchtbare Intuition zu entwickeln, ohne die abstrakt-mathematisches formales Denken und Argumentieren nicht auskommt. Tatsächlich soll hier das Verständnis der Lernenden für den tieferen Sinn und Zweck der formalen mathematischen Denk- und Schreibweise gewonnen und die Bereitschaft entwickelt werden, sich in dieser Denk- und Schreibweise zu schulen und dabei Fertigkeiten und Freude an ihrem Gebrauch zu gewinnen.

Im ersten Kapitel „Aussagen" werden die Leser in die Welt der mathematischen Logik eingeführt und lernen damit die Denkmechanismen der Mathematik kennen. Ausgangspunkt sind Sätze. die entweder *wahr* oder *falsch* sind – so genannte Aussagen. Die Entscheidung selbst, ob ein Satz nun wahr oder falsch ist, ist meist nicht Gegenstand der Logik. Die Logik beschäftigt sich vielmehr mit den Folgen, die diese Entscheidung nach sich zieht. Es werden Aussagenverknüpfungen untersucht, Wahrheitstafeln aufgestellt und sehr spezielle Aussagenverbindungen behandelt, die ohne eine Entscheidung des Wahrheitsgehalts ihrer einzelnen Bestandteile auskommen und stets wahr (Tautologie) oder falsch (Kontradiktion) sind. Obwohl der Stil der Darstellung für einen mathematischen Text ungewohnt informell ist, wird doch größter Wert auf die exakte Beschreibung der behandelten Sachverhalte gelegt – immerhin geht es ja um die Einführung in die Denkmechanismen der Mathematik. Am Ende des Kapitels lernen die Leser noch den Existenz- und den Allquantor kennen, mit deren Hilfe Aussagen mit Variablen, so genannte Aussageformen, zu Aussagen, also zu Sätzen, die entweder wahr oder falsch sind, gemacht werden können.

Das zweite Kapitel „Mengen und Mengenoperationen" führt ein in das für die gesamte Mathematik grundlegende Konzept der Mengen. Auch hier wird informell beschrieben und argumentiert mit dem Ziel, Intuition zu entwickeln und den Wunsch nach prägnanteren und effizienteren Ausdrucksformen – also den üblichen formalisierten mathematischen Schreibweisen – zu wecken. Zusammen mit dem Begriff der Menge werden Mengenverknüpfungen behandelt. Dabei wird besonderer Wert auf die wichtige Erkenntnis gelegt, dass so wie mit Zahlen auch mit anderen Objekten der uns umgebenden Welt, z. B. mit abstrakten Objekten wie hier den Mengen, richtig „gerechnet" werden kann. Hier wie dort gibt es feste Regeln, denen die einzelnen Operationen gehorchen und die ihr gegenseitiges Zusammenspiel festlegen. Sie können automatisiert und vom Computer ausgeführt oder überprüft werden und machen Rückschlüsse auch auf Verhältnisse in Bereichen möglich, die sich unserer Anschauung entziehen.

Das dritte Kapitel befasst sich dann mit dem Sinn und Zweck eines mathematischen Beweises. Tatsächlich ist die Art und Weise, wie mit Behauptungen und Sachverhalten umgegangen wird, ein Charakteristikum der Mathematik und der ihr verwandten Gebiete. Die unter allen Wissenschaften einmalige Denkweise der Mathematik wird verkörpert durch den *mathematischen Beweis*. Die Fähigkeit, solche mathematischen Beweise zu verstehen und eigenständig führen zu können, ist darum oberstes Ziel jeder ernsthaften mathematischen Ausbildung und das zentrale Anliegen dieses Buches.

Im vierten Kapitel wird das Konzept der Relationen behandelt. Zunächst wird der Begriff mathematisch definiert und anhand zahlreicher Beispiele veranschaulicht. Dann werden Aussagen über wichtige Eigenschaften von Relationen ausgesprochen und mathematisch bewiesen. Dem Leser wird dabei vorgeführt, wie effektiv die Gültigkeit in Frage stehender Behauptungen mit Hilfe mathematischer Beweise veranschaulicht werden kann. Im Detail werden dann noch Halbordnungsrelationen und Äquivalenzrelationen behandelt und das Konzept der Äquivalenzklassenbildung herausgestellt. Das den ersten Teil abschließende fünfte Kapitel geht schließlich auf die für die Mathematik und ihre Anwendungen zentralen Begriffe der Abbildungen und Funktionen ein. Besonderer Wert wird dabei auf die Einordnung in die bereits bereitgestellten Begriffswelten der Mengen und Relationen gelegt.

Nachdem im ersten Teil des Buches die Grundkonzepte der Mathematik eingeführt sind, mit den eingeführten abstrakten Begriffen eine belastbare Intuition verbunden und eine Motivation für den Gebrauch der prägnanten und formalen Sprech- und Schreibweise der Mathematik entwickelt ist, werden im zweiten Teil des Buches *mathematische Grundtechniken* behandelt. Zunächst werden im sechsten Kapitel „Beweistechniken" wie z. B. direkter Beweis, Beweis durch Kontraposition, Beweis durch Widerspruch, Beweis mit Fallunterscheidung vorgestellt, eingeordnet und an zahlreichen kleinen Beispielen vorgeführt und eingeübt. Der Vorstellung der Technik der „Vollständigen Induktion" ist ein separates Kapitel gewidmet, nämlich Kapitel sieben. Zahlreiche Anwendungsbeispiele sollen auch hier helfen, Sicherheit im Umgang mit dieser für die Informatik besonders bedeutungsvollen Technik zu erlangen. Da es bei mathematischen Betrachtungen ja nicht auf die konkrete Natur der Elemente einer Menge ankommt, rücken Fragen nach der Anzahl der Elemente der Menge, nach der Zahl der Möglichkeiten, bestimmte Konstruktionen ausführen oder spezielle Auswahlen treffen zu können, schnell in den Mittelpunkt der Betrachtungen. Beispielsweise muss zur Bestimmung der worstcase Komplexität eines Computeralgorithmus die Zahl der möglichen Eingabesituationen bedacht werden. Das achte Kapitel „Zählen" beschäftigt sich deshalb mit kombinatorischen Techniken zur Bestimmung solcher Anzahlen. Sofort stößt man hier auf viele bekannte und interessante mathematische Formeln, zu deren Beweis die zuvor vorgestellten Beweistechniken gute Dienste leisten. In einem separaten Kapitel zur „Diskreten Stochastik" wird dann mit Hilfe der Abzähltechniken die Wahrscheinlichkeit für das Eintreten eines bestimmten Ereignisses in einem Zufallsexperiment untersucht, eine Fragestellung, die z. B. eine wichtige Rolle bei der Beurteilung der Sicherheit von kryptographischen Verschlüsselungen in der Informatik spielt. Zusammen mit dem Konzept der Zufallsvariablen werden auch die für die Beschreibung von Zufallsexperimenten wichtigen Kenngrößen, wie z. B. Erwartungswert und Varianz behandelt.

Der dritte Teil des Buches ist der Vorstellung einiger wichtiger *mathematischer Strukturen* gewidmet, die entstehen, wenn Situationen aus dem Leben oder der Natur auf ihren wesentlichen Kern reduziert und dann abstrakt mathematisch modelliert und beschrieben werden. Zunächst werden im zehnten Kapitel „Boole'schen Algebren" behandelt, also Strukturen, die aus einer Grundmenge – den Knoten – und einer Relation über dieser Grundmenge – den Kanten – bestehen. Tatsächlich lassen sich unzählige Situationen des täglichen Lebens, aus Wirtschaft und Gesellschaft abstrakt vermittels von Graphen beschreiben, abertausende Web-Applikationen würden ohne GraphDatenbanken nicht so effizient funktionieren. Aus der Fülle des Stoffes der Graphentheorie können wir lediglich näher eingehen auf die Betrachtung von Wegen in Graphen, die Beschreibung von Graphen mit Hilfe von quadratischen Zahlenschemata, den so genannten Matrizen, und auf das mathematische Grundprinzip des *Isomorphismus*.

Im elften Kapitel stellen wir die mathematische Struktur der „Graphen und Bäume" vor, also von Mengen, auf denen drei Operationen– Addition, Multiplikation und Negation genannt – mit dezidiert festgelegten Eigenschaften gegeben sind. Auf solche Boole'schen Algebren stößt man nicht nur in der mathematischen Logik sondern auch bei der Untersuchung von Funktionsmodellen des menschlichen Hirns oder beim Entwurf von elektronischen Schaltkreisen. Nachdem eine Reihe von Beispielen zeigt, wie weit diese Struktur verbreitet ist, beweisen wir interessante Eigenschaften Boole'scher Algebren, definieren mit Hilfe der Operationen Relationen und befassen uns mit verschiedenen Normalformen zur einheitlichen Darstellung der Elemente der Boole'schen Algebra. Schließlich können wir mit Hilfe des Isomorphieprinzips Ordnung in die Welt der endlichen Boole'schen Algebren bringen.

Mit dem zwölften Kapitel schließt sich ein Kreis auf unserem Rundgang durch die Mathematik: Wir kehren zurück zur Aussagenlogik, nun aber auf einem abstrakt mathematischen Niveau. Bei der Untersuchung des Aussagenkalküls nutzen wir den engen Zusammenhang mit den Boole'schen Algebren aus, befassen uns mit Normalformen für logische Ausdrücke und beschäftigen uns mit der zentralen Frage, wie man die Erfüllbarkeit einer mathematischen Aussage möglichst effizient testen kann. Wir führen dazu das Kalkül der Hornklauseln ein und stellen den Resolutionsmechanismus vor.

Im dreizehnten Kapitel geht es mit Modularer Arithmetik um die mathematischen Grundlagen des Bereichs der Informationssicherheit und kryptographischer Systeme. Dazu kehren wir zunächst zurück zum Begriff der Äquivalenzrelation, haben hier aber speziell die Restklassenarithmetik im Auge. Das führt uns zum kleinen Satz von Fermat, der damit bereits im 17. Jahrhundert die Grundlage sicherer Verschlüsselungsverfahren geliefert hat. Schließlich stellen wir das RSA-Verfahren zur Verschlüsselung vor, das heute von jedem Internet-Nutzer benutzt wird (auch wenn er es nicht merkt).

Nach der Lektüre unseres Buches sollten die Leser bestens vorbereitet und in der Lage sein, sich erfolgreich und ohne Abstriche auch mit weiterführenden Kapiteln der Mathematik zu befassen, und zwar auf dem üblichen, der mathematischen Fachliteratur eigenen abstrakten Niveau. So könnte sich unmittelbar anschließen eine Lektüre zum Thema „Endliche Automaten" zur Modelangen und Computerchips, über „Gruppen" als wichtige Struktur zur Beschreibung von Symmetrieeigenschaften in der Physik oder über „Data Science" zum Verständnis der Methoden der künstlichen Intelligenz und des Deep Learning.

Inhaltsverzeichnis

Teil I
Grundlagen

Aussagen

Zusammenfassung

Wir stellen dar, wie man Sachverhalte mathematisch exakt formulieren kann. Das ist eine Voraussetzung dafür, ihre Allgemeingültigkeit beweisen zu können. Dazu führen wir zunächst grundlegende Begriffe wie Aussagen und Aussageformen ein und betrachten, wie man Aussagen nach logischen Prinzipien verknüpfen kann.

1.1 Definition und Beispiele

Unter einer Aussage versteht man einen Satz, der entweder wahr oder falsch ist. Aussagen sind die Bausteine für die wissenschaftliche Beschreibung der Welt. Während die Beantwortung der Frage nach dem Wahrheitswert atomarer Aussagen Aufgabe der jeweils zuständigen Wissenschaftsdisziplin ist, beschäftigt sich die mathematische Logik und dort die Aussagenlogik mit der Ermittlung des Wahrheitswertes von komplex zusammengesetzten Aussagenverbindungen. Tatsächlich hängt nämlich der Wahrheitswert einer Aussagenverbindung nicht vom konkreten Inhalt der einzelnen Bestandteile ab, sondern lediglich von deren Wahrheitswert und der Art der Verknüpfung der Einzelaussagen. Um Sicherheit im Umgang mit solchen Aussagenverbindungen zu erlangen – uns geht es ja immerhin um die Beschreibung und Charakterisierung komplexer diskreter mathematischer Strukturen – wollen wir mit einer informellen Einführung in die wichtigsten Grundbegriffe der mathematischen Logik beginnen.

Definition 1.1 Eine *Aussage* ist ein Satz, der entweder *wahr* oder *falsch* ist, also nie beides zugleich. Wahre Aussagen haben den *Wahrheitswert* w und falsche Aussagen den Wahrheitswert f.

© Der/die Autor(en), exklusiv lizenziert an Springer Fachmedien Wiesbaden GmbH, ein Teil von Springer Nature 2024
C. Meinel und M. Mundhenk, *Mathematische Grundlagen der Informatik*,
https://doi.org/10.1007/978-3-658-43136-5_1

Beispiele 1.1

(1) „11 *ist eine Primzahl*" ist eine wahre Aussage, ihr Wahrheitswert also w. Tatsächlich hat 11 lediglich die beiden trivialen Teiler 1 und 11 und erfüllt damit die eine Primzahl definierende Eigenschaft.

(2) „$\sqrt{2}$ *ist eine rationale Zahl*" ist eine falsche Aussage, ihr Wahrheitswert also f. Tatsächlich lässt sich zeigen, dass die Annahme, $\sqrt{2}$ wäre rational, ließe sich also als Quotient zweier ganzer Zahlen darstellen, schnell zu einem Widerspruch führt. Dieser bereits von Euklid überlieferte Beweis soll der Legende nach bereits von Hippasus, einem Schüler des Pythagoras, gefunden worden sein. Da Pythagoras aber seine in dem Satz „Alles ist (natürliche) Zahl" gipfelnde Weltanschauung durch die Existenz irrationaler Zahlen zerstört sah, ließ er Hippasus kurzerhand ertränken.

(3) Goldbachs Vermutung „*Jede gerade natürliche Zahl größer als 2 ist die Summe zweier Primzahlen*" ist offensichtlich entweder wahr oder falsch, und deshalb eine Aussage. Welchen Wahrheitswert diese Aussage aber besitzt, ist bis heute unbekannt. Die Aussage ist wahr, wenn für jede der unendlich vielen natürlichen Zahlen eine entsprechende Summendarstellung aus zwei Primzahlen existiert; sie ist falsch, wenn nur ein einziges Beispiel einer geraden Zahl gefunden werden kann, für die es keine solche Darstellung gibt. Da beide Fälle nicht gleichzeitig eintreten können, ist Goldbachs Vermutung eine Aussage.

(4) Fermats Vermutung „*Für kein n > 2 existieren drei natürliche Zahlen x, y, z > 0 mit $x^n + y^n = z^n$*" ist ebenfalls eine Aussage, da der Satz nur entweder wahr – es gibt tatsächlich keine drei natürlichen Zahlen mit dieser Eigenschaft – oder falsch sein kann. Tatsächlich hat sich die Suche nach dem Wahrheitswert dieser unscheinbaren – von Fermat in einer Randnotiz lapidar als gesichert vermerkten – Aussage als einer der spannendsten Wissenschaftskrimis der letzten 350 Jahre entpuppt. Die Antwort, dass die Vermutung von Fermat tatsächlich wahr ist, konnte erst 1995 von Andrew Wiles bewiesen werden. Eine ausführliche Darstellung der abenteuerlichen Geschichte der Auflösung dieses einzigartigen mathematischen Rätsels gibt der Bestseller „Fermats letzter Satz" von Simon Singh.

(5) Um auch noch ein Beispiel für einen Satz vorzustellen, der weder wahr noch falsch sein kann und deshalb keine Aussage ist, sehen wir uns Russells Paradoxon „*Dieser Satz ist falsch.*" an. Angenommen, der Satz wäre wahr, dann müsste er falsch sein. Gehen wir aber davon aus, dass der Satz falsch ist, dann müsste er wahr sein. Übrigens hat Russell mit diesem Paradoxon, das ursprünglich in der Form „*Ein Barbier rasiert alle Männer seines Dorfes, die sich nicht selbst rasieren.*" überliefert ist, sehr prägnant die tief verwurzelte Annahme der Mathematik, dass allen Sätzen ein Wahrheitswert zugeordnet sei, erschüttert und eine tiefe Grundlagenkrise der Mathematik zu Beginn des 20. Jahrhunderts ausgelöst. $\square$

1.2 Verknüpfungen von Aussagen

Durch die Verwendung verknüpfender Wörter können einfache Aussagen zu hoch komplexen Aussagen verbunden werden. Interessanterweise hängt der Wahrheitswert der so gebildeten Aussagen nicht vom konkreten Inhalt der Einzelaussagen ab, sondern nur von deren Wahrheitswert und von der jeweiligen Art der Verknüpfung. Die Untersuchung der Abhängigkeit des Wahrheitswertes vom Aufbau der Aussage ist Gegenstand der Aussagenlogik, eines wichtigen Teilgebiets der mathematischen Logik.

Die beiden Aussagen „11 *ist eine Primzahl*" und „$\sqrt{2}$ *ist eine rationale Zahl*" können zum Beispiel zusammengesetzt werden zu folgendem Satz „11 *ist eine Primzahl, und* $\sqrt{2}$ *ist eine rationale Zahl*". Tatsächlich ist dieses Konstrukt wieder eine Aussage, denn der zusammengesetzte Satz ist allein aufgrund der Tatsache, dass $\sqrt{2}$ eben keine rationale Zahl ist, falsch. Hätten wir nun „11 *ist eine Primzahl*" mit einer beliebigen anderen falschen Aussage konjunktiv – also durch *und* – verknüpft, wir hätten stets eine Aussage mit dem Wahrheitswert f erhalten. Der Inhalt der Aussage, dass $\sqrt{2}$ eine rationale Zahl sein soll, ist also für den Wahrheitswert der zusammengesetzten Aussage ohne Bedeutung, allein wichtig ist der Wahrheitswert dieser Aussage.

Verbinden wir die beiden Einzelaussagen „11 *ist eine Primzahl*" und „$\sqrt{2}$ *ist eine rationale Zahl*" jedoch disjunktiv, also durch ein *oder,* dann entsteht eine Aussage, die aufgrund der Tatsache, dass 11 tatsächlich Primzahl ist, insgesamt den Wahrheitswert w besitzt. Auch hier ist der Inhalt der Aussage nicht entscheidend, sondern allein die Tatsache, dass eine der beiden beteiligten Teilaussagen wahr ist.

In diesem Sinne ist es bei der Ermittlung der Wahrheitswerte komplexer Aussagen nur konsequent und übliche Praxis, die einzelnen Bestandteile durch Aussagenvariable zu repräsentieren, von denen lediglich der Wahrheitswert von Interesse ist. Steht p zum Beispiel für die Aussage „11 *ist eine Primzahl*" und q für die Aussage „$\sqrt{2}$ *ist eine rationale Zahl*", dann geht es bei der Betrachtung der oben beschriebenen zusammengesetzten Aussagen kurz um die beiden Aussagen „p *und* q" bzw. „p *oder* q", deren Wahrheitswerte sich allein aus den Wahrheitswerten von p und q ableiten lassen.

Um den Zusammenhang zwischen dem Wahrheitswert der zusammengesetzten Aussage und den Wahrheitswerten der Einzelaussagen exakt und zweifelsfrei festlegen zu können, muss der umgangssprachliche Gebrauch solcher Verknüpfungswörter – in der Fachsprache der mathematischen Aussagenlogik *Konnektoren* genannt – wie zum Beispiel „*und*", „*oder*", „*nicht*" oder „*wenn . . ., dann . . .*" präzisiert werden. Zusammen mit dem Gebrauch von Aussagenvariablen ergibt sich dann die Möglichkeit, die einzelnen Konnektoren als mathematische Operationen anzusehen und aus den Wahrheitswerten der Argumentaussagen die Wahrheitswerte der zusammengesetzten Aussage zu „berechnen".

Wir beginnen mit der Präzisierung des umgangssprachlichen „*und*":

Definition 1.2 Seien p und q Aussagen. Dann ist auch „ p und q " – dargestellt durch $(p \wedge q)$ – eine Aussage, die so genannte *(logische) Konjunktion*. $(p \wedge q)$ ist genau dann wahr, wenn sowohl p als auch q wahr ist.

Die Abhängigkeit des Wahrheitswertes der Aussage $(p \wedge q)$ von den Wahrheitswerten der beiden Bestandteile p und q kann man übersichtlich in Form einer *Wahrheitstafel* darstellen. Dazu schreibt man alle möglichen Kombinationen der beiden Wahrheitswerte, die die Aussagen p und q annehmen können, zusammen mit dem sich daraus jeweils ergebenden Wahrheitswert von $(p \wedge q)$ in Form einer Tabelle auf. Man beachte hierbei, dass p und q in der Wahrheitstafel Platzhalter – also so etwas wie Variablen – für Aussagen beliebigen Inhalts sind.

p	q	$(p \wedge q)$
w	w	w
w	f	f
f	w	f
f	f	f

Jede der vier Zeilen der Wahrheitstafel enthält je einen Wahrheitswert für die Aussage p (1. Spalte) und für die Aussage q (2. Spalte) sowie den sich daraus ergebenden Wahrheitswert von $(p \wedge q)$ (3. Spalte). Tatsächlich spiegelt die Wahrheitstafel exakt die in der Definition getroffenen Festlegungen wider.

Um den Wahrheitswert der Aussage „15 *ist durch* 3 *teilbar und* 26 *ist eine Primzahl"* zu bestimmen, betrachtet man zuerst die Wahrheitswerte der beiden durch *und* verknüpften Teilaussagen „15 *ist durch* 3 *teilbar"* und „26 *ist eine Primzahl"*. Die erste Teilaussage ist wahr – sie hat also den Wahrheitswert w – und die zweite Teilaussage ist falsch – sie hat also den Wahrheitswert f. Nun liest man in der Wahrheitstafel für die logische Konjunktion den Wahrheitswert von $(p \wedge q)$ in der Zeile ab, die für die Aussage p den Wert w und für die Aussage q den Wert f enthält. In dieser Zeile findet man für die zu untersuchende Aussage $(p \wedge q)$ den Wert f, so dass die betrachtete Aussage den Wahrheitswert f hat.

Als nächstes präzisieren wir das umgangssprachliche „*oder"*.

Definition 1.3 Seien p und q Aussagen. Dann ist auch „ p oder q " – dargestellt durch $(p \vee q)$ – eine Aussage, die so genannte *(logische) Disjunktion*. $(p \vee q)$ ist genau dann wahr, wenn p wahr ist, oder wenn q wahr ist, oder wenn p und q beide wahr sind.

Die Disjunktion darf übrigens nicht mit dem umgangssprachlichen „*entweder …oder …"* verwechselt werden: Während „15 *ist durch* 3 *teilbar oder* 29 *ist eine Primzahl"* als Disjunktion zweier wahrer Aussagen den Wahrheitswert w besitzt, ist „*entweder ist* 15 *durch* 3 *teilbar oder* 29 *ist eine Primzahl"* (im umgangssprachlichen Sinne) keine wahre Aussage. Eine Aussage der Art „*entweder p oder q"* ist nämlich wahr, wenn genau eine der beiden Teilaussagen p und q wahr ist; Sie ist falsch, wenn beide Teilaussagen wahr oder auch wenn beide Teilaussagen falsch sind. Die Aussage „p oder q" ist dagegen auch dann wahr, wenn beide Teilaussagen wahr sind.

Wir wollen die Definition nun wieder in Form einer Wahrheitstafel aufschreiben.

p	q	$(p \vee q)$
w	w	w
w	f	w
f	w	w
f	f	f

Genau wie einfache Aussagen lassen sich zusammengesetzte Aussagen zu neuen, immer komplexer werdenden Aussagen verknüpfen. Zum Beispiel lassen sich aus den drei Aussagen „*15 ist durch 3 teilbar*", „*16 ist kleiner als 14*" und „*26 ist eine Primzahl*" zunächst die beiden Aussagen

    „*15 ist durch 3 teilbar und 16 ist kleiner als 14*"

und

    „*16 ist kleiner als 14 oder 26 ist eine Primzahl*"

aufbauen, die sich ihrerseits zu der Aussage

    „*(15 ist durch 3 teilbar und 16 ist kleiner als 14)*
    oder
    (16 ist kleiner als 14 oder 26 ist eine Primzahl)"

zusammensetzen lassen. Um die Struktur der Verknüpfung ganz klar und unmissverständlich zu kennzeichnen, haben wir – anders als im umgangssprachlichen Gebrauch – die Teilaussagen in Klammern gesetzt. Da sich der Wahrheitswert der Gesamtaussage aus den Wahrheitswerten der Teilaussagen bestimmt, müssen wir zunächst feststellen, ob die beiden Teilaussagen der letzten Disjunktion wahr oder falsch sind. Um die Wahrheitswerte der beiden Teilaussagen zu bestimmen, müssen wir wiederum deren Teilaussagen betrachten: Die erste Konjunktion besteht aus einer wahren und einer falschen Teilaussage, und ist folglich eine falsche Aussage. Die zweite Disjunktion besteht aus zwei falschen Teilaussagen und ist deshalb ebenfalls falsch. Infolgedessen ist die Gesamtaussage als Disjunktion von zwei falschen Teilaussagen selbst eine falsche Aussage.

Nimmt man anstelle von vollständigen inhaltlichen Aussagen lediglich wieder Aussagenvariablen – immerhin sind wir nur am Wahrheitswert der einzelnen Aussagen interessiert –, dann hat die obige, aus den drei Aussagen p, q und r zusammengesetzte Aussage die Gestalt $((p \wedge q) \vee (q \vee r))$. Zur Ermittlung des Wahrheitswertes kann wieder eine Wahrheitstafel aufgestellt werden. Dabei geht man wie bei der Aufstellung der Wahrheitstafeln für die Verknüpfungszeichen vor und schreibt zunächst einmal alle möglichen Kombinationen der Wahrheitswerte für p, q und r auf.

p	q	r
w	w	w
w	w	f
w	f	w
w	f	f
f	w	w
f	w	f
f	f	w
f	f	f

Aus den beiden Wahrheitstafeln für $\wedge$ und $\vee$ können nun die Wahrheitswerte der beiden nur aus p und q bzw. aus q und r zusammengesetzten Teilaussagen $(p \wedge q)$ bzw. $(q \vee r)$ bestimmt werden.

p	q	r	$(p \wedge q)$	$(q \vee r)$
w	w	w	w	w
w	w	f	w	w
w	f	w	f	w
w	f	f	f	f
f	w	w	f	w
f	w	f	f	w
f	f	w	f	w
f	f	f	f	f

Zum Schluss können wir aus der Wahrheitstafel für die Disjunktion $\vee$ und den ermittelten Wahrheitswerten für die Teilaussagen $(p \wedge q)$ und $(q \vee r)$ den Wahrheitswert für $((p \wedge q) \vee (q \vee r))$ bestimmen: Dazu betrachten wir in jeder Zeile die Wahrheitswerte der Teilaussagen $(p \wedge q)$ und $(q \vee r)$ als Eingänge in die Wahrheitstafel für $\vee$ und tragen den resultierenden Wahrheitswert in die Spalte für $((p \wedge q) \vee (q \vee r))$ ein.

p	q	r	$(p \wedge q)$	$(q \vee r)$	$((p \wedge q) \vee (q \vee r))$
w	w	w	w	w	w
w	w	f	w	w	w
w	f	w	f	w	w
w	f	f	f	f	f
f	w	w	f	w	w
f	w	f	f	w	w
f	f	w	f	w	w
f	f	f	f	f	f

Neben der Konjunktion und der Disjunktion sind noch weitere Verknüpfungen von Interesse:

Definition 1.4 Sei p eine Aussage. Dann ist auch „*nicht p*" – dargestellt durch $(\neg p)$ – eine Aussage, die so genannte *(logische) Negation*. Die Aussage $(\neg p)$ ist genau dann wahr, wenn p falsch ist.

Im umgangssprachlichen Gebrauch negiert man eine Aussage in der Regel nicht durch Voranstellen des Wortes *nicht*. So spricht sich zum Beispiel die Negation der Aussage „*Heute fällt Regen*" besser als „*Heute fällt kein Regen*". Nichtsdestotrotz macht der Gewinn an Klarheit in der logischen Struktur komplex zusammengesetzter Aussagenverknüpfungen beim Gebrauch des vorangestellten *nicht* aber schnell den offenkundigen stilistischen Mangel wett.

Da die Negation auf lediglich eine Teilaussage angewandt wird, besteht ihre Wahrheitstafel nur aus zwei Spalten.

p	$(\neg p)$
w	f
f	w

Definition 1.5 Seien p und q Aussagen. Dann ist auch „*wenn p dann q*" – dargestellt durch $(p \to q)$ – eine Aussage, die so genannte *(logische) Implikation*. Die Aussage $(p \to q)$ ist genau dann falsch, wenn p wahr und q falsch ist.

Die Implikation beschreibt, wie aus einer Aussage eine andere Aussage geschlussfolgert werden kann. Deshalb heißt die erste Aussage p in einer Implikation $(p \to q)$ auch *Voraussetzung, Prämisse* bzw. *hinreichende Bedingung* für q, und die zweite Aussage q *Folgerung, Konklusion* bzw. *notwendige Bedingung* für p. Da eine Implikation nur dann falsch ist, wenn aus einer wahren Voraussetzung eine falsche Folgerung gezogen wird, liefert der Schluss beliebiger Folgerungen aus einer falschen Voraussetzung stets eine wahre Implikation.

Die Wahrheitstafel der Implikation hat folgende Gestalt:

p	q	$(p \to q)$
w	w	w
w	f	f
f	w	w
f	f	w

Von großer und weiterführender Bedeutung bei der Verknüpfung von Aussagen ist die logische Äquivalenz.

Definition 1.6 Seien p und q Aussagen. Dann ist auch „ p *genau dann, wenn* q " – dargestellt durch $(p \leftrightarrow q)$ – eine Aussage, die so genannte *(logische) Äquivalenz*. Die Aussage $(p \leftrightarrow q)$ ist genau dann wahr, wenn p und q beide den gleichen Wahrheitswert haben.

Die logische Äquivalenz beschreibt also die Gleichheit zweier Aussagen in Bezug auf ihre Wahrheitswerte. Die Wahrheitstafel hat folgende Gestalt.

p	q	$(p \leftrightarrow q)$
w	w	w
w	f	f
f	w	f
f	f	w

Weitreichende Konsequenzen hat die folgende Beobachtung: Die Konjunktion $((p \rightarrow q) \wedge (q \rightarrow p))$ der beiden Implikationen $(p \rightarrow q)$ und $(q \rightarrow p)$ hat stets den gleichen Wahrheitswert wie die Äquivalenz $(p \leftrightarrow q)$ von p und q; die Aussagenverbindung

$$((p \rightarrow q) \wedge (q \rightarrow p)) \leftrightarrow (p \leftrightarrow q)$$

ist also stets wahr. Von der Richtigkeit dieser Beobachtung kann man sich leicht mit Hilfe der entsprechenden Wahrheitstafel überzeugen:

p	q	$(p \rightarrow q)$	$(q \rightarrow p)$	$((p \rightarrow q) \wedge (q \rightarrow p))$	$(p \leftrightarrow q)$
w	w	w	w	w	w
w	f	f	w	f	f
f	w	w	f	f	f
f	f	w	w	w	w

1.3 Tautologie und Kontradiktion

Mit dem Gebrauch von Aussagenvariablen hatten wir uns bereits im letzten Abschnitt einer sehr prägnanten und abstrakten Darstellung von Aussagen bedient. Wir hatten uns dabei vom konkreten Inhalt der Aussage vollkommen losgelöst und uns lediglich auf die Betrachtung des Wahrheitswertes der Aussage konzentriert. Dieses Vorgehen war gerechtfertigt durch die Feststellung, dass der Wahrheitswert auch der kompliziertesten Aussagenverknüpfung allein durch die Wahrheitswerte der beteiligten Teilaussagen bestimmt wird. Wir wollen nun diesen Ansatz vertiefen und uns näher mit der aussagenlogischen Manipulation von Aussagenvariablen, also von Variablen, die einen der beiden Wahrheitswerte w oder f annehmen können, befassen.

Eine aussagenlogische Verknüpfung von Aussagenvariablen heißt *(aussagenlogische) Formel*.[1] Ordnet man den Aussagenvariablen – in diesem Kontext zusammen mit den Wahrheitswerten w und f auch *atomare Formeln* genannt – Wahrheitswerte zu, so erhält man aus der aussagenlogischen Formel eine Aussage. Für die Formel

$$(\neg((p \wedge q) \vee (\neg r))) \rightarrow (\neg r)$$

ergibt sich zum Beispiel die folgende Wahrheitstafel. (Zur Vereinfachung haben wir die äußeren Klammern der Formel weggelassen.)

p	q	r	$p \wedge q$	$\neg r$	$(p \wedge q)$ $\vee (\neg r)$	$\neg((p \wedge q)$ $\vee (\neg r))$	$(\neg((p \wedge q) \vee (\neg r)))$ $\rightarrow (\neg r)$
w	w	w	w	f	w	f	w
w	w	f	w	w	w	f	w
w	f	w	f	f	f	w	f
w	f	f	f	w	w	f	w
f	w	w	f	f	f	w	f
f	w	f	f	w	w	f	w
f	f	w	f	f	f	w	f
f	f	f	f	w	w	f	w

Jede Zeile enthält eine *Belegung* der beteiligten Aussagenvariablen mit einem der beiden Wahrheitswerte w und f. Dabei kommt jede mögliche Belegung genau einmal vor. Die letzte Spalte der Wahrheitstafel gibt den *Wahrheitswerteverlauf* der Formel an. Man sieht, dass der Wahrheitswerteverlauf eindeutig durch die Struktur der Formel und ihren Aufbau aus den verknüpften Teilformeln festgelegt ist.

Einige besonders bemerkenswerte Formeln haben die Eigenschaft, dass ihr Wahrheitswerteverlauf unabhängig ist von den Wahrheitswerten der beteiligten Aussagenvariablen. Im letzten Abschnitt hatten wir bereits eine solche Formel, nämlich

$$((p \rightarrow q) \wedge (q \rightarrow p)) \leftrightarrow (p \leftrightarrow q)$$

kennen gelernt.

Definition 1.7 Eine *Tautologie* ist eine Formel, die stets wahr ist, in deren Wahrheitswerteverlauf also ausschließlich der Wahrheitswert w vorkommt. Eine *Kontradiktion* ist eine Formel, die stets falsch ist, in deren Wahrheitswerteverlauf also ausschließlich der Wahrheitswert f vorkommt.

---

[1] Eine formale Definition wird in Definition 7.3 gegeben.

Die Eigenschaft einer Formel, Tautologie oder Kontradiktion zu sein, in ihrem Wahrheitswert also nicht abzuhängen von den möglichen Wahrheitswerten der Teilaussagen, entspringt der besonderen Struktur der aussagenlogischen Verknüpfung der Teilaussagen.

Ein sehr einfaches Beispiel für eine Tautologie ist die Formel $p \vee (\neg p)$. Mit Hilfe einer Wahrheitstafel lässt sich leicht überprüfen, dass die Formel unabhängig vom Wahrheitswert der Aussagenvariable p stets wahr ist: Ist die durch p repräsentierte Aussage wahr, dann ist auch jede mit dieser Aussage gebildete Disjunktion wahr; steht p für eine falsche Aussage, dann ist die Negation $\neg p$ von p wahr und damit auch jede mit $\neg p$ gebildete Disjunktion. Die Formel $p \vee (\neg p)$ steht übrigens für das *Prinzip vom ausgeschlossenen Dritten*, mit dem die Gewissheit zum Ausdruck gebracht wird, dass die Disjunktion einer Aussage mit ihrer Negation stets wahr ist. Wir betonen noch einmal, dass der Inhalt der durch die Aussagenvariable p repräsentierten Aussage keine Rolle spielt: Ersetzt man nämlich die Aussagenvariable p durch eine beliebige aussagenlogische Formel F, dann ist aufgrund der Struktur der Verknüpfung auch die zusammengesetzte Formel $F \vee (\neg F)$ wieder eine Tautologie.

Ein Beispiel für eine Kontradiktion liefert die Formel $p \wedge (\neg p)$, die auch als *Prinzip vom ausgeschlossenen Widerspruch* bekannt ist. Mit welchem Wahrheitswert man p auch immer belegt, stets ist entweder p oder $\neg p$ falsch und damit auch die Konjunktion aus beiden Aussagen.

Da Tautologien und Kontradiktionen duale Konzepte sind – die Negation einer Tautologie ist stets eine Kontradiktion und die Negation einer Kontradiktion ist stets eine Tautologie – begnügen wir uns im folgenden mit einer Auflistung einer Reihe von interessanten Tautologien. Zur Bestätigung, dass es sich bei den angegebenen Formeln um Tautologien handelt, genügt ein Blick auf die entsprechende Wahrheitstafel.

Beispiele 1.2

(1) $(p \wedge q) \to p$ bzw. $p \to (p \vee q)$
(2) $(q \to p) \vee (\neg q \to p)$
(3) $(p \to q) \leftrightarrow (\neg p \vee q)$
(4) $(p \to q) \leftrightarrow (\neg q \to \neg p)$ *(Kontraposition)*
(5) $(p \wedge (p \to q)) \to q$ *(modus ponens)*
(6) $((p \to q) \wedge (q \to r)) \to (p \to r)$
(7) $((p \to q) \wedge (p \to r)) \to (p \to (q \wedge r))$
(8) $((p \to q) \wedge (q \to p)) \leftrightarrow (p \leftrightarrow q)$ $\qquad\qquad\qquad\qquad$ □

Nach Definition haben alle verschiedenen Tautologien den gleichen, konstant wahren Wahrheitswerteverlauf. Die Eigenschaft, den gleichen Wahrheitswerteverlauf zu besitzen, können aber auch Formeln haben, die keine Tautologien sind. Wir betrachten zum Beispiel die Wahrheitswerteverläufe der beiden Formeln $\neg(p \wedge q)$ und $(\neg p) \vee (\neg q)$:

p	q	$\neg(p \wedge q)$	$(\neg p) \vee (\neg q)$
w	w	f	f
w	f	w	w
f	w	w	w
f	f	w	w

Offensichtlich sind die Wahrheitswerteverläufe der beiden recht unterschiedlichen Formeln gleich; Beide Formeln beschreiben also den gleichen logischen Sachverhalt.

Definition 1.8 Zwei Formeln p und q heißen *(logisch) äquivalent* – dargestellt durch $p \equiv q$ – genau dann, wenn die Formel $(p \leftrightarrow q)$ eine Tautologie ist. Die Formel q wird von der Formel p *impliziert* genau dann, wenn $(p \rightarrow q)$ eine Tautologie ist.

Eine sehr interessante Konsequenz der logischen Äquivalenz ist die Eigenschaft, dass man in einer Formel eine beliebige Teilformel durch eine logisch äquivalente Teilformel ersetzen kann, ohne dabei den Wahrheitswerteverlauf der Gesamtformel zu verändern. Nutzt man diese Eigenschaft konsequent aus und ersetzt komplizierte Teilformeln durch logisch äquivalente, aber einfacher strukturierte Teilformeln, dann kann man in vielen Fällen die Struktur einer vorgegebenen Formel und damit die Bestimmung ihres logischen Verhaltens stark vereinfachen. Bei derartigen Vereinfachungsbemühungen sind die folgenden Äquivalenzen oft sehr hilfreich. Ihre Korrektheit lässt sich wieder leicht durch Aufstellen der entsprechenden Wahrheitstafeln überprüfen.

Kommutativität:	$(p \wedge q)$	$\equiv$	$(q \wedge p)$
	$(p \vee q)$	$\equiv$	$(q \vee p)$
Assoziativität:	$(p \wedge (q \wedge r))$	$\equiv$	$((p \wedge q) \wedge r)$
	$(p \vee (q \vee r))$	$\equiv$	$((p \vee q) \vee r)$
Distributivität:	$(p \wedge (q \vee r))$	$\equiv$	$((p \wedge q) \vee (p \wedge r))$
	$(p \vee (q \wedge r))$	$\equiv$	$((p \vee q) \wedge (p \vee r))$
Idempotenz:	$(p \wedge p)$	$\equiv$	p
	$(p \vee p)$	$\equiv$	p
Doppelnegation:	$(\neg(\neg p))$	$\equiv$	p
deMorgans Regeln:	$(\neg(p \wedge q))$	$\equiv$	$((\neg p) \vee (\neg q))$
	$(\neg(p \vee q))$	$\equiv$	$((\neg p) \wedge (\neg q))$
Tautologieregeln:	Falls q eine Tautologie ist, gilt		
	$(p \wedge q)$	$\equiv$	p
	$(p \vee q)$	$\equiv$	q
Kontradiktionsregeln:	Falls q eine Kontradiktion ist, gilt		
	$(p \vee q)$	$\equiv$	p
	$(p \wedge q)$	$\equiv$	q

Um wenigstens an einem kleinen Beispiel zu demonstrieren, wie man mit Hilfe der aufgelisteten logischen Äquivalenzen tatsächlich zu Vereinfachungen kommen kann, betrachten wir die Formel $\neg(\neg p \wedge q) \wedge (p \vee q)$.

$$\neg(\neg p \wedge q) \wedge (p \vee q)$$
$$\equiv (\neg(\neg p) \vee (\neg q)) \wedge (p \vee q) \qquad \text{(deMorgans Regel)}$$
$$\equiv (p \vee (\neg q)) \wedge (p \vee q) \qquad \text{(Doppelnegation)}$$
$$\equiv p \vee ((\neg q) \wedge q) \qquad \text{(Distributivität)}$$
$$\equiv p \vee (q \wedge (\neg q)) \qquad \text{(Kommutativität)}$$
$$\equiv p \vee \mathsf{f} \qquad \text{(Prinzip vom ausgeschlossenen Widerspr.)}$$
$$\equiv p \qquad \text{(Kontradiktionsregel)}$$

Aufgrund der mit dieser Umformung nachgewiesenen logischen Äquivalenz der beiden Formeln $\neg(\neg p \wedge q) \wedge (p \vee q)$ und p kann nun anstelle der komplizierten Formel $\neg(\neg p \wedge q) \wedge (p \vee q)$ stets die einfacher strukturierte atomare Formel p zur logischen Beschreibung des Sachverhalts benutzt werden.

Mit Hilfe der oben angegebenen Äquivalenzen können wir sofort einige Regeln zur Vereinfachung des Gebrauchs von Klammern in den Formeln ableiten. Generell vereinbaren wir, dass Klammern stets weggelassen werden dürfen, wenn der Wahrheitswerteverlauf der betrachteten Formel eindeutig bestimmt bleibt. Zum Beispiel kann vereinfachend $p \wedge q \wedge r$ anstelle von $((p \wedge q) \wedge r)$ bzw. von $(p \wedge (q \wedge r))$ geschrieben werden. Tatsächlich sind die beiden letztgenannten Formeln aufgrund der Assoziativität der Konjunktion logisch äquivalent. Das heißt, dass sich ihre Wahrheitswerteverläufe nicht unterscheiden und demzufolge der Wahrheitswerteverlauf der vereinfacht geschriebenen Formel eindeutig bestimmt ist. Analog führt die Assoziativität der Disjunktion zu Klammereinsparungen. Zur weiteren Vereinfachung der Klammerschreibweise vereinbaren wir darüberhinaus, äußere Klammern stets wegzulassen. Mit der Vorstellung, dass $\neg$ stärker bindet als $\wedge$ und $\wedge$ stärker als $\vee$, erhalten wir schließlich ein weiteres Klammereinsparungspotenzial.

1.4   Aussageformen

In engem Zusammenhang mit dem Begriff der (mathematischen) Aussage steht der Begriff der Aussageform. Eine *Aussageform* hat die Gestalt eines Satzes, in dem eine oder mehrere Variable vorkommen. Aussageformen werden geschrieben als $p(x_1, \ldots, x_n)$, wobei $x_1, \ldots, x_n$ die in der Aussageform frei vorkommenden Variablen bezeichnen. Aus $p(x_1, \ldots, x_n)$ wird eine Aussage, wenn man jede Variable x_i durch ein konkretes Objekt ersetzt. Ob die dabei entstehende Aussage dann wahr oder falsch ist, hängt von den jeweils eingesetzten Objekten ab. Setzt man zum Beispiel in die Aussageform $p(x)$: „x *ist eine Primzahl*" für x die Zahl 5 ein, so erhält man die Aussage $p(5)$, also „5 *ist eine Primzahl*", die offensichtlich wahr ist. Wird stattdessen 4 für x eingesetzt, so erhält man die falsche Aussage $p(4)$, also „4 *ist eine Primzahl*". Wird in der Aussageform $p(x, y)$: „$x + y$ *ist eine Primzahl*" x durch 6 und y durch 8 ersetzt, dann ergibt sich die Aussage $p(6, 8)$, also „14 *ist eine Primzahl*", die natürlich den Wahrheitswert falsch besitzt.

Die freien Variablen in einer Aussagenform können durch Objekte aus einer als *Universum* bezeichneten Gesamtheit ersetzt werden. Das Universum der Aussageform $p(x)$: „$(x^2 < 10)$" kann zum Beispiel aus der Menge der reellen Zahlen bestehen oder auch nur aus der Menge der ganzen Zahlen. Das Universum für die Aussageform $p(x)$: „x *blüht rot*" kann die Menge aller Blumen umfassen oder lediglich die Menge aller verschiedenen Rosensorten. Zusammen mit einer Aussageform ist also stets das jeweils betrachtete Universum anzugeben.

Definition 1.9 Eine *Aussageform über den Universen* $U_1, \dots, U_n$ ist ein Satz mit den freien Variablen $x_1, \dots, x_n$, der zu einer Aussage wird, wenn jedes x_i durch ein Element aus U_i ersetzt wird.

In der Mathematik treten als Universum häufig die folgenden Zahlenmengen auf:

> Die Menge der ganzen Zahlen: $\mathbb{Z} = \{\dots, -1, 0, 1, 2, \dots\}$
> Die Menge der natürlichen Zahlen: $\mathbb{N} = \{0, 1, 2, \dots\}$
> Die Menge der positiven natürlichen Zahlen: $\mathbb{N}^+ = \{1, 2, 3, \dots\}$
> Die Menge der rationalen Zahlen: $\mathbb{Q}$
> Die Menge der reellen Zahlen: $\mathbb{R}$

Beispiele 1.3

(1) „x *ist durch* 3 *teilbar*" ist eine Aussageform $p(x)$ über dem Universum $\mathbb{Z}$. Ersetzt man x durch 5, so erhält man die Aussage $p(5)$, also „5 *ist durch* 3 *teilbar*", die offenbar falsch ist. Ersetzt man x durch 6, dann erhält man die wahre Aussage $p(6)$.

(2) „x *ist durch* 3 *teilbar*" ist auch eine Aussageform $p(x)$ über dem Universum aus den Zahlen 3, 6, 9 und 18. Hier führt jede Ersetzung der Variablen x zu einer wahren Aussage.

(3) „$(x + y)^2 = x^2 + 2xy + y^2$" ist eine Aussageform $p(x, y)$, deren Variable x und y reelle Werte annehmen können, die unter dem Namen *binomische Formel* gut bekannt ist. Durch welche reellen Zahlen man auch immer x und y ersetzt, es entsteht stets eine wahre Aussage. □

Ebenso wie Aussagen können Aussageformen vermöge der eingeführten logischen Verknüpfungen zu komplex verbundenen Aussageformen zusammengesetzt werden. Die Ermittlung des Wahrheitswertes der aus solchen Aussageformen durch Ersetzung der Variablen durch Elemente des Universums entstehenden Aussagen erfolgt nach den üblichen, für Aussagen geltenden Regeln.

1.5   Aussagen mit Quantoren

Im letzten Abschnitt haben wir Aussageformen $p(x)$ als aussagenlogische Funktionen von x betrachtet: Je nachdem, durch welches Objekt des Universums die freie Variable ersetzt wird, ergibt sich für die Aussage ein eigener spezifischer Wahrheitswert. Aus Aussageformen können aber auch auf einem anderen Weg Aussagen gewonnen werden. So ist zum Beispiel die Frage, ob es zumindest *ein* Objekt gibt, dessen Einsetzung die Aussageform zu einer wahren Aussage werden lässt, für sich sehr interessant. Auch die Antwort auf die Frage, ob sogar *jede* Ersetzung zu einer wahren Aussage führt, ist sehr aufschlussreich. In beiden Fällen erhält man aus einer vorgegebenen Aussageform durch *Quantifizierung* der in der Aussageform auftretenden freien Variablen eine Aussage.

Definition 1.10 Sei $p(x)$ eine Aussageform über dem Universum U.

$\exists x : p(x)$ bezeichnet die Aussage, die aus der Aussageform $p(x)$ durch die Quantifizierung *„Es gibt ein u in U, für das die Aussage $p(u)$ gilt"* hervorgeht. $\exists x : p(x)$ ist wahr genau dann, wenn ein u in U existiert, so dass $p(u)$ wahr ist.

$\forall x : p(x)$ bezeichnet die Aussage, die aus der Aussageform $p(x)$ durch die Quantifizierung *„Für jedes u aus U gilt $p(u)$"* hervorgeht. $\forall x : p(x)$ ist wahr genau dann, wenn $p(u)$ für jedes u aus U wahr ist.

Die Symbole $\exists$ und $\forall$ heißen *Quantoren;* $\exists$ ist der *Existenzquantor* und $\forall$ ist der *Allquantor.* Jeder Quantor *bindet* die freien Vorkommen der Variablen, die er quantifiziert. Die mit dem Allquantor gebildeten Aussagen werden *Allaussagen* genannt, und die mit dem Existenzquantor gebildeten Aussagen heißen *Existenzaussagen.*

Beispiele 1.4

(1) Bezeichne $p(x)$ die Aussageform $(x \leq x + 1)$ über $\mathbb{N}$. Dann stellt $\forall x : p(x)$ die Aussage *„Für jedes n in $\mathbb{N}$ gilt $(n \leq n + 1)$"* dar. Diese Aussage ist wahr, da $p(n)$ für jede natürliche Zahl n eine Aussage mit dem Wahrheitswert w liefert.

(2) Sei $p(x)$ wie in (1). Dann ist $\exists x : p(x)$ die Aussage *„Es gibt ein n in $\mathbb{N}$, für das $(n \leq n + 1)$ gilt".* Diese Aussage ist ebenfalls wahr, da z. B. $p(5)$ wahr ist.

(3) Sei $p(x)$ die Aussageform *„x ist eine Primzahl"* über $\mathbb{N}$. Dann stellt $\forall x : p(x)$ die Aussage *„Für jedes n aus $\mathbb{N}$ gilt: n ist eine Primzahl"* dar. Diese Aussage ist falsch, da z. B. 4 keine Primzahl ist. Also ist $p(4)$ nicht wahr, und $p(n)$ damit nicht für jedes n aus $\mathbb{N}$ wahr.

(4) Sei $p(x)$ wie in (3). Dann ist $\exists x : p(x)$ die Aussage *„Es gibt eine natürliche Zahl n, die eine Primzahl ist".* Diese Aussage ist wahr, da z. B. 3 eine Primzahl ist und damit $p(3)$ eine wahre Aussage. $\square$

Besteht das Universum U einer beliebig vorgegebenen Aussageform $p(x)$ lediglich aus einer endlichen Anzahl von Objekten $O_1, O_2, \ldots, O_t$, dann können Existenzaussage und Allaussage über $p(x)$ aufgrund der folgenden logischen Äquivalenzen auch ohne die Zuhilfenahme von Existenzquantor bzw. Allquantor ausgedrückt werden:

$$\exists x : p(x) \equiv p(O_1) \vee p(O_2) \vee \cdots \vee p(O_t)$$

und

$$\forall x : p(x) \equiv p(O_1) \wedge p(O_2) \wedge \cdots \wedge p(O_t).$$

Beispiel 1.5 Für die Aussageform $p(x)$: „$(x^2 > 10)$" über dem aus den Elementen $1, 2, 3, 4$ bestehenden Universum gilt

$$\exists x : p(x) \equiv (1 > 10) \vee (4 > 10) \vee (9 > 10) \vee (16 > 10)$$

und

$$\forall x : p(x) \equiv (1 > 10) \wedge (4 > 10) \wedge (9 > 10) \wedge (16 > 10).$$

$\square$

Um aus einer Aussageform mit mehreren Variablen durch Quantifizierung Aussagen zu erhalten, muss jede freie Variable durch einen gesonderten Quantor gebunden werden. Im folgenden bezeichne z. B. $p(x, y)$ die Aussageform „$(x < y)$", x und y seien Variablen über dem Universum $\mathbb{N}$. Dann sind $\forall x : p(x, y)$ und $\exists y : p(x, y)$ immer noch Aussageformen und keine Aussagen, da nicht alle in $p(x, y)$ vorkommenden Variablen gebunden sind.

$\forall x \exists y : p(x, y)$[2] allerdings ist eine Aussage, da nun alle Variablen gebunden sind. Die Aussage lautet: „*Für jedes x aus $\mathbb{N}$ gilt: es gibt ein y in $\mathbb{N}$, für das $(x < y)$ gilt*" und hat offensichtlich den Wahrheitswert w. Aussagen mit aufeinander folgenden Quantoren lassen sich umgangssprachlich etwas „flüssiger" ausdrücken, z. B. „*Für jedes x aus $\mathbb{N}$ gibt es ein y in $\mathbb{N}$, für das $(x < y)$ gilt*". Um festzustellen, ob $\forall x \exists y : p(x, y)$ eine wahre oder falsche Aussage ist, bemerken wir zunächst, dass $p(n, n + 1)$ für jede natürliche Zahl n eine wahre Aussage liefert. $\exists y : p(n, y)$ ist demzufolge für jedes festgehaltene n eine wahre Aussage. Symbolisieren wir nun die verbliebenen festgehaltenen n durch die Variable x, dann wissen wir bereits, dass es für jedes x ein y gibt – z. B. $y = x + 1$ –, für das $p(x, y)$ wahr ist. Demnach ist die Aussage $\forall x \exists y : p(x, y)$ eine wahre Aussage.

Wir betrachten nun die Aussage $\forall x \forall y : p(x, y)$, also „*Für jedes x aus $\mathbb{N}$ gilt: für jedes y aus $\mathbb{N}$ gilt $(x < y)$*" oder umgangssprachlich flüssiger „*Für jedes x aus $\mathbb{N}$ und für jedes y

---

[2] Formal müsste die Aussage als $\forall x : \exists y : p(x, y)$ aufgeschrieben werden. Wir lassen Doppelpunkte weg, falls sie die Lesbarkeit verschlechtern.

aus $\mathbb{N}$ *gilt* $(x < y)$". Man sieht sofort, dass die Aussage $\forall y : p(5, y)$ falsch ist, und folglich auch die Aussage $\forall x \forall y : p(x, y)$.

$\exists y \forall x : p(x, y)$ stellt die Aussage *„Es gibt ein y aus* $\mathbb{N}$*, für das gilt: für alle x aus* $\mathbb{N}$ *gilt:* $(x < y)$" dar, die umgangssprachlich vereinfacht die Gestalt *„Es gibt ein y in* $\mathbb{N}$*, so dass für alle x aus* $\mathbb{N}$ *gilt:* $(x < y)$" hat. Welche Zahl n aus $\mathbb{N}$ man auch für x einsetzt, die Aussage $(n < n)$ ist stets falsch. Also ist $\forall x : p(x, n)$ für jedes festgehaltene n stets eine falsche Aussage. Folglich ist $\exists y \forall x : p(x, y)$ eine falsche Aussage.

Schließlich bleibt noch die Aussage $\exists y \exists x : p(x, y)$, die sich aufgrund der Tatsache, dass zum Beispiel $p(1, 2)$ gilt, sofort als wahr herausstellt.

Anhand des eben diskutierten Beispiels können wir noch eine weitere sehr wichtige Beobachtung zur Bedeutung der Reihenfolge von Quantoren festhalten. Die beiden Aussagen $\exists y \forall x : p(x, y)$ und $\forall x \exists y : p(x, y)$ sind formal „nur" dadurch unterschieden, dass die Reihenfolge der beiden Quantoren vertauscht ist. Trotzdem hatten wir gesehen, dass eine der beiden Aussagen wahr ist, die andere jedoch falsch. Tatsächlich macht dieses Beispiel deutlich, dass es bei der Benutzung von Quantoren tatsächlich auf die Reihenfolge der Quantoren ankommt.

Die mit Hilfe von Quantoren aus Aussageformen gebildeten Aussagen können ihrerseits genau wie gewöhnliche Aussagen wieder zu komplexen Aussagen verknüpft werden. Die Wahrheitswerte der dadurch entstehenden Aussagen ergeben sich – wie gehabt – aus den Wahrheitswerten ihrer Teilaussagen. Für eine Aussageform $p(x)$ ist zum Beispiel $\neg \forall x : p(x)$ wieder eine Aussage. Diese Aussage ist wahr genau dann, wenn ein u im Universum existiert, für das $p(u)$ falsch ist. Übrigens hätten wir diese Aussage logisch äquivalent auch mit Hilfe eines Existenzquantors erhalten können: $\exists x : (\neg p(x))$. Tatsächlich gibt es für Aussagen mit Quantoren neben dieser logischen Äquivalenz noch eine ganze Reihe weiterer interessanter Äquivalenzen.

Negationsregeln:	$\neg \forall x : p(x) \equiv \exists x : (\neg p(x))$
	$\neg \exists x : p(x) \equiv \forall x : (\neg p(x))$
Ausklammerregeln:	$(\forall x : p(x) \land \forall x : q(x)) \equiv \forall x : (p(x) \land q(x))$
	$(\exists x : p(x) \lor \exists x : q(x)) \equiv \exists x : (p(x) \lor q(x))$
Vertauschungsregeln:	$\forall x \forall y : p(x, y) \equiv \forall y \forall x : p(x, y)$
	$\exists x \exists y : p(x, y) \equiv \exists y \exists x : p(x, y).$

Mengen und Mengenoperationen 2

Zusammenfassung

Wir führen den grundlegenden Begriff der Menge ein und üben daran das Formulieren und Benutzen von Aussagen und Aussageformen. Dazu betrachten wir Beziehungen zwischen Mengen (Teilmenge, Obermenge), Operationen auf Mengen (Durchschnitt, Vereinigung, Komplement, Produkt) sowie Mengen von Mengen (Potenzmenge, Mengenfamilien).

2.1 Mengen

Mengen zu bilden, also verschiedene Objekte zu einer Gesamtheit zusammenzufassen, ist jedem seit Kindertagen wohlvertraut: Die Eltern zusammen mit ihren Kindern bilden eine Menge, nämlich die Familie; die Schüler einer Grundschule, die gemeinsam unterrichtet werden, bilden eine Menge, die Schulklasse; alle Mitarbeiter eines Unternehmens bilden eine Menge, die Belegschaft; alle nichtnegativen ganzen Zahlen bilden die Menge der natürlichen Zahlen usw. Die mit dem Prozess der Mengenbildung verbundene Abstraktion hilft, die Komplexität der Erscheinungen zu vereinfachen und damit besser in den Griff zu bekommen.

Der intuitiven Klarheit, was man sich unter einer Menge vorzustellen hat, steht die Problematik gegenüber, dass es prinzipiell nicht möglich ist, den fundamentalen Begriff der Menge streng mathematisch zu definieren, eine Problematik, die zu Beginn des 20. Jahrhunderts eine tiefe Grundlagenkrise in der Mathematik ausgelöst hat. Bei einer mathematischen Definition müsste nämlich gesagt werden, aus welchem umfassenderen Begriff der Begriff der Menge durch Spezialisierung hervorgeht. Aufgrund der Allgemeinheit des Begriffs der Menge ist das jedoch unmöglich; einen allgemeineren Begriff als den der Menge kennt man in der Mathematik überhaupt nicht. In Anbetracht dieser prinzipiellen Schwierigkeit gibt die folgende, von Cantor 1895 gegebene Erklärung eine zumindest für die praktische Arbeit ausreichend präzise Fassung des Begriffs der Menge:

© Der/die Autor(en), exklusiv lizenziert an Springer Fachmedien Wiesbaden GmbH, ein Teil von Springer Nature 2024
C. Meinel und M. Mundhenk, *Mathematische Grundlagen der Informatik*,
https://doi.org/10.1007/978-3-658-43136-5_2

Erklärung *Eine Menge ist die Zusammenfassung bestimmter, wohlunterschiedener Objekte unserer Anschauung oder unseres Denkens, wobei von jedem dieser Objekte eindeutig feststeht, ob es zur Menge gehört oder nicht. Die Objekte der Menge heißen Elemente der Menge.*

Anstelle des in der Erklärung – von Definition können wir wie gesagt nicht sprechen – verwendeten Begriffs der „Zusammenfassung", hätte man den Reichtum der deutschen Sprache ausnutzend auch von „System", „Klasse", „Gesamtheit", „Sammlung", „Familie" oder, wie im Kontext der Aussageformen bereits geschehen, von „Universum" sprechen können. In jedem Fall bliebe man mit dem Problem konfrontiert, dass ein mathematisch unerklärter Begriff zur Charakterisierung des Mengenbegriffs verwendet werden muss.

Wir werden uns im folgenden stets nur mit solchen Mengen befassen, die eindeutig und ohne Widersprüche definiert sind und an deren Zusammensetzung keinerlei Zweifel bestehen. Wir betonen diesen selbstverständlich scheinenden Fakt, da sich aus den grundsätzlichen Schwierigkeiten bei der allgemeinen Definition des Mengenbegriffs auch sehr handfeste inhaltliche Probleme ergeben können, wie das folgende Beispiel zeigt: Die allem Anschein nach in gutem Einklang mit der Cantorschen Mengenerklärung wohlbestimmte *Menge aller Mengen* ist in Wirklichkeit logisch unzureichend beschrieben und kann deshalb so nicht existieren. Diese Widersprüchlichkeit offenbart sich zum Beispiel schon in der einfachen Frage, ob diese Menge aller Mengen selbst zur Menge aller Mengen gehört oder nicht: Nimmt man an, sie gehört nicht dazu, dann kann es sich bei der Menge aller Mengen nicht um die Menge *aller* Mengen handeln. Geht man jedoch vom Gegenteil aus und nimmt an, dass sie selbst Bestandteil der Menge aller Mengen ist, dann kann sie ebenfalls nicht die Menge *aller* Mengen sein, denn als solche müsste sie auch die sie echt umfassende Menge aller Mengen enthalten.

Es ist üblich, Mengen mit großen Buchstaben und ihre Elemente mit kleinen Buchstaben zu bezeichnen. Der Sachverhalt, dass ein Element a zu einer Menge M gehört, wird mit Hilfe des Symbols $\in$ in der Form „$a \in M$" ausgedrückt. Gehört a nicht zu M, dann wird anstelle von „$\neg(a \in M)$" kurz „$a \notin M$" geschrieben. Enthält eine Menge lediglich eine endliche Anzahl von Elementen, dann spricht man von einer *endlichen Menge*. Die Anzahl der Elemente einer Menge M heißt *Mächtigkeit* oder *Kardinalität* von M und wird bezeichnet mit $\sharp M$ oder auch $|M|$.

Ist die Anzahl der Elemente einer Menge nicht endlich, so spricht man von einer *unendlichen Menge*.

Endliche Mengen können leicht und eindeutig durch die Aufzählung aller ihrer Elemente angegeben werden. Man schreibt dazu die Elemente der Menge, jeweils durch Kommata getrennt, zwischen zwei geschweifte Klammern. Die Menge aller verschiedenen Buchstaben im Wort „INFORMATIK" kann also dargestellt werden als

$$\{I,N,F,O,R,M,A,T,K\} \ .$$

In dieser Menge ist der Buchstabe I nur einmal enthalten, da die beiden I, die im Wort
„INFORMATIK" vorkommen, nicht wohlunterschieden sind, wie wir das von den Elementen einer Menge verlangt hatten. Natürlich spielt die Reihenfolge bei der Aufzählung
der Elemente einer Menge keine Rolle. Anstelle von {I,N,F,O,R,M,A,T,K} hätten wir auch
{N,I,F,O,R,M,A,T,K} oder {K,T,A,M,R,O,F,N,I} schreiben können, jedes Mal hätte es sich
um die gleiche Menge, nämlich die Menge der verschiedenen Buchstaben aus dem Wort
INFORMATIK gehandelt.

Beispiele 2.1

(1) Die Menge $M = \{1, 2, 3, 4, 5\}$ besteht aus den 5 Elementen 1, 2, 3, 4 und 5. Für die
    Kardinalität von M gilt also $\sharp M = 5$.
(2) $M = \{\square, \lozenge, \triangle\}$ ist eine Menge mit 3 Elementen, $\sharp M = 3$.
(3) Die Menge aller Buchstaben des lateinischen Alphabets

$$D = \{a, b, c, d, e, f, g, h, i, j, k, l, m, n, o, p, q, r, s, t, u, v, w, x, y, z\}$$

   ist eine endliche Menge und besteht aus 26 Buchstaben, $\sharp M = 26$.
(4) Die Menge aller Buchstabenketten der Länge 5, die über dem lateinischen Alphabet
    gebildet werden können, ist endlich. Sie besteht aus $26^5 = 11.881.376$ Elementen
    (von denen natürlich nur ein geringer Bruchteil sinnvolle deutsche Wörter bildet). Um
    den Preis dieses Buches möglichst gering zu halten, verzichten wir auf eine explizite
    Auflistung sämtlicher Elemente. $\square$

Wie bereits im letzten Beispiel gesehen, ist es in vielen Fällen recht unbequem – im Falle
unendlicher Mengen sogar unmöglich –, eine Menge durch Auflistung aller ihrer Elemente
darzustellen. Hier bietet sich eine Darstellung der Menge vermittels einer definierenden
Eigenschaft an, die gerade die Elemente der betrachteten Menge unter allen anderen Dingen
auszeichnet. Beispielsweise liefert die Eigenschaft, durch 2 teilbar zu sein, eine Charakterisierung der Menge aller geraden Zahlen in der Menge aller ganzen Zahlen.

Zur Beschreibung definierender Eigenschaften sind Aussageformen gut geeignet, und
zwar solche, die beim Einsetzen von Elementen der Menge den Wahrheitswert w annehmen
und bei allen nicht zur Menge gehörenden Objekten den Wahrheitswert f. Bezeichnet zum
Beispiel $E(x)$ die Aussageform „x ist eine gerade Zahl" über dem Universum $\mathbb{Z}$ der ganzen
Zahlen, dann lässt sich die Menge aller geraden Zahlen prägnant beschreiben als $\{x \in \mathbb{Z} \mid$
$E(x)\}$.

Beispiele 2.2

(1) Sei $E(x)$ die Aussageform „$x > 10$" über den natürlichen Zahlen. Dann ist $\{x \in \mathbb{N} \mid$
    $E(x)\}$ die Menge aller natürlichen Zahlen, die größer als 10 sind.

(2) Betrachtet man die Aussageform $E(x)$ über der Menge der reellen Zahlen, dann ist $\{x \in \mathbb{R} \mid E(x)\}$ die Menge aller reellen Zahlen größer 10.

(3) Ist die Aussageform $E(x)$ über einer Menge U definiert und ist $E(x)$ falsch für jedes Element aus U, dann enthält die Menge $\{x \in U \mid E(x)\}$ kein einziges Element.

(4) Sei $E(x)$ die Aussageform „$x^2 - 3x + 2 = 0$". Dann besteht die Menge $\{x \in \mathbb{Z} \mid E(x)\}$ genau aus den beiden Zahlen $\{1, 2\}$. Wir erhalten eine Beschreibung der gleichen Menge, wenn wir von der Aussageform $E'(x) : (0 < x < 3)$ über den natürlichen Zahlen ausgehen: $\{x \in \mathbb{N} \mid (0 < x < 3)\}$. □

2.2   Gleichheit von Mengen

Wie wir am Beispiel der Buchstaben des Wortes INFORMATIK bereits gesehen haben, können Mengen auf unterschiedliche Art und Weise dargestellt werden. Neben den bereits vorgestellten Auflistungen haben wir diese Menge auch mit Hilfe der beiden definierenden Eigenschaften $E(x)$: „*x kommt im Wort INFORMATIK vor*" und $E'(x)$: „*x kommt im Wort KINOFORMAT vor*" über der Menge der Großbuchstaben des lateinischen Alphabets charakterisieren können. Um dieses Phänomen genauer studieren zu können, muss zunächst einmal exakt festgelegt werden, wann zwei Mengen als gleich anzusehen sind.

Definition 2.1 Zwei Mengen A und B sind *gleich* (bezeichnet durch $A = B$) genau dann, wenn jedes Element von A auch Element von B ist und jedes Element von B auch Element von A ist.

Anstelle der Aussage „$\neg(M_1 = M_2)$" schreibt man „$M_1 \neq M_2$".

Beispiele 2.3

(1) $\{a, b, c\} = \{a, c, b\} = \{b, a, c\} = \{b, c, a\} = \{c, a, b\} = \{c, b, a\}$.

(2) $\{1, 2, 2, 2, 1\} = \{1, 2\}$.

(3) $\{x, y, z\} \neq \{x, y\}$. □

Auch durch verschiedene Aussageformen beschriebene unendliche Mengen können gleich sein: Seien beispielsweise $E(x)$: „*x besitzt eine durch 3 teilbare Quersumme*" und $E'(x)$: „*x ist durch 3 teilbar*" zwei Aussageformen über den natürlichen Zahlen. Da jede natürliche Zahl mit einer durch 3 teilbaren Quersumme durch 3 teilbar ist, und da umgekehrt jede durch 3 teilbare natürliche Zahl eine durch 3 teilbare Quersumme besitzt, gilt

$$E(x) \equiv E'(x)$$

für alle $x \in \mathbb{N}$ und demzufolge

$$\{x \in \mathbb{N} \mid E(x)\} = \{x \in \mathbb{N} \mid E'(x)\} \, .$$

Tatsächlich ist das eben benutzte Argument allgemeingültig:

Fakt *Zwei mit Hilfe von zwei Aussageformen $E(x)$ und $E'(x)$ über dem selben Universum definierte Mengen sind genau dann gleich, wenn $E(x) \equiv E'(x)$ gilt, wenn also für jedes a aus dem Universum die Wahrheitswerte von $E(a)$ und $E'(a)$ übereinstimmen.*

Obwohl dieser Zusammenhang auch ohne weitere Argumentationen auf Anhieb einleuchtet, wollen wir uns ganz präzise, in logisch jeweils unanfechtbaren Schritten von der Gültigkeit dieser Behauptung überzeugen und damit ein Gefühl für das mathematische Beweisen – der grundlegenden Technik zur Erlangung mathematischer Wahrheiten – entwickeln.

Seien also M und M' zwei Mengen, die mit Hilfe der Aussageformen $E(x)$ und $E'(x)$ über dem gleichen Universum U definiert sind, $M = \{x \mid E(x)\}$ und $M' = \{x \mid E'(x)\}$. Die Behauptung, dass M und M' übereinstimmen genau dann, wenn $E(x)$ und $E'(x)$ logisch äquivalent sind, besteht genau betrachtet aus den folgenden beiden Implikationen, deren Gültigkeit jeweils separat nachzuweisen ist:

(1) $(M = M') \rightarrow (E(x) \equiv E'(x))$
(2) $(E(x) \equiv E'(x)) \rightarrow (M = M')$

Da, wie wir schon wissen, eine falsche Prämisse stets die Gültigkeit der gesamten Implikation nach sich zieht, müssen wir uns jeweils nur um den Fall kümmern, dass die Prämisse wahr ist und dafür zeigen, dass dann auch die Folgerung wahr ist.

Wir nehmen zunächst an, dass die Prämisse der ersten Implikation erfüllt ist, dass also $M = M'$ gilt. Nach Definition der Gleichheit von Mengen gehört jedes Element von M zu M' und, umgekehrt, jedes Element von M' zu M. Zum Nachweis der logischen Äquivalenz von $E(x)$ und $E'(x)$ muss für jedes vorgegebene Element a des gemeinsamen Universums U von $E(x)$ und $E'(x)$ gezeigt werden, dass die aus den beiden Aussageformen $E(x)$ und $E'(x)$ entstehenden Aussagen $E(a)$ und $E'(a)$ den gleichen Wahrheitswert besitzen. Wir nehmen zuerst an, dass $E(a)$ für ein beliebig vorgegebenes Element $a \in U$ eine wahre Aussage $E(a)$ liefert. Da a dann nach Definition zur Menge $M = \{x \mid E(x)\}$ und, aufgrund der Gleichheit von M und M', auch zu $M' = \{x \mid E'(x)\}$ gehört, muss $E'(a)$ ebenfalls gültig sein. Die gegenteilige Annahme, dass $E(a)$ falsch ist, hat zur Folge, dass a nicht zu M und deswegen auch nicht zu M' gehört, und folglich auch die Aussage $E'(a)$ falsch ist. Da $E(x)$ und $E'(x)$ über dem gleichen Universum definiert sind, haben wir damit gezeigt, dass die beiden Aussageformen $E(x)$ und $E'(x)$ einen identischen Wahrheitswerteverlauf besitzen, also logisch äquivalent sind.

Wir müssen uns nun noch von der Richtigkeit der zweiten Implikation überzeugen. Wie bereits erläutert, genügt es dabei, von der Richtigkeit der Prämisse, also von der logischen Äquivalenz der beiden Aussageformen $E(x)$ und $E'(x)$ auszugehen. Um zu zeigen, dass dann die beiden Mengen $M = \{x \mid E(x)\}$ und $M' = \{x \mid E'(x)\}$ übereinstimmen, greifen wir uns ein beliebiges Element a aus M heraus. Da $a \in M$, ist $E(a)$ wahr. Da aufgrund der logischen Äquivalenz dann auch $E'(a)$ wahr ist, folgt $a \in M'$. Betrachtet man andererseits ein beliebiges Element $a \in M'$, dann zeigt ein analoger Schluss, dass auch $a \in M$ gilt, womit insgesamt die Gleichheit der beiden Mengen M und M' bewiesen ist.

Beispiele 2.4

(1) Da $(x^2 - 3x + 2 = 0)$ über den natürlichen Zahlen genau dann gilt, wenn $(0 < x < 3)$, sind die beiden durch diese Aussageformen definierten Mengen $\{x \in \mathbb{N} \mid x^2 - 3x + 2 = 0\}$ und $\{x \in \mathbb{N} \mid 0 < x < 3\}$ gleich,

$$\{x \in \mathbb{N} \mid x^2 - 3x + 2 = 0\} = \{x \in \mathbb{N} \mid 0 < x < 3\}\,.$$

(2) Wir erinnern uns, dass die als binomische Formel gut bekannte Aussageform $p(x, y)$: $(x + y)^2 = x^2 + 2xy + y^2$ über den reellen Zahlen eine Tautologie ist. Für $y = 1$ ist deshalb $(x + 1)^2 = x^2 + 2x + 1$ für alle reellen x wahr und wir erhalten $\{x \in \mathbb{R} \mid (x + 1)^2 = x^2 + 2x + 1\} = \mathbb{R}\,.$ $\square$

2.3   Komplementäre Mengen

Wir haben bisher mit Hilfe von Aussageformen $E(x)$ diejenigen Elemente einer Grundmenge U – des so genannten Universums – zu einer Menge M zusammengefasst, die eine gewisse gemeinsame Eigenschaft besitzen, für die eine Aussageform $E(x)$ den Wahrheitswert w annimmt,

$$\{x \in U \mid E(x)\}.$$

Da mit $E(x)$ auch $\neg E(x)$ eine Aussageform über U ist, können wir ebensogut auch die Elemente aus U zu einer Menge $\overline{M}$ zusammenfassen, die die negierte Aussageform $\neg E(x)$ erfüllen, die also die besagte Eigenschaft gerade nicht besitzen,

$$\overline{M} = \{x \in U \mid \neg E(x)\}.$$

Die Menge $\overline{M}$ ist offenbar eindeutig bestimmt. Da für jedes Element $u \in U$ die Aussage $E(u)$ entweder wahr oder falsch ist, gehört ausnahmslos jedes Element aus U zu einer der beiden Menge M oder $\overline{M}$, jedoch niemals zu beiden gemeinsam.

Definition 2.2 Sei $E(x)$ eine Aussageform über der Menge U. Dann heißen die Mengen

$$M = \{x \in U \mid E(x)\} \text{ und } \overline{M} = \{x \in U \mid \neg E(x)\}$$

in U *komplementär*. $\overline{M}$ heißt *Komplementärmenge* oder *Komplement* von M in U.

Aufgrund der Äquivalenz $E(x) \equiv \neg(\neg(E(x)))$ ist die Komplementärmenge $\overline{(\overline{M})}$ des Komplements $\overline{M}$ von M in U wieder M selbst,

$$\overline{(\overline{M})} = \{x \in U \mid \neg(\neg E(x))\} = \{x \in U \mid E(x)\} = M.$$

Beispiele 2.5

(1) $\overline{\{x \in \mathbb{Z} \mid x \text{ ist gerade }\}} = \{x \in \mathbb{Z} \mid x \text{ ist ungerade}\}$.
(2) $\overline{\{x \in \mathbb{N} \mid x \text{ ist Primzahl}\}} = \{x \in \mathbb{N} \mid x \text{ ist zusammengesetzt}\}$.
(3) $\overline{\{x \in \mathbb{N} \mid (x > 5)\}} = \{0, 1, 2, 3, 4, 5\}$. $\qquad\qquad$ □

2.4 Die leere Menge

Betrachtet man eine Aussageform über der Grundmenge U, die für alle Elemente von U wahr ist, also zum Beispiel die Aussageform $(x = x)$, so ergibt sich U als $U = \{x \in U \mid (x = x)\}$. Das Komplement $\overline{U}$ dieser Menge hat die Gestalt

$$\overline{U} = \{x \in U \mid \neg(x = x)\} = \{x \in U \mid (x \neq x)\}$$

und enthält offensichtlich kein einziges Element. Nichtsdestotrotz ist $\overline{U}$ eine korrekt definierte Menge genau wie jede der bisher angesprochenen Mengen auch. $\overline{U}$ heißt *leere Menge in U* und wird mit $\emptyset_U$ bezeichnet.

Nach Konstruktion ist $\emptyset_U$ zunächst abhängig von U. Aufgrund der folgenden Überlegungen wird sich aber zeigen, dass diese Abhängigkeit nur eine scheinbare ist. Tatsächlich gilt nämlich $\emptyset_M = \emptyset_N$ für beliebige Mengen (bzw. Universen) M und N. Um diese Gleichheit einzusehen, müssen wir der Definition der Mengengleichheit folgend nachweisen, dass jedes Element von $\emptyset_M$ auch Element von $\emptyset_N$ ist, und umgekehrt, dass jedes Element von $\emptyset_N$ auch zu $\emptyset_M$ gehört.

Betrachten wir also zunächst die Behauptung, dass jedes Element von $\emptyset_M$ auch Element von $\emptyset_N$ ist. Unter Berufung auf die Definition von $\emptyset_M$ könnte man einwenden, dass $\emptyset_M$ kein einziges Element besitzt und deshalb eine Feststellung, dass jedes Element von $\emptyset_M$ auch Element von $\emptyset_N$ ist, sinnlos ist. Um derartige Irritationen gar nicht erst aufkommen zu lassen, müssen wir unsere Argumentation auf eine verlässliche logische Grundlage stellen: Wir schreiben dazu den in Frage stehenden Sachverhalt zunächst einmal in der streng formalisierten Sprache der mathematischen Logik auf und erhalten die Implikation „$(a \in \emptyset_M) \rightarrow (a \in \emptyset_N)$". Unsere Behauptung „jedes Element von $\emptyset_M$ gehört zu $\emptyset_N$" ist offenbar bewiesen, wenn es nachzuweisen gelingt, dass die vorgenannte Implikation stets den Wahrheitswert w besitzt. Tatsächlich ist das nicht schwer: Da nämlich $\emptyset_M$ kein einziges

Element enthält, ist die Prämisse „$(a \in \emptyset_M)$" für jedes Element a falsch, und folglich – Implikationen mit falscher Prämisse sind stets wahr – ist „$(a \in \emptyset_M) \rightarrow (a \in \emptyset_N)$" für jedes a wahr.

Eine analoge Betrachtung zeigt, dass auch die zweite nachzuweisende Implikation, nämlich „$(a \in \emptyset_N) \rightarrow (a \in \emptyset_M)$", wahr ist. Insgesamt ist damit streng mathematisch bewiesen, dass

$$\emptyset_M = \emptyset_N$$

für beliebige Mengen M und N gilt, und dass es demzufolge nur eine einzige leere Menge gibt.

Definition 2.3 Die Menge, die kein Element enthält, heißt *leere Menge* und wird mit $\emptyset$ bezeichnet.

Übrigens ist die Menge $\{\emptyset\}$ nicht die leere Menge, sondern eine Menge mit einem Element, nämlich der leeren Menge $\emptyset$.

2.5 Teilmenge und Obermenge

Neben der Feststellung, ob zwei Mengen gleich sind, haben Aussagen über ungleiche Mengen und ihre Relationen zueinander eine große Bedeutung. So ist es zum Beispiel ein bedeutender Unterschied, ob zwei Mengen grundsätzlich verschieden sind, oder ob die eine Menge vollständig in der anderen Menge enthalten ist.

Definition 2.4 Seien A und B Mengen. A heißt *Teilmenge* von B (dargestellt als $A \subseteq B$) genau dann, wenn jedes Element von A auch Element von B ist. In der Sprache der formalen Logik gilt:

$$(A \subseteq B) \equiv (\forall x : x \in A \rightarrow x \in B) \,.$$

Anstelle von $A \subseteq B$ wird manchmal auch $B \supseteq A$ geschrieben und von B als der *Obermenge* von A gesprochen. Gilt $A \subseteq B$ und $A \neq B$, dann heißt A *echte Teilmenge* von B bzw. B *echte Obermenge* von A. Will man diesen Sachverhalt besonders betonen, so wird $A \subset B$ bzw. $B \supset A$ anstelle von $A \subseteq B$ bzw. $B \supseteq A$ geschrieben. Schließlich wird $A \nsubseteq B$ und $B \nsupseteq A$ geschrieben, zur Abkürzung von $\neg(A \subseteq B)$ bzw. $\neg(B \supseteq A)$.

Beispiele 2.6

(1) $\{a, b, c\} \subseteq \{a, b, c, d\}$.
(2) $\{a, b, c\} \subset \{a, b, c, d\}$.
(3) $\{1, 2, 3, 4, 5\} \subset \mathbb{N}$.
(4) $\mathbb{N} \subset \mathbb{Z} \subset \mathbb{Q} \subset \mathbb{R}$.
(5) $\mathbb{N} \not\subset \mathbb{N}^+$. $\qquad\qquad\square$

Stellt man sich Mengen graphisch dargestellt als Flächen in der Ebene vor, dann lassen sich die Beziehungen und Operationen zwischen verschiedenen Mengen mit Hilfe so genannter *Venn Diagramme* veranschaulichen. Die folgende Abbildung zeigt zwei mögliche Venn Diagramme für die Teilmengenbeziehung $N \subseteq M$.

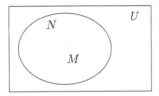 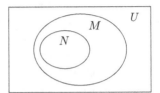

Nun betrachten wir die möglichen Venn Diagramme für die Situation $N \not\subseteq M$.

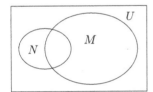 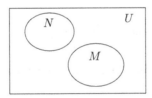 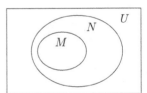

Teilmengen selbst sind natürlich gewöhnliche Mengen und können als solche wieder mit Hilfe von Aussageformen charakterisiert werden. So lässt sich jede beliebige Teilmenge N einer Menge M vermittels einer bis auf logische Äquivalenz über der als Universum betrachteten Menge M eindeutig bestimmten Aussageform $E(x)$ als

$$N = \{x \in M \mid E(x)\}$$

darstellen. Für $E(x)$ kann zum Beispiel die Aussageform $E(x) : \text{„}x \in N\text{“}$ verwendet werden. Viel interessanter ist es jedoch, vermittels $E(x)$ die Eigenschaft der Elemente von N zu beschreiben, die sie von den übrigen Elementen aus M unterscheiden.

Die leere Menge $\emptyset$ ist Teilmenge jeder beliebigen Menge B vermöge des folgenden Arguments: $\emptyset$ enthält kein Element, folglich gehört jedes Element von $\emptyset$ zu M. Sofort ließe sich wieder einwenden, dass eine Äußerung über „jedes Element der leeren Menge $\emptyset$" gar keinen Sinn hat, da $\emptyset$ kein einziges Element enthält. Wie schon bei der Betrachtung der leeren Menge hilft eine streng formal logische Argumentation aus dem Dilemma: Wir drücken zunächst einmal den Sachverhalt der Teilmengen-Beziehung formal logisch aus: Die Aussage *„Jedes Element von A ist auch Element von B"* heißt dort etwas umständlicher dafür unmissverständlich *„Für jedes Objekt x gilt: wenn x Element von A ist, dann ist x auch Element von B"* oder formal aufgeschrieben

$$\forall x : (x \in A) \to (x \in B) \,.$$

Um nun „$\emptyset \subseteq M$" für eine beliebige Menge M zu beweisen, ersetzt man in obiger Definition A durch $\emptyset$ und B durch M und untersucht den Wahrheitswert der dabei entstehenden Aussage $\forall x : (x \in \emptyset) \to (x \in M)$. Da die Prämisse „$(x \in \emptyset)$" der Aussageform „$(x \in \emptyset) \to (x \in M)$" für jedes wie auch immer für x gewählte Objekt a falsch ist, ist die Implikation stets wahr und folglich auch die universell quantifizierte Aussage „$\forall x : (x \in \emptyset) \to (x \in M)$".

Auch die Gleichheit von Mengen können wir unter alleiniger Verwendung der Teilmengenbeziehung ausdrücken und dadurch formal besser handhabbar machen: „$A \subseteq B$" bedeutet ja *„Jedes Element von A ist auch Element von B"*. Also gilt $A = B$ genau dann, wenn gleichzeitig $A \subseteq B$ und $B \subseteq A$ gelten. In der formalen Sprache der mathematischen Logik, in der $A \subseteq B$ wieder durch $\forall x : x \in A \to x \in B$ ausgedrückt wird, lässt sich die Mengengleichheit dann prägnant formulieren als

$$A = B \;\equiv\; (\forall x : (x \in A \to x \in B)) \land (\forall x : (x \in B \to x \in A)) \,.$$

2.6   Potenzmenge und Mengenfamilien

Zu jeder Menge M können wir die Menge aller Teilmengen von M bilden, die so genannte *Potenzmenge* von M.

Definition 2.5 Sei M eine Menge. Dann ist $\mathcal{P}(M) = \{N \mid N \subseteq M\}$ die *Potenzmenge* von M.

Wegen $\emptyset \subseteq M$ und $M \subseteq M$ für jede Menge M, gilt stets $\emptyset \in \mathcal{P}(M)$ und $M \in \mathcal{P}(M)$. Ist M endlich, so ist auch $\mathcal{P}(M)$ endlich.

Beispiele 2.7

(1) $\mathcal{P}(\{1, 2\}) = \{\emptyset, \{1\}, \{2\}, \{1, 2\}\}$.

(2) $\mathcal{P}(\{1, 2, 3\}) = \{\emptyset, \{1\}, \{2\}, \{3\}, \{1, 2\}, \{1, 3\}, \{2, 3\}, \{1, 2, 3\}\}$.

(3) $\mathcal{P}(\mathbb{N})$ enthält unendlich viele Elemente, zum Beispiel

   – alle Einermengen $\{i\}$, $i \in \mathbb{N}$, natürliche Zahlen,

   – alle Zweiermengen, Dreiermengen, ... natürlicher Zahlen,

- die Mengen aller durch 2 teilbaren/durch 3 teilbaren/... natürlichen Zahlen,
- alle dreistelligen/alle vierstelligen/... natürlichen Zahlen und
- natürlich die Mengen $\emptyset$ und $\mathbb{N}$ selbst.   □

Besteht M nur aus endlich vielen Elementen, so kann man $\mathcal{P}(M)$ gut mit Hilfe eines Diagrammes aus Punkten und Verbindungslinien visualisieren: Die Punkte repräsentieren dabei die Teilmengen von M, also die Elemente von $\mathcal{P}(M)$, und die Verbindungslinien zeigen ausgewählte Enthaltenseinsbeziehungen. Teilmengen mit gleich vielen Elementen werden auf gleicher Höhe angeordnet, wobei Teilmengen mit größerer Elementzahl über Teilmengen mit geringerer Elementzahl stehen. Zwei Teilmengen N, N' sind durch eine Linie verbunden, wenn $N \subset N'$ gilt, aber kein N'' existiert mit $N \subset N'' \subset N'$. Nachfolgend werden die Diagramme für $\mathcal{P}(\{1\})$, $\mathcal{P}(\{1, 2\})$ und $\mathcal{P}(\{1, 2, 3\})$ gezeigt.

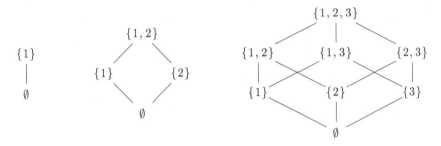

Da $\mathcal{P}(M)$ selbst wieder eine Menge ist, können wir auch die Potenzmenge $\mathcal{P}(\mathcal{P}(M))$ der Potenzmenge $\mathcal{P}(M)$ bilden und diesen Vorgang iterieren. Allgemein schreibt man

$$\mathcal{P}^m(M) = \underbrace{\mathcal{P}(\mathcal{P}(\ldots \mathcal{P}(M)\ldots))}_{m\text{-mal}}.$$

Beispiel 2.8

$$\begin{aligned}
\mathcal{P}^2(\{1, 2\}) &= \mathcal{P}(\mathcal{P}(\{1, 2\})) \\
&= \mathcal{P}(\{\emptyset, \{1\}, \{2\}, \{1, 2\}\}) \\
&= \Big\{ \emptyset, \ \{\emptyset\}, \ \{\{1\}\}, \ \{\{2\}\}, \ \{\{1, 2\}\}, \\
&\quad \{\emptyset, \{1\}\}, \ \{\emptyset, \{2\}\}, \ \{\emptyset, \{1, 2\}\}, \ \{\{1\}, \{2\}\}, \{\{1\}, \{1, 2\}\} \\
&\quad \{\{2\}, \{1, 2\}\}, \ \{\emptyset, \{1\}, \{2\}\}, \ \{\emptyset, \{1\}, \{1, 2\}\}, \\
&\quad \{\emptyset, \{2\}, \{1, 2\}\}, \ \{\{1\}, \{2\}, \{1, 2\}\}, \ \{\emptyset, \{1\}, \{2\}, \{1, 2\}\} \Big\}.
\end{aligned}$$

□

Man beachte übrigens, dass $\emptyset \neq \{\emptyset\}$ gilt, da $\emptyset$ eine Menge ohne Element ist. Dagegen ist $\{\emptyset\}$ eine Menge mit einem Element – nämlich $\emptyset$.

Potenzmengen liefern eine erste Serie von Beispielen für eine Menge von Mengen. Allgemein werden Mengen von Mengen auch *Mengenfamilien* genannt. Im Rahmen des Potenzmengenkonzepts spielen die folgenden Mengenfamilien eine wichtige Rolle, die als *Intervalle* bekannt sind:

Definition 2.6 Sei M eine Menge und $\mathcal{P}(M)$ ihre Potenzmenge. Für zwei Mengen A und B aus $\mathcal{P}(M)$ heißt die Mengenfamilie

$$(A, B) = \{N \in \mathcal{P}(M) \mid A \subset N \subset B\}$$

ein *(offenes) Intervall* zwischen A und B.

Die Mengenfamilien

$$\langle A, B \rangle = \{N \in \mathcal{P}(M) \mid A \subseteq N \subseteq B\},$$

$$\langle A, B) = \{N \in \mathcal{P}(M) \mid A \subseteq N \subset B\} \text{ und}$$

$$(A, B\rangle = \{N \in \mathcal{P}(M) \mid A \subset N \subseteq B\}$$

heißen *abgeschlossenes* bzw. *links* oder *rechts abgeschlossenes Intervall* zwischen A und B.

2.7 Vereinigung, Durchschnitt und Differenz von Mengen

Wir können den beiden Mengen $\{1, 3, 5\}$ und $\{4, 5, 6\}$ in natürlicher Weise z. B. die Mengen $\{1, 3, 4, 5, 6\}$, $\{5\}$ und $\{1, 3\}$ zuordnen, wobei die erste dieser drei Mengen aus allen Elementen besteht, die zu $\{1, 3, 5\}$ oder zu $\{4, 5, 6\}$ (oder zu beiden Mengen) gehören, die zweite aus den gemeinsamen Elementen beider Mengen und die dritte aus all den Elementen, die wohl zu $\{1, 3, 5\}$ gehören, aber nicht zu $\{4, 5, 6\}$. Konstruktionen wie diese werden in der Mengenlehre als *Mengenoperationen* bezeichnet. Diese Begriffsbildung hat ihren Ursprung in der Beobachtung, dass man – wie sich später noch deutlich herausstellen wird – mit Mengen „rechnen" kann, wie z. B. mit Zahlen. Die dabei geltenden Rechenregeln folgen natürlich ihren eigenen Gesetzen.

Allgemein sind Mengenoperationen wie folgt erklärt:

Definition 2.7 Seien M und N zwei beliebige Mengen.

(1) Die Gesamtheit aller Elemente, die zu wenigstens einer der beiden Mengen M oder N gehören, bildet eine Menge, die als *Vereinigung* von M und N – dargestellt durch

$M \cup N$ – bezeichnet wird. In der Sprache der formalen Logik gilt

$$M \cup N = \{x \mid (x \in M) \vee (x \in N)\}.$$

(2) Die Gesamtheit aller Elemente, die sowohl zu M als auch zu N gehören, bildet eine Menge, die als *Durchschnitt* von M und N – dargestellt durch $M \cap N$ – bezeichnet wird,

$$M \cap N = \{x \mid (x \in M) \wedge (x \in N)\}.$$

(3) Die Gesamtheit aller Elemente, die zur Menge M gehören, aber nicht zur Menge N, bildet eine Menge, die als *Differenz* von M und N – dargestellt durch $M - N$ – bezeichnet wird,

$$M - N = \{x \mid (x \in M) \wedge (x \notin N)\}.$$

Beispiele 2.9

(1) $\{1, 3, 5, 7\} \cup \{1, 2, 4, 5\} = \{1, 2, 3, 4, 5, 7\}$.

(2) $\{1, 3, 5, 7\} \cap \{1, 2, 4, 5\} = \{1, 5\}$.

(3) $\{1, 3, 5, 7\} - \{1, 2, 4, 5\} = \{3, 7\}$.

(4) $\{a, b\} \cup \{a, b\} = \{a, b\} = \{a, b\} \cap \{a, b\}$.

(5) $\{a, b\} - \{a, b\} = \emptyset$.

(6) $M \cap \overline{M} = \emptyset$.

(7) $M - \overline{M} = M$.

(8) Für $A, B \in \mathcal{P}(M)$ gilt $(A, B) \cup \{A, B\} = \langle A, B \rangle$.

(9) Für $A, B \in \mathcal{P}(M)$ gilt $\langle A, B \rangle \cap (A, B) = (A, B)$.

(10) $\{(x, y) \mid x, y \in \mathbb{R} \text{ und } x^2 + y^2 = 4\} \cap \{(x, y) \mid x, y \in \mathbb{R} \text{ und } y = 3x + 2\}$
$= \{(0, 2), (-6/5, -8/5)\}$.   □

Die eingeführten Mengenoperationen lassen sich wieder mit Hilfe von Venn Diagrammen graphisch gut veranschaulichen.

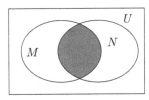
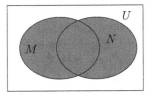
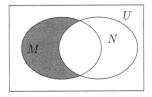

Durchschnitt $M \cap N$ Vereinigung $M \cup N$ Differenz $M - N$

Man sieht schon auf den ersten Blick, dass Durchschnitt und Vereinigung zweier Mengen in folgender Beziehung stehen:

$$M \cap N \subseteq M, \quad N \subseteq M \cup N.$$

Um ganz sicher zu sein, dass wir keinem vorschnellen Schluss erliegen, müssen wir diese Feststellung logisch einwandfrei und lückenlos begründen. Dazu gehen wir auf die Definition von Durchschnitt und Vereinigung zurück: $M \cap N$ ist nach Definition die Menge, die genau aus den gemeinsamen Elementen von M und N besteht. Da folglich jedes Element von $M \cap N$ zu M und zu N gehört, gilt $M \cap N \subseteq M$ und $M \cap N \subseteq N$. Weiter wissen wir, dass $M \cup N$ nach Definition diejenige Menge ist, die sämtliche Elemente von M und von N umfasst, dass also $M \subseteq M \cup N$ und $N \subseteq M \cap N$ gilt.

Aufgrund der Symmetrie der Definition in Bezug auf die beiden Mengen M und N kommt es bei der Bildung von Vereinigung und Durchschnitt nicht auf die Reihenfolge der beiden Mengen an: Wir erhalten stets die gleiche Menge, wenn wir $M \cup N$ oder $N \cup M$ bzw. $M \cap N$ oder $N \cap M$ bilden,

$$M \cup N = N \cup M, \quad M \cap N = N \cap M.$$

Obwohl diese als *Kommutativgesetz* bekannte Eigenschaft von Vereinigung und Durchschnitt so selbstverständlich aussieht, gibt es doch sehr viele andere Operationen, die diese Eigenschaft nicht besitzen. Beispielsweise ist die Operation der Mengendifferenz nicht kommutativ, ist es doch ein erheblicher Unterschied, ob man wie im Fall der Bildung von $M - N$ die Elemente der Menge N aus der Menge M aussondert, oder ob man bei der Bildung von $N - M$ die Elemente von M aus N entfernt.

Für Mengenoperationen gelten weitere Eigenschaften. Wir wollen als nächstes nachweisen, dass Vereinigung und Durchschnitt *assoziativ* sind, dass es also auch nicht auf die Reihenfolge bei der Anwendung dieser Mengenoperationen ankommt. Zum Nachweis dieser Behauptung genügt es, für jede dieser beiden Operationen die Gültigkeit der folgenden Beziehung für beliebig vorgegebene Mengen L, M, N nachzuweisen:

$$L \cup (M \cup N) = (L \cup M) \cup N,$$
$$L \cap (M \cap N) = (L \cap M) \cap N.$$

Der Nachweis der beiden Gleichungen beruht auf ganz analogen Überlegungen. Wir brauchen uns deshalb nur von der Gültigkeit des ersten Faktes zu überzeugen. Um die Gleichheit zweier Mengen nachzuweisen, müssen wir wieder zeigen, dass gleichzeitig $L \cup (M \cup N) \subseteq (L \cup M) \cup N$ und $(L \cup M) \cup N \subseteq L \cup (M \cup N)$ gilt. Sei dazu $a \in L \cup (M \cup N)$ beliebig gewählt. Dann gilt nach Definition der Vereinigung $(a \in L) \vee (a \in M \cup N)$ und $(a \in L) \vee ((a \in M) \vee (a \in N))$. Aufgrund der Assoziativität der Disjunktion ist das logisch äquivalent zu $((a \in L) \vee (a \in M)) \vee (a \in N)$, mithin gilt also $(a \in L \cup M) \vee (a \in N)$ und damit auch $a \in (L \cup M) \cup N$. Ganz analog erhält man die zweite Enthaltenseinsbeziehung: $a \in (L \cup M) \cup N$ heißt nach Definition $(a \in L \cup M) \vee (a \in N)$ und $((a \in L) \vee (a \in M)) \vee (a \in N)$. Aufgrund der Assoziativität der Disjunktion ist das logisch äquivalent zu $(a \in L) \vee ((a \in M) \vee (a \in N))$, mithin gilt also $(a \in L) \vee (a \in M \cup N)$ und damit auch $a \in L \cup (M \cup N)$.

Durch die mehrmalige Anwendung der oben bewiesenen und als *Assoziativgesetz* bekannten Beziehungen überzeugt man sich weiterhin leicht, dass die Vereinigung bzw. der Durchschnitt einer endlichen Zahl vorgegebener Mengen o. B. d. A.[1] immer von links nach rechts[2] ausgeführt werden kann, ohne dass damit das Gesamtergebnis beeinflusst würde.

Beispiel 2.10 Für beliebig vorgegebene Mengen A, B, C, D, E, F gilt

$$(A \cup B) \cup (C \cup ((D \cup E) \cup F)) = ((((A \cup B) \cup C) \cup D) \cup E) \cup F .$$

Tatsächlich liefert die wiederholte Anwendung des Assoziativgesetzes

$$
\begin{aligned}
(A \cup B) \cup (C \cup ((D \cup E) \cup F)) &= ((A \cup B) \cup C) \cup ((D \cup E) \cup F) \\
&= (((A \cup B) \cup C) \cup (D \cup E)) \cup F \\
&= ((((A \cup B) \cup C) \cup D) \cup E) \cup F .
\end{aligned}
$$

□

Sind die Mengen M und N mit Hilfe definierender Eigenschaften beschrieben, gilt also $M = \{x \mid E_M(x)\}$ und $N = \{x \mid E_N(x)\}$ für zwei Aussageformen $E_M(x)$ und $E_N(x)$ über dem selben Universum U, dann können Vereinigung, Durchschnitt und Differenz prägnant geschrieben werden als

$$
\begin{aligned}
M \cup N &= \{x \mid E_M(x) \vee E_N(x)\}, \\
M \cap N &= \{x \mid E_M(x) \wedge E_N(x)\}, \\
M - N &= \{x \mid E_M(x) \wedge \neg E_N(x)\}.
\end{aligned}
$$

Tatsächlich wird in diesen Beziehungen der tiefe Zusammenhang zwischen logischen Verknüpfungen von Aussageformen einerseits und Mengenoperationen andererseits ganz deutlich sichtbar: Über die im ersten Kapitel besprochenen Verknüpfungen von Aussagen und Aussageformen und ihren exakt festgelegten Wahrheitswertetabellen können Mengenoperationen ganz formal und logisch exakt beschrieben werden. Wir werden später immer wieder von diesem Zusammenhang ausgiebig Gebrauch machen, wenn wir uns z. B. über die

---

[1] o. B. d. A. ist eine in der Mathematik häufig benutzte Abkürzung und steht für „*ohne Beschränkung der Allgemeinheit*". Ausgedrückt wird damit der Sachverhalt, dass die getroffene Festlegung nicht auf die Betrachtung eines Spezialfalls führt, sondern lediglich eine der möglichen Ausprägungen des allgemeinen Falls liefert.

[2] Wir hätten o. B. d. A. eben so gut sagen können: „von rechts nach links", oder „in der Mitte beginnend" usw.

Beschaffenheit sehr spezieller Mengen oder die Beziehungen zwischen verschiedenen, kompliziert aufgebauten Mengen Gedanken zu machen haben. Auch zum Nachweis bestimmter Eigenschaften der Mengenoperationen kann dieser tiefe Zusammenhang zwischen Aussagenlogik und Mengenlehre nutzbringend angewendet werden. Beispielsweise hätte es zum Nachweis sowohl des Assoziativ- als auch des Kommutativgesetzes für die beiden Mengenoperationen $\cup$ und $\cap$ genügt, auf die entsprechenden bereits gut bekannten Eigenschaften der korrespondierenden aussagenlogischen Operationen $\vee$ und $\wedge$ hinzuweisen.

Zur Illustration dieses Zusammenhangs sehen wir uns zwei wichtige Rechenregeln für Mengenoperationen genauer an. Zunächst untersuchen wir die Wechselwirkung von Vereinigung und Durchschnitt, und betrachten die Mengenverknüpfung $L \cup (M \cap N)$, in der gleichzeitig $\cup$ und $\cap$ vorkommen. Zu diesem Mengenkonstrukt korrespondiert nach Definition die logische Aussagenverbindung $p \vee (q \wedge r)$ mit $p : x \in L$, $q : x \in M$ und $r : x \in N$. Wendet man das Distributivgesetz für die logischen Konnektoren $\vee$ und $\wedge$ auf diese Aussagenverbindung an, so erhält man

$$p \vee (q \wedge r) \equiv (p \vee q) \wedge (p \vee r).$$

Übertragen auf die durch $\vee$ und $\wedge$ definierten Mengenoperationen $\cup$ und $\cap$ erhält man sofort die Mengengleichheit

$$L \cup (M \cap N) = (L \cup M) \cap (L \cup N),$$

also ein *Distributivgesetz* für die Mengenoperationen $\cup$ und $\cap$. Natürlich liefern auch die andere Distributivgesetze für aussagenlogische Verbindungen entsprechende Distributivgesetze für Mengenverknüpfungen.

Auch die beiden *deMorgan'schen Regeln*

$$\neg(p \wedge q) \equiv (\neg p) \vee (\neg q) \quad \text{bzw.} \quad \neg(p \vee q) \equiv (\neg p) \wedge (\neg q)$$

aus dem Bereich der Aussagenverknüpfungen können sofort in den Bereich der Mengen übertragen werden, wobei wir die durch die Definition jeweils beschriebene Korrespondenz zwischen Negation und Komplementbildung, zwischen Disjunktion und Vereinigung und zwischen Konjunktion und Durchschnitt ausnutzen:

$$\overline{(M \cap N)} = \overline{M} \cup \overline{N} \quad \text{bzw.} \quad \overline{(M \cup N)} = \overline{M} \cap \overline{N}.$$

Aufgrund ihrer Assoziativität und Kommutativität können die beiden Mengenoperationen Vereinigung und Durchschnitt auch auf Mengenfamilien angewendet werden. Um jedem aus den Schwierigkeiten mit der formalen Mengendefinition resultierenden Problem von vornherein aus dem Weg zu gehen, betrachten wir nur Mengenfamilien, die Teilmenge einer Potenzmenge sind.

Definition 2.8 Sei M eine Menge und $\mathcal{F} \subseteq \mathcal{P}(M)$. Die Menge

$$\bigcup \mathcal{F} = \{x \mid \exists N : (N \in \mathcal{F} \wedge x \in N)\}$$

heißt *Vereinigung aller Mengen aus* $\mathcal{F}$.

Die Menge

$$\bigcap \mathcal{F} = \{x \mid \forall N : (N \in \mathcal{F} \rightarrow x \in N)\} \cap \bigcup \mathcal{F}$$

heißt *Durchschnitt aller Mengen aus* $\mathcal{F}$.

Das Universum der beiden verwendeten Aussageformen $N \in \mathcal{F} \wedge x \in N$ und $N \in \mathcal{F} \rightarrow x \in N$ mit der freien Variablen N ist $\mathcal{P}(M)$.

Beispiele 2.11

(1) Sei $M = \mathbb{N}$. Für $\mathcal{F} = \{\{1, 2, 3\}, \{3, 4, 5\}, \{5, 6, 7\}, \{7, 8, 9\}\}$ ist

$$\bigcup \mathcal{F} = \{1, 2, 3, 4, 5, 6, 7, 8, 9\} \quad \text{und} \quad \bigcap \mathcal{F} = \emptyset.$$

(2) Für $\mathcal{G} = \{\{1, 2, 3, 4\}, \{3, 4, 5, 6\}\}$ ist

$$\bigcup \mathcal{G} = \{1, 2, 3, 4, 5, 6\} \quad \text{und} \quad \bigcap \mathcal{G} = \{3, 4\}.$$

(3) Für $\mathcal{H} = \{B_0, B_1, B_2, B_3, \ldots\}$ mit $B_i = \{x \in \mathbb{N} \mid 2^i \text{ teilt } x\}$ ist
$$\bigcup \mathcal{H} = \mathbb{N} \quad \text{und} \quad \bigcap \mathcal{H} = \{0\}.$$

$\square$

2.8 Produkt von Mengen

Aus dem täglichen Leben ist uns das folgende Konstruktionsprinzip für Mengen gut bekannt: Aus der Menge {Julia, Martin} von Vornamen und der Menge {Meier, Müller, Schulze} von Nachnamen können wir die Mengen

$$\{ \quad \text{(Julia, Meier), (Julia, Müller), (Julia, Schulze),}$$
$$\text{(Martin, Meier), (Martin, Müller), (Martin, Schulze) } \}$$

aller möglichen Kombinationen vollständiger Namen bilden. Wir haben dabei die jeweils zusammengehörigen Vor- und Nachnamen in runde Klammern gesetzt. In jedem Fall stehen die Elemente der ersten Menge, also die Vornamen, innerhalb eines Klammerpaares an erster Stelle, und die Nachnamen, also die Elemente der zweiten Menge, an zweiter Stelle. Abstrakt mathematisch gesprochen haben wir zu zwei vorgegebenen Mengen M und N die Menge aller Paare (m, n) gebildet, wobei zuerst ein Element $m \in M$ steht und dann ein Element

$n \in N$. In der Mathematik werden solche Paare (m, n) gewöhnlich *geordnete Paare* genannt. Um sie eindeutig zu beschreiben, müssen sowohl die beiden vorkommenden Elemente als auch ihre Reihenfolge angegeben werden. Zwei geordnete Paare (a, b) und (c, d) werden nur dann als *gleich* angesehen, wenn die beiden erstplatzierten Elemente übereinstimmen und wenn die beiden zweitplatzierten Elemente übereinstimmen, wenn also $a = c$ und $b = d$ gilt. Erinnern wir uns demgegenüber an die Definition von Mengen, so spielte dort die Reihenfolge, in der die Elemente aufgezählt wurden, keine Rolle: Die beiden Mengen $\{a, b\}$ und $\{c, d\}$ sind gleich, wenn entweder $a = c$ und $b = d$ gilt oder wenn $a = d$ und $b = c$. Aufgrund dieses grundsätzlichen Unterschieds müssen wir peinlich genau auf den Unterschied zwischen (a, b) und $\{a, b\}$ achten, geordnete Paare dürfen also keinesfalls mit Zweiermengen verwechselt werden.

Definition 2.9 Seien M und N zwei nicht notwendig verschiedene Mengen. Dann ist die Gesamtheit aller geordneten Paare (m, n) mit $m \in M$ und $n \in N$ eine Menge, die *(kartesisches* oder *direktes) Produkt* von M und N genannt und mit $M \times N$ bezeichnet wird:

$$M \times N = \{(m, n) \mid m \in M \wedge n \in N\}.$$

Für den Spezialfall der leeren Menge gilt also

$$M \times \emptyset = \emptyset, \quad \emptyset \times N = \emptyset.$$

Beispiele 2.12

(1) Sei $A = \{a, b\}$ und $B = \{\alpha, \beta, \gamma\}$. Dann hat das Produkt $A \times B$ von A und B die Gestalt

$$A \times B = \{(a, \alpha), (a, \beta), (a, \gamma), (b, \alpha), (b, \beta), (b, \gamma)\} \ .$$

(2) Seien $I = \{x \in \mathbb{R} \mid 0 \le x \le 5\}$ und $J = \{y \in \mathbb{R} \mid 0 \le y \le 1\}$ zwei Mengen reeller Zahlen. Dann besteht das Produkt $I \times J$ aus allen geordneten Paaren

$$I \times J = \{(x, y) \mid x \in I, \ y \in J\}.$$

Wie aus dem Geometrieunterricht in der Schule bekannt, stehen derartige Mengen $I \times J$ mit den Rechtecken der (euklidischen) Ebene in enger Beziehung: Dazu wird in der Ebene zunächst ein rechtwinkliges Koordinatensystem festgelegt. Jeder Punkt kann nun eindeutig allein mit Hilfe seiner x- und y-Koordinaten, also über seine Abstände in Richtung der ersten, üblicherweise als x-Achse, und der zweiten, üblicherweise als y-Achse bezeichneten Koordinatenachse beschrieben werden. Die Abstände werden dabei gemessen in der mit dem Koordinatensystem festgelegten Maßeinheit. Natürlich ist die Reihenfolge der beiden Koordinaten ganz wesentlich: $(2, 7)$ bezeichnet z. B. einen völlig anderen Punkt als $(7, 2)$.

Sieht man sich nun im Lichte dieser Zuordnung von Punkten und Zahlenpaaren noch einmal die Menge $I \times J$ als Menge von Koordinatenpaaren (x, y) an, dann beschreibt $I \times J$ genau die Menge aller Punkte eines achsenparallelen Rechtecks mit den Seitenlängen 5 und 1. $\qquad\qquad\Box$

Um den Umgang mit den Begriffen der Mengenlehre und unser abstraktes mathematisch-logisches Denken weiter zu schulen, überlegen wir uns nun kurz, wie wir den Begriff des geordneten Paares hätten allein in den Kategorien der uns bisher bekannten Sprache der Mengen charakterisieren können. Wie bereits bemerkt, beschreiben Zweiermengen $\{m, n\}$ keine geordneten Paare. Auch der Versuch, ein geordnetes Paar über die Mengenkonstruktion $\{\{m\}, \{n\}\}$ zu charakterisieren, schlägt aufgrund der für jede Menge gültigen Beziehung $\{\{m\}, \{n\}\} = \{\{n\}, \{m\}\}$ fehl. Weiter kommen wir schon mit folgender Konstruktion $\{\{m\}, \{m, n\}\}$. Es gilt nämlich $\{\{m\}, \{m, n\}\} = \{\{r\}, \{r, s\}\}$ dann und nur dann, wenn $m = r$ und $n = s$.

Um nun diese Behauptung nachzuweisen – also die Äquivalenz der beiden Aussagen $\{\{m\}, \{m, n\}\} = \{\{r\}, \{r, s\}\}$ und $m = r \wedge n = s$ –, gehen wir zunächst von der Annahme aus, dass $\{\{m\}, \{m, n\}\} = \{\{r\}, \{r, s\}\}$ gilt. Nach Definition der Gleichheit von Mengen bedeutet das, dass entweder $\{m\} = \{r\}$ und $\{m, n\} = \{r, s\}$ gilt oder dass $\{m\} = \{r, s\}$ und $\{r\} = \{m, n\}$. Im ersten Fall folgt unmittelbar $m = r$ und folglich auch $n = s$. Im zweiten Fall folgt $m = r = s$ und $r = m = n$, insbesondere also auch $m = r$ und $n = s$. Wir müssen nun noch die Umkehrung zeigen, also dass nur im Fall $m = r$ und $n = s$ auch $\{\{m\}, \{m, n\}\} = \{\{r\}, \{r, s\}\}$ gilt. Dies ist aber unmittelbar klar, da aus $m = r$ und $n = s$ sofort $\{m\} = \{r\}$ und $\{m, n\} = \{r, s\}$ folgt, und damit $\{\{m\}, \{m, n\}\} = \{\{r\}, \{r, s\}\}$.

Tatsächlich ist damit gezeigt, dass wir den Begriff des geordneten Paares (m, n) unter alleiniger Verwendung des Mengenbegriffs hätten definieren können als Menge der Gestalt $\{\{m\}, \{m, n\}\}$.

Die Definition des geordneten Paares lässt sich rekursiv leicht verallgemeinern auf geordnete Tupel mit mehr als zwei Positionen, nämlich

$$(m_1, \dots, m_t) = ((m_1, \dots, m_{t-1}), m_t).$$

Auf der rechten Seite steht dabei ein gewöhnliches geordnetes Paar mit einer nicht so gewöhnlichen ersten Komponente. Diese Komponente selbst ist wieder ein geordnetes Paar mit einer nicht so gewöhnlichen ersten Komponente, und so weiter.

Definition 2.10 Seien $M_1, \dots, M_t$ Mengen. Das *Produkt* von $M_1, \dots, M_t$ wird durch $M_1 \times \dots \times M_t$ bezeichnet und ist die Menge, die aus allen geordneten t-Tupeln $(m_1, \dots, m_t)$ mit $m_i \in M_i$, $i = 1, \dots, t$ besteht,

$$M_1 \times \dots \times M_t = \{(m_1, \dots, m_t) \mid m_1 \in M_1 \wedge \dots \wedge m_t \in M_t\}.$$

Gilt $M_1 = M_2 = \ldots = M_t = M$, dann schreibt man anstelle des langen Ausdrucks $\underbrace{M \times M \times \cdots \times M}_{t\text{-mal}}$ kurz M^t, wobei M^0 in dieser Schreibweise die leere Menge bezeichnet und M^1 die Menge M selbst.

Beispiel 2.13 Auf dem selben Weg, wie die Punkte des zweidimensionalen Raums durch geordnete Koordinatenpaare beschrieben werden können, lassen sich die Punkte des dreidimensionalen Raums durch geordnete Koordinatentripel, also durch geordnete 3-Tupel beschrieben. (x, y, z) repräsentiert dabei den Punkt im Raum, der vom Koordinatenursprung in der ersten Richtung des zu Grunde gelegten 3-dimensionalen Koordinatensystems x Maßeinheiten, in der zweiten Richtung y und in der dritten Richtung z Maßeinheiten entfernt ist. Nimmt man als zusätzliche vierte Koordinate noch den Zeitpunkt der Messung hinzu, dann erhält man ein geordnetes 4-Tupel, das eine Beschreibung des Punktes im sogenannten Raum-Zeit-Kontinuum liefert. Die Menge

$$\{x \in \mathbb{R} \mid 0 \leq x \leq 1\} \times \{x \in \mathbb{R} \mid 0 \leq x \leq 1\} \times \{x \in \mathbb{R} \mid 0 \leq x \leq 1\}$$

beschreibt also einen Würfel mit der Seitenlänge 1, den sogenannten *Einheitswürfel*. Seine Lage im Raum ist achsenparallel zu den drei Koordinatenachsen, die linke, vordere, untere Ecke liegt im Koordinatenursprung.   □

Für spätere Anwendungen ist die folgende Menge von erheblichem Interesse.

Definition 2.11 Die Vereinigung der Produktmengen $M^0, M^1, \ldots, M^n, \ldots$ wird mit M^* bezeichnet,

$$M^* = \bigcup_{0 \leq i} M^i.$$

Beispiele 2.14

(1) $\emptyset^* = \bigcup_{0 \leq i} \emptyset^i = \bigcup_{0 \leq i} \emptyset = \emptyset.$

(2) $\{x\}^* = \bigcup_{0 \leq i} \{x\}^i = \emptyset \cup \{x\} \cup \{(x, x)\} \cup \{(x, x, x)\} \cup \ldots$

$\phantom{(2) \{x\}^*} = \{x, (x, x), (x, x, x), \ldots\}.$ □

2.9 Weitere Rechenregeln für Mengenoperationen

Wir wollen nun einige weitere Eigenschaften von Mengenoperationen zusammentragen, die zeigen, dass wir vermöge der eingeführten Mengenoperationen mit Mengen wie mit gewöhnlichen Zahlen rechnen können. Natürlich werden sich die dabei zu beachtenden Gesetzmäßigkeiten und Rechenregeln etwas von denen der Rechenregeln für Zahlen unterscheiden, insgesamt jedoch ist es gerechtfertigt, von einer *Algebra* der Mengen zu sprechen. Das Beispiel der Mengen ist dabei paradigmatisch. Tatsächlich haben die vielfältigen Erfolge von Mathematik und Informatik in den unterschiedlichen Anwendungen in Technik und Wissenschaft ihre Ursache immer in dem Vermögen, die betrachteten Gegenstände berechenbar, also der Bearbeitung mit formalen Rechen-, Umformungs- und Vereinfachungsregeln zugänglich zu machen.

Eine reiche Quelle von interessanten und wichtigen Rechenregeln für Mengenoperationen bietet der Fundus an logischen Äquivalenzen für Aussagen und Aussageformen aus Kap. 1. Aufgrund des engen Zusammenhangs zwischen der Aussagenlogik und der Mengenlehre können wir diese Äquivalenzen sofort in die Welt der Mengen übertragen, da die Mengenoperationen mit Hilfe aussagenlogischer Verknüpfungen definiert sind. Wie bereits diskutiert, liefert die Eigenschaft der Kommutativität von $\wedge$, also die Gültigkeit der Regel

$$(p \wedge q) \equiv (q \wedge p) \,,$$

beispielsweise sofort die Kommutativität der Durchschnittsbildung von Mengen:

$$A \cap B = B \cap A \,.$$

Tatsächlich gilt nämlich nach Definition von $\cap$

$$x \in A \cap B \equiv x \in A \wedge x \in B \,.$$

Da die Aussagen $x \in A \wedge x \in B$ und $x \in B \wedge x \in A$ aufgrund der Kommutativität von $\wedge$ logisch äquivalent sind,

$$\forall x : (x \in A \wedge x \in B) \equiv \forall x : (x \in B \wedge x \in A) \,,$$

folgt

$$A \cap B = B \cap A \,.$$

Die auf den nachfolgend aufgeführten Mengengleichheiten basierenden Rechenregeln können vermöge ganz analoger Überlegungen bewiesen werden. Zur Schulung der Fähigkeit, streng logisch mathematische Beweise zu führen, sei dem Leser dringend empfohlen, jede einzelne der folgenden Gleichheiten auf die ihr zu Grunde liegende aussagenlogische Tautologie zurückzuführen.

Kommutativität:	$A \cap B$	$=$	$B \cap A$
	$A \cup B$	$=$	$B \cup A$
Assoziativität:	$A \cap (B \cap C)$	$=$	$(A \cap B) \cap C$
	$A \cup (B \cup C)$	$=$	$(A \cup B) \cup C$
Distributivität:	$A \cap (B \cup C)$	$=$	$(A \cap B) \cup (A \cap C)$
	$A \cup (B \cap C)$	$=$	$(A \cup B) \cap (A \cup C)$
	$A \times (B \cup C)$	$=$	$(A \times B) \cup (A \times C)$
	$A \times (B \cap C)$	$=$	$(A \times B) \cap (A \times C)$
	$(A \times B) \cap (C \times D)$	$=$	$(A \cap C) \times (B \cap D)$
Idempotenz:	$A \cap A$	$=$	A
	$A \cup A$	$=$	A
Doppelnegation:	$\overline{(\overline{A})}$	$=$	A
deMorgans Regeln:	$\overline{(A \cap B)}$	$=$	$\overline{A} \cup \overline{B}$
	$\overline{(A \cup B)}$	$=$	$\overline{A} \cap \overline{B}$
Absorption:	$A \cap B$	$=$	A, falls $A \subseteq B$
	$A \cup B$	$=$	B, falls $A \subseteq B$.

Mathematisches Beweisen

3

Zusammenfassung

Um sich und andere gesichert von der Allgemeingültigkeit einer Beobachtung zu überzeugen, führt man in der Mathematik Beweise. Beweise erfordern eine lückenlose Argumentation, wobei jedes der verwendeten Argumente zuvor selbst bewiesen sein muss, aus einer Definition folgen oder einer gültigen „letzten" Tatsache, einem Axiom, bestehen muss. Übrigens werden die Mathematiker von allen anderen Wissenschaftlern um ihre Beweiskultur beneidet. Wir machen uns im Folgenden grundlegende Gedanken zum Beweisen, damit wir in den folgenden Kapiteln das Beweiseführen erlernen können.

In den beiden vorangegangenen Kapiteln standen wir wiederholt vor der Situation, uns von der Gültigkeit getroffener Feststellungen überzeugen zu müssen. Während sich einige dieser Feststellungen ganz offensichtlich und unmittelbar aus den eingeführten Begriffsbildungen folgern ließen, bedurfte es bei anderen weiterreichenderer und tiefsinnigerer Argumentationen. Tatsächlich ist die Art, wie mit Behauptungen und Feststellungen umgegangen wird, ein einmaliges Charakteristikum der Mathematik und der ihr verwandten Gebiete der Informatik. Schlüsselworte für das hier an den Tag gelegte Herangehen sind *Formalisierung* und *(mathematischer) Beweis*. Ohne Übertreibung kann die Mathematik als *die* Wissenschaft des strengen Beweises angesehen werden. Gründen sich nämlich in anderen Gebieten Theorien auf Erfahrungen oder Lehrmeinungen, Beobachtungen oder Wahrscheinlichkeiten, so gilt in der Mathematik eine Behauptung nur dann als richtig, wenn man sie „beweisen" kann, wenn ihre Richtigkeit also mit Hilfe eines mathematischen Beweises nachweisbar ist. Im folgenden Kapitel wollen wir deshalb einige grundsätzliche Bemerkungen zum Phänomen des mathematischen Beweises machen und uns über die an ihn gestellten Ansprüche klar werden. Einzelne Beweistechniken werden dann später in gesonderten Kapiteln vorgestellt und besprochen.

© Der/die Autor(en), exklusiv lizenziert an Springer Fachmedien Wiesbaden GmbH, ein   41
Teil von Springer Nature 2024
C. Meinel und M. Mundhenk, *Mathematische Grundlagen der Informatik*,
https://doi.org/10.1007/978-3-658-43136-5_3

Ein mathematischer Beweis erfüllt gleichzeitig verschiedene Zwecke: Zunächst ermöglicht er immer wieder jedem Interessenten die vollständig(st)e Überprüfung und Beurteilung eines in Frage stehenden Sachverhalts. Er unterliegt dabei selbst einer dauernden Kritik, hilft Irrtümer und Unklarheiten auszuräumen und gibt Anlass zur andauernden Neubewertung eines Sachverhalts. Ein Beweis macht es jedem Studenten möglich, sich eigenständig ein adäquates Bild des untersuchten Sachverhaltes zu erarbeiten und so bis ins Zentrum der mathematischen Forschung vorzudringen. Oft führt erst der Beweis zur vollen Einsicht und einem vertieften Verständnis der gewöhnlich sehr kurz und mit äußerster Präzision formulierten mathematischen Aussagen und Sachverhalte, indem er zum Kern der Sache vorstößt und die inneren Zusammenhänge aufdeckt. Der Beweis macht die Hintergründe für die Gültigkeit eines Sachverhaltes transparent, zeigt dessen Grenzen auf und gibt Anregungen für mögliche Verallgemeinerungen. Das mathematische Beweisen setzt so die kreativen mathematischen Kräfte frei, ermöglicht den virtuosen Umgang mit der untersuchten Materie und legt mathematische Neuschöpfungen nahe. Kein Wunder also, dass viele Mathematikvorlesungen und -bücher lediglich aus einer reinen Aneinanderreihung von Sätzen und Beweisen bestehen.

Nach dieser langen Vorrede, die zumindest klar machen sollte, dass es unmöglich ist, ein tieferes Verständnis für mathematische Sachverhalte – sie werden üblicherweise als mathematische *Sätze* oder *Theoreme* ausgesprochen – zu erlangen, ohne die Fähigkeit zum Lesen und eigenständigen Finden von mathematischen Beweisen, wollen wir anhand eines konkreten Beispiels sehen, was ein Beweis ist, wie er funktioniert und was er bezweckt. Wir schauen uns dazu die folgende kleine Behauptung aus der Theorie der Teilbarkeit natürlicher Zahlen an:

Satz 3.1 *Sei $p \geq 5$ eine Primzahl. Dann ist die Zahl $z = p^2 - 1$ stets durch 24 teilbar.*

Mit Hilfe eines Taschenrechners kann man schnell zeigen, dass diese Behauptung z. B. für die Primzahlen $p = 5, 7, 11, 13, 17$ gültig ist. Hat man mehr Zeit und probiert größere Primzahlen aus, dann wird sich an dieser Feststellung nichts ändern. Man könnte diese Einzelbeobachtungen – in anderen Wissenschaften ist das ein durchaus übliches Vorgehen – zum Anlass nehmen, die Teilbarkeit von $z = p^2 - 1$ durch 24 deshalb als feststehende und gültige Tatsache anzusehen. In der Mathematik jedoch ist ein solches Vorgehen absolut unzulässig: Da unsere Behauptung Gültigkeit für *alle* Primzahlen beansprucht, wäre sie bereits mit der Existenz nur eines einzigen Gegenbeispiels hinfällig. Tatsächlich ist die Strategie des Experimentierens und Ausprobierens von vornherein zum Scheitern verurteilt, da es unendlich viele Primzahlen gibt. Wie lang unser (endliches) Leben auch ist, durch Ausprobieren können wir die Behauptung mit Sicherheit nur für eine endliche Zahl von Primzahlen bestätigen und deshalb prinzipiell nicht ausschließen, dass es nicht doch eine sehr, sehr große Primzahl gibt, auf die wir beim Probieren nur noch nicht gestoßen sind, für die die Behauptung nicht zutrifft.

Wir sind trotzdem sicher, dass die obige Behauptung für alle Primzahlen gültig ist. Diese Sicherheit leitet sich aus der Existenz eines mathematischen Beweises her, der vermöge strenger logischer Schlussregeln die behauptete Eigenschaft als Konsequenz bereits früher bewiesener mathematischer Sätze, Definitionen oder einigen wenigen *Axiomen* – das sind offensichtlich gültige „letzte" Tatsachen – erscheinen lässt.

Beweis Aufgrund der Gültigkeit der binomischen Sätze können wir $z = p^2 - 1$ zerlegen in

$$p^2 - 1 = (p - 1) \cdot (p + 1).$$

Zunächst stellen wir fest, dass $(p - 1)$, p und $(p + 1)$ drei aufeinander folgende natürliche Zahlen sind. Da von drei aufeinander folgenden Zahlen stets eine durch 3 teilbar ist, und da p als Primzahl größer 3 selbst nicht durch 3 teilbar ist, muss entweder $(p - 1)$ oder $(p + 1)$ durch 3 teilbar sein.

Weiter ist p als Primzahl größer 5 mit Sicherheit eine ungerade Zahl – sie wäre sonst durch 2 teilbar und keine Primzahl. Folglich sind sowohl $(p - 1)$ als auch $(p + 1)$ beides gerade, also durch 2 teilbare Zahlen. Da eine von zwei aufeinander folgenden geraden Zahlen durch 4 teilbar ist, muss entweder $(p - 1)$ oder $(p + 1)$ zusätzlich auch durch 4 teilbar sein.

Insgesamt ist also von den beiden Teilern $(p - 1)$ und $(p + 1)$ von z einer durch 3, einer durch 2 und der andere durch 4 teilbar. Damit ist z als Produkt von $(p - 1)$ und $(p + 1)$ wie behauptet durch $24 = 2 \cdot 3 \cdot 4$ teilbar. ∎

Konzentrieren wir uns nach der inhaltlichen Auseinandersetzung – der anfänglich unintuitive und willkürlich erscheinende, pedantische Gedankengang entpuppt sich nach Durchlaufen eines gedanklichen Erkenntnisprozesses als strahlende und unumstößliche Wahrheit – auf die formale Struktur dieses einfachen Beweises: Unter Ausnutzung der bereits früher bewiesenen binomischen Formel wird die in Frage stehende Zahl umgeformt, so dass die Anwendung einer Reihe weiterer, bereits früher bewiesener zahlentheoretischer Sätze (z. B. *„Von drei aufeinander folgenden natürlichen Zahlen ist stets genau eine durch 3 teilbar."*) möglich wird. Die dabei zusammengetragenen Fakten werden einzeln ausgewertet und vermöge der im ersten Kapitel vorgestellten logischen Schlussregeln zu komplexeren Aussagen kombiniert (z. B. *„Ist z gleichzeitig durch 2 und durch 3 teilbar, dann auch durch 6."*).

Schauen wir uns den Prozess des logischen Schlussfolgerns kurz an: Ein Theorem verknüpft gewöhnlich zwei Aussagen A und B in Form einer Implikation

„Wenn A, dann B".

Den einzelnen Beweisschritten muss als logische *Inferenzregel* jeweils eine Tautologie zu Grunde liegen, also eine Aussagenverknüpfung, die unabhängig vom Wahrheitswert der einzelnen Aussagen insgesamt stets wahr ist (vgl. Kap. 1). Besonders häufig ist das die folgende, unter dem Namen *modus ponens* bekannte Tautologie

$$(p \wedge (p \to q)) \to q \, .$$

Sie besagt, dass aus der Gültigkeit von p und der Gültigkeit der Implikation $p \to q$ stets die Gültigkeit von q gefolgert werden kann. Ein Beweis auf der Basis der Inferenzregel des *modus ponens* geht also zunächst von der Richtigkeit der Voraussetzung A aus und zeigt im ersten Beweisschritt die Gültigkeit einer geeigneten Implikation $A \to p_1$. Gemäß *modus ponens* ergibt sich daraus die Gültigkeit der Aussage p_1. Der nächste Beweisschritt liefert über den Nachweis der Gültigkeit einer Implikation $p_1 \to p_2$ die Gültigkeit von p_2. Ist im i-ten Schritt dann die Gültigkeit von p_i und von $p_i \to p_{i+1}$ ermittelt, dann liefert der *modus ponens* die Gültigkeit von p_{i+1}. Der Beweis ist schließlich erbracht, wenn für eine dieser gültigen Aussagen p_i die Gültigkeit der Implikation $p_i \to B$ gezeigt und damit die Gültigkeit von B selbst nachgewiesen werden kann.

Alle im Beweis angewandten und ausgenutzten Tatsachen und Sätze müssen ihrerseits vollständig bewiesen sein. Diese für das mathematische Beweisen charakteristischen Rückverweise können natürlich nicht beliebig ins Unendliche fortgesetzt werden, sondern müssen – wie schon bemerkt – bei Definitionen und Axiomen enden. Während Definitionen dabei lediglich exakte und unmissverständliche sprachliche Begriffsbestimmungen sind, handelt es sich bei den Axiomen um Tatsachen, deren Gültigkeit nicht weiter in Frage gestellt wird, die also ohne Beweis akzeptiert werden. Es ist dabei klar, dass man jede mathematische Theorie auf eine möglichst geringe Zahl einsichtiger Axiome zu stützen sucht.

Die Wahrheit eines mathematischen Satzes wird also stets nur in Bezug auf ein vorgegebenes Axiomensystem bewiesen. Kein (guter) Mathematiker wird deshalb einen mathematischen Sachverhalt als absolute Wahrheit ansehen, sondern stets die Relativierung vornehmen, dass der Satz „nur" in Bezug auf das zu Grunde liegende Axiomensystem wahr ist. Diese Vorsicht im Umgang mit ihren Wahrheiten macht die Mathematik im Vergleich zu anderen Disziplinen oder Ideologien sehr sympathisch und ist die Ursache für ihr hohes Ansehen in der Wissenschaft.

Um im Rahmen der hier gebotenen Kürze zumindest eine vage Vorstellung von einem Axiomensystem zu geben, stellen wir kurz das Peano'sche Axiomensystem der natürlichen Zahlen vor. Wir werden es später brauchen, um die Wirkungsweise der wichtigen und erfolgreichen Beweistechnik der vollständigen Induktion zu verstehen.

Beispiel 3.1 Peano'sche Axiome der natürlichen Zahlen:

1. *Axiom:* 0 ist eine natürliche Zahl.
2. *Axiom:* Jede natürliche Zahl n hat einen Nachfolger $S(n)$.
3. *Axiom:* Aus $S(n) = S(m)$ folgt $n = m$.
4. *Axiom:* 0 ist nicht Nachfolger einer natürlichen Zahl.

5. *Axiom:* Jede Menge X, die 0 und mit jeder natürlichen Zahl n auch deren Nachfolger $S(n)$ enthält, umfasst alle natürlichen Zahlen. □

Tatsächlich hat sich über die letzten Jahrhunderte eine feste Kultur des mathematischen Beweises herausgebildet: Zunächst wird der zu beweisende Sachverhalt als *Theorem* oder *Satz* formuliert. Handelt es sich dabei um einen Sachverhalt, der überhaupt nur in Zusammenhang mit einem übergreifenden Sachverhalt Bedeutung besitzt, dann wird von einem *Lemma* oder *Hilfssatz* gesprochen. Kleine Schlussfolgerungen aus Theoremen und Sätzen werden *Korollar* genannt.

Um einen Beweis eigenständig nachvollziehbar zu machen, werden alle im Beweis verwendeten Bezeichnungen und Namen eindeutig erklärt und nur solche Sätze und Hilfssätze angeführt, die bereits an früherer Stelle bewiesen sind. Beweise sollten in vollständigen umgangssprachlichen Sätzen geführt werden, Kommentare zur Erläuterung der einzelnen Schlüsse sind erwünscht. Der Detaillierungsgrad der Erklärungen sollte dem Kenntnisstand der Leser des Beweises angepasst sein. Weder langschweifige und umständliche Erklärungen noch kaum nachzuvollziehende Gedankensplitter fördern das Verständnis eines Beweises, der letztlich vom Leser selbst gedanklich nachvollzogen werden muss. Der Beweisgang wird abgeschlossen mit den Worten „. . ., *was zu beweisen war*" bzw. mit den lateinischen Worten „*quod erat demonstrandum*" – abgekürzt „q.e.d." – oder mit einem Symbol – wir nehmen dafür zum Beispiel ∎.

Typische Fehler beim Beweisen sind:

- unzulässiges Argumentieren mit Beispielen,
- Verwendung gleicher Symbole zur Bezeichnung verschiedener Dinge,
- Hantieren mit nicht exakt oder widersprüchlich definierten Begriffsbildungen,
- unzulässige Gedankensprünge beim Schlussfolgern und
- Ausnutzung von bis dahin noch unbewiesenen Behauptungen zur Begründung von einzelnen Beweisschritten.

Relationen

4

Zusammenfassung

Beziehungen zwischen Objekten spielen im realen Leben eine große Rolle. Mathematisch lassen sie sich mit Hilfe spezieller Mengen – den so genannten Relationen – gut beschreiben. Vermittels dieser Mengenbeschreibung können Eigenschaften von Relationen untersucht werden, und es kann mit Relationen gerechnet werden (Invertierung, Komposition, usw.). Mit Hilfe spezieller Typen von Relationen (Äquivalenzrelation, Halbordnungsrelation) lassen sich die aus dem Bereich der Zahlen gut bekannten Gleichheits- und Ordnungsrelationen auf beliebige Objekte verallgemeinern.

4.1 Definition und erste Beispiele

Elemente einer Menge oder Elemente verschiedener Mengen stehen oft in bestimmten Beziehungen zueinander: Besucher einer Vorlesung können miteinander befreundet sein oder eine weitere Vorlesung beim gleichen Professor hören, Gemälde einer Galerie können vom gleichen Wert sein oder vom selben Maler stammen, Dreiecke in einer Ebene können ähnlich sein oder gemeinsame Punkte enthalten, ganze Zahlen können bei Division durch 7 den gleichen Rest lassen, usw. Mathematisch beschreiben lassen sich solche Beziehungen mit Hilfe des Begriffs der *Relation,* dem eine ähnlich grundlegende Bedeutung in der Mathematik und ihren Anwendungen zukommt wie dem Begriff der Menge oder dem Begriff der logischen Aussage.

Das mathematische Konzept, in das sich der Begriff der Relation einfügen lässt, hatten wir bereits kennen gelernt, als wir im letzten Kapitel die Produktbildung von Mengen besprochen hatten. Tatsächlich lassen sich Relationen nämlich als Teilmengen solcher Produktmengen charakterisieren.

Um das einzusehen, betrachten wir ein kleines Beispiel:

C. Meinel und M. Mundhenk, *Mathematische Grundlagen der Informatik,*
https://doi.org/10.1007/978-3-658-43136-5_4

$A = \{$Martin, Philipp, Louis$\}$ sei die Menge der Programmierer in einer Firma und
$B = \{$C++, JAVA, COBOL$\}$ sei die Menge der von ihnen beherrschten Programmiersprachen.

Martin beherrscht C++ und JAVA, Philipp und Louis sind COBOL-Programmierer. Um die
Relation, welcher Mitarbeiter welche Programmiersprache beherrscht, übersichtlich darstellen und dadurch effizienter anderen Anwendungen (z. B. Arbeitsplanung, Service-Hotline,
Urlaubs- und Vertretungsplanung, usw.) zugänglich machen zu können, bezeichnen wir sie
kurz mit einem Großbuchstaben R und schreiben „Name R Programmiersprache" anstelle
von „Der Programmierer Name beherrscht die Programmiersprache" und „Name $(\neg R)$ Programmiersprache" sonst. Mit dieser Darstellung beschreiben wir die oben angeführten Programmierer und die von ihnen beherrschten Programmiersprachen wie folgt.

$$\begin{array}{lll}
\text{Martin} & R & \text{C++} \\
\text{Martin} & R & \text{JAVA} \\
\text{Philipp} & R & \text{COBOL} \\
\text{Louis} & R & \text{COBOL}
\end{array}$$

und

$$\begin{array}{lll}
\text{Martin} & (\neg R) & \text{COBOL} \\
\text{Philipp} & (\neg R) & \text{C++} \\
\text{Philipp} & (\neg R) & \text{JAVA} \\
\text{Louis} & (\neg R) & \text{C++} \\
\text{Louis} & (\neg R) & \text{JAVA.}
\end{array}$$

Man überprüft leicht, dass diese Auflistung eine vollständige Beschreibung der betrachteten
Relation gibt: Über jede mögliche Kombination Martin – C++, Martin – JAVA, Martin –
COBOL, Philipp – C++, Philipp – JAVA, Philipp – COBOL, Louis – C++, Louis – JAVA,
Louis – COBOL von Programmierer zu Programmiersprache wird Auskunft gegeben, indem
für jede der theoretischen Kombinationsmöglichkeiten mitgeteilt wird, ob die Paarung zur
Relation gehört oder nicht. Bedenkt man nun, dass die Auflistung sämtlicher Kombinationsmöglichkeiten von Programmierer zu Programmiersprache genau aus allen Elementen
der Produktmenge $A \times B$ der Menge A der Programmierer und der Menge B der von ihnen
beherrschten Programmiersprachen besteht,

$$A \times B = \{(a, b) \mid a \in A \ \wedge \ b \in B\},$$

dann kann die betrachtete Relation R als Teilmenge

$$R = \{(\text{Martin,C++}), (\text{Martin, JAVA}), (\text{Philipp, COBOL}), (\text{Louis, COBOL})\}$$

von $A \times B$ verstanden werden.

Nachdem wir gesehen haben, dass Relationen als Teilmengen von Mengenprodukten
gefasst werden können, liegt es nahe zu fragen, ob umgekehrt auch jede Teilmenge eines

Mengenprodukts eine Relation liefert. Um diese Frage zu klären, erinnern wir uns daran, wie Teilmengen definiert sind: Jede Teilmenge M eines Universums U kann beschrieben werden mit Hilfe einer Aussageform $E(x)$ über U:

$$x \in M \equiv E(x) \text{ ist wahr.}$$

Angewandt auf eine Teilmenge M eines Mengenprodukts $A \times B$ heißt das

$$(a, b) \in M \equiv E(a, b) \text{ ist wahr.}$$

Ist nun eine beliebige Teilmenge M eines Mengenprodukts $A \times B$ vermittels einer Aussageform gegeben, dann lässt sich sofort eine Relation R_M zwischen A und B definieren, die genau die Elemente $a \in A$ und $b \in B$ zueinander in Beziehung setzt, für die die Aussageform $E(a, b)$ wahr ist. Relationen und Teilmengen eines Mengenprodukts entsprechen sich also eindeutig.

Definition 4.1 Seien A und B zwei beliebige Mengen. Eine *(binäre) Relation* R zwischen den Mengen A und B ist eine Teilmenge der Produktmenge $A \times B$,

$$R \subseteq A \times B.$$

Anstelle $(x, y) \in R$ schreibt man oft $R(x, y)$ oder $x R y$ und sagt: „x steht in Relation R zu y". $(x, y) \notin R$ wird auch bezeichnet durch $x(\neg R)y$.

Natürlich ist auch die Betrachtung von Relationen zwischen mehr als zwei Elementen von großem Interesse. Mathematisch lassen sich solche Relationen ganz analog erfassen: Anstelle lediglich Teilmengen eines aus zwei Mengen gebildeten Produktes zu betrachten, werden hier Teilmengen von Produkten von drei oder mehr Mengen betrachtet. Beispielsweise ist eine dreistellige Relation, also eine Relation, die drei Elemente zueinander in Beziehung setzt, formal fassbar als Teilmenge eines aus drei Mengen gebildeten Mengenprodukts. Aus Platzgründen werden wir uns aber im folgenden lediglich mit binären Relationen befassen, also mit Relationen zwischen zwei Elementen. Wir werden diese kurz *Relationen* nennen, ohne Verwechslungen befürchten zu müssen.

Ist R eine Relation zwischen den Mengen A und B und gilt $A = B$, dann heißt R *Relation über* A. Die nachfolgend aufgelisteten Relationen existieren über jeder beliebigen Menge A:

Beispiele 4.1

(1) Die *Nullrelation* $R = \emptyset$.
(2) Die *Allrelation* $R = A \times A$.

(3) Die *Gleichheitsrelation* $R = \{(x, x) \mid x \in A\}$. Die Gleichheitsrelation ist identisch mit
    der als *Diagonale* bezeichneten Menge $\Delta_A = \{(a, a) \mid a \in A\} \subseteq A \times A$. Sie wird auch
    Identitätsrelation Δ_A *(Identitätsrelation)* von A genannt und durch id_A bezeichnet. $\Box$

Die nachfolgenden Beispiele geben einen ersten Eindruck von der Universalität des Rela-
tionenbegriffs, die diesem Konzept seine selbstständige und grundlegende Bedeutung für
die Mathematik gibt.

Beispiele 4.2

(1) Sei A die Menge aller Zeichenketten der Länge 5 über dem zweibuchstabigen Alphabet
    $\Sigma = \{x, y\}$. Für die Relation

$$R = \{(s, t) \in A \times A \mid$$
$$\text{erster Buchstabe von } t \text{ und letzter von } s \text{ stimmen überein}\}$$

gilt zum Beispiel xxxyy R yyxxx, xyyyy R yyxyx, yxyxx $(\neg R)$ yxyyy und
xxyxy R yyxxy, yyyyy $(\neg R)$ xxxxx.
(2) Sei $A = \{\text{Eier, Milch, Honig}\}$ und $B = \{\text{Huhn, Kuh, Biene}\}$. Die Beziehung „erzeugt
    von" definiert die Relation

$$R = \{(\text{Eier, Huhn}), (\text{Milch, Kuh}), (\text{Honig, Biene})\} \, .$$

(3) Sei A die Menge aller Staaten der Erde. Dann definiert die Beziehung „haben eine
    gemeinsame Grenze" eine Relation R. Für diese Relation gilt z. B. (Deutschland,
    Luxemburg) $\in R$, (Deutschland, Polen) $\in R$ aber (Luxemburg, Polen) $\notin R$.
(4) A sei die Menge aller Geraden g, und B die Menge aller Ebenen E im euklidischen
    Raum.
$$R = \{(g, E) \in A \times B \mid g \text{ ist parallel zu } E\}$$
    definiert eine Relation zwischen Geraden und Ebenen eines euklidischen Raums und
    heißt *Parallelitätsrelation*. Anstelle von $(g, E) \in R$ schreibt man häufig kurz $g \| E$.
(5) Sei $A = \{1, 2\}$ und $B = \{1, 2, 3\}$. Für die Relation

$$R = \{(a, b) \in A \times B \mid a - b \text{ ist gerade}\}$$

gilt: $1\,R\,1$, $1\,R\,3$, $2\,R\,2$ und $1\,(\neg R)\,2$, $2\,(\neg R)\,1$, $2\,(\neg R)\,3$.
(6) Sei $A = B = \mathbb{R}$.

$$R = \{(a, b) \in \mathbb{R}^2 \mid a \text{ ist kleiner als } b\}$$

definiert eine Relation über den reellen Zahlen, die die natürliche *Größenordnungsre-lation* über $\mathbb{R}$ genannt wird. Anstelle von $(a, b) \in R$ schreibt man üblicherweise kurz $a < b$.

(7) Sei $A = B = \mathbb{N}$.

$$R = \{(a, b) \in \mathbb{N}^2 \mid a = b^2\}$$

definiert eine Relation über den natürlichen Zahlen, die eine Quadratzahl a mit ihrer Quadratwurzel verknüpft. Es gilt z. B. 4 R 2, 25 R 5 aber 3 $(\neg R)$ 4.

(8) Sei $A = B = \mathbb{Z} - \{0\}$.

$$R = \{(a, b) \in (\mathbb{Z} - \{0\})^2 \mid a \text{ ist Teiler von } b\} \quad .$$

definiert die als *Teilbarkeitsrelation* bekannte Relation über den ganzen Zahlen. Anstelle von $(a, b) \in R$ schreibt man üblicherweise kurz $a|b$. Beispielsweise gilt 6 | 24, 13 | 26 aber $7 \nmid 13$, wobei $\nmid$ eine abkürzende Schreibweise für $(\neg \,|)$ ist. □

Zur graphischen Darstellung von Relationen $R \subseteq A \times B$ gibt es verschiedene Möglichkeiten. Die wohl gebräuchlichste, als *Relationsgraph* bekannte Form geht von einer Repräsentation der Elemente von A und B als Punkte in der Ebene aus (oft gezeichnet innerhalb von zwei verschiedenen, kreisähnlichen Gebilden). Stehen nun $a \in A$ und $b \in B$ in Relation R, gilt also aRb, dann wird ein Pfeil von a nach b gezeichnet. (Da es auf die Positionen der beiden in Relation stehenden Elemente ankommt, genügt es nicht, lediglich eine einfache Verbindungskante zwischen a und b zu zeichnen, da unklar bliebe, ob $R \subseteq A \times B$ oder $R \subseteq B \times A$.)

Beispiel 4.3 Graphische Darstellung der Relation aus Beispiel 4.2(2).

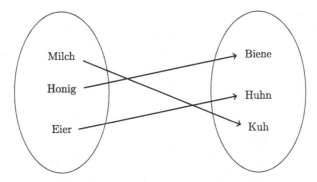

□

4.2   Operationen auf Relationen

Da es sich bei Relationen um spezielle Mengen handelt, können wir sofort sämtliche Konzepte aus der Mengenlehre wie z. B. Gleichheit oder Teilmengenbeziehung auf Relationen übertragen: Zwei Relationen R, S sind *gleich,* wenn sie als Mengen gleich sind. Die Relation R *umfasst* die Relation S, wenn $R \supseteq S$ gilt. S heißt dann auch *Teilrelation* von R oder *in R enthalten.* Weiter ist sofort klar, wie das *Komplement* $\neg R$ einer Relation R, die *Vereinigung* $R \cup S$ und der *Durchschnitt* $R \cap S$ von zwei Relationen R und S definiert sind. Formal logisch aufgeschrieben gilt für zwei Relationen R, $S \subseteq A \times B$ zwischen A und B:

$$R = S \qquad \equiv \forall (x, y) \in A \times B : (x R y \leftrightarrow x S y)$$
$$R \subseteq S \qquad \equiv \forall (x, y) \in A \times B : (x R y \rightarrow x S y)$$
$$x(\neg R)y \qquad \equiv \forall (x, y) \in A \times B : x(\neg R)y \leftrightarrow \neg (x R y)$$
$$x(R \cup S)y \equiv \forall (x, y) \in A \times B : (x R y \vee x S y)$$
$$x(R \cap S)y \equiv \forall (x, y) \in A \times B : (x R y \wedge x S y)$$

Neben diesen für jede Menge definierten Operationen gibt es noch einige speziell für Relationen definierte Operationen. Wir führen zunächst die *Inversenbildung* einer Relation ein.

Definition 4.2 Sei $R \subseteq A \times B$ eine Relation zwischen A und B. Die *inverse Relation R^{-1} zu R,* $R^{-1} \subseteq B \times A$, ist als Relation zwischen B und A definiert durch

$$R^{-1} = \{(y, x) \in B \times A \mid (x, y) \in R\}.$$

Beispiel 4.4 Ist R die Relation $R = \{(x, y) \in \mathbb{Z} \times \mathbb{N} \mid x^2 = y\}$. Dann ist

$$R^{-1} = \{(y, x) \in \mathbb{N} \times \mathbb{Z} \mid y = x^2\}.$$

Um den Rollenwechsel von x und y zu verdeutlichen, haben wir zunächst auch die Stellung von x und y vertauscht. Gewöhnlich wird jedoch die Variable in der ersten Position mit dem Buchstaben x und die in der zweiten mit y bezeichnet. R^{-1} schreibt sich dann als

$$R^{-1} = \{(x, y) \in \mathbb{N} \times \mathbb{Z} \mid x = y^2\}.$$

$\square$

Eine weitere speziell für Relationen definierte Operation ist das so genannte *innere Produkt* zweier Relationen. Obwohl diese Operation nicht mit dem Mengenprodukt verwechselt werden darf, werden wir wieder kurz vom Produkt von Relationen sprechen, solange keine Verwechslungen zu befürchten sind.

Definition 4.3 Sei R eine Relation zwischen A und B und S eine Relation zwischen C und D. Das *innere Produkt $R \otimes S$ von R und S* ist eine Relation zwischen $A \times C$ und $B \times D$, die definiert ist als

$$R \otimes S = \{((a, c), (b, d)) \in (A \times C) \times (B \times D) \mid aRb \wedge cSd \}.$$

Beispiel 4.5 Sei R die Größenordnungsrelation auf $\mathbb{R}$, $R = \{(a, c) \in \mathbb{R} \times \mathbb{R} \mid a < c\}$ und sei S die inverse Relation von R, $S = R^{-1}$. Dann gilt

$$R \otimes S = \{((a, b), (c, d)) \in \mathbb{R}^2 \times \mathbb{R}^2 \mid a < c \wedge b > d\}.$$

$\square$

Schließlich spielt die *Komposition* von Relationen eine außerordentlich wichtige Rolle.

Definition 4.4 Sei R eine Relation zwischen A und B, und sei S eine Relation zwischen B und C. Die *Komposition $R \circ S$ von R und S* ist eine Relation zwischen A und C, für die gilt:

$$R \circ S = \{(a, c) \in A \times C \mid \exists b \in B : aRb \wedge bSc\}.$$

Beispiel 4.6 Seien R und S die folgenden beiden Relationen über $\mathbb{Z}$:

$$R = \{(x, y) \in \mathbb{Z}^2 \mid x \mid y\} \text{ und } S = \{(y, z) \in \mathbb{Z}^2 \mid 2 \mid (y + z)\}.$$

Dann gilt

$$\begin{aligned} R \circ S &= \{(x, z) \in \mathbb{Z}^2 \mid \exists y : x \mid y \wedge 2 \mid (y + z)\} \\ &= \{(x, z) \in \mathbb{Z}^2 \mid x \text{ ist ungerade oder } z \text{ ist gerade}\}. \end{aligned}$$

Um das einzusehen, machen wir eine Fallunterscheidung und betrachten zunächst ein beliebiges ungerades x. Da offenbar $x \mid x$ und $x \mid 2x$, gilt xRx und $xR2x$. x steht nach Definition der Komposition mit einem z in Relation $R \circ S$, wenn es ein y gibt mit xRy und ySz. Ist nun z gerade, dann liefert $y = 2x$ ein Element, für das $2 \mid y + z = 2x + z$ und damit $x(R \circ S)z$ gilt. Ist z ungerade, dann liefert $y = x$ ein Element, für das $2 \mid y + z = x + z$ und damit $x(R \circ S)z$ gilt.

Ist x nicht ungerade, also eine gerade Zahl, dann sind sämtliche mit x in Relation R stehenden Elemente notwendigerweise gerade. Wie auch immer wir ein y wählen mit xRy, y ist stets gerade. Aufgrund der Definition von S muss jedes z, das zu einem solchen geraden y in Relation steht, zwingend selbst gerade sein.

Es bleibt nun noch zu überlegen, ob tatsächlich auch jedes gerade z mit einem x in Relation $R \circ S$ steht. Wir betrachten dazu ein beliebiges gerades x und setzen wieder $y = x$. Da sowohl y als auch z gerade sind, gilt $2 \mid y + z = x + z$ und damit ySz, also $x(R \circ S)z$.

$\square$

Zwischen Operationen auf Relationen gibt es eine ganze Reihe grundlegender Zusammenhänge. Wir formulieren diese Zusammenhänge in Form mathematischer Sätze und überzeugen uns von der Gültigkeit dieser Sätze jeweils mit Hilfe eines mathematischen Beweises.
Um die Sätze durchsichtiger und leichter fassbar zu machen, beschränken wir die Aussagen
von vornherein auf Relationen über einer Menge. Dem Leser sei zur Übung empfohlen, die
einzelnen Aussagen soweit als möglich ohne diese Einschränkung zu formulieren und zu
beweisen.

Satz 4.1 *Sei A eine beliebige Menge, und seien R und S Relationen über A. Dann gilt:*

$$(R \cup S)^{-1} = R^{-1} \cup S^{-1} .$$

Beweis Im Hinblick auf die Definition der Gleichheit von Relationen sind die einzelnen
Aussagen des Theorems Behauptungen über die Gleichheit bestimmter Mengen. Wie man
solche Behauptungen nachweist, ist bereits gut bekannt: Es ist zu zeigen, dass jedes Paar
$(x, y) \in A^2$, das zu der einen Menge gehört, auch Element der anderen Menge ist und
umgekehrt.

Sei $(x, y) \in (R \cup S)^{-1}$. Gemäß den Definitionen der inversen Relation und der Vereinigung von Relationen bedeutet das $(y, x) \in (R \cup S)$, also $(y, x) \in R$ oder $(y, x) \in S$. Die
nochmalige Anwendung beider Definitionen ergibt $(x, y) \in R^{-1}$ oder $(x, y) \in S^{-1}$, also
$(x, y) \in R^{-1} \cup S^{-1}$.

Sei nun umgekehrt $(x, y) \in R^{-1} \cup S^{-1}$. Da sich jeder einzelne Schritt der Schlusskette
des letzten Absatzes umkehren lässt, folgt daraus $(x, y) \in (R \cup S)^{-1}$ und die behauptete
Mengengleichheit ist bewiesen. ∎

Satz 4.2 *Sei A eine beliebige Menge, und seien R und S Relationen über A. Dann gilt:*

$$(R \cap S)^{-1} = R^{-1} \cap S^{-1} .$$

Beweis Der Beweis kann vollkommen analog zum Beweis von Satz 4.1 geführt werden.
Anstelle der Definition von $\cup$ muss hier lediglich mit der Definition von $\cap$ gearbeitet
werden. ∎

Satz 4.3 *Sei A eine beliebige Menge, und seien R und S Relationen über A. Dann gilt:*

$$(R \circ S)^{-1} = S^{-1} \circ R^{-1} .$$

Beweis Sei $(x, y) \in (R \circ S)^{-1}$ und folglich $(y, x) \in (R \circ S)$. Dann existiert ein $z \in A$
mit $(y, z) \in R$ und $(z, x) \in S$. Daraus folgt weiter $(z, y) \in R^{-1}$ und $(x, z) \in S^{-1}$.
Zur Vorbereitung des nächsten Schrittes vertauschen wir diese beiden Feststellungen und
erhalten $(x, z) \in S^{-1}$ und $(z, y) \in R^{-1}$, und damit $(x, y) \in S^{-1} \circ R^{-1}$.

In obiger Schlusskette ist jede Folgerung auch in umgekehrter Richtung gültig. Liest man nun die Argumente in umgekehrter Reihenfolge, dann erhält man einen Beweis, dass aus $(x, y) \in S^{-1} \circ R^{-1}$ folgt $(x, y) \in (R \circ S)^{-1}$.   ∎

Satz 4.4 *Sei A eine beliebige Menge, und seien R, S und T Relationen über A. Dann gilt:*

(1) $(R \cap S) \circ T \subseteq (R \circ T) \cap (S \circ T)$,

(2) $T \circ (R \cap S) \subseteq (T \circ R) \cap (T \circ S)$,

(3) $(R \cup S) \circ T = (R \circ T) \cup (S \circ T)$,

(4) $T \circ (R \cup S) = (T \circ R) \cup (T \circ S)$.

Beweis

(1) Wir haben hier lediglich eine Teilmengenbeziehung zu beweisen. Sei also $(x, y) \in (R \cap S) \circ T$. Unter Beachtung der Definition von $\circ$ und $\cap$ erhalten wir die Aussage: „Es existiert ein $z \in A$ mit $(x, z) \in R \cap S$ und $(z, y) \in T$". Diese Aussage impliziert zwei gleichzeitig gültige, jeweils etwas abgeschwächte Aussagen (vgl. Tautologieregeln aus Kap. 1), nämlich: „Es existiert ein $z \in A$ mit $(x, z) \in R$ und $(z, y) \in T$" und „Es existiert ein $z \in A$ mit $(x, z) \in S$ und $(z, y) \in T$". Wieder unter Ausnutzung der Definition der Komposition $\circ$ und der Konjunktion $\wedge$ lässt sich das schreiben als $(x, y) \in R \circ T$ und $(x, y) \in S \circ T$ bzw. als $(x, y) \in R \circ T \cap S \circ T$.

(2) – (4) lässt sich in ganz analoger Weise zeigen.

                                                                                  ∎

4.3 Wichtige Eigenschaften von Relationen

Die meisten der für Theorie und Praxis wichtigen Relationen haben eine oder mehrere der folgenden Eigenschaften:

Definition 4.5 Sei R eine Relation über A.

(1) R heißt *reflexiv*, falls für jedes $x \in A$ gilt $x R x$.

(2) R heißt *symmetrisch*, falls für alle $x, y \in A$ aus $x R y$ stets folgt $y R x$.

(3) R heißt *antisymmetrisch*, falls für alle $x, y \in A$ aus $x R y$ und $y R x$ stets folgt $x = y$.

(4) R heißt *transitiv*, falls für alle $x, y, z \in A$ aus $x R y$ und $y R z$ stets folgt $x R z$.

(5) R heißt *nacheindeutig*, falls für alle $x, y, z \in A$ aus $x R y$ und $x R z$ stets folgt $y = z$.

Bei den zur Illustration aufgeführten Beispielen greifen wir wieder vornehmlich auf Situationen aus der mathematischen Welt der Zahlen zurück. Grund dafür ist die Kürze und Prägnanz, mit der wir dort Relationen beschreiben können.

Beispiele 4.7

(1) Sei $R = \{(x, y) \in \mathbb{R}^2 \mid x = y\}$. R ist reflexiv, symmetrisch, antisymmetrisch, transitiv und nacheindeutig. Übrigens überprüft man leicht, dass die Gleichheitsrelation die einzige Relation ist, die sowohl symmetrisch als auch antisymmetrisch und reflexiv ist.

(2) Sei $R \subseteq \mathbb{N}^2$ mit $R = \{(1, 2), (2, 3), (1, 3)\}$. R ist weder reflexiv noch symmetrisch, noch nacheindeutig. R ist aber antisymmetrisch und transitiv.

(3) Sei $T = \{(a, b) \in (\mathbb{N}^+)^2 \mid a|b\}$. T ist reflexiv, antisymmetrisch und transitiv. T ist weder symmetrisch noch nacheindeutig.

(4) $R = \{(x, y) \in \mathbb{R}^2 \mid y = 3x\}$ ist antisymmetrisch und nacheindeutig. R ist weder reflexiv, noch symmetrisch, noch transitiv.

(5) Sei $R = \{(x, y) \in \mathbb{R}^2 \mid x^2 + y^2 = 1\}$. R ist symmetrisch, aber weder reflexiv, noch antisymmetrisch, noch transitiv, noch nacheindeutig.   □

Wie bereits in den Beispielen zum Ausdruck gekommen, ist „antisymmetrisch" nicht gleichbedeutend mit „nicht symmetrisch". Eine Relation R ist nicht symmetrisch, wenn es zwei Elemente x, y gibt mit $(x, y) \in R$ aber $(y, x) \notin R$.

In den folgenden Sätzen werden eine Reihe von interessanten Kriterien aufgelistet, mit deren Hilfe das Vorhandensein bestimmter Eigenschaften von Relationen entschieden werden kann. Der logische Bauplan der folgenden Sätze hat die auch sonst sehr häufig anzutreffende Struktur:

Aussage A gilt *genau dann, wenn Aussage B gilt.*

Aufgrund der logischen Äquivalenz (vgl. entsprechende Tautologie aus Beispiel 1.2)

$$(A \leftrightarrow B) \equiv ((A \rightarrow B) \wedge (B \rightarrow A))$$

können solche Sätze bewiesen werden, indem die gleichzeitige Gültigkeit der beiden Implikationen $A \rightarrow B$ und $B \rightarrow A$ (oder anders geschrieben $A \leftarrow B$) getrennt voneinander nachgewiesen wird. Wir können dann weiter unserem bisherigem Schema folgen, indem wir, um die Gültigkeit von $A \rightarrow B$ nachzuweisen, von der Annahme ausgehen, dass A gilt und unter dieser Annahme nachweisen, dass dann auch B wahr ist. Der Fall, dass A nicht gilt, braucht nicht betrachtet werden, da dann die Implikation nach Definition ohnehin gültig ist. Zur übersichtlicheren Strukturierung des Beweises einer „*genau dann, wenn*"-Aussage, wird gewöhnlich die jeweils betrachtete Implikation durch das vorangestellte Zeichen ($\rightarrow$) bzw. ($\leftarrow$) angedeutet.

Satz 4.5 *Sei R eine Relation über A. R ist reflexiv genau dann, wenn $\Delta_A \subseteq R$.*

Beweis ($\rightarrow$) Sei zunächst angenommen, dass R reflexiv ist. Dann gilt für alle $x \in A$, dass $(x, x) \in R$ bzw. äquivalent $\{(x, x) \mid x \in A\} = \Delta_A \subseteq R$.

($\leftarrow$) Wird umgekehrt angenommen, dass $\Delta_A \subseteq R$ gilt, dann folgt für jedes $x \in A$ sofort $x R x$, also die Reflexivität von R. ∎

Satz 4.6 *Sei R eine Relation über A. R ist symmetrisch genau dann, wenn R^{-1} symmetrisch ist.*

Beweis Der Satz folgt unmittelbar aus der Definition der inversen Relation. ∎

Satz 4.7 *Sei R eine Relation über A. R ist symmetrisch genau dann, wenn $R^{-1} \subseteq R$. Tatsächlich gilt sogar $R^{-1} = R$.*

Beweis ($\rightarrow$) Ist R symmetrisch, dann folgt für alle $x, y \in A$ aus $x R y$ auch $y R x$. Da $x R y$ und $y R^{-1} x$ äquivalent sind, zieht also $y R^{-1} x$ stets $y R x$ nach sich und es gilt $R^{-1} \subseteq R$.

($\leftarrow$) Aus $R^{-1} \subseteq R$ folgt umgekehrt, dass $x R^{-1} y$ oder äquivalent $y R x$ stets $x R y$ nach sich zieht.

Da nach Satz 4.6 R symmetrisch ist genau dann, wenn R^{-1} symmetrisch ist, gilt auch $R = (R^{-1})^{-1} \subseteq R^{-1}$, und somit $R^{-1} = R$. ∎

Satz 4.8 *Sei R eine Relation über A. R ist transitiv genau dann, wenn $R \circ R \subseteq R$.*

Beweis ($\rightarrow$) Sei zunächst angenommen, dass R transitiv ist. Dann folgt für alle $x, y, z \in A$ aus $x R y$ und $y R z$ stets $x R z$. Diese Aussage ist aber äquivalent zur Aussage, dass für alle $x, z \in A$ aus der Existenz eines $y \in A$ mit $x R y$ und $y R z$ stets $x R z$ folgt. Die letzte Aussage ist nun gleichbedeutend mit der Aussage, dass für alle $x, z \in A$ aus $x(R \circ R)z$ folgt $x R z$ und deshalb $R \circ R \subseteq R$ gilt.

($\leftarrow$) Wir nehmen an, dass $R \circ R \subseteq R$ gilt. Aus $x R y$ und $y R z$ folgt stets $x(R \circ R)z$ und aufgrund der getroffenen Annahme auch $x R z$, R ist also transitiv. ∎

Satz 4.9 *Sei R eine Relation über A. R ist antisymmetrisch genau dann, wenn $R \cap R^{-1} \subseteq \Delta_A$.*

Beweis ($\rightarrow$) Sei R antisymmetrisch. Dann folgt für alle $x, y \in A$ aus $x R y$ und $y R x$ stets $x = y$, also $x \Delta_A y$. Wenn wir anstelle von $y R x$ logisch äquivalent $x R^{-1} y$ schreiben, liest sich diese Aussage wie folgt: Für alle $x, y \in A$ folgt aus $x R y$ und $x R^{-1} y$ stets $x \Delta_A y$, also $R \cap R^{-1} \subseteq \Delta_A$.

($\leftarrow$) Umgekehrt, sei nun angenommen, dass $R \cap R^{-1} \subseteq \Delta_A$ gilt. Wir stellen fest, dass die Menge $R \cap R^{-1}$ genau aus den Paaren (x, y) besteht, für die gleichzeitig xRy und yRx gilt. Die Enthaltenseinsbeziehung $R \cap R^{-1} \subseteq \Delta_A$ impliziert deshalb, dass alle Paare, für die gleichzeitig xRy und yRx gilt, aus zwei identischen Elementen $x = y$ bestehen müssen. ∎

Oft ist es notwendig und hilfreich, anstelle einer Relation eine diese umfassende Relation zu betrachten, um sicherzustellen, dass eine bestimmte wichtige Eigenschaft auch tatsächlich vorhanden ist, z. B. die Symmetrie.

Definition 4.6 Sei R eine Relation über A und sei $\mathcal{E}$ eine Eigenschaft von Relationen. Die Relation R^* heißt *Abschluss von R bezüglich $\mathcal{E}$*, wenn gilt

(1) R^* besitzt die Eigenschaft $\mathcal{E}$,
(2) $R \subseteq R^*$ und
(3) für alle Relationen S, die R umfassen und die die Eigenschaft $\mathcal{E}$ besitzen, gilt $R^* \subseteq S$.

Häufig betrachtet wird der *reflexive Abschluss,* also der Abschluss einer Relation bzgl. der Eigenschaft der Reflexivität, der *symmetrische Abschluss* und der *transitive Abschluss* einer Relation.

Besitzt eine Relation R bereits die Eigenschaft $\mathcal{E}$, dann gilt natürlich $R^* = R$ für den Abschluss R^* dieser Relation bzgl. $\mathcal{E}$. Man sagt dann, dass R *abgeschlossen ist bzgl. $\mathcal{E}$*.

Beispiele 4.8

(1) Wir betrachten die Relation $R = \{(1, 2), (2, 3), (1, 3)\}$, die eine Teilmenge von $\{1, 2, 3\} \times \{1, 2, 3\}$ ist. R ist abgeschlossen bzgl. Transitivität. $R_1 = \{(1, 2), (2, 3), (1, 3), (1, 1), (2, 2), (3, 3)\}$ ist der reflexive Abschluss von R. $R_2 = \{(1, 2), (2, 3), (1, 3), (2, 1), (3, 2), (3, 1)\}$ ist der symmetrische Abschluss von R.
(2) Sei $R = \{(x, y) \in \mathbb{R}^2 \mid x^2 + y^2 = 1\}$. R ist abgeschlossen bzgl. Symmetrie. $R_1 = R \cup \Delta_{\mathbb{R}}$ ist der reflexive Abschluss von R (vgl. Satz 4.5). $R_2 = R \cup (R \circ R)$ ist der transitive Abschluss von R (vgl. Satz 4.8). □

4.4   Äquivalenzrelationen und Klasseneinteilung

In Beispiel 4.7 haben wir gesehen, dass die Gleichheitsrelation u. a. reflexiv, symmetrisch und transitiv ist. Relationen mit diesen drei Eigenschaften können in einem sich noch genauer herausschälenden Sinne als Verallgemeinerung der Gleichheitsrelation verstanden werden. Sie spielen deshalb in Mathematik und Informatik eine sehr wichtige Rolle.

Definition 4.7 Eine *Äquivalenzrelation* ist eine binäre Relation, die reflexiv, symmetrisch und transitiv ist.

Bei Äquivalenzrelationen R schreibt man üblicherweise $x \sim_R y$ oder $x \sim y$ anstelle von $x R y$ und sagt, dass x und y *äquivalent* sind *modulo R*. Wenn keine Verwechslungen zu befürchten sind, wird R kurzerhand weggelassen.

Beispiele 4.9

(1) Allrelation und Gleichheitsrelation sind über jeder Menge A Äquivalenzrelationen.

(2) Sei $R = \{(a, a), (b, b), (c, c), (a, b), (b, a)\}$ eine Relation über $\{a, b, c\}$. R ist reflexiv, symmetrisch und transitiv. Also ist R eine Äquivalenzrelation.

(3) Sei $R = \{(a, a), (b, b), (c, c), (a, b), (b, a), (b, c), (a, c)\}$ eine Relation über $\{a, b, c\}$. R ist reflexiv, nicht symmetrisch und transitiv. R ist also keine Äquivalenzrelation.

(4) Sei A die Menge aller Waren eines Supermarkts. Die Relation $\sim$, die zwei Waren aus A in Relation setzt, falls sie den gleichen Preis haben, definiert eine Äquivalenzrelation über A. Die unterschiedlichsten Waren werden vermöge von $\sim$ klassifiziert bzgl. ihres Preises.

(5) Sei $R_m = \{(a, b) \in \mathbb{Z}^2 \mid m|(a - b)\}$ (für $m \in \mathbb{N}^+$). R_m ist reflexiv (m teilt stets $0 = a - a$), symmetrisch (wenn m die Differenz $(a - b)$ teilt, dann auch $(b - a)$) und transitiv (wenn m $(a - b)$ und $(b - c)$ teilt, dann auch $(a - c) = (a - b) + (b - c)$). Zwei Elemente stehen übrigens genau dann in Relation R_m, wenn sie bei der Division durch m den gleichen Rest lassen (siehe Lemma 13.3). Gewöhnlich schreibt man $a \equiv b \,(\mathrm{mod}\ m)$ anstelle von $a R_m b$ und sagt, dass a und b *kongruent modulo m* sind. Die Äquivalenzrelation R_m liefert also eine Klassifizierung im Hinblick auf die möglichen Reste bei der Division durch eine natürliche Zahl m.

(6) Die folgende, über den reellen Zahlen definierte Relation

$$a \sim b \text{ falls } a^2 = b^2$$

ist reflexiv, symmetrisch und transitiv, also eine Äquivalenzrelation.

(7) Die folgende, über $\mathbb{Z} \times (\mathbb{Z} - \{0\})$ definierte Relation

$$(a, b) \sim (c, d) \text{ falls } a \cdot d = b \cdot c$$

ist eine Äquivalenzrelation. Sie hat für das Rechnen mit rationalen Zahlen grundlegende Bedeutung. Schreibt man nämlich $\frac{a}{b}$ anstelle von (a, b), dann wird sofort klar, dass $\sim$ die Gleichheitsrelation auf der Menge der gebrochenen Zahlen ist.

(8) Sei $\mathcal{M}$ die Menge aller endlichen Mengen und bezeichne $\sharp M$ wie üblich die Anzahl der Elemente von M. Die Relation

$$M_1 \sim M_2 \text{ falls } \sharp M_1 = \sharp M_2$$

ist eine Äquivalenzrelation. Sie liefert eine Klassifizierung der endlichen Mengen im Hinblick auf deren Kardinalität.   □

In vielen Zusammenhängen können unterschiedliche Elemente als „*gleichartig*" angesehen werden, so sie nur äquivalent sind: Waren mit dem gleichen Preis, Zahlen mit dem gleichen Rest, Brüche mit dem gleichen Wert, Mengen mit der selben Kardinalität. Tatsächlich helfen Äquivalenzrelationen in diesem Sinne, komplexe Situationen übersichtlicher zu gestalten. Um den tieferen Grund für diese ungeheuer nützliche Eigenschaft von Äquivalenzrelationen zu verstehen, untersuchen wir den sehr engen Zusammenhang zwischen einer Äquivalenzrelation und der durch sie definierten Zerlegung einer Menge.

Definition 4.8 Sei A eine nichtleere Menge. Eine *Zerlegung* oder *Partition* von A ist eine Mengenfamilie $\mathcal{Z} \subseteq \mathcal{P}(A)$ mit

(1) $A = \bigcup \mathcal{Z}$,
(2) $\emptyset \notin \mathcal{Z}$ und
(3) gilt $M_1, M_2 \in \mathcal{Z}$ und $M_1 \neq M_2$, so folgt $M_1 \cap M_2 = \emptyset$.

Eine Zerlegung einer Menge A ist also eine Einteilung von A in nicht leere, paarweise elementfremde Teilmengen, deren Vereinigung mit A übereinstimmt. Die Elemente einer Zerlegung $\mathcal{Z}$ von A heißen *Äquivalenzklassen* oder kurz *Klassen*. Eine Zerlegung selbst wird auch *Klasseneinteilung* genannt.

Beispiele 4.10

(1) Sei $A = \{1, 2, 3, 4, 5, 6, 7, 8, 9, 10\}$. Man kann A beispielsweise in $\mathcal{Z}_1 = \{\{1, 3\}, \{2, 5, 9\}, \{4, 10\}, \{6, 7, 8\}\}$ zerlegen und $\{1, 3\}$ ist eine Klasse dieser Zerlegung. $\mathcal{Z}_2 = \{\{1, 2, 3\}, \{5, 6\}, \{3, 10\}\}$ ist keine Zerlegung von A, weil z. B. das Element 4 von A in keinem Element der Zerlegung vorkommt oder weil die Mengen $\{1, 2, 3\}$ und $\{3, 10\}$ von $\mathcal{Z}_2$ nicht disjunkt sind.
(2) $\mathcal{Z}_1 = \{\mathbb{Z}\}$ und $\mathcal{Z}_2 = \{\{i\} \mid i \in \mathbb{Z}\}$ sind zwei Zerlegungen der Menge der ganzen Zahlen $\mathbb{Z}$.   □

Zwischen Äquivalenzrelationen und Zerlegungen besteht folgender fundamentaler Zusammenhang:

Satz 4.10 *Sei A eine nichtleere Menge. Jede Äquivalenzrelation $\sim$ über A definiert eine Zerlegung $\mathcal{Z}$ von A, und umgekehrt, jede Zerlegung $\mathcal{Z}$ von A bestimmt eine Äquivalenzrelation über A.*

Bevor wir dieses wichtige Theorem mathematisch beweisen wollen, soll das anschauliche Verständnis des behaupteten, umkehrbar eindeutigen Zusammenhangs zwischen Äquivalenzrelationen und Klasseneinteilungen gefestigt werden. Fassen wir all diejenigen Elemente einer beliebig vorgegebenen Äquivalenzrelation, die zueinander äquivalent sind, zu einer Klasse zusammen, dann erhalten wir tatsächlich eine Zerlegung der Grundmenge: Die Reflexivität stellt sicher, dass keine Klasse leer ist und dass die Vereinigung aller Klassen die gesamte Grundmenge ergibt. Symmetrie und Transitivität liefern die Disjunktheit der einzelnen Klassen. Gehen wir umgekehrt von einer Zerlegung aus und definieren eine Relation, die genau die Elemente zueinander in Beziehung setzt, die zur gleichen Klasse gehören, dann ist die Relation selbstverständlich reflexiv (jedes Element steht zu sich selbst in Beziehung, da es zur gleichen Klasse gehört), symmetrisch (gehören a und b zur gleichen Klasse, dann natürlich auch b und a) und transitiv (gehören a und b zur selben Klasse und gehören b und c zur selben Klasse, dann gehören natürlich auch a und c zur selben Klasse), also eine Äquivalenzrelation.

Beweis ($\rightarrow$) Sei $\sim$ eine beliebige Äquivalenzrelation über A. Wir betrachten die Mengenfamilie $\mathcal{Z}$ aller Mengen $A_a = \{x \in A \mid x \sim a\}$,

$$\mathcal{Z} = \{A_a \mid a \in A\},$$

und zeigen, dass $\mathcal{Z}$ eine Zerlegung ist.

Da $\sim$ reflexiv und A nicht leer ist, gilt $a \in A_a$ für jedes $a \in A$. Keine Klasse A_a von $\mathcal{Z}$ ist also leer, $A_a \neq \emptyset$ für alle $a \in A$, und die Vereinigung aller Klassen A_a ergibt ganz A, $\bigcup \mathcal{Z} = \bigcup_{a \in A} A_a = A$.

Es bleibt zu zeigen, dass die Klassen A_a paarweise disjunkt sind. Angenommen, es gibt zwei Klassen A_a und A_b und ein Element $d \in A$, so dass $d \in A_a \cap A_b$. Nach Definition der beiden Klassen A_a und A_b bedeutet das, $d \sim a$ und $d \sim b$. Da $\sim$ als Äquivalenzrelation symmetrisch und transitiv ist, folgt daraus zunächst $a \sim d$ (Symmetrie), $d \sim b$ und schließlich $a \sim b$ (Transitivität), also $A_a = A_b$. Besitzen zwei Klassen also ein gemeinsames Element, dann sind sie identisch.

Insgesamt ist damit gezeigt, dass jede Äquivalenzrelation über einer Menge A eine Zerlegung von A definiert.

($\leftarrow$) Sei nun $\mathcal{Z}$ eine Zerlegung von A. Wir bezeichnen die Klassen von $\mathcal{Z}$ mit Hilfe ihrer Elemente: $A_x \in \mathcal{Z}$ sei die Klasse von $\mathcal{Z}$, die das Element $x \in A$ enthält. Wir stören uns dabei nicht daran, dass eine Klasse auf diese Weise mehrere Namen erhalten kann. Auf jeden Fall ist sichergestellt, dass auf diese Weise jede Klasse einen Namen bekommt, da Zerlegungen keine leeren Klassen enthalten. Wir definieren nun eine Relation R,

$$R = \{(a, b) \in A^2 \mid A_a = A_b\},$$

und zeigen, dass R eine Äquivalenzrelation ist. Wir haben dazu nachzuweisen, dass R reflexiv, symmetrisch und transitiv ist.

Tatsächlich ist R reflexiv, da für jedes $a \in A$ wegen $A_a = A_a$ offenbar $(a, a) \in R$ gilt. Weiter sei $(a, b) \in R$ angenommen. Dann folgt $A_a = A_b$ und – aufgrund der Symmetrie der Gleichheitsrelation – auch $A_b = A_a$ und schließlich $(b, a) \in R$. R ist also symmetrisch.

Zum Nachweis der Transitivität von R sei angenommen, dass für drei Elemente $a, b, c \in A$ gilt $(a, b) \in R$ und $(b, c) \in R$. Nach Definition von R bedeutet das $A_a = A_b$ und $A_b = A_c$. Da die Gleichheitsrelation transitiv ist, folgt daraus sofort $A_a = A_c$ und damit $(a, c) \in R$.

Die zu einer beliebig vorgegebenen Zerlegung definierte Relation R ist also tatsächlich eine Äquivalenzrelation. ∎

Wie schon im Beweis des letzten Theorems praktiziert, kann jede Klasse einer Zerlegung durch ein Element dieser Klasse repräsentiert werden.

Definition 4.9 Sei $\sim$ eine Äquivalenzrelation über A und sei $a \in A$. Dann bezeichnet $[a]_\sim$ die Äquivalenzklasse von a bezüglich $\sim$,

$$[a]_\sim = \{x \in A \mid x \sim a\}.$$

Wenn keine Verwechslungen zu befürchten sind, wird nur kurz $[a]$ geschrieben.

Jede Äquivalenzklasse $[a]_\sim$ besteht aus sämtlichen Elementen, die sich, durch die Brille der Äquivalenzrelation $\sim$ gesehen, nicht unterscheiden lassen. $a \sim b$ gilt genau dann, wenn ihre Äquivalenzklassen $[a]_\sim = [b]_\sim$ übereinstimmen. Für die Repräsentation einer Äquivalenzklasse ist es also vollkommen egal, welches Element man auswählt, alle erfüllen den selben Zweck mit vollkommen gleicher Eignung – aus Sicht der Äquivalenzrelation sind sie ja ununterscheidbar.

Beispiele 4.11

(1) Die Äquivalenzklassen der Allrelation haben die Gestalt:

$$[x] = A \text{ für alle } x \in A.$$

Die Äquivalenzklassen der Gleichheitsrelation haben die Gestalt:

$$[x] = \{x\} \text{ für alle } x \in A.$$

(2) Für die im Beispiel 4.9(5) beschriebene Relation R_m (für $m \in \mathbb{N}$) gilt:

$$[a] = \{x \in \mathbb{Z} \mid m \mid (x - a)\} = \{x \in \mathbb{Z} \mid x \equiv a \ (\mathrm{mod} \ m)\}$$

Da die Division mit Rest in $\mathbb{Z}$ eindeutig ausführbar ist, existieren für alle $a \in \mathbb{Z}$ und $m \in \mathbb{N}$ eindeutig bestimmte $q_a, r_a \geq 0$ mit $a = q_a \cdot m + r_a$ und $r_a < m$. Wir können also auch schreiben:

$$[a] = \{x \in \mathbb{Z} \mid x = q \cdot m + r_a \, , \; q \in \mathbb{Z} \text{ beliebig}\}.$$

Die beiden folgenden Fakten, dass

- für jedes $a \in \mathbb{Z}$ ein $r < m$ existiert mit $[a] = [r]$ und
- bei Division durch m genau m verschiedene Reste r gelassen werden:

$$0, 1, \ldots, m-1 \, ,$$

beweisen, dass die Äquivalenzrelation $R_m, m \in \mathbb{N}$, genau m verschiedene Äquivalenzklassen besitzt, nämlich

$$[0], [1], \ldots, [m-1].$$

Anstelle von $0, 1, \ldots, (m-1)$ können diese Klassen genau so gut von jedem anderen Element, das bei Division durch m den entsprechenden Rest lässt, repräsentiert werden. Die Arbeit mit $0, 1, \ldots, (m-1)$ ist nur besonders bequem und darum sehr beliebt.

(3) Die Äquivalenzklassen $[z]$ der Relation $x \sim y$ falls $x^2 = y^2$ bestehen jeweils aus maximal zwei Elementen, nämlich z und $-z$. Besonders bequem ist die Arbeit jeweils mit dem positiven Repräsentanten $|z|$.

(4) Wie schon aus der Schule gut bekannt, bestehen die Klassen der ebenfalls in Beispiel 4.9(7) beschriebenen Äquivalenzrelation auf den gebrochenen Zahlen jeweils aus unendlich vielen Elementen, nämlich

$$\left[\frac{a}{b}\right] = \left\{\frac{c}{d} \mid a \cdot d = c \cdot b\right\}.$$

Auch die Anzahl der Äquivalenzklassen ist unendlich. Eine besonders bequeme Repräsentation der Klassen liefert das bis auf das Vorzeichen eindeutig bestimmte teilerfremde Paar. Für teilerfremde a und b gilt

$$\left[\frac{a}{b}\right] = \left\{\frac{r \cdot a}{r \cdot b} \mid r \in \mathbb{Z} - \{0\}\right\}.$$

$\square$

Definition 4.10 Sei $\sim$ eine Äquivalenzrelation über einer nichtleeren Menge A. Die durch $\sim$ definierte Zerlegung von A wird mit $A/\sim$ bezeichnet und (je nach Standpunkt) *Quotientenmenge* oder *Faktormenge* von A bezüglich $\sim$ genannt.

Beispiele 4.12

(1) Die Menge der Restklassen modulo m, also die zu R_m gehörende Zerlegung, wird bezeichnet durch

$$\mathbb{Z}/R_m = \{[0], [1], \ldots, [m-1]\}\,.$$

(2) Bezeichnet $\sim$ die bereits öfter zitierte Äquivalenzrelation auf den gebrochenen Zahlen, dann gilt

$$\mathbb{Z} \times (\mathbb{Z} - \{0\})/\sim \;=\; \left\{ \left[\frac{a}{b}\right] \;\middle|\; a, b \in \mathbb{Z}, b \neq 0 \right\} \;=\; \mathbb{Q}\,.$$

$\square$

4.5 Rechnen mit Äquivalenzrelationen

Wir stellen uns nun die Frage, inwieweit die auf Relationen eingeführten Operationen auch für das „Rechnen" mit Äquivalenzrelationen geeignet sind.

Satz 4.11 *Sind R und S zwei Äquivalenzrelationen über A, dann ist auch $R \cap S$ eine Äquivalenzrelation über A.*

Beweis Seien R und S zwei Äquivalenzrelationen, also reflexiv, symmetrisch und transitiv. Wir müssen nachweisen, dass dann auch $R \cap S$ diese drei Eigenschaft besitzt.

(1) Die Reflexivität von $R \cap S$ folgt sofort aus der Reflexivität von R und S. Für alle $x \in A$ gilt nämlich xRx und xSx und damit nach Definition von $\cap$ auch $x(R \cap S)x$.
(2) Zum Nachweis der Symmetrie von $R \cap S$ sei für zwei beliebige $x, y \in A$ angenommen, dass $x(R \cap S)y$, und damit sowohl xRy als auch xSy gilt. Da R und S als Äquivalenzrelationen symmetrisch sind, folgt daraus yRx und ySx, also $y(R \cap S)x$. $R \cap S$ ist folglich symmetrisch.
(3) Zum Nachweis der Transitivität von $R \cap S$ betrachten wir drei Elemente $x, y, z \in A$ mit $x(R \cap S)y$ und $y(R \cap S)z$. In der formalen Sprache der mathematischen Logik formuliert, gilt also $(xRy \wedge xSy) \wedge (yRz \wedge ySz)$. Da $\wedge$ assoziativ und kommutativ ist, folgt $(xRy \wedge yRz) \wedge (xSy \wedge ySz)$. Da R und S als Äquivalenzrelationen transitiv sind, folgt weiter $xRz \wedge xSz$, oder gleichbedeutend $x(R \cap S)z$. $R \cap S$ ist also wie behauptet transitiv. ∎

Satz 4.12 *Seien R und S zwei Äquivalenzrelationen über A. $R \circ S$ ist eine Äquivalenzrelation über A genau dann, wenn $R \circ S = S \circ R$ gilt.*

Beweis ($\rightarrow$) Sei $R \circ S$ eine Äquivalenzrelation über A. Zum Nachweis von $R \circ S = S \circ R$ benutzen wir die Sätze 4.7 und 4.3. Aus ihnen folgt, dass $(R \circ S)^{-1} = R \circ S$ gilt und dass $(R \circ S)^{-1} = S^{-1} \circ R^{-1} = S \circ R$ (da $S^{-1} = S$ und $R^{-1} = R$) gilt. Also ist $S \circ R = R \circ S$.

($\leftarrow$) Sei nun $R \circ S = S \circ R$ angenommen. Wir müssen zeigen, dass $R \circ S$ eine Äquivalenzrelation ist – d. h. $R \circ S$ muss reflexiv, symmetrisch und transitiv sein.

(1) $R \circ S$ ist reflexiv: aus $\Delta_A \subseteq R$ und $\Delta_A \subseteq S$ folgt $\Delta_A = \Delta_A \circ \Delta_A \subseteq R \circ S$.
(2) $R \circ S$ ist symmetrisch: es gilt $(R \circ S)^{-1} = S^{-1} \circ R^{-1} = S \circ R = R \circ S$.
(3) Nun zur Transitivität: Es gilt

$$
\begin{aligned}
(R \circ S) \circ (R \circ S) &= R \circ (S \circ R) \circ S && (\circ \text{ ist assoziativ}) \\
&= R \circ (R \circ S) \circ S && (\circ \text{ ist symmetrisch}) \\
&= (R \circ R) \circ (S \circ S) && (\circ \text{ ist assoziativ}) \\
&\subseteq R \circ S && (\text{da } R \circ R \subseteq R \text{ und } S \circ S \subseteq S).
\end{aligned}
$$

Also ist $R \circ S$ transitiv. ∎

Satz 4.13 *Seien R und S zwei Äquivalenzrelationen über A bzw. über B. Dann ist auch $R \otimes S$ eine Äquivalenzrelation über $A \times B$.*

Beweis Wir haben die Reflexivität, Symmetrie und Transitivität von $R \otimes S$ über $A \times B$ nachzuweisen.

(1) Die Reflexivität von $R \otimes S$ folgt direkt aus der Reflexivität von R und S: Für alle $x \in A$, $y \in B$ gilt nämlich $x R x$ und $y S y$, also $(x, y)(R \otimes S)(x, y)$ nach Definition von $\otimes$.
(2) Zum Nachweis der Symmetrie von $R \otimes S$ betrachten wir zwei Tupel (x, y), $(x', y') \in A \times B$ mit $(x, y)(R \otimes S)(x', y')$. Nach Definition von $\otimes$ gilt $x R x'$ und $y S y'$. Aufgrund der Symmetrie von R und S gilt damit auch $x' R x$ und $y' S y$, also $(x', y')(R \otimes S)(x, y)$.
(3) Die Transitivität von $\otimes$ ergibt sich schließlich direkt aus der Transitivität von R und S: Seien (x_1, y_1), (x_2, y_2), $(x_3, y_3) \in A \times B$ mit $(x_1, y_1)(R \otimes S)(x_2, y_2)$ und $(x_2, y_2)(R \otimes S)(x_3, y_3)$. Nach Definition der Operation $\otimes$ bedeutet das $x_1 R x_2$ und $x_2 R x_3$, sowie $y_1 S y_2$ und $y_2 S y_3$. (Wir haben übrigens an dieser Stelle wieder einmal stillschweigend Gebrauch von der Kommutativität und der Assoziativität der logischen Konjunktion gemacht.) Die Transitivität von R und S liefert weiter $x_1 R x_3$ und $y_1 S y_3$, also $(x_1, y_1)(R \otimes S)(x_3, y_3)$. ∎

Ist R eine beliebige Relation über einer nichtleeren Menge A, so ist die Allrelation $A \times A$ eine Relation, die R umfasst und außerdem eine Äquivalenzrelation ist. $A \times A$ ist offensichtlich die *größte* R umfassende Äquivalenzrelation über A. Von besonderem Interesse ist nun die Frage nach der – oder zumindest einer - *kleinsten* R umfassenden Äquivalenzrelation über A, also den Abschluss von R bzgl. Reflexivität, Symmetrie und Transitivität.

Beispiel 4.13 Sei $A = \{a, b, c, d, e, f\}$ und $R = \{(a, b), (c, b), (d, e), (e, f)\}$. Dann ist R weder reflexiv, noch symmetrisch, noch transitiv. Um R zu einer Äquivalenzrelation R' auszubauen, müssen wir zu R alle „fehlenden" Paare, also alle Paare, ohne die R' keine Äquivalenzrelation ist, hinzufügen. Wir müssen dabei aufpassen, nicht mehr neue Paare als unbedingt notwendig aufzunehmen:

$$R' = R \cup \{(a, a), (b, b), (c, c), (d, d), (e, e), (f, f)\}$$
$$\cup \{(b, a), (b, c), (e, d), (f, e)\}$$
$$\cup \{(a, c), (c, a), (d, f), (f, d)\}$$

Zu R' gehört die Zerlegung

$$\mathcal{Z} = \big\{\{a, b, c\}, \{d, e, f\}\big\}.$$

$\square$

Wir zeigen nun, dass es zu jeder beliebigen Relation R über einer nichtleeren Menge A eine eindeutig bestimmte, kleinste Äquivalenzrelation gibt, die R umfasst.

Satz 4.14 *Sei R eine Relation über einer nichtleeren Menge A.*

(1) Die nachfolgend definierte Relation R' ist eine Äquivalenzrelation.

$$R' = \{(x, y) \mid \exists n \in \mathbb{N} \, \exists x_1 \ldots \exists x_n \in A : \quad x = x_1 \wedge y = x_n \wedge$$
$$(x_i = x_{i+1} \vee x_i R x_{i+1} \vee x_{i+1} R x_i) \text{ für alle } i = 1, 2, \ldots, n - 1\}.$$

(2) R' ist die kleinste Äquivalenzrelation, die R umfasst; für jede Äquivalenzrelation R'' über A mit $R \subseteq R''$ gilt also $R' \subseteq R''$.

Beweis *Zu (1)* Wir müssen nachweisen, dass R' reflexiv, symmetrisch und transitiv ist.

R' ist reflexiv, da für alle $x \in A$ und $x = x_1 = x_2$ gilt: $x = x_1 = x_2 = x$, also $x R' x$. R' ist symmetrisch, da sämtliche x_i und x_{i+1} vertauscht werden dürfen. Um schließlich einzusehen, dass R' transitiv ist, gelte $x R' y$ und $y R' z$ für drei beliebige Elemente $x, y, z \in A$. Dann existieren Elemente $x_1, \ldots, x_n$ und $y_1, \ldots, y_m \in A$ mit

$$x_1 = x, x_n = y = y_1, z = y_m, \text{ und}$$
$$x_i = x_{i+1} \text{ oder } x_i R x_{i+1} \text{ oder } x_{i+1} R x_i \text{ für } i = 1, \ldots, n, \text{ und}$$
$$y_i = y_{j+1} \text{ oder } y_j R y_{j+1} \text{ oder } y_{j+1} R y_j \text{ für } j = 1, \ldots, m.$$

Wir setzen nun

$$z_i = x_i \text{ für } i = 1, \ldots, n \text{ und}$$
$$z_{n+j} = y_j \text{ für } j = 1, \ldots, m$$

und erhalten

$$x = z_1, z = z_{n+m}, \text{ und}$$
$$z_k = z_{k+1} \text{ oder } z_k R z_{k+1} \text{ oder } z_{k+1} R z_k \quad \text{für alle } k = 1, \dots, n+m.$$

Es gilt also $x R' z$.

Zu (2) Zum Beweis der Behauptung, dass es sich bei R' um die kleinste R umfassende Äquivalenzrelation handelt, nehmen wir an, dass es im Gegensatz dazu doch eine Äquivalenzrelation S gibt, mit $R \subseteq S$, $S \subseteq R'$ und $S \neq R'$. Dann gibt es (wenigstens) zwei Elemente $x, y \in A$ mit $x(\neg S)y$ aber $x R' y$. Nach Definition von R' existieren Elemente $x_1, \dots, x_n \in A$ mit $x = x_1 \wedge y = x_n \wedge (x_i = x_{i+1} \vee x_i R x_{i+1} \vee x_{i+1} R x_i)$. Da $R \subseteq S$ folgt daraus $x = x_1 \wedge y = x_n \wedge (x_i = x_{i+1} \vee x_i S x_{i+1} \vee x_{i+1} S x_i)$ und, aufgrund der Tatsache, dass S eine Äquivalenzrelation ist, auch $x S y$. Die Annahme, dass es eine R umfassende Äquivalenzrelation S gibt, die echt kleiner ist als R', führt uns also auf einen offensichtlichen Widerspruch: Es müsste gleichzeitig gelten $x \neg S y$ und $x S y$. Der einzige Ausweg aus diesem logischen Widerspruch ist die Feststellung, dass die Annahme der Existenz von S definitiv falsch, R' also tatsächlich die kleinste, R umfassende Äquivalenzrelation über A ist. ∎

Definition 4.11 Die Äquivalenzrelation R' aus dem letzten Satz heißt die durch R über A *induzierte Äquivalenzrelation*.

Induzierte Äquivalenzrelationen spielen in der Mathematik und ihren Anwendungen in der Informatik tatsächlich eine wichtige Rolle. Wir erwähnen lediglich ein Beispiel aus dem praktischen Leben, das die Bedeutung dieser Konstruktion auch in der Alltagswelt belegt.

Beispiel 4.14 Sei M die Menge aller Menschen. Wir betrachten die Relation R über M, die definiert ist durch

$$x R y \text{ falls } x \text{ ist Elternteil von } y.$$

Die Äquivalenzrelation R' umfasst die Menge aller Paare von verwandten Menschen, die Menge aller Paare (x, y) von Menschen, bei denen x Vorfahre von y ist oder umgekehrt, und noch viel mehr. Es gibt keinen umgangssprachlichen Namen für R'. Zum Beispiel steht der Onkel y der Urenkel der Großeltern der Schwägerin von x, die ein Kind mit dem Bruder von x hat, über R' mit x in Relation. Nach biblischer Vorstellung besitzt diese Äquivalenzrelation übrigens lediglich eine Äquivalenzklasse. □

4.6   Halbordnungsrelationen

Neben den Äquivalenzrelationen, also Relationen, die reflexiv, symmetrisch und transitiv
sind, spielen so genannte Halbordnungsrelationen, das sind Relationen, die reflexiv, antisymmetrisch und transitiv sind, in der Mathematik und ihren Anwendungen eine wichtige Rolle.
War es möglich, mit Hilfe von Äquivalenzrelationen die Elemente einer Grundmenge zu
klassifizieren, so können die Elemente einer Grundmenge mit Hilfe solcher Halbordnungsrelationen „angeordnet", also Beziehungen wie kleiner, größer/billiger, teurer/langsamer,
schneller/dümmer, klüger/langweiliger, interessanter usw. zum Ausdruck gebracht werden.

Definition 4.12 Eine binäre Relation R über A heißt *Halbordnungsrelation,* falls R reflexiv,
antisymmetrisch und transitiv ist.

Bei Halbordnungsrelationen R schreibt man üblicherweise anstelle von $x\,R\,y$ kurz $x \leq y$.
Für $x \leq y \wedge x \neq y$ schreibt man abkürzend $x < y$.

Beispiele 4.15

(1) Sei $R = \{(a, a), (b, b), (c, c), (d, d), (a, c), (d, b)\}$ eine binäre Relation über $A =
   \{a, b, c, d\}$. Offenbar ist R reflexiv, antisymmetrisch und transitiv, also eine Halbord-
   nungsrelation.
(2) Die übliche „kleiner-gleich"-Relation über den reellen Zahlen ist offenbar eine Halbordnungsrelation. Sie hat die besondere Eigenschaft, dass sie sämtliche reelle Zahlen
   miteinander in Beziehung setzt, zwei beliebig vorgegebene reelle Zahlen also stets in
   kleiner-gleich-Relation zueinander stehen.
(3) Sei $\mathcal{A}$ die Menge aller logischen Aussagen mit der logischen Äquivalenz als Gleichheitsrelation. Dann definiert die Implikation $\rightarrow$ eine Halbordnungsrelation auf $\mathcal{A}$,

   $$p \leq q \text{ falls } p \rightarrow q \,.$$

   Tatsächlich gilt für alle Aussagen $p, q, r \in \mathcal{A}$ stets $p \rightarrow p$ (Reflexivität), aus $p \rightarrow q$
   und $q \rightarrow p$ folgt $p \equiv q$ (Antisymmetrie) und $p \rightarrow q$ und $q \rightarrow r$ impliziert $p \rightarrow r$
   (Transitivität).
(4) Die Teilbarkeitsrelation $|$ über den positiven natürlichen Zahlen $\mathbb{N}^+$ ist reflexiv (jede
   ganze Zahl teilt sich selbst), antisymmetrisch (aus $a \mid b$ und $b \mid a$ folgt stets $a = b$) und
   transitiv (aus $a \mid b$ und $b \mid c$ folgt stets $a \mid c$), also eine Halbordnungsrelation.
(5) Wir betrachten die Potenzmenge $\mathcal{P}(A)$ einer Menge A zusammen mit der Enthalten-
   seinsrelation $\subseteq$. $\subseteq$ ist eine Halbordnungsrelation auf $\mathcal{P}(A)$, denn für alle $A_1, A_2, A_3 \in
   \mathcal{P}(A)$ gilt: $A_1 \subseteq A_1$ (Reflexivität), $A_1 \subseteq A_2$ und $A_2 \subseteq A_1$ impliziert stets $A_1 = A_2$
   (Antisymmetrie) und aus $A_1 \subseteq A_2$ und $A_2 \subseteq A_3$ folgt stets $A_1 \subseteq A_3$. □

Definition 4.13 Sei ≤ eine Halbordnungsrelation über A. Zwei Elemente $a, b \in A$ heißen *vergleichbar bezüglich* ≤, falls $a \leq b$ oder $b \leq a$ gilt.

Unter den Halbordnungsrelationen sind diejenigen Relationen, bei denen alle Elemente der Grundmenge miteinander vergleichbar sind, der üblichen kleiner-gleich-Relation aus dem Reich der Zahlen am ähnlichsten.

Definition 4.14 Eine Halbordnungsrelation ≤ über A heißt *Ordnungsrelation,* falls alle $x, y \in A$ vergleichbar bezüglich ≤ sind – d.h. für zwei beliebige $x, y \in A$ gilt stets $x \leq y$ oder $y \leq x$.

Beispiele 4.16

(1) Die kleiner-gleich-Relation ≤ über den reellen Zahlen $\mathbb{R}$ ist eine Ordnungsrelation.
(2) Die Relation R in Beispiel 4.15(1) ist keine Ordnungsrelation, da a und b nicht vergleichbar sind: es ist weder (a, b) noch (b, a) in R. □

Zur Veranschaulichung stellt man Halbordnungsrelationen gerne graphisch dar. Aus Gründen der Übersichtlichkeit werden meist nicht alle Ordnungsbeziehungen dargestellt, sondern nur die, die sich nicht durch Reflexivität und Transitivität herleiten lassen.

Definition 4.15 Sei ≤ eine Halbordnungsrelation auf A. $a \in A$ heißt *unmittelbarer Vorgänger* von $b \in A$, falls $a < b$ und kein $c \in A$ existiert mit $a < c$ und $c < b$. b wird unter diesen Umständen *unmittelbarer Nachfolger* von a genannt.

Die Darstellung einer Halbordnungsrelation als *Hasse-Diagramm* besteht aus den Elementen der Grundmenge und Pfeilen von Elementen zu ihren unmittelbaren Nachfolgern.

Beispiel 4.17 Die auf der Potenzmenge $\mathcal{P}(A)$ von $A = \{a, b, c\}$ durch die Teilmengenbeziehung ⊆ definierte Halbordnung kann durch das Hasse-Diagramm in Abb. 4.1 dargestellt werden. Der Pfeil von $\{b\}$ nach $\{a, b\}$ drückt aus, dass $\{b\}$ unmittelbarer Vorgänger von

Abb. 4.1 Darstellung der auf $\mathcal{P}(\{a, b, c\})$ durch ⊆ definierten Halbordnungsrelation als Hasse-Diagramm

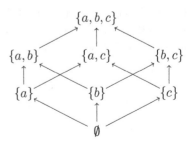

$\{a, b\}$ ist. Obwohl $\{b\} \subseteq \{a, b, c\}$, enthält das Hasse-Diagramm keinen Pfeil von $\{b\}$ nach $\{a, b, c\}$, da $\{b\}$ kein unmittelbarer Vorgänger von $\{a, b, c\}$ ist.   □

Tatsächlich kann aus dem Hasse-Diagramm die ursprüngliche Halbordnung eindeutig wiedergewonnen werden. Jeder Pfeil im Hasse-Diagramm bestimmt ein Element der Relation. Der reflexive und transitive Abschluss davon ist die ursprüngliche Halbordnungsrelation.

Beispiel 4.18 Die Pfeile im Hasse-Diagramm in Abb. 4.1 von Beispiel 4.17 definieren die folgende Relation. Da im Hasse-Diagramm 12 Pfeile enthalten sind, enthält die Relation 12 Elemente.

$$R = \{ \quad (\emptyset, \{a\}), (\emptyset, \{b\}), (\emptyset, \{c\}), (\{a\}, \{a, b\}), (\{a\}, \{a, c\}),$$
$$(\{b\}, \{a, b\}), (\{b\}, \{b, c\}), (\{c\}, \{a, c\}), (\{c\}, \{b, c\}),$$
$$(\{a, b\}, \{a, b, c\}), (\{a, c\}, \{a, b, c\}), (\{b, c\}, \{a, b, c\}) \quad \}$$

Der reflexive und transitive Abschluss von R enthält dann zum Beispiel die Elemente $(\{a, b\}, \{a, b\})$ (Reflexivität), $(\{a\}, \{a, b, c\}$ und $(\emptyset, \{b, c\})$ (Transitivität). Damit ist dieser Abschluss die Teilmengenrelation zwischen Elementen von $\mathcal{P}(\{a, b, c\})$.   □

Bei der Betrachtung von Ordnungs- bzw. Halbordnungsrelationen kommt es schnell zur Frage nach „größten" bzw. „kleinsten" Elementen. Wir werden sehen, dass wir mit diesen Begriffen im Kontext der Halbordnungen sehr viel achtsamer umgehen müssen als bei den vertrauteren Ordnungsrelationen.

Wir stellen zunächst fest, dass die Einschränkung $\leq_M$ einer über einer Menge A definierten Halbordnung $\leq$ auf eine nichtleere Teilmenge $\emptyset \neq M \subseteq A$ eine Halbordnung auf M definiert. $\leq_M$ wird die *durch* $\leq$ *induzierte* Halbordnung genannt. Wenn keine Verwechslungen zu befürchten sind, wird anstelle von $\leq_M$ wieder kurz $\leq$ geschrieben.

Definition 4.16 Sei $\leq$ eine Halbordnungsrelation auf A und sei $M \subseteq A$ mit $\emptyset \neq M$ eine nichtleere Teilmenge von A. Ein Element $m \in M$ heißt *maximales Element* in M, wenn für alle $m' \in M$ aus $m \leq m'$ folgt $m = m'$. m heißt *minimales Element,* wenn für alle $m' \in M$ aus $m' \leq m$ folgt $m = m'$.

Bevor wir uns diese Situation am Beispiel verdeutlichen wollen, müssen wir noch einige weitere Begriffe einführen, mit denen man „größte" und „kleinste" Elemente in Halbordnungen charakterisieren kann.

Definition 4.17 Sei $\leq$ eine Halbordnungsrelation auf A und sei $\emptyset \neq M \subseteq A$ eine nichtleere Teilmenge von A. Ein Element $a \in A$ heißt *obere Schranke* von M in A, wenn für alle $m \in M$ gilt $m \leq a$.

Eine minimale obere Schranke, also eine obere Schranke a mit $a \leq a'$ für alle oberen Schranken a' von M in A, heißt *Supremum* von M in A. Gilt $a \in M$ für das Supremum a von M in A, dann wird a *Maximum* von M genannt.

Ein Element $a \in A$ heißt *untere Schranke* von M in A, wenn für alle $m \in M$ gilt $a \leq m$.

Eine maximale untere Schranke, also eine untere Schranke a mit $a' \leq a$ für alle unteren Schranken a' von M in A, heißt *Infimum* von M in A. Gilt $a \in M$ für das Infimum a von M in A, dann heißt a *Minimum* von M.

Beispiele 4.19

(1) $A = \{a, b, c, d\}$ ist maximales Element/obere Schranke/Supremum/Maximum der Potenzmenge $\mathcal{P}(A)$ von $A = \{a, b, c, d\}$ bzgl. der durch die Teilmengenbeziehung $\subseteq$ definierten Halbordnung, $\emptyset$ ist minimales Element/untere Schranke/Infimum/Minimum. Betrachtet man die durch $\subseteq$ auf der Teilmenge M aller dreielementigen Teilmengen von $\mathcal{P}(A)$ induzierte Halbordnung, dann ist jedes Element von M ein maximales bzw. ein minimales Element. $\{a, b, c, d\}$ ist die einzige obere Schranke von M in A und damit das Supremum von M. M besitzt aber kein Maximum, da das Supremum nicht zu M gehört. Einzige untere Schranke und damit Infimum von M in A ist die leere Menge $\emptyset$. Wegen $\emptyset \notin M$ besitzt M auch keine Minimum.

(2) Die kleiner-gleich-Relation $\leq$ besitzt auf der Menge der ganzen Zahlen $\mathbb{Z}$ weder maximale Elemente oder Maximum noch minimale Elemente oder Minimum. Jede endliche Teilmenge $A \subset \mathbb{Z}$ von $\mathbb{Z}$ besitzt dagegen sowohl ein maximales Element/Supremum/Maximum als auch ein minimales Element/Infimum/Minimum.

(3) Wir betrachten auf der Menge aller Menschen die Relation $\preceq$, die sich durch reflexiven Abschluss aus der Beziehung „ist Nachfahre von" ergibt. Offensichtlich ist $\preceq$ eine Halbordnung. In dieser Halbordnung gibt es nach biblischer Vorstellung ein minimales Element/Infimum/Minimum, nämlich Adam. (Personen, die aus den Rippen von Adam erschaffen wurden, sollen auch zu den Nachfahren von Adam gezählt werden. Feministinnen könnten mit einem gewissen Recht geneigt sein, hier zu widersprechen. Folgt man Ihrem Einspruch und betrachtet Eva nicht als Nachfahre von Adam, dann besitzt unsere Halbordnung zwei minimale Elemente.) Jeder Mensch, der keine Kinder gezeugt oder geboren hat, ist ein maximales Element bzgl. $\preceq$. □

Aus den Definitionen wird unmittelbar klar, dass eine Halbordnung wohl mehrere maximale (minimale) Elemente, aber höchstens ein Supremum (Infimum) bzw. Maximum (Minimum) besitzen kann.

Methodische Grundlage für das im nächsten Kapitel näher betrachtete Prinzip der vollständigen Induktion ist ein Axiom aus der Mengenlehre, das so genannte *Maximalkettenprinzip*. Seine Gültigkeit bei der Betrachtungen endlicher Halbordnungen steht außer Zweifel. Will man aber auch im Falle unendlicher Mengen bestimmte Aussagen zur Maximalität bzw. Minimalität über Halbordnungen beweisen, dann benötigt man, wie schon besprochen, einige „letzte" auch ohne Beweis als gültig anzusehende Aussagen – die Axiome – wie das Maximalkettenprinzip.

Definition 4.18 Sei $\leq$ eine Halbordnung über A. $K \subseteq A$ heißt *Kette* bzgl. $\leq$, falls die auf K induzierte Halbordnung $\leq_K$ eine Ordnung ist. K heißt *maximale Kette* in A, falls es keine K umfassende Kette in A bzgl. $\leq$ gibt.

Maximalkettenprinzip *(Hausdorff-Birkhoff)*:

(1) *In jeder halbgeordneten Menge gibt es bzgl. Mengeninklusion maximale Ketten.*
(2) *In jeder halbgeordneten Menge gibt es zu jeder Kette K eine K umfassende, bzgl. $\leq$ maximale Kette.*

Es lässt sich nicht nur nachweisen, dass die beiden Maximalkettenprinzipien (1) und (2) untereinander, sondern dass beide auch zu dem in der Mathematik sehr gut bekannten *Zorn'schen Maximalprinzip* oder dem im nächsten Abschnitt anzusprechenden *Auswahlaxiom* äquivalent sind.

Abbildungen und Funktionen

5

Zusammenfassung

Abbildungen und Funktionen sind Relationen mit besonderen Eigenschaften im Hinblick auf die in Beziehungen stehenden Objekte. Wir werden uns grundlegende Eigenschaften anschauen (surjektiv, injektiv, bijektiv) und sehen, wie man mit ihnen die Größe unendlicher Mengen beschreiben kann.

5.1 Definition und erste Beispiele

Im folgenden Kapitel wollen wir uns mit Relationen befassen, die sehr spezifische Zuordnungseigenschaften besitzen und unter dem Begriff der Abbildung bzw. der Funktionen seit Schulzeiten gut bekannt sind. Abbildungen und Funktionen spielen eine tragende Rolle in sämtlichen Anwendungen und Disziplinen, bei denen man sich mathematischer Beschreibungen und Methoden bedient.

Definition 5.1 Sei $F \subseteq A \times B$ eine Relation zwischen A und B.

(1) F heißt *linksvollständig,* falls es zu jedem $a \in A$ ein $b \in B$ gibt, so dass $a \, F \, b$.
(2) F heißt *rechtseindeutig,* falls für alle Paare (a, b), $(a, b') \in A \times B$ mit $a \, F \, b$ und $a \, F \, b'$ gilt $b = b'$.

Beispiele 5.1

(1) Die Relation $F = \{(1, 2), (2, 3), (3, 4), (4, 1)\}$ ist über der Menge $\{1, 2, 3, 4\}$ sowohl linksvollständig als auch rechtseindeutig. Das Weglassen des Paares $(4, 1)$ aus F zer-

C. Meinel und M. Mundhenk, *Mathematische Grundlagen der Informatik,*
https://doi.org/10.1007/978-3-658-43136-5_5

stört die Linksvollständigkeit. Die Hinzunahme des Paares $(4, 2)$ zu F verletzt die Rechtseindeutigkeit.

(2) Die Teilbarkeitsrelation $n \mid m$ auf $\mathbb{Z}$ ist linksvollständig auf der Menge $\mathbb{Z} - \{0\}$, da z. B. stets gilt $n \mid n$. Sie ist aber nicht rechtseindeutig, da z. B. gilt $n \mid n, n \mid 2n, n \mid 3n$ usw.

(3) Sei F die über den reellen Zahlen $\mathbb{R}$ durch $F = \{(x, y) \mid x^2 + y^2 = 1\}$ definierte Relation. F ist weder linksvollständig noch rechtseindeutig. Fasst man x und y als Koordinaten in der Ebene auf und betrachtet die Einschränkung F' von F auf den Einheitskreis, dann erhält man eine linksvollständige Relation, die aber nicht rechtseindeutig ist. Schränkt man F' weiter ein auf den ersten Quadranten, d. h. setzt man stets $0 \leq x, y$ voraus, dann erhält man eine Relation F'', die sowohl linksvollständig als auch rechtseindeutig ist.   □

Definition 5.2 Sei $F \subseteq A \times B$ eine linksvollständige und rechtseindeutige Relation. Dann heißt das Tripel $f = (A, B, F)$ *Abbildung* von A nach B. Abbildungen werden meist geschrieben als $f : A \to B$. Zwei Abbildungen $f = (A, B, F)$ und $f' = (A', B', F')$ sind *gleich*, wenn gilt $A = A'$, $B = B'$ und $F = F'$.

Ist $f = (A, B, F)$ eine Abbildung, dann heißt F *Graph* von f. A ist der *Definitionsbereich* von f und B der *Wertebereich*.

Für jedes Element $a \in A$ des Definitionsbereichs von f bezeichnet man das eindeutig bestimmte Element $b \in B$ im Wertebereich, für das gilt $a \, F \, b$, mit $f(a)$. $f(a)$ wird das *Bild* von a bei f genannt, a ist das *Urbild*. Die Zuordnung von a zu b wird durch das Symbol $f : a \mapsto b$ beschrieben.

Beispiele 5.2

(1) Die Relation, die jedem bei der UNO registrierten Staat der Erde seine Hauptstadt zuordnet, ist eine Abbildung. Die Menge der Staaten ist der Definitionsbereich dieser Abbildung, die Menge der Hauptstädte der Wertebereich. Berlin ist bei dieser Abbildung das Bild von Deutschland.

(2) Die Relationen, die jedem Mitarbeiter einer Firma sein Gehalt/seine Personalnummer/sein Überstundenkonto usw. zuordnet, definieren Abbildungen.

(3) Die Gleichheitsrelation definiert über jeder Menge A eine Abbildung, nämlich die *identische Abbildung*, kurz auch *Identität* genannt. Die Identität wird gewöhnlich bezeichnet durch 1_A oder id_A oder einfach durch id. Der Graph der identischen Abbildung ist die Diagonale $\Delta_A = \{(a, a) \mid a \in A\}$ von A.

(4) Sei A eine beliebige Menge und sei $\sim$ eine Äquivalenzrelation auf A. Ordnen wir jeder Äquivalenzklasse bzgl. $\sim$ eines der in ihr enthaltenen Elemente zu, dann erhalten wir eine Abbildung von $A/\sim$ nach A. Das Bild jeder Klasse ist ein Repräsentant der Klasse in A. Umgekehrt erhalten wir eine Abbildung von A nach $A/\sim$, wenn wir jedem Element von A seine Äquivalenzklasse bzgl. $\sim$ zuordnen.

(5) Eine Relation, die sämtlichen Elementen aus A stets das selbe Element aus B zuordnet, definiert eine Abbildung $f : A \to B$ mit $\sharp\{f(a) \mid a \in A\} = 1$. Jede Abbildung f mit dieser Eigenschaft heißt *konstante Abbildung*. Gilt $f(a) = b$ für alle $a \in A$, dann wird die konstante Abbildung bezeichnet durch c_b.

(6) Sei $M \subseteq A$ eine Teilmenge von A. Die für alle $m \in M$ definierte Relation $I_M = \{(m, m) \mid m \in M\}$ zwischen M und A definiert eine Abbildung $i_m = (M, A, I_M)$, die als *natürliche Einbettung* oder *Inklusion* bezeichnet wird. Für $M = \emptyset$ spricht man von der *leeren Abbildung*. □

Definition 5.3 Eine *Funktion* ist eine Abbildung $f = (A, B, F)$, deren Wertebereich ein Zahlbereich ist. Eine *zahlentheoretische Funktion* ist eine Funktion mit Werten im Bereich der ganzen Zahlen, eine *reellwertige Funktion* ist eine Funktion mit reellen Werten.

Beispiele 5.3

(1) Die Abbildung, die jedem Element einer Menge A die selbe natürliche Zahl m zuordnet, heißt *konstante Funktion* und wird mit c_m bezeichnet,

$$c_m : a \mapsto m \text{ für alle } a \in A .$$

(2) Ordnet man jeder natürlichen Zahl $n \in \mathbb{N}$ ihren Nachfolger $n + 1$ zu, dann erhält man eine Funktion auf $\mathbb{N}$, die unter dem Namen *Nachfolgerfunktion* bekannt ist und bei der Definition der natürlichen Zahlen eine wichtige Rolle spielt (vgl. das in Kap. 3 vorgestellte Peano'sche Axiomensystem).

(3) Die Zuordnung $f(x) = x^3 - 3x^2 + 7x - 11$ beschreibt eine Funktion von der Menge der reellen Zahlen in die Menge der reellen Zahlen. Jedem Urbild x wird ein eindeutig bestimmtes Bildelement $y = f(x)$ zugeordnet.

(4) Sei $A = \{0, 1\}^n$ die Menge aller *n-Bitstrings*. Die Relation

$$(b_1, \ldots, b_n) \, F \, b_{\sum_{i=1}^{n} b_i} = b_{\sharp\{i=1,\ldots,n \mid b_i=1\}}$$

ist linksvollständig und rechtseindeutig und definiert deshalb eine Funktion von A in die Menge $\{0, 1\}$. Übrigens spielen $0, 1$-wertige Funktionen über Mengen der Gestalt $\{0, 1\}^n$ – die so genannten *Boole'sche Funktionen* – in der Informatik eine zentrale Rolle. Ihnen wird deshalb später ein eigenes Kapitel gewidmet sein. □

Zur graphischen Darstellung von Abbildungen und Funktionen wird einfach auf die graphische Darstellung des Graphen der Abbildung bzw. der Funktion zurückgegriffen.

Beispiele 5.4

(1) Abb. 5.1 zeigt eine graphische Darstellung der Nachfolgerfunktion.
(2) Der Graph der Funktion $f = (A, B, R_5)$ mit $A = \{1, 2, ..., 9\}$, $B = \{0, 1, 2, 3, 4\}$ und
    $a R_5 b \equiv a \bmod 5 = b$ (vgl. Beispiel 4.9) ist in Abb. 5.2 dargestellt.   □

Bei der Untersuchung von Abbildungen und Funktionen ist häufig die Betrachtung von Teilstrukturen und Einschränkungen hilfreich und wichtig.

Definition 5.4 Sei $f = (A, B, F)$ eine Abbildung und seien $M \subseteq A$ und $N \subseteq B$ Teilmengen des Definitions- bzw. des Wertebereichs von f.

Die Menge $f(M) = \{b \in B \mid$ es existiert ein $m \in M$ mit $b = f(m)\}$ heißt *Bild von M* unter f. In manchen Zusammenhängen wird anstelle $f(M)$ auch $im_f M$ geschrieben. $f(A)$ wird auch *Wertemenge* von f genannt.

Die Menge $f^{-1}(N) = \{a \in A \mid f(a) \in N\}$ heißt *Urbild von N* unter f. Gilt $N = \{b\}$, dann schreibt man anstelle $f^{-1}(\{b\})$ kurz $f^{-1}(b)$.

Abb. 5.1 Graphische Darstellung der Nachfolgerfunktion

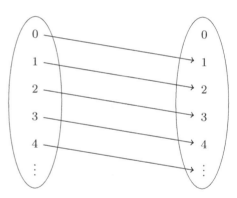

Abb. 5.2 Graphische Darstellung der Funktion aus Beispiel 5.4.(2)

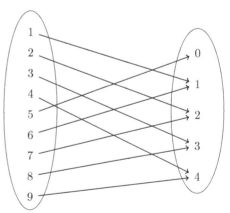

Satz 5.1 *Seien $M_1, M_2 \subseteq A$ Teilmengen von A und seien N_1, N_2 Teilmengen von B. Für jede Abbildung $f : A \to B$ gilt:*

(1) $f(M_1 \cup M_2) = f(M_1) \cup f(M_2)$,
(2) $f(M_1 \cap M_2) \subseteq f(M_1) \cap f(M_2)$,
(3) $f^{-1}(N_1 \cup N_2) = f^{-1}(N_1) \cup f^{-1}(N_2)$,
(4) $f^{-1}(N_1 \cap N_2) = f^{-1}(N_1) \cap f^{-1}(N_2)$.

Beweis Wir beweisen lediglich die erste und die dritte Behauptung. Die übrigen Behauptungen ergeben sich ganz analog. In Bezug auf die zweite Behauptung sei dem Leser empfohlen, sich ein Beispiel zu überlegen, dass tatsächlich auch $f(M_1 \cap M_2) \subset f(M_1) \cap f(M_2)$ gelten kann.

Zu (1). Sei $b \in f(M_1 \cup M_2)$. Dann existiert ein $a \in M_1 \cup M_2$ mit $f(a) = b$. Da nach Definition der Vereinigung $a \in M_1$ oder $a \in M_2$ gilt, folgt $b = f(a) \in f(M_1)$ oder $b = f(a) \in f(M_2)$, also $b \in f(M_1) \cup f(M_2)$. Ist umgekehrt $b \in f(M_1) \cup f(M_2)$, also $b \in f(M_1)$ oder $b \in f(M_2)$, dann gibt es ein $a \in A$ mit $f(a) = b$ und $a \in M_1$ oder $a \in M_2$, also $a \in M_1 \cup M_2$. Es folgt $b = f(a) \in f(M_1 \cup M_2)$.

Zu (3). Sei $a \in f^{-1}(N_1 \cup N_2)$. Für a gilt $f(a) \in N_1 \cup N_2$, also $f(a) \in N_1$ oder $f(a) \in N_2$. Es folgt $a \in f^{-1}(N_1)$ oder $a \in f^{-1}(N_2)$, also $a \in f^{-1}(N_1) \cup f^{-1}(N_2)$. Sei nun $a \in f^{-1}(N_1) \cup f^{-1}(N_2)$. Dann gilt $f(a) \in N_1$ oder $f(a) \in N_2$, also $f(a) \in N_1 \cup N_2$, und damit $a \in f^{-1}(N_1 \cup N_2)$. ∎

Beim alltäglichen Umgang mit Abbildungen und Funktionen wird oft nur die Zuordnungsvorschrift angegeben. Wie bei jeder Relation gehört aber zu einer exakten Beschreibung zwingend auch die Angabe der betrachteten Grundbereiche. Wie in den Beispielen gesehen, können bereits leichte Veränderungen dort Grundeigenschaften wie die Linksvollständigkeit oder die Rechtseindeutigkeit zerstören und damit die Eigenschaft einer Relation, überhaupt Abbildung oder Funktion zu sein. Offensichtlich bezeichnen $f = (A, B, F)$ und $f' = (A, f(A), F)$ im allgemeinen verschiedene Abbildungen. Lediglich wenn gilt $B = f(A)$, ist $f = f'$.

Definition 5.5 Sei $f = (A, B, F)$ eine Abbildung und $M \subseteq A$ eine Teilmenge ihres Definitionsbereichs A. Die Abbildung $g = (M, B, F \cap (M \times B))$ heißt die *Einschränkung von f auf M*. g wird üblicherweise durch $f|_M$ bezeichnet.

Beispiel 5.5 Sei f die durch die Zuordnungsvorschrift $f(x) = x^2$ auf der Menge $\mathbb{R}$ der reellen Zahlen definierte Funktion. Für alle $y \in \mathbb{R}$, $y > 0$ gilt $\sharp f^{-1}(y) = 2$. Betrachten wir die Einschränkung $f' = f|_{\mathbb{N}}$ von f auf den Bereich der natürlichen Zahlen, dann gilt $\sharp f^{-1}(y) \leq 1$. □

Die Operation der Komposition von Relationen liefert eine wichtige Operation auf Abbildungen.

Satz 5.2 *Seien $f = (A, B, F)$ und $g = (B, C, G)$ zwei Abbildungen. Dann ist auch $h = (A, C, F \circ G)$ eine Abbildung. Für alle $x \in A$ gilt*

$$h : x \mapsto g(f(x)) \,.$$

Beweis Sind f und g Abbildungen, dann sind die Relationen F und G linksvollständig und rechtseindeutig. Zum Beweis der Behauptung genügt es zu zeigen, dass auch die Relation $F \circ G$ linksvollständig und rechtseindeutig ist.

Tatsächlich ist $F \circ G$ linksvollständig, da F linksvollständig ist und somit für jedes $a \in A$ ein $f(a)$ und folglich auch ein $g(f(a))$ definiert ist mit $(a, g(f(a))) \in F \circ G$.

Um zu zeigen, dass $F \circ G$ rechtseindeutig ist, wählen wir zwei beliebige Paare (a, c), $(a, c') \in F \circ G$. Nach Definition der Komposition von Relationen existieren dann zwei Elemente b und b' mit $(a, b), (a, b') \in F$ und $(b, c), (b', c') \in G$. Aus der Rechtseindeutigkeit von F folgt $b = b'$, die Rechtseindeutigkeit von G liefert weiter $c = c'$, also die Rechtseindeutigkeit der Relation $F \circ G$. ∎

Definition 5.6 Seien $f = (A, B, F)$ und $g = (B, C, G)$ zwei Abbildungen. Die Abbildung $(A, C, F \circ G)$ heißt *Komposition* oder auch *Superposition* der Abbildungen f und g und wird durch $g \circ f$ bezeichnet. (Man beachte die vertauschte Reihenfolge.)

Der Nachweis des folgenden Satzes liefert eine schöne Übungsaufgabe, um sich weiter mit dem Begriff der Abbildung vertraut zu machen.

Satz 5.3 *Die Komposition von Abbildungen ist assoziativ, d. h., für drei Abbildungen $f = (A, B, F), g = (B, C, G), h = (C, D, H)$ gilt*

$$h \circ (g \circ f) = (h \circ g) \circ f \,.$$

5.2   Surjektive, injektive und bijektive Abbildungen

Definition 5.7 Sei $f = (A, B, F)$ eine Abbildung.

(1) f heißt *surjektiv*, falls $f(A) = B$ gilt;
(2) f heißt *injektiv* oder *eineindeutig*, falls für alle $a, a' \in A$ gilt: aus $a \neq a'$ folgt $f(a) \neq f(a')$;
(3) f heißt *bijektiv* oder *umkehrbar eindeutig*, falls f surjektiv und injektiv ist.

Beispiele 5.6

(1) Eine Abbildung, die weder injektiv noch surjektiv ist:

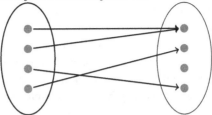

(2) Eine injektive Abbildung, die nicht surjektiv ist:

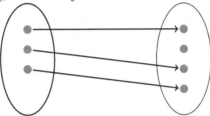

(3) Eine surjektive Abbildung, die nicht injektiv ist:

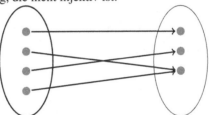

(4) Eine Abbildung, die sowohl injektiv als auch surjektiv, also bijektiv, ist:

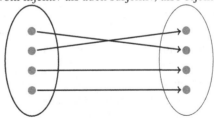

(5) Die durch $f : a \mapsto r, b \mapsto s, c \mapsto r$ definierte Abbildung ist als Abbildung von $\{a, b, c\}$ auf $\{r, s\}$ betrachtet eine surjektive Abbildung. Als Abbildung auf die Menge $\{r, s, t\}$ betrachtet, ist sie nicht surjektiv. In keinem der beiden Fälle ist f injektiv – es gilt nämlich $f(a) = f(c)$ – oder gar bijektiv.

(6) Die Abbildung, die jedem lebenden Menschen sein momentanes Lebensalter zuordnet, ist eine Funktion in die Menge der ganzen Zahlen $\mathbb{Z}$. Sie ist nicht injektiv, da viele Menschen das gleiche Lebensalter haben. Diese Funktion ist nicht surjektiv, da es weder Menschen mit negativem noch mit 4-stelligem Lebensalter gibt.

(7) Die durch $f(n) = n^3 + 1$ auf der Menge der natürlichen Zahlen $\mathbb{N}$ definierte Funktion ist injektiv, aber nicht surjektiv – z. B. hat die Zahl 3 kein Urbild. f ist folglich nicht bijektiv.

(8) Sei R eine Äquivalenzrelation auf A, dann ist die Abbildung f, die jedem Element $a \in A$ seine Äquivalenzklasse $[a]_R$ zuordnet, eine surjektive Abbildung von A auf die Menge A/R der Äquivalenzklassen von R. Ob diese Abbildung auch injektiv und damit bijektiv ist, lässt sich allgemein nicht sagen. Besitzt A zum Beispiel n Elemente und gilt $\sharp A/R = n$ (und folglich $\sharp[a_r] = 1$ für alle $a \in A$), dann ist f injektiv und damit auch bijektiv. Gibt es nur eine Äquivalenzklasse mit mehr als einem Element, dann ist f nicht injektiv. $\qquad\qquad\Box$

Die Eigenschaft einer Funktion, injektiv, surjektiv oder bijektiv zu sein, besitzt vielfältige äquivalente Charakterisierungen.

Satz 5.4 *Sei $f = (A, B, F)$ eine Abbildung. Die folgenden Aussagen sind logisch äquivalent:*

(1) f ist surjektiv.

(2) Für alle $b \in B$ gilt $f^{-1}(b) \neq \emptyset$.

(3) Es gibt eine Abbildung $g = (B, A, G)$ mit $f \circ g = id_B$.

(4) Für alle Mengen C und alle Abbildungen $r, s : B \rightarrow C$ gilt: Aus $r \circ f = s \circ f$ folgt $r = s$.

Beweis Bevor wir die behauptete Äquivalenz der vier Aussagen beweisen wollen, überlegen wir uns einen cleveren Beweisplan. Standardgemäß würde man hingehen und zum Beispiel die folgenden drei Äquivalenzbeziehungen nachweisen: $(1) \leftrightarrow (2)$, $(1) \leftrightarrow (3)$, $(1) \leftrightarrow (4)$. Man hätte dazu insgesamt sechs Implikationen zu beweisen, nämlich $(1) \rightarrow (2)$, $(2) \rightarrow (1)$, $(1) \rightarrow (3)$, $(3) \rightarrow (1)$, $(1) \rightarrow (4)$ und $(4) \rightarrow (1)$. Tatsächlich ist es aber möglich, geschickter vorzugehen. Wenn wir nämlich zeigen, dass die vier Implikationen $(1) \rightarrow (2)$, $(2) \rightarrow (3)$, $(3) \rightarrow (4)$ und $(4) \rightarrow (1)$ gültig sind, dann folgt auf Grund der gegenseitigen Verkettung der einzelnen Implikationen bereits die Äquivalenz aller vier Aussagen (1) bis (4). Unter Anwendung der in Kap. 1 vorgestellten Tautologie

$$((p \rightarrow q) \wedge (q \rightarrow r)) \rightarrow (p \rightarrow r)$$

liefern die Implikationen

$$(1) \rightarrow (2) \rightarrow (3) \rightarrow (4) \rightarrow (1)$$

nämlich „automatisch" die fehlenden, noch nicht bewiesenen Implikationen $(2) \rightarrow (1)$, $(1) \rightarrow (3)$, $(3) \rightarrow (1)$, $(1) \rightarrow (4)$ und $(4) \rightarrow (1)$.

(1) → (2): Sei f surjektiv, dann gilt nach Definition $f(A) = B$. Für alle $b \in B$ gibt es also ein $a \in A$ mit $f(a) = b$ und folglich $f^{-1}(b) \neq \emptyset$.

(2) → (3): Da $f^{-1}(b) \neq \emptyset$ für alle $b \in B$, können wir für jedes $b \in B$ ein $a_b \in f^{-1}(b)$ auswählen und eine Abbildung $g : B \to A$ definieren mit $g(b) = a_b$. Für alle $b \in B$ gilt dann $f \circ g(b) = f(a_b) = b$, also $f \circ g = id_B$.

(3) → (4) : Seien $r, s : B \to C$ zwei beliebige Abbildungen, für die gilt $r \circ f = s \circ f$. Nach Voraussetzung existiert eine Abbildung $g : B \to A$ mit $f \circ g = id_B$. Unter Ausnutzung der bereits bewiesenen Assoziativität der Komposition ergibt sich die Behauptung wie folgt:

$$r = r \circ id_B = r \circ (f \circ g) = (r \circ f) \circ g = (s \circ f) \circ g = s \circ (f \circ g) = s \circ id_B = s \,.$$

(4) → (1): Zum Nachweis der letzten noch zu beweisenden Implikation benutzen wir die folgende logische Tautologie aus Kap. 1:

$$(p \to q) \leftrightarrow (\neg q \to \neg p) \,.$$

Anstelle also die Gültigkeit der Implikation (4) → (1) zu beweisen, zeigen wir die Gültigkeit der Implikation $\neg$(1) → $\neg$(4). Aufgrund der logischen Äquivalenz der beiden Implikationen ist damit auch die Gültigkeit der Implikation (4) → (1) bewiesen. Man nennt diese Vorgehensweise übrigens einen indirekten Beweis (vgl. Kap. 6).

Sei also angenommen, dass f nicht surjektiv ist. Dann existiert ein $b_0 \in B$ mit $f(a) \neq b_0$ für alle $a \in A$. Wir betrachten nun die beiden Abbildungen $r, s : B \to \{0, 1\}$ mit $r(b) = s(b) = 0$ für alle von b_0 verschiedenen $b \in B$ und $r(b_0) = 0$ bzw. $s(b_0) = 1$. Offenbar gilt $r \circ f = s \circ f$ aber $r \neq s$. Das ist aber genau die Negation der Aussage (4). ∎

Analysiert man den Beweis der Implikation (2) → (3), dann wurde dort Gebrauch gemacht von einer im täglichen Leben evidenten Tatsache: Aus einer beliebigen, nichtleeren Menge kann man stets ein Element auswählen. Die Mathematik als selbstkritische und gegenüber angeblichen Selbstverständlichkeiten sehr misstrauische Wissenschaft hat natürlich nach einer Begründung oder einem Beweis für diese Tatsache gesucht. Verlässt man nämlich den aus unserer Anschauung vertrauten Bereich der (kleinen) endlichen Mengen, dann ist gar nicht mehr so klar, ob es wirklich stets ohne weiteres möglich ist, aus einer unendlichen Menge ein einzelnes Element auszuwählen. Um die um diese Frage geführten Auseinandersetzungen auf den Punkt zu bringen: Man hat keinen Beweis für diese Tatsache gefunden! Mehr noch, man kann eine in sich geschlossene und „richtige" Mathematik erhalten, wenn man annimmt, dass man stets auswählen kann und eine andere, von dieser verschiedene, jedoch genau so „richtige" Mathematik, wenn man die Auswahl nur im Falle endlicher Mengen für uneingeschränkt realisierbar hält. (In letztgenannter Mathematik lässt sich Eigenschaft (3) unseres Satzes nicht mehr beweisen, kann dort also auch nicht als allgemeingültig angesehen werden.) Bei der Feststellung, aus jeder beliebigen, nichtleeren Menge ein Element auswählen zu können, handelt es sich nämlich um eine der unbeweisbaren letzten Annahmen, auf die die Mathematik aufbaut – ein Axiom.

Auswahlaxiom   *(Zermelo): Zu jeder Menge $\mathcal{M}$ von nichtleeren Mengen gibt es eine Abbildung f von $\mathcal{M}$, deren Wert $f(A)$ für alle $A \in \mathcal{M}$ jeweils ein Element von A ist.*

Das Auswahlaxiom bildet die Basis für viele Existenzsätze in der Mathematik. Es lässt sich zeigen, dass das Auswahlaxiom und das im letzten Abschnitt besprochene Maximalkettenprinzip äquivalent sind.

Satz 5.5   *Sei $f = (A, B, F)$ eine Abbildung. Die folgenden Aussagen sind logisch äquivalent:*

(1) f ist injektiv.
(2) Für alle $b \in B$ gilt $\sharp f^{-1}(b) \leq 1$.
(3) Es gibt eine Abbildung $g = (B, A, G)$ mit $g \circ f = id_A$.
(4) Für alle Mengen D und alle Abbildungen $r, s : D \to A$ gilt: Aus $f \circ r = f \circ s$ folgt $r = s$.

Beweis   Wir folgen einem analogen Beweisplan wie im letzten Satz.
    (1) $\to$ (2) ergibt sich wieder unmittelbar aus der Definition der Injektivität.
    (2) $\to$ (3): Sei a_0 ein beliebig fixiertes Element aus A. Nach Voraussetzung ist $f^{-1}(b)$ für alle $b \in B$ eine Einermenge oder leer. Wir definieren eine Abbildung $g : B \to A$ durch

$$g : b \mapsto \begin{cases} a, & \text{falls } f^{-1}(b) = \{a\} \text{ eine Einermenge ist} \\ a_0, & \text{falls } f^{-1}(b) = \emptyset. \end{cases}$$

Tatsächlich ist g eine Abbildung, da g nach Definition linksvollständig und nach Voraussetzung rechtseindeutig ist. Sei nun $b \in B$ beliebig. Da für alle $a \in A$ gilt $(g \circ f)(a) = g(f(a)) = a$, folgt $g \circ f = id_A$.
    (3) $\to$ (4): Seien $r, s : D \to A$ zwei beliebige Abbildungen, für die gilt $f \circ r = f \circ s$. Nach Voraussetzung existiert eine Abbildung $g : B \to A$ mit $g \circ f = id_A$. Unter Ausnutzung der bereits bewiesenen Assoziativität der Komposition ergibt sich die Behauptung wie folgt:

$$r = id_A \circ r = (g \circ f) \circ r = g \circ (f \circ r) = g \circ (f \circ s) = (g \circ f) \circ s = id_A \circ s = s .$$

    (4) $\to$ (1): Wir beweisen wieder die Gültigkeit der Implikation $\neg(1) \to \neg(4)$ anstelle der logisch äquivalenten Implikation (4) $\to$ (1), führen also einen indirekten Beweis.
    Sei angenommen, dass f nicht injektiv ist. Dann existieren zwei Elemente $a_1 \neq a_2$ in A mit $f(a_1) = f(a_2)$. Wir betrachten nun die beiden Abbildungen $r, s : \{0, 1\} \to A$ mit $r(0) = r(1) = a_1$ und $s(0) = s(1) = a_2$. Offenbar gilt $f \circ r = f \circ s$ aber $r \neq s$, also die Negation der Aussage (4).   ■

Die beiden letzten Sätze kombiniert liefern die folgende Aussage für die wichtige Klasse der bijektiven Abbildungen.

Satz 5.6 *Sei $f = (A, B, F)$ eine Abbildung. Die folgenden Aussagen sind logisch äquivalent:*

(1) f ist bijektiv.
(2) Für alle $b \in B$ gilt $\sharp f^{-1}(b) = 1$.
(3) Es gibt genau eine Abbildung $g = (B, A, G)$ mit $g \circ f = id_A$ und $f \circ g = id_B$.

Definition 5.8 Sei $f : A \to B$ eine bijektive Abbildung. Die aufgrund des letzten Theorems zu f stets existierende Abbildung g mit $g \circ f = id_A$ und $f \circ g = id_B$ heißt die zu f *inverse Abbildung* oder *Umkehrabbildung*. Sie wird bezeichnet durch f^{-1}.

Man überzeugt sich schnell, dass f^{-1} wieder eine bijektive Abbildung ist, und dass

$$(f^{-1})^{-1} = f$$

gilt.

Beispiele 5.7

(1) Man überprüft sofort, dass die lineare Funktion $f(x) = 2x + 3$ auf $\mathbb{R}$ (oder $\mathbb{Q}$) bijektiv ist. Die Umkehrfunktion hat die Gestalt $f^{-1}(y) = \frac{y-3}{2}$.
(2) Die Funktion $f(x) = e^x - 1$ definiert eine bijektive Funktion auf den positiven reellen Zahlen. Für die inverse Funktion gilt $f^{-1}(x) = \ln(x + 1)$. $\qquad\qquad\square$

Zur weiteren Festigung des Umgangs mit den Begriffen injektiv, surjektiv und bijektiv empfehlen wir dem Leser, den folgenden Satz selbstständig zu beweisen.

Satz 5.7
(1) Die Komposition von injektiven Abbildungen ist injektiv.
(2) Die Komposition von surjektiven Abbildungen ist surjektiv.
(3) Die Komposition von bijektiven Abbildungen ist bijektiv.

Interessanterweise sind die Eigenschaften injektiv, surjektiv und bijektiv bei Abbildungen endlicher Mengen aus kombinatorischen Gründen gleichwertig.

Satz 5.8 *Sei A eine endliche Menge und $f : A \to A$ eine Abbildung. Die folgenden Aussagen sind logisch äquivalent.*

(1) f ist surjektiv.
(2) f ist injektiv.
(3) f ist bijektiv.

Beweis Zum Beweis des Satzes genügt der Nachweis der Gültigkeit der beiden Implikationen: (1) $\to$ (2) und (2) $\to$ (3). Die fehlenden Implikationen (3) $\to$ (1) und (3) $\to$ (2) folgen sofort aus der Definition der Bijektivität. Eine sehr elegante Methode, diese beiden Implikationen zu beweisen, liefert die Methode der vollständigen Induktion. Da wir diese erst im nächsten Kapitel besprechen wollen, soll der Satz hier unbewiesen bleiben. ∎

5.3   Folgen und Mengenfamilien

Abbildungen f aus der Menge der natürlichen Zahlen in eine beliebige Menge M haben eine besondere Eigenschaft: Sie führen zu einer Nummerierung der Elemente $m \in f(\mathbb{N})$ aus M: Gilt beispielsweise $f(i) = m$, dann kann die Zahl i als Nummer oder Index von m angesehen werden. Dabei spielt es zunächst einmal keine Rolle, ob einem Element $m \in M$ nur eine Nummer zugeordnet wird, oder ob alle Elemente aus M nummeriert werden. In jedem Fall lassen sich die Bilder von f in der Reihenfolge ihrer Nummern $0, 1, 2, 3, \ldots$ auflisten:

$$(m_0 = f(0), m_1 = f(1), m_2 = f(2), m_3 = f(3), \ldots).$$

Tatsächlich sind solche Auflistungen – mathematisch unter dem Begriff *Folge* bekannt – auf Grund ihrer Bedeutung für viele Anwendungen in Mathematik und Informatik ein wichtiger Untersuchungsgegenstand.

Betrachten wir zum Beispiel die Folge von Brüchen

$$1, \frac{1}{2}, \frac{1}{4}, \frac{1}{8}, \frac{1}{16}, \frac{1}{32}, \ldots, \frac{1}{2^m}, \ldots.$$

Um sie effizient zu beschreiben, ist es das Beste, sie als eine Funktion f von den natürlichen Zahlen in die rationalen Zahlen aufzufassen mit $0 \mapsto 1, 1 \mapsto \frac{1}{2}, 2 \mapsto \frac{1}{4}$ und allgemein $i \mapsto \frac{1}{2^i}$.

Definition 5.9 Eine *endliche Folge* mit Gliedern aus einer Menge M ist eine Abbildung $f : [n] \to M$ von der Menge $[n] = \{i \in \mathbb{N} \mid i \leq n\}$ in M.

Eine *unendliche Folge* ist eine Abbildung $f : \mathbb{N} \to M$.

Gewöhnlich wird eine Folge f in der Form $(m_i)_{i \in [n]}$ bzw. $(m_i)_{i \in \mathbb{N}}$ aufgeschrieben, also als Abfolge der *Folgenglieder* $m_i = f(i)$.

Beispiele 5.8

(1) Die Abbildung $f : \mathbb{N} \to \mathcal{P}(\mathbb{N})$ mit $f : k \mapsto \{i \cdot k \mid i \in \mathbb{Z}\}$ definiert eine Folge $(Z_k)_{k \in \mathbb{N}}$, deren Folgenglieder aus den Mengen Z_k aller Vielfachen von k bestehen.

(2) Das folgende Schema zeigt eine Idee, die ganzen Zahlen mit Hilfe der natürlichen
    Zahlen durchzunummerieren:

$$
\begin{array}{ccccccccc}
\mathbb{N} = & 0 & 1 & 2 & 3 & 4 & 5 & 6 & 7 & \dots \\
 & \downarrow & \downarrow & \downarrow & \downarrow & \downarrow & \downarrow & \downarrow & \downarrow & \\
\mathbb{Z} = & 0 & 1 & -1 & 2 & -2 & 3 & -3 & 4 & \dots
\end{array}
$$

Tatsächlich liefert die diesem Schema zu Grunde liegende Funktion $f : \mathbb{N} \to \mathbb{Z}$

$$
f : n \mapsto
\begin{cases}
-\frac{n}{2}, & \text{falls } n \text{ gerade} \\[2mm]
\frac{1+n}{2}, & \text{sonst}
\end{cases}
$$

eine Folge $(z_i)_{i \in \mathbb{N}}$, deren Folgenglieder alle ganzen Zahlen durchlaufen.
Übrigens beweist diese Konstruktion zweifelsfrei, dass es nicht mehr ganze Zahlen als
natürliche Zahlen gibt.

(3) Das folgende Schema definiert eine Nummerierung der positiven rationalen Zahlen:

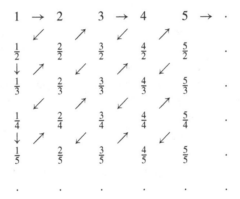

Es ist als *Cantor'sches Abzählungsschema* berühmt geworden. Man überprüft leicht,
dass damit eine Folge $(r_i)_{i \in \mathbb{N}}$ mit $0 \mapsto 1, 1 \mapsto 2, 2 \mapsto \frac{1}{2}, 3 \mapsto \frac{1}{3}, 4 \mapsto \frac{2}{2}, \dots, i \mapsto$
$r_i, \dots$ definiert ist, die alle positiven rationalen Zahlen durchläuft.
Als Konsequenz ergibt sich auch hier die überraschende Erkenntnis, dass es offensichtlich nicht mehr positive rationale Zahlen gibt, als natürliche.   □

Die Idee, mit Hilfe von Abbildungen Elemente einer Menge „durchzunummerieren" und
damit Folgen zu definieren, lässt sich wesentlich verallgemeinern, wenn man von der For-
derung abgeht, dass zur Nummerierung der Folgenglieder die natürlichen Zahlen verwendet
werden müssen.

Definition 5.10 Sei M eine beliebige Menge und sei I eine nichtleere Menge. Eine Abbildung $f : I \to M$ heißt *Indexfunktion* von I nach M, I heißt *Indexmenge*.

Die Werte $f(i)$ einer Indexfunktion werden durch m_i bezeichnet. i heißt *Index* von m_i. Indexfunktionen werden gewöhnlich bezeichnet durch

$$(m_i)_{i \in I} \text{ oder kurz } (m_i).$$

Sind die Elemente A der indizierten Menge M Mengen, dann heißt (A_i) *Mengenfamilie* aus M.

Beispiele 5.9

(1) Die Zuordnung eines Personalausweises zu jedem Bürger Deutschlands, der älter als 16 Jahre ist, liefert eine Indexfunktion. Die Indexmenge ist dabei die Menge der gültigen Personalausweise.

(2) Bezeichne Π die Menge aller Primzahlen. Für $p \in \Pi$ sei $M_p \subseteq \mathbb{N}$ definiert durch

$$M_p = \{ \, p^n \mid n \in \mathbb{N}\}.$$

Nun ist $(M_p)_{p \in \Pi}$ eine Mengenfamilie aus $\mathcal{P}(\mathbb{N})$, die mit Primzahlen indiziert ist. Die Indexfunktion ist eine Abbildung von Π nach $\mathcal{P}(\mathbb{N})$ mit $p \mapsto M_p$.   □

Bei der Betrachtung von Mengenoperationen in Kap. 2 hatten wir bereits das Bedürfnis gehabt, Mengenoperationen auf mehr als zwei Mengen anzuwenden. Solange die betrachtete Operation assoziativ war, spielte dabei die Reihenfolge bei der Ausführung der Operationen keine Rolle. War die betrachtete Operation gar kommutativ, dann konnten sogar die Operanden beliebig vertauscht werden.

Definition 5.11 Sei $(A_i)_{i \in I}$ eine Familie von Teilmengen von M. Dann ist

$$\bigcap_{i \in I} A_i = \{m \mid m \in A_i \text{ für alle } i \in I\}$$

und

$$\bigcup_{i \in I} A_i = \{m \mid m \in A_i \text{ für ein } i \in I\}.$$

Offensichtlich liefern die beiden Definitionen – wie in Kap. 2 besprochen – genau Vereinigung und Durchschnitt, wenn die Indexmenge I endlich ist.

Beispiel 5.10 Sei $I = \mathbb{Z}$. Für jedes $t \in \mathbb{Z}$ betrachten wir das halboffene Intervall $A_t = (-\infty, t]$ mit $A \subseteq \mathbb{R}$. Da für jede reelle Zahl r zwei ganze Zahlen t_1, t_2 existieren mit $t_1 < a \leq t_2$, gilt

$$a \notin \bigcup_{t \leq t_1} A_t \text{ aber } a \in \bigcup_{t \leq t_2} A_t.$$

Aufgrund dieser Beobachtung gilt

$$\bigcup_{t \in \mathbb{Z}} A_t = \mathbb{R} \text{ und } \bigcap_{t \in \mathbb{Z}} A_t = \emptyset.$$

$\square$

Satz 5.9 **(Verallgemeinerte deMorgan'sche Regel)** *Sei I eine beliebige Indexmenge und* $(A_i)_{i \in I}$ *eine Mengenfamilie. Dann gilt*

$$\overline{\bigcup_{i \in I} A_i} = \bigcap_{i \in I} \overline{A_i} \text{ und } \overline{\bigcap_{i \in I} A_i} = \bigcup_{i \in I} \overline{A_i}.$$

Beweis Wir beweisen $\overline{\bigcup_{i \in I} A_i} = \bigcap_{i \in I} \overline{A_i}$. Die andere Gleichheit lässt sich analog beweisen.

($\subseteq$) Sei $a \in \overline{\bigcup_{i \in I} A_i}$, also $a \notin \bigcup_{i \in I} A_i$. Nach Definition bedeutet das $a \notin A_i$ für alle $i \in I$, also $a \in \overline{A_i}$ für alle $i \in I$ und damit $a \in \bigcap_{i \in I} \overline{A_i}$.

($\supseteq$) ergibt sich sofort aufgrund der Tatsache, dass jeder Schluss der obigen Folgerungskette umkehrbar ist. $\blacksquare$

5.4 Kardinalität von Mengen

Mit Hilfe bijektiver Abbildungen wollen wir uns jetzt noch einmal der Frage nach der „Anzahl" der Elemente einer Menge, also nach ihrer *Mächtigkeit* bzw. *Kardinalität* zuwenden. In Abschn. 2.1 hatten wir diese Frage lediglich für den Fall endlicher Mengen behandelt und die Kardinalität einer endlichen Menge als Zahl ihrer Elemente definiert. Von Mengen mit einer nicht endlichen Anzahl von Elementen hatten wir dort einfach als von *unendlichen* Mengen gesprochen. Dass es neben den offensichtlich existierenden endlichen Mengen tatsächlich auch unendliche Mengen gibt, zeigen schon die Beispiele der Menge der natürlichen Zahlen, der Menge der ganzen, rationalen bzw. reellen Zahlen, die Menge der Punkte in der euklidischen Ebene, die Menge aller Kreise, usw. Als charakteristischer Unterschied zwischen endlichen und unendlichen Mengen sticht der folgende ins Auge: Der Prozess des Abzählens der Elemente einer Menge hat im Falle endlicher Mengen mit Sicherheit ein Ende, auch wenn die Zahl der Elemente riesengroß ist. Versucht man dagegen, die Elemente einer unendlichen Menge abzuzählen, dann wird man, soviel Zeit man auch immer investiert, nie fertig werden.

Um nun den Begriff der „Anzahl" der Elemente auch für unendliche Mengen M konkretisieren zu können, hinterfragen wir, was es denn mit dem Prozess des Abzählens eigentlich auf sich hat: Wenn wir die Elemente einer endlichen Menge abzählen, dann ordnen wir

jedem Element der Menge fortlaufend genau eine natürliche Zahl zu. Wir beginnen dabei
mit 1, ordnen einem nächsten, zu diesem Zeitpunkt noch nicht aufgezählten Element die
2 zu und fahren solange fort, bis es kein unnummeriertes Element mehr gibt. Im Ergebnis
haben wir jedem Element der Menge auf diese Weise genau eine Nummer zugeordnet. Da
der Nummerierungprozess mit 1 gestartet und fortlaufende Nummern vergeben wurden,
gibt die zuletzt vergebene Nummer genau die Anzahl der Elemente der Menge an. Übrigens
liefert der beschriebene Abzählungsprozess im Sinne des letzten Abschnittes eine Indizie-
rung der Menge mit der Indexmenge $\{1, 2, \ldots, \sharp M\} \subseteq \mathbb{N}$, allerdings mit der Besonderheit,
dass wir verlangen, dass die Indexfunktion *bijektiv* ist. Hätten wir z. B. nicht aufgepasst und
zwei verschiedenen Elementen die gleiche Nummer zugeordnet (die Indexfunktion ist dann
nicht injektiv) oder ein Element zu nummerieren vergessen (die Indexfunktion ist dann nicht
surjektiv), dann würde die zuletzt vergebene Nummer nicht mehr die Kardinalität – also die
Anzahl der Elemente der Menge – angeben.

Tatsächlich ist die Idee, die Kardinalität einer (beliebigen) Menge mit Hilfe eines Abzähl-
prozesses – also einer bijektiven Indizierung mit den Elementen einer bekannten Menge –
zu messen, sehr fruchtbar.

Definition 5.12 Zwei Mengen A und B heißen *gleichmächtig*, falls es eine bijektive Abbildung f von A nach B gibt.

Offensichtlich definiert die Gleichmächtigkeit eine Äquivalenzrelation zwischen Mengen.
Endliche Mengen sind genau dann gleichmächtig, wenn sie die gleiche Anzahl n von Elementen besitzen. Mit Hilfe des Begriffs der Gleichmächtigkeit lassen sich – und das ist eine
der ganz großen Erkenntnisleistungen der mathematischen Logik – auch Vergleiche zwischen unendlichen Mengen ziehen, die deutlich machen, dass es sehr verschiedene (nämlich
unendlich viele) Arten von Unendlichkeit gibt. Das bekannteste und erste Beispiel einer
unendlichen Menge ist die Menge der natürlichen Zahlen $\mathbb{N}$. Sie bestimmt die „einfachste"
Art von Unendlichkeit.

Definition 5.13 Eine unendliche Menge A heißt *abzählbar unendlich*, wenn A und $\mathbb{N}$
gleichmächtig sind. A heißt *abzählbar*, wenn A endlich oder abzählbar unendlich ist.

Satz 5.10 *Jede Teilmenge von $\mathbb{N}$ ist abzählbar.*

Beweis Da jede endliche Menge nach Definition abzählbar ist, untersuchen wir lediglich
den Fall, dass $A \subseteq \mathbb{N}$ unendlich ist. Wir erinnern uns dazu an die Tatsache, dass $\mathbb{N}$ und
jede Teilmenge von $\mathbb{N}$ eine Ordnung ist. Also können sämtliche Elemente von A paarweise
verglichen und folglich in einer aufsteigenden Anordnung $a_0 < a_1 < a_2 < \ldots < a_n < \ldots$
aufgeschrieben werden. Die Abbildung $f : i \mapsto a_i$ ist offensichtlich bijektiv und zeigt, dass
$\mathbb{N}$ und A gleichmächtig sind, A also abzählbar (unendlich) ist.   ∎

Wir können die Behauptung des letzten Satzes wesentlich verallgemeinern.

Korollar 5.1 *Ist M eine abzählbare Menge, dann ist jede Teilmenge A von M abzählbar.*

Beweis Auch hier ist lediglich der Fall zu bedenken, dass A unendlich ist. Da M abzählbar ist, existiert eine Bijektion $f : \mathbb{N} \to M$. Wir betrachten die Folge $n_0, n_1, n_2, \ldots, n_j, \ldots$ all derjenigen Elemente aus $\mathbb{N}$, deren Bilder $f(n_i)$ zu A gehören. Ordnen wir nun jedem i das Bild des Folgenelementes n_i zu, dann erhalten wir eine Abbildung $g : \mathbb{N} \to A$ mit $g(i) = f(n_i)$. Die Abbildung g ist offensichtlich bijektiv und belegt, dass A tatsächlich abzählbar (unendlich) ist. ∎

Beispiele 5.11

(1) Als Teilmengen der natürlichen Zahlen sind die folgenden Mengen abzählbar: Die Menge aller geraden/durch 3 teilbaren/durch 4 teilbaren/... natürlichen Zahlen, die Menge aller Primzahlen/Quadratzahlen/Kubikzahlen, sämtliche Intervalle, die Äquivalenzklassen $\mathbb{N}/R_m$ bzgl. R_m für alle $m > 1$ (vgl. Abschn. 4.4) usw.

(2) Die bereits in Abschn. 5.3 betrachtete bijektive Nummerierung der ganzen Zahlen

$$
\begin{array}{ccccccccc}
\mathbb{N} = & 0 & 1 & 2 & 3 & 4 & 5 & 6 & 7 & \ldots \\
& \downarrow & \downarrow & \downarrow & \downarrow & \downarrow & \downarrow & \downarrow & \downarrow & \\
\mathbb{Z} = & 0 & 1 & -1 & 2 & -2 & 3 & -3 & 4 & \ldots
\end{array}
$$

liefert eine Bijektion $f : \mathbb{N} \to \mathbb{Z}$

$$
f : n \mapsto \begin{cases} -\frac{n}{2}, & \text{falls } n \text{ gerade} \\ \frac{1+n}{2}, & \text{sonst} \end{cases}
$$

und zeigt, dass auch die Menge $\mathbb{Z}$ der ganzen Zahlen abzählbar ist. Zusammen mit $\mathbb{Z}$ sind wieder alle Teilmengen von $\mathbb{Z}$ abzählbar.

(3) Das folgende Schema zeigt die bereits vorgestellte Idee der Cantor'schen Abzählung, die es möglich macht zu zeigen, dass auch die Menge $\mathbb{Q}$ alle rationalen Zahlen abzählbar ist. Wir betrachten dazu zunächst die Menge $\mathbb{Q}^+$ aller positiven rationalen Zahlen.

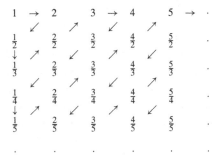

Die Pfeile zeigen einen Weg durch $\mathbb{Q}^+$, auf dem man jede positive rationale Zahl antrifft. Die gezeigte Anreihung liefert eine Folge der positiven rationalen Zahlen, die wir bereits im letzten Abschnitt kennengelernt hatten. Wir betrachten sie hier erneut, da sich unschwer erkennen lässt, dass sich die angegebene Indexierung der positiven rationalen Zahlen durch die natürlichen Zahlen zu einer bijektiven Abbildung $f : \mathbb{N} \to \mathbb{Q}^+$ ausbauen lässt, und damit die Abzählbarkeit der positiven rationalen Zahlen bewiesen ist. Kombiniert man diese Idee mit der im letzten Beispiel vorgestellten Idee, die ganzen Zahlen abzuzählen, dann kann man weiter zeigen, dass die Menge $\mathbb{Q}$ aller rationalen Zahlen abzählbar ist.

(4) Sämtliche Folgen sind nach Definition abzählbar, da wie im Beispiel der Cantor'schen Abzählung der positiven rationalen Zahlen die Indexierung stets zu einer bijektiven Abbildung ausgebaut werden kann.   □

Wir wollen uns nun der Frage zuwenden, ob es neben den abzählbar unendlichen Mengen auch noch andere Arten unendlicher Mengen gibt. Im Falle einer abzählbaren Menge M liefert die nach Definition existierende Bijektion $f : \mathbb{N} \to M$ eine Reihenfolge, in der die Elemente von M abgezählt werden können, nämlich $f(0), f(1), f(2), f(3), \ldots$. Wir sehen uns nun einmal die Potenzmenge $\mathcal{P}(\mathbb{N})$ der Menge $\mathbb{N}$ der natürlichen Zahlen genauer an und versuchen, für diese eine Abzählung zu finden.

Satz 5.11 *Die Potenzmenge $\mathcal{P}(\mathbb{N})$ der natürlichen Zahlen ist nicht abzählbar.*

Beweis Wir verwenden die von Cantor am Ende des neunzehnten Jahrhunderts entwickelte Methode der *Diagonalisierung* und führen einen Beweis durch Widerspruch. Wir gehen dazu von der Annahme aus, dass $\mathcal{P}(\mathbb{N})$ abzählbar ist, und zeigen, dass das zu einem Widerspruch führt.

Sei also angenommen, dass $\mathcal{P}(\mathbb{N})$ abzählbar ist. Dann gibt es nach Definition eine bijektive Abbildung $f : \mathbb{N} \to \mathcal{P}(\mathbb{N})$, die jede natürliche Zahl n auf eine Menge von natürlichen Zahlen $f(n)$ abbildet.

Wir betrachten nun die sehr speziell konstruierte Menge S mit

$$S = \{n \in \mathbb{N} \mid n \notin f(n)\} .$$

Offensichtlich ist S eine Teilmenge von $\mathbb{N}$ und es gilt $S \in \mathcal{P}(\mathbb{N})$. Da wir angenommen hatten, dass $\mathcal{P}(\mathbb{N})$ abzählbar ist, gibt es einen Index $n_0 \in \mathbb{N}$ mit $S = f(n_0)$.

Wir untersuchen nun, ob n_0 zu S gehört oder nicht. Nach Definition von S folgt aus $n_0 \in S$, dass $n_0 \notin S$ gilt, da ja $S = f(n_0)$. Andererseits folgt aus der Annahme $n_0 \notin S$, dass $n_0 \in S$ gilt. Damit haben wir gezeigt, dass unsere Annahme über die Abzählbarkeit von $\mathcal{P}(\mathbb{N})$ den folgenden unauflösbaren Widerspruch impliziert:

$$n_0 \in S \leftrightarrow n_0 \notin S .$$

Da diese Folgerung offensichtlich eine falsche Aussage ist, muss die Ausgangsannahme falsch gewesen sein. ∎

Definition 5.14 Eine Menge M heißt *nicht abzählbar* oder *überabzählbar*, wenn M nicht abzählbar ist.

Beispiele 5.12

(1) Die Menge aller reellen Zahlen $\mathbb{R}$ ist überabzählbar. Zum Beweis dieser Behauptung geht man wieder von der Annahme aus, dass die Menge abzählbar wäre, und zeigt mit Hilfe eines Diagonalisierungsarguments, dass es reelle Zahlen geben muss, die in der Abzählung nicht vorkommen können.

(2) Das Intervall $(0, 1) \subset \mathbb{R}$ ist überabzählbar.

(3) Die Menge aller irrationalen Zahlen ist überabzählbar. □

Mit wesentlich aufwändigeren Methoden kann man weiter zeigen, dass nicht alle überabzählbaren Mengen auch die gleiche Mächtigkeit besitzen. Tatsächlich gibt es überabzählbar viele verschiedene überabzählbare Mächtigkeiten. Beispielsweise ist $\mathcal{P}(\mathcal{P}(\mathbb{N}))$ mächtiger als $\mathcal{P}(\mathbb{N})$, $\mathcal{P}(\mathcal{P}(\mathcal{P}(\mathbb{N})))$ ist mächtiger als $\mathcal{P}(\mathcal{P}(\mathbb{N}))$ und so weiter.

Zum Abschluss dieses Abschnittes weisen wir lediglich noch darauf hin, dass man mit den *Kardinalzahlen* – das sind die verschiedenen Mächtigkeiten von Mengen – wieder „rechnen" kann wie mit Zahlen, Aussagen, Mengen oder Relationen. Um dazu nur ein Beispiel zu geben, sei erwähnt, dass die Vereinigung von abzählbar vielen abzählbaren Mengen wieder abzählbar ist.

Quellen und weiterführende Literatur

Allgemeine Darstellungen der in Teil I behandelten Themen mit unterschiedlichen Schwerpunkten findet man in

P.J. Davis, R. Hersh *Erfahrung Mathematik*. Birkhäuser Verlag, 1985.

W.M. Dymàček, H. Sharp*Introduction to discrete mathematics*. McGraw-Hill, 1998.

S. Epp *Discrete mathematics with applications*. PWS Publishing Company, 1995.

J.L. Gersting *Mathematical structures for computer science*. Computer Science Press, 1993.

K.H. Rosen *Discrete mathematics and its applications*. McGraw-Hill, 1991.

Teil II
Techniken

Grundlegende Beweisstrategien 6

Zusammenfassung

Mathematiker bezweifeln alles. Um sich und andere von der Richtigkeit eines Sachverhaltes zu überzeugen, verlangen sie einen mathematischen Beweis, also eine geschlossene Argumentationskette, die den sehr strengen Regeln der mathematischen Logik folgt. In diesem Kapitel werden wir Methoden besprechen, mit denen ein solcher Beweis geführt werden kann.

Mathematische Aussagen haben häufig die Form „wenn p, dann q". Als Formel ausgedrückt ist das eine Implikation $p \rightarrow q$. Dabei können p und q selbst auch zusammengesetzte Aussagen sein. An der Wahrheitstafel sieht man, dass $p \rightarrow q$ genau dann wahr ist, wenn (1) p falsch ist oder (2) wenn p und q beide wahr sind. Um die Wahrheit von $p \rightarrow q$ zu beweisen, braucht man sich also nur um den Fall zu kümmern, dass p wahr ist. Kann man unter dieser Annahme herleiten, dass q ebenfalls wahr ist, dann ist $p \rightarrow q$ bewiesen. Eine solche Herleitung besteht aus einer Folge von Schritten, an deren Anfang p und an deren Ende q steht. Im ersten Schritt setzt man voraus, dass p wahr ist. Deshalb wird p auch als *Hypothese* bezeichnet. Jeder weitere Schritt besteht darin, die Wahrheit einer neuen Aussage herzuleiten. Dazu kann man die Wahrheit aller zuvor hergeleiteten Aussagen voraussetzen und auch andere, bereits bewiesene und damit als wahr bekannte Aussagen benutzen. Diese Strategie nennt man einen *direkten Beweis*. Andere Strategien entstehen dadurch, dass man zu $p \rightarrow q$ logisch äquivalente Aussagen betrachtet und diese beweist. Bei einem *Beweis durch Kontraposition* zum Beispiel leitet man $\neg p$ aus $\neg q$ her. Man führt also einen direkten Beweis für die zu $p \rightarrow q$ logisch äquivalenten Aussage $\neg q \rightarrow \neg p$. Ein *Widerspruchs-Beweis* leitet f aus der Aussage $p \wedge \neg q$ her. Er basiert auf der Äquivalenz von $p \rightarrow q$ und $(p \wedge \neg q) \rightarrow$ f. Diese drei grundlegenden Strategien werden an Beispielen vorgestellt. Natürlich kann man sich auf der Basis anderer Äquivalenzen

C. Meinel und M. Mundhenk, *Mathematische Grundlagen der Informatik*, https://doi.org/10.1007/978-3-658-43136-5_6

auch weitere Strategien überlegen. Anschließend gehen wir in diesem Kapitel auf Beweis-Strategien für Aussagen ein, die nicht die Form $p \to q$ haben.

6.1   Direkter Beweis

Wir wollen schrittweise die Behauptung

Wenn a durch 6 teilbar ist, dann ist a auch durch 3 teilbar.

beweisen. Dabei ist a eine beliebige natürliche Zahl.

Die Hypothese ist

a ist durch 6 teilbar.

und daraus soll

a ist durch 3 teilbar.

hergeleitet werden. Im ersten Schritt benutzen wir die Definition der Teilbarkeit: a ist durch 6 teilbar genau dann, wenn $a = 6 \cdot k$ für eine ganze Zahl k. Also kann man aus der Hypothese herleiten, dass

$$a = 6 \cdot k \text{ für eine ganze Zahl } k.$$

Da $6 = 2 \cdot 3$ gilt, ergibt sich als nächster Herleitungsschritt die Aussage

$$a = (2 \cdot 3) \cdot k \text{ für eine ganze Zahl } k.$$

Nun nutzen wir die Kommutativität der Multiplikation und erhalten

$$a = (3 \cdot 2) \cdot k \text{ für eine ganze Zahl } k.$$

Aufgrund der Assoziativität der Multiplikation ergibt sich weiter

$$a = 3 \cdot (2 \cdot k) \text{ für eine ganze Zahl } k.$$

Da k eine ganze Zahl ist, ist $2 \cdot k$ ebenfalls eine ganze Zahl. Wir setzen k' für $2 \cdot k$ und erhalten

$$a = 3 \cdot k' \text{ für eine ganze Zahl } k'.$$

Nun können wir wieder die Definition der Teilbarkeit – diesmal die Teilbarkeit durch 3 – benutzen, erhalten

$$a \text{ ist durch } 3 \text{ teilbar.}$$

und schließen damit die Herleitung ab.

Wir schreiben die einzelnen Schritte und deren Begründung noch einmal schrittweise auf. Die in den Zwischenschritten hergeleiteten Aussagen werden durch s_1, s_2, s_3, s_4 und s_5 bezeichnet.

p: a ist durch 6 teilbar.

s_1: $a = 6 \cdot k$ für eine ganze Zahl k.　　　(Def. der Teilbarkeit durch 6)

s_2: $a = (2 \cdot 3) \cdot k$ für eine ganze Zahl k.　($6 = 2 \cdot 3$)

s_3: $a = (3 \cdot 2) \cdot k$ für eine ganze Zahl k.　(Kommutativität von $\cdot$)

s_4: $a = 3 \cdot (2 \cdot k)$ für eine ganze Zahl k.　(Assoziativität von $\cdot$)

s_5: $a = 3 \cdot k'$ für eine ganze Zahl k'.　　　(Ersetzung von $2 \cdot k$ durch k')

q: a ist durch 3 teilbar.　　　　　　　　　(Def. der Teilbarkeit durch 3)

Wir betrachten nun die logische Struktur des Beweises. Wir haben bewiesen, dass die fünf Implikationen

$$p \to s_1, s_1 \to s_2, s_2 \to s_3, s_3 \to s_4, s_4 \to s_5, s_5 \to q$$

jeweils wahre Aussagen sind. Außerdem haben wir als Hypothese benutzt, dass p wahr ist. Das Ziel des Beweises, aus dieser Hypothese auf die Gültigkeit der Aussage q zu schließen, erreicht man durch wiederholte Anwendung des modus ponens (vgl. Kap. 3). Der modus ponens basiert auf der Tautologie

$$(p \wedge (p \to s)) \to s$$

und liefert die folgende Regel für beliebige Aussagen p und s:

$$\text{Aus} \quad p$$
$$\text{und} \quad \underline{p \to s}$$
$$\text{ergibt sich} \quad s \, .$$

Wenden wir den modus ponens auf die Hypothese p und die erste hergeleitete Implikation $p \to s_1$ an, dann erhalten wir als Folgerung die Gültigkeit von s_1. Nun wenden wir den modus ponens auf s_1 und die hergeleitete Implikation $s_1 \to s_2$ an, und so weiter. Insgesamt erhalten wir q als Folgerung aus der Hypothese p und haben wie gewünscht $p \to q$ bewiesen.

Alle diese Zwischenschritte und logischen Überlegungen muss man nicht unbedingt so ausführlich aufschreiben, um einen korrekten Beweis einer Behauptung zu führen. Es ist jedoch wichtig, so ausführlich zu sein, dass jeder Leser des Beweises von der Korrektheit der Beweisführung – also von der Korrektheit jedes einzelnen Schrittes – überzeugt ist. Das könnte wie folgt aussehen.

Lemma 6.1 *Wenn a durch* 6 *teilbar ist, dann ist a auch durch* 3 *teilbar.*

Beweis Wenn a durch 6 teilbar ist, dann gibt es eine ganze Zahl k, so dass $a = 6 \cdot k$ gilt. Da $6 = 2 \cdot 3$, folgt $a = (2 \cdot 3) \cdot k$. Durch Umformung erhält man $a = 3 \cdot (2 \cdot k)$. Weil $2 \cdot k$ eine ganze Zahl ist, folgt schließlich, dass a durch 3 teilbar ist.   ∎

6.2   Beweis durch Kontraposition

Beim Beweis durch Kontraposition wird anstelle von $p \to q$ die logisch äquivalente Aussage $\neg q \to \neg p$ direkt bewiesen.

Zur Illustration beweisen wir folgende Behauptung durch Kontraposition:

Wenn a^2 eine ungerade Zahl ist, dann ist a ungerade.

Die Aussage p ist

a^2 ist eine ungerade Zahl.

und die Aussage q ist

a ist ungerade.

Die logisch äquivalente Aussage $\neg q \to \neg p$ lautet

Wenn a gerade ist, dann ist a^2 gerade.

Die Hypothese $\neg q$ ist also

a ist gerade.

und das Ziel ist es, die Aussage $\neg p$

a^2 ist gerade.

herzuleiten. Mögliche Herleitungsschritte sind

    $\neg q$: a ist gerade.
    s_1 : $a = 2 \cdot k$ für eine ganze Zahl k.   (Definition einer geraden Zahl)
    s_2 : $a \cdot a = (2 \cdot k) \cdot a$ für eine ganze Zahl k. (Multiplikation mit a)
    s_3 : $a^2 = 2 \cdot (k \cdot a)$ für eine ganze Zahl k.   (Assoziativität von $\cdot$)
    s_4 : $a^2 = 2 \cdot k'$ für eine ganze Zahl k'.   (Ersetzung von $a \cdot k$ durch k')
    $\neg p$: a^2 ist gerade.   (Definition einer geraden Zahl)

Kurz zusammengefasst wird der Beweis wie folgt aufgeschrieben:

Lemma 6.2 *Wenn a^2 eine ungerade Zahl ist, dann ist a ungerade.*

Beweis Wir führen einen Beweis durch Kontraposition. Sei also angenommen, dass a gerade ist. Dann ist $a = 2 \cdot k$ für eine ganze Zahl k. Deshalb ist $a^2 = 2 \cdot (k \cdot a)$. Weil $k \cdot a$ eine ganze Zahl ist, folgt schließlich $a^2 = 2 \cdot k'$ für eine ganze Zahl k'. Also ist a^2 gerade. ∎

6.3 Widerspruchs-Beweis

Im *Widerspruchs-Beweis* wird anstelle von $p \to q$ die logisch äquivalente Aussage $(p \wedge \neg q) \to f$ bewiesen. Eine Aussage der Art $r \to f$ ist genau dann wahr, wenn r falsch ist. Also ist ein Widerspruchs-Beweis von $p \to q$ ein Beweis dafür, dass $p \wedge \neg q$ falsch ist. Dazu genügt es, eine falsche Aussage aus der Hypothese $p \wedge \neg q$ herzuleiten. Zur Illustration des Vorgehens beweisen wir die Aussage

Wenn a und b gerade natürliche Zahlen sind, dann ist auch $a \cdot b$ gerade.

mittels Widerspruchs-Beweis. Wir zeigen dazu, dass die Aussage

a und b sind gerade natürliche Zahlen, und $a \cdot b$ ist ungerade.

falsch ist. Diese Aussage ist gleichzeitig auch die Hypothese.

$p \wedge \neg q$: a und b sind gerade, und $a \cdot b$ ist ungerade
$\quad s_1$: a ist gerade, und $b = 2 \cdot k$ für eine ganze Zahl k,
$\qquad$ und $a \cdot b$ ist ungerade. $\quad$ (Definition einer geraden Zahl)
$\quad s_2$: a ist gerade, und $a \cdot b = a \cdot (2 \cdot k)$ für eine ganze Zahl k,
$\qquad$ und $a \cdot b$ ist ungerade. $\quad$ (Multiplikation von a und b)
$\quad s_3$: a ist gerade, und $a \cdot b = (a \cdot 2) \cdot k$ für eine ganze Zahl k,
$\qquad$ und $a \cdot b$ ist ungerade. $\quad$ (Assoziativität von $\cdot$)
$\quad s_4$: a ist gerade, und $a \cdot b = (2 \cdot a) \cdot k$ für eine ganze Zahl k,
$\qquad$ und $a \cdot b$ ist ungerade. $\quad$ (Kommutativität von $\cdot$)
$\quad s_5$: a ist gerade, und $a \cdot b = 2 \cdot (a \cdot k)$ für eine ganz Zahl k,
$\qquad$ und $a \cdot b$ ist ungerade. $\quad$ (Assoziativität von $\cdot$)
$\quad s_6$: a ist gerade, und $a \cdot b = 2 \cdot k'$ für eine ganze Zahl k',
$\qquad$ und $a \cdot b$ ist ungerade. $\quad$ (Ersetzung von $a \cdot k$ durch k')
$\quad s_7$: a ist gerade, und $a \cdot b$ ist gerade, und $a \cdot b$ ist ungerade.
$\qquad$ (Definition einer geraden Zahl)

Die letzte Aussage

a ist gerade, und a · b ist gerade, und a · b ist ungerade.

ist offensichtlich falsch, da sie eine Konjunktion zweier sich widersprechender Aussagen ist. Also ist s_7 der Widerspruch, der hergeleitet werden sollte. Im allgemeinen schleppt man nicht unbedingt die ganze Hypothese durch den Beweis mit. Als Widerspruch zur Hypothese reicht es schon aus, die Aussage „*a · b ist gerade*" zu beweisen. So werden wir es auch in der folgenden Zusammenfassung machen.

Lemma 6.3 *Wenn a und b gerade sind, dann ist auch a · b gerade.*

Beweis Wir führen einen Widerspruchs-Beweis. Sei also angenommen, dass a und b gerade sind, und dass $a · b$ ungerade ist. Da b gerade ist, kann b geschrieben werden als $b = 2 · k$ für eine ganze Zahl k. Deshalb gilt $a · b = 2 · (a · k)$. Da $a · k$ eine ganze Zahl ist, muss $a · b$ gerade sein. Damit haben wir einen Widerspruch zur Annahme hergeleitet. ∎

6.4   Äquivalenzbeweis

Nicht immer haben zu beweisende Aussagen die Form $p \rightarrow q$. Trotzdem ist es vermittels einfacher logischer Überlegungen möglich, die bereits vorgestellten Strategien anzuwenden.

Eine Aussage der Form $p \leftrightarrow q$ beweist man mit einem Äquivalenzbeweis. Er besteht aus zwei Beweisen: Einem für die Implikation $p \rightarrow q$ und einem für die Implikation $q \rightarrow p$. Da $p \leftrightarrow q$ und $(p \rightarrow q) \wedge (q \rightarrow p)$ logisch äquivalent sind, liefern die beiden Beweise zusammen einen Beweis für $p \leftrightarrow q$.

Zur Illustration beweisen wir die Behauptung

a ist gerade genau dann, wenn a^2 gerade ist.

durch einen Äquivalenzbeweis. Die Aussage p ist

a ist gerade.

und die Aussage q ist

a^2 ist gerade.

Zuerst führen wir einen Beweis für $p \rightarrow q$, also für die Behauptung

> *Wenn a gerade ist, dann ist a^2 gerade.*

Diese Behauptung ist ein Spezialfall von Lemma 6.3

> *Wenn a und b gerade sind, dann ist auch $a \cdot b$ gerade.*

Da wir eine beliebige natürliche Zahl für b einsetzen können, setzen wir hier die natürliche Zahl a für b ein. Damit erhalten wir sofort den Beweis für $p \rightarrow q$.

Nun ist noch der Beweis für $q \rightarrow p$ zu führen, also für die Behauptung

> *Wenn a^2 gerade ist, dann ist a gerade.*

Diese Implikation $q \rightarrow p$ beweisen wir durch Kontraposition, beginnen also mit der Hypothese $\neg p$:

> *a ist ungerade.*

Dann ist $a - 1$ gerade und kann als $a - 1 = 2 \cdot k$ für eine ganze Zahl k geschrieben werden. Es folgt $a = 2 \cdot k + 1$. Dann ist $a^2 = (2 \cdot k)^2 + 2 \cdot (2 \cdot k) + 1$. Durch Umformen erhält man $a^2 = 2 \cdot (k \cdot 2 \cdot k + 2 \cdot k) + 1$. Also folgt, dass a^2 ungerade ist. Damit ist

> *Wenn a ungerade ist, dann ist a^2 ungerade.*

bewiesen.

Da wir sowohl $p \rightarrow q$ als auch $q \rightarrow p$ bewiesen haben, ist der Beweis für die Äquivalenz $p \leftrightarrow q$ erbracht.

Lemma 6.4 *a ist gerade genau dann, wenn a^2 gerade ist.*

Beweis Wir führen einen Äquivalenzbeweis.

($\rightarrow$) Sei a gerade. Aus Lemma 6.3 folgt, dass a^2 ebenfalls gerade ist.

($\leftarrow$) Wir führen einen Beweis durch Kontraposition. Sei a ungerade. Dann ist $a = 2 \cdot k + 1$ für eine ganze Zahl k. Also ist $a^2 = 2 \cdot (k \cdot 2 \cdot k + k \cdot 2) + 1$. Das heißt, a^2 ist ungerade. ∎

6.5 Beweis atomarer Aussagen

Auch eine Aussage der Form p, die man nicht weiter zerlegen kann, lässt sich mit den oben betrachteten Beweisstrategien beweisen. Die Aussage p ist nämlich logisch äquivalent zu $t \rightarrow p$. Da die Hypothese t wahr ist, kommt ein direkter Beweis ohne Hypothese aus. In einem Beweis durch Kontraposition muss $\neg p \rightarrow f$ bewiesen werden. Das entspricht dem

Vorgehen bei einem Widerspruchs-Beweis. Diese beiden Beweisstrategien fallen also hier zusammen.

Als Beispiel führen wir einen Beweis der Behauptung

$$\sqrt{2} \text{ ist keine rationale Zahl.}$$

Jede positive rationale Zahl r lässt sich als Bruch $q = \frac{m}{n}$ zweier natürlicher Zahlen m und n darstellen, die keinen gemeinsamen echten Teiler besitzen – sogenannte *teilerfremde* Zahlen. Alle gemeinsamen Teiler kann man durch Kürzen entfernen. Zum Beweis der Behauptung muss man also zeigen, dass $\sqrt{2} \neq \frac{m}{n}$ für jedes Paar m, n natürlicher Zahlen. Dafür bietet es sich an, einen Widerspruchs-Beweis zu führen. Die Hypothese lautet dann

$$\sqrt{2} \text{ ist eine rationale Zahl.}$$

Da $\sqrt{2} > 0$, gibt es natürliche Zahlen m und n, so dass

$$\sqrt{2} = \tfrac{m}{n} \text{ für teilerfremde Zahlen } m \text{ und } n.$$

Durch Quadrieren beider Seiten der Gleichung erhält man

$$2 = \tfrac{m^2}{n^2}.$$

Wir multiplizieren beide Seiten mit n^2 und folgern aus

$$2 \cdot n^2 = m^2,$$

dass m^2 eine gerade Zahl ist. In Lemma 6.6 wurde bereits gezeigt, dass jede Quadratzahl entweder durch 4 teilbar ist oder Rest 1 beim Teilen durch 4 ergibt. Jede gerade Zahl hat beim Teilen durch 4 entweder Rest 0 oder Rest 2. Also muss m^2 durch 4 teilbar sein, das heißt

$$m^2 = 4 \cdot k$$

für eine ganze Zahl k. Die Zusammenfassung der letzten beiden Gleichungen ergibt

$$2 \cdot n^2 = 4 \cdot k,$$

woraus

$$n^2 = 2 \cdot k$$

folgt. Also ist n^2 ebenfalls gerade. Weil jede gerade Quadratzahl das Quadrat einer geraden Zahl ist, erhalten wir *m und n sind gerade.*

Also haben m und n beide den Teiler 2, das heißt

m und n sind nicht teilerfremd.

Das ist ein Widerspruch zur Hypothese und beendet den Widerspruchsbeweis.

Lemma 6.5 $\sqrt{2}$ *ist keine rationale Zahl.*

Beweis Wir führen einen Widerspruchsbeweis. Sei dazu angenommen, dass $\sqrt{2}$ eine rationale Zahl ist. Dann gilt $\sqrt{2} = \frac{m}{n}$ für zwei teilerfremde ganze Zahlen m und n. Damit erhält man $2 = \frac{m^2}{n^2}$ und folglich $2 \cdot n^2 = m^2$. Also ist m^2 gerade. Nach Lemma 6.6 ist m^2 durch 4 teilbar, das heißt $m^2 = 4 \cdot k$ für eine ganze Zahl k. Dann ist n^2 ebenfalls gerade, weil $n^2 = 2 \cdot k$ ist. Da die Quadrate von m und n gerade sind, folgt aus Lemma 6.4, dass n und m ebenfalls gerade sind. Damit erhalten wir einen Widerspruch dazu, dass n und m teilerfremd sind. ∎

Den Beweis von Satz 5.11 haben wir auch bereits als Widerspruchs-Beweis geführt. Die Aussage p des Satzes ist

Die Potenzmenge der natürlichen Zahlen ist nicht abzählbar.

Der Widerspruchs-Beweis besteht darin, aus der Aussage $\neg p$ etwas Falsches herzuleiten – also die Aussage $\neg p \rightarrow f$ zu beweisen. Aus der Aussage $\neg p$

Die Potenzmenge der natürlichen Zahlen ist abzählbar.

haben wir die falsche Aussage $n_0 \in S \leftrightarrow n_0 \notin S$ logisch hergeleitet. Da $\neg p \rightarrow f \equiv p$, ist damit die Aussage p bewiesen.

6.6 Beweis durch Fallunterscheidung

Jede Aussage p ist logisch äquivalent zu der Aussage $(q \rightarrow p) \wedge (\neg q \rightarrow p)$ für eine beliebig wählbare Aussage q. Also kann p bewiesen werden, indem man die beiden Implikationen $q \rightarrow p$ und $\neg q \rightarrow p$ beweist: In der ersten Implikation wird der Fall „q ist wahr" betrachtet und in der zweiten Implikation wird der Fall „q ist falsch". Diese beiden Implikationen nennt man deshalb eine *Fallunterscheidung*. Denn entweder ist q wahr, oder es ist $\neg q$ wahr – einer der beiden betrachteten Fälle tritt also immer ein.

Als Beispiel für die Anwendung der Fallunterscheidung beweisen wir die Behauptung

$$a^2 \text{ geteilt durch } 4 \text{ lässt entweder den Rest } 1 \text{ oder den Rest } 0.$$

für eine beliebige natürliche Zahl a. Jede natürliche Zahl ist entweder gerade oder ungerade. Und das sind die beiden Fälle, die unterschieden werden sollen. Die Aussage q ist also in diesem Beispiel

$$a \text{ ist gerade.}$$

Also ist die Aussage $\neg q$

$$a \text{ ist ungerade.}$$

Die beiden zu beweisenden Implikationen sind dann

$$\textit{Wenn } a \textit{ gerade ist,}$$
$$\textit{dann lässt } a^2 \textit{ geteilt durch } 4 \textit{ entweder den Rest } 1 \textit{ oder den Rest } 0.$$

und

$$\textit{Wenn } a \textit{ ungerade ist,}$$
$$\textit{dann lässt } a^2 \textit{ geteilt durch } 4 \textit{ entweder den Rest } 1 \textit{ oder den Rest } 0.$$

Wir betrachten zuerst den Fall „a ist gerade". Dann ist $a = 2 \cdot k$ für eine ganze Zahl k. Also ist $a^2 = (2 \cdot k) \cdot (2 \cdot k)$. Das kann man zu $a^2 = (2 \cdot 2) \cdot (k \cdot k)$ umformen. Da $k \cdot k$ eine ganze Zahl und $2 \cdot 2 = 4$ ist, ist $a^2 = 4 \cdot l$ für eine ganze Zahl l. Also erhält man – unter der Voraussetzung, dass a gerade ist – beim Teilen von a^2 durch 4 den Rest 0.

Nun kommen wir zum zweiten Fall „a ist ungerade". Dann ist $a - 1$ gerade, und deshalb gilt $a = 2 \cdot k + 1$ für eine ganze Zahl k. Durch Ausmultiplizieren ergibt sich $a^2 = (2 \cdot k)^2 + 2 \cdot (2 \cdot k) + 1$. Ausklammern liefert $a^2 = 4 \cdot (k^2 + k) + 1$. Also ist $a^2 - 1 = 4 \cdot (k^2 + k)$ durch 4 teilbar. Das heißt, es bleibt der Rest 1 beim Teilen von a^2 durch 4.

Da a entweder gerade oder ungerade ist, decken diese beiden Fälle alle Möglichkeiten ab. Also lässt a^2 beim Teilen durch 4 entweder den Rest 0 oder den Rest 1.

Lemma 6.6 a^2 geteilt durch 4 lässt entweder den Rest 1 oder den Rest 0.

Beweis Wir führen einen Beweis durch Fallunterscheidung.

Fall 1: a ist gerade. Dann ist $a = 2 \cdot k$ für eine ganze Zahl k. Daraus folgt $a^2 = 4 \cdot k^2$. Also ist a^2 ohne Rest durch 4 teilbar.

Fall 2: a ist ungerade. Dann gilt $a = 2 \cdot k + 1$ für eine ganze Zahl k. Daraus folgt $a^2 = 4 \cdot (k^2 + k) + 1$. Also bleibt Rest 1 beim Teilen von a^2 durch 4.

Damit sind alle möglichen Fälle betrachtet. ∎

Im allgemeinen müssen es nicht nur zwei Fälle sein, die bei einer Fallunterscheidung betrachtet werden. Wichtig ist nur, dass *alle* möglichen Fälle betrachtet werden. Im folgenden Beispiel werden die verschiedenen Fälle abhängig davon unterschieden, wie groß der Rest beim Teilen einer Zahl durch 3 ist. Man erhält hier drei Fälle: Rest 0, Rest 1 und Rest 2.

Lemma 6.7 *Mindestens eine der ganzen Zahlen a, $a + 2$ und $a + 4$ ist durch 3 teilbar.*

Beweis Wir führen eine Fallunterscheidung über den Rest beim Teilen von a durch 3.

Fall 1: a geteilt durch 3 lässt den Rest 0. Dann ist a durch 3 teilbar.

Fall 2: a geteilt durch 3 lässt den Rest 1. Dann ist $a + 2 = (3 \cdot k + 1) + 2 = 3 \cdot (k + 1)$ für eine ganze Zahl k. Also ist $a + 2$ durch 3 teilbar.

Fall 3: a geteilt durch 3 lässt den Rest 2. Dann ist $a + 4 = (3 \cdot k + 2) + 4 = 3 \cdot (k + 2)$ für eine ganze Zahl k. Also ist $a + 4$ durch 3 teilbar.

Da a geteilt durch 3 keinen anderen Rest lassen kann, ist der Beweis vollendet. ∎

6.7 Beweis von Aussagen mit Quantoren

Viele mathematische Aussagen haben die Gestalt von *universellen* Aussagen der Form

$$\forall x : (p(x) \to q(x)).$$

Man beweist sie, indem man die Aussage

$$p(a) \to q(a)$$

für *jedes* Element a des zugrundeliegenden Universums beweist. In der Regel führt man dazu einen einzigen Beweis, der unabhängig davon, welches konkrete Element a des Universums gewählt wurde, gültig ist. Typischerweise sieht ein Beweis dann so aus:

Wähle a beliebig aus dem Universum.

Nun folgt der Beweis für die Implikation $p(a) \to q(a)$.

Da a beliebig gewählt werden kann, folgt $\forall x : (p(x) \to q(x))$.

Solche Beweise unterscheiden sich also kaum von den Beweisen, die wir bisher geführt haben. Einige Aussagen, die wir bereits bewiesen haben, kann man auch leicht als universelle Aussagen auffassen. Zum Beispiel erhalten wir aus der Aussage

Wenn a durch 6 teilbar ist, dann ist a auch durch 3 teilbar.

mit dem Universum der natürlichen Zahlen die universelle Aussage

Für jede natürliche Zahl x gilt:
Wenn x durch 6 teilbar ist, dann ist x auch durch 3 teilbar.

Der Beweis geht dann folgendermaßen: Wähle für x eine beliebige natürliche Zahl a. Nun folgt der Beweis der Aussage „*Wenn a durch 6 teilbar ist, dann ist a auch durch 3 teilbar*" von oben. Da a beliebig gewählt wurde, gilt für jede natürliche Zahl x: wenn x durch 6 teilbar ist, dann ist x auch durch 3 teilbar.

Bei mehreren universellen Quantoren muss für jede quantifizierte Variable unabhängig ein Wert gewählt werden. Als Beispiel führen wir einen Beweis der Aussage

Für jede natürliche Zahl t und für jede natürliche Zahl n gilt:
wenn $t \geq 2$ und t ein Teiler von n ist,
dann ist t kein Teiler von $n + 1$.

Zum Beweis wählen wir für t eine natürliche Zahl a und für n eine natürliche Zahl b. Wir führen einen Widerspruchs-Beweis der Aussage

Wenn $a \geq 2$ und a ein Teiler von b ist, dann ist a kein Teiler von $b + 1$.

Diese Aussage hat die Form $(p \wedge q) \rightarrow r$. Im Widerspruchs-Beweis muss die Aussage $(p \wedge q) \wedge \neg r$ widerlegt werden. Die Hypothese lautet also

$a \geq 2$, *und a teilt b, und a teilt* $b + 1$.

Nach Definition der Teilbarkeit gibt es ganze Zahlen k und k', so dass

$$b = k \cdot a \text{ und } b + 1 = k' \cdot a.$$

Subtrahiert man die erste von der zweiten Gleichung, ergibt sich

$$1 = (k' \cdot a) - (k \cdot a).$$

Durch Ausklammern erhalten wir daraus

$$1 = (k - k') \cdot a.$$

Da k und k' ganze Zahlen sind, ist auch $k - k'$ eine ganze Zahl und

a ist Teiler von 1.

Es gibt genau zwei ganze Zahlen, die Teiler von 1 sind: nämlich 1 selbst und -1. Wegen $a > 0$ folgt

$$a = 1,$$

im Widerspruch zur Hypothese $a \geq 2$. Der Widerspruchs-Beweis ist beendet. Da die Wahl der für t und n eingesetzten natürlichen Zahlen beliebig war, ist die Behauptung bewiesen.

Um Schreibarbeit zu sparen, verzichtet man oft darauf, das für eine universell quantifizierte Variable eingesetzte Element anders zu benennen als die Variable. Im obigen Beispiel haben wir für die Variable t eine natürliche Zahl a eingesetzt und im Beweis benutzt. Oft sagt man stattdessen einfach „wähle für t eine beliebige natürliche Zahl" und benutzt dann weiterhin t nun als Bezeichner für diese Zahl.

Lemma 6.8 *Für jede natürliche Zahl t und für jede natürliche Zahl n gilt: Wenn $t \geq 2$ und t ein Teiler von n ist, dann ist t kein Teiler von $n + 1$.*

Beweis Wir wählen für t und n unabhängig zwei beliebige natürliche Zahlen und führen einen Widerspruchs-Beweis. Sei angenommen, dass $t \geq 2$ ein Teiler von n und ein Teiler von $n + 1$ ist. Dann ist $n = t \cdot k$ und $n + 1 = t \cdot k'$ für zwei ganze Zahlen k und k'. Also ist $1 = t \cdot k' - t \cdot k = t \cdot (k' - k)$. Daraus folgt $\frac{1}{t} = k' - k$. Da $k' - k$ eine ganze Zahl ist, muss $t = 1$ gelten. Das ist ein Widerspruch zur Hypothese $t \geq 2$. ∎

Wir betrachten nun *existenzielle* Aussagen. Diese haben die Form

$$\exists x : (p(x) \to q(x)).$$

Sie können bewiesen werden, indem man ein Element a aus dem Universum findet, für das $p(a) \to q(a)$ wahr ist. Typischerweise sieht ein Beweis wie folgt aus:

Sei a ein geeignetes Element aus dem Universum.

Nun folgt der Beweis für die Implikation $p(a) \to q(a)$.

Damit ist die Existenz eines a mit der Eigenschaft $p(a) \to q(a)$ und die Gültigkeit der Aussage $\exists x : (p(x) \to q(x))$ bewiesen.

Als Beispiel beweisen wir die Behauptung, dass es unendlich viele Primzahlen gibt.

Satz 6.1 *Es gibt unendlich viele Primzahlen.*

Beweis Zuerst müssen wir uns überlegen, welche logische Struktur die Aussage hat und wie wir sie mittels Quantoren und geeigneten logischen Verknüpfungen von Eigenschaften natürlicher Zahlen ausdrücken können. Wenn es nur endlich viele Primzahlen gäbe, dann müsste eine größte Primzahl existieren. Jede natürliche Zahl, die größer als diese größte Primzahl ist, kann dann keine Primzahl sein. Im Lichte dieser Konsequenz aus der Negation der Behauptung lässt sich die folgende logisch äquivalente Aussage formulieren:

Für jede natürliche Zahl n gibt es eine natürliche Zahl p,
die größer als n und eine Primzahl ist.

Diese Aussage können wir nun formalisiert aufschreiben als

$$\forall n \exists p : (n < p) \wedge p \text{ ist Primzahl.}$$

Am Anfang der Aussage steht ein $\forall$-Quantor. Also beginnen wir damit, für n eine beliebige natürliche Zahl zu wählen, die wir a nennen. Damit erhalten wir die Aussage

$$\exists p : (a < p) \wedge p \text{ ist Primzahl.}$$

Diese Aussage beginnt mit einem $\exists$-Quantor. Um sie zu beweisen, müssen wir eine natürliche Zahl b finden, für die gilt:

$$(a < b) \wedge b \text{ ist Primzahl.}$$

Dieses b konstruieren wir wie folgt. Wir nehmen alle Primzahlen $p_1, p_2, \ldots, p_k$, die kleiner oder gleich a sind, bilden deren Produkt und addieren 1 hinzu:

$$b = p_1 \cdot p_2 \cdot \ldots \cdot p_k + 1$$

Ist b eine Primzahl, dann sind wir fertig, da natürlich $a < b$ gilt. Ist b keine Primzahl, dann hat b einen Teiler l, der eine Primzahl ist – dieser Fakt wird in Satz 7.7 bewiesen. Nach Lemma 6.8 kann l als Teiler von b kein Teiler von $b - 1$ sein. Da $b - 1 = p_1 \cdot p_2 \cdot \ldots \cdot p_k$ gilt, ist l eine Primzahl, die sich von allen Primzahlen $p_1, p_2, \ldots, p_k$, die kleiner oder gleich a sind, unterscheidet. Insgesamt haben wir also gezeigt:

$a < l$ und l ist eine Primzahl.   ∎

6.8   Kombinatorischer Beweis

Beweise, die mit Hilfe von Abzählargumenten geführt werden, heißen *kombinatorische Beweise*. Sie spielen in der diskreten Mathematik eine nicht unwesentliche Rolle und eignen sich vor allem zum Beweis von Aussagen über die Anzahl von Objekten mit bestimmten Eigenschaften in speziellen Situationen. Da auch Existenzfragen als Fragen nach einer Anzahl – Null oder größer als Null – aufgefasst werden können, ist es nicht verwunderlich, dass kombinatorische Beweise auch eine wichtige Rolle beim Beweis von Existenzaussagen spielen.

Die Kraft eines kombinatorischen Arguments liegt in der Stärke des verwendeten Abzählarguments. Wir werden einige besonders wichtige Abzählargumente und Zähltechniken in einem eigenständigen späteren Kapitel, in Kap. 8, besprechen. Zur Illustration der Vorgehensweise bei einem kombinatorischen Beweis beschränken wir uns deshalb an dieser Stelle auf die Anwendung eines einzigen Abzählarguments, des berühmten *Taubenschlagprinzips von Dirichlet*. Das Dirichlet'sche Taubenschlagprinzip, auch *Schubfachprinzip* genannt, beruht auf der folgenden einfachen Beobachtung:

Dirichlets Taubenschlagprinzip
Halten sich $k + 1$ Tauben in k Taubenschlägen auf, so gibt es mindestens einen Taubenschlag, in dem sich wenigstens zwei Tauben befinden.

Nach diesem Prinzip gibt es beispielsweise stets einen unter 10 Taubenschlägen, der von wenigstens zwei Tauben besetzt ist, wenn sich 11 oder mehr Tauben auf diese 10 Schläge verteilen. Obwohl das Taubenschlagprinzip die Existenz eines solchen Taubenschlages garantiert, gibt es keinen Hinweis, welcher Taubenschlag das ist. Tatsächlich hängt das allein von der konkreten Situation ab und kann von Mal zu Mal verschieden sein.

Ist das Verhältnis von Taubenschlägen zu Tauben nicht nur $k + 1$ zu k sondern zum Beispiel $2k + 1$ zu k, so kann man sogar schließen, dass in einem der Taubenschläge mindestens 3 Tauben sitzen müssen. Übersetzt in die mathematische Sprache lässt sich Dirichlets Taubenschlagprinzip im folgenden Satz ausdrücken.

Satz 6.2 *Seien A und B zwei endliche Mengen, und sei $f : A \to B$ eine Funktion. Dann gibt es ein Element $b_0 \in B$ mit $\sharp f^{-1}(b_0) \geq \left\lceil \frac{\sharp A}{\sharp B} \right\rceil$.[1]*

Beweis Sei b_0 ein Element von B, das die meisten Urbilder in A besitzt. Das heißt, für alle $b \in f(A)$ gilt $\sharp f^{-1}(b_0) \geq \sharp f^{-1}(b)$. Offensichtlich gilt

---

[1] $\lceil \frac{a}{b} \rceil$ bezeichnet die kleinste ganze Zahl, die größer oder gleich $\frac{a}{b}$ ist. Also gilt zum Beispiel $\left\lceil \frac{5}{2} \right\rceil = 3$ und $\left\lceil \frac{6}{2} \right\rceil = 3$.

$$\sharp A \ \leq \ \sum_{b \in B} \sharp f^{-1}(b) \ \leq \ \sharp B \cdot \sharp f^{-1}(b_0) \,.$$

Diese Ungleichung ist äquivalent zu

$$\frac{\sharp A}{\sharp B} \ \leq \ \sharp f^{-1}(b_0) \,.$$

Da die Anzahl der Urbilder natürlich ganzzahlig ist, folgt die Behauptung des Satzes. ∎

Wir wollen nun einige kombinatorische Beweise führen, die von dem Abzählargument des Taubenschlagprinzips Gebrauch machen.

Satz 6.3 *In einer Gruppe von acht Leuten haben (mindestens) zwei am gleichen Wochentag Geburtstag.*

Beweis Wir betrachten die Funktion f, die jeder Person der Gruppe den Wochentag zuordnet, an dem sie Geburtstag hat. Der Definitionsbereich A dieser Funktion ist die Personengruppe und enthält 8 Elemente, $\sharp A = 8$. Der Wertebereich B von f ist die Menge der Wochentage und enthält 7 Elemente, $\sharp B = 7$.

Das Taubenschlagprinzip garantiert in dieser Situation die Existenz eines Wochentages b mit

$$\sharp f^{-1}(b) \ \geq \ \left\lceil \frac{\sharp A}{\sharp B} \right\rceil \ \geq \ \left\lceil \frac{8}{7} \right\rceil \geq 2 \,,$$

an dem also zwei oder mehr Leute der Gruppe Geburtstag haben. ∎

Satz 6.4 *In jeder Menge A, die aus drei natürlichen Zahlen gebildet werden kann, sind stets zwei Zahlen, deren Summe gerade ist.*

Beweis Die Summe zweier natürlicher Zahlen ist genau dann gerade, wenn beide Zahlen ungerade oder wenn beide Zahlen gerade sind.

Wir definieren uns eine Funktion f auf der Menge A, die als Funktionswert angibt, ob das Argument a gerade oder ungerade ist, $f(a) \in \{\texttt{gerade}, \texttt{ungerade}\}$.

Das Taubenschlagprinzip garantiert nun die Existenz eines Bildelements $b \in \{\texttt{gerade}, \texttt{ungerade}\}$ mit wenigstens zwei Urbildern $a, a' \in A$. Bildet man die Summe $a + a'$ dieser beiden Urbilder, dann muss diese, unserer obigen Beobachtung zufolge, gerade sein. ∎

Eine andere Anwendung des Taubenschlagprinzip liefert der Beweis des folgenden Satzes.

Satz 6.5 *Sei A eine Gruppe von 6 Leuten, von denen jede beliebig ausgewählte Zweiergruppe entweder befreundet oder verfeindet ist. Dann gibt es in dieser Gruppe 3 Leute, die paarweise befreundet oder die paarweise verfeindet sind.*

Beweis Sei die Gruppe $A = \{$Albert, Bob, Chris, Dieter, Eike, Fritz$\}$. Wir nehmen Albert aus der Gruppe heraus und betrachten, wer von den übrigen mit Albert befreundet und wer mit ihm verfeindet ist. Das definiert eine Funktion von einem 5-elementigen Definitionsbereich in einen 2-elementigen Wertebereich. Nach dem Taubenschlagprinzip ist Albert also entweder mit $\left\lceil \frac{5}{2} \right\rceil = 3$ der übrigen Gruppenmitglieder befreundet oder mit 3 der übrigen Gruppenmitglieder verfeindet.

Es bleibt zu untersuchen, wie das Verhältnis der mit Albert befreundeten bzw. verfeindeten 3 Gruppenmitglieder untereinander aussieht. Wir betrachten dazu die beiden Fälle getrennt und führen eine Fallunterscheidung durch.

Fall 1: Albert ist mit $\left\lceil \frac{5}{2} \right\rceil = 3$ der übrigen Gruppenmitglieder befreundet. Sind diese 3 Gruppenmitglieder untereinander verfeindet, so haben wir 3 untereinander verfeindete Leute gefunden. Sind diese 3 Gruppenmitglieder *nicht* paarweise untereinander verfeindet, so sind 2 von ihnen befreundet. Da sie ihrerseits auch mit Albert befreundet sind, haben wir 3 untereinander befreundete Gruppenmitglieder gefunden.

Fall 2: Albert ist mit $\left\lceil \frac{5}{2} \right\rceil = 3$ der übrigen Gruppenmitglieder verfeindet. Dieser Fall lässt sich ganz analog zu Fall 1 lösen. ∎

Als letztes Beispiel für einen kombinatorischen Beweis sehen wir uns eine kleine Behauptung über Zahlenfolgen an.

Satz 6.6 *Jede Folge von $n^2 + 1$ verschiedenen Zahlen enthält eine monoton fallende oder eine monoton wachsende Unterfolge der Länge $n + 1$.*

Beispiele 6.1 Sei $n = 3$. Die Folge 7, 6, 11, 13, 5, 2, 4, 1, 9, 8 der Länge 10 besitzt z. B. die monoton fallende Unterfolge 7, 6, 2, 1. □

Beweis Sei $a_1, \ldots, a_{n^2+1}$ eine Folge verschiedener reeller Zahlen. Wir ordnen a_k das Paar (i_k, d_k) zu, wobei i_k für die Länge der längsten monoton fallenden Unterfolge steht, die in a_k startet, und d_k für die Länge der längsten monoton wachsenden Unterfolge, die in a_k startet.

Angenommen, $a_1, \ldots, a_{n^2+1}$ besitzt weder eine monoton wachsende noch eine monoton fallende Unterfolge der Länge $n + 1$. Dann gilt $i_k, d_k \leq n$ für alle $k = 1, \ldots, n^2 + 1$ und es kann höchstens n^2 verschiedene Paare (i_k, d_k), $k = 1, \ldots, n^2 + 1$ geben. Das heißt, wenigstens zwei der $n^2 + 1$ Paare sind gleich, für zwei verschiedene Elemente der Folge a_t, a_s, $s < t$ gilt also $i_s = i_t$ und $d_s = d_t$. Das ist jedoch unmöglich, da $a_s < a_t$ ein Widerspruch zu $i_s = i_t$ und $a_s > a_t$ einen Widerspruch zu $d_s = d_t$ liefert. ∎

Vollständige Induktion

7

Zusammenfassung

Vollständige Induktion ist häufig ein ausgezeichnetes Hilfsmittel zum Beweis von Aussagen der Form „$\forall n \in \mathbb{N} : p(n)$". Wir beweisen das hinter dieser Beweismethode stehende Prinzip und führen es an verschiedenen Beispielen vor.

Nicht immer lässt sich eine Aussage der Form „$\forall n \in \mathbb{N} : p(n)$" einfach dadurch beweisen, dass man für n eine beliebige natürliche Zahl a wählt und dann einen Beweis für $p(a)$ führt. Zum Beispiel ist ein solcher Beweis für die Behauptung

Jeder Geldbetrag von mindestens 4 Cent
lässt sich allein mit Zwei- und Fünfcentstücken bezahlen.

etwas umständlich, falls wir a Cent bezahlen müssen und sonst nichts über a wissen. Wenn wir jedoch wissen, in welcher Stückelung a Cent zu bezahlen sind, können wir daraus recht leicht schließen, wie eine Stückelung für $a + 1$ Cent aussehen kann: Man stelle sich dazu den Münzenhaufen für a Cent vor. Wenn er zwei Zweipcentstücke enthält, nehmen wir sie fort und legen dafür ein Fünfcentstück hinzu (Regel 1). Wenn er ein Fünfcentstück enthält, nehmen wir es fort und legen dafür drei Zweicentstücke hinzu (Regel 2). Im ersten Fall enthält der Münzenhaufen $a - 2 \cdot 2 + 5 = a + 1$ Cent, und im zweiten Fall $a - 5 + 3 \cdot 2 = a + 1$ Cent. Da jeder solcher Münzenhaufen von mindestens 4 Cent entweder ein Fünfcentstück oder zwei Zweicentstücke enthalten muss, ist stets eine der beiden Regeln anwendbar.

Da sich 4 Cent mit zwei Zweicentstücken bezahlen lassen, können wir jetzt mit Hilfe der beiden Umtauschregeln für jeden größeren Betrag eine Stückelung in Zwei- und Fünfcentstücken angeben. Damit erhalten wir die in Abb. 7.1 angeführten Stückelungen.

C. Meinel und M. Mundhenk, *Mathematische Grundlagen der Informatik*,
https://doi.org/10.1007/978-3-658-43136-5_7

Abb. 7.1 Wie man mit Zwei-
und Fünfcentstücken bezahlen
kann

Betrag	Zweicentstücke	Fünfcentstücke
4	2	0
5	0	1
6	3	0
7	1	1
8	4	0
9	2	1
10	0	2
11	3	1
⋮	⋮	⋮

In der Beweisargumentation haben wir übrigens nicht gezeigt, wie man einen beliebigen Betrag stückeln kann. Wir haben „lediglich" gezeigt, dass man 4 Cent stückeln kann, und wie man aus der Stückelung eines Betrages von a Cent – für ein beliebiges $a \geq 4$ – die Stückelung von $a + 1$ Cent ableiten kann. Da jede natürliche Zahl $a \geq 4$ durch wiederholte Addition von 1 erhalten werden kann, erhalten wir für jedes a auch eine Stückelung. Diese Vorgehensweise nennt man *Induktion*.

7.1 Idee der vollständigen Induktion

Die Grundidee der vollständigen Induktion beruht auf dem axiomatischen Aufbau der natürlichen Zahlen nach Peano: Man kann jede natürliche Zahl dadurch erhalten, dass man, beginnend mit der 0, wiederholt 1 addiert. Entsprechend beweist man eine Eigenschaft $p(n)$ für jede natürliche Zahl n, indem man zuerst die Eigenschaft $p(0)$ – die so genannte *Induktionsbasis* – beweist, und anschließend zeigt, dass für beliebige natürliche Zahlen a aus $p(a)$ auch $p(a + 1)$ folgt – der so genannte *Induktionsschritt*.

(1) Induktionsbasis: Es wird gezeigt, dass $p(0)$ gilt.
(2) Induktionsschritt: Es wird gezeigt, dass die Aussage

$$\forall n \in \mathbb{N} : \ p(n) \to p(n + 1) \ \text{gilt.}$$

Insgesamt folgt aus der gleichzeitigen Gültigkeit von Induktionsbasis und Induktionsschritt, dass die Aussage $\forall n \in \mathbb{N} : p(n)$ gilt. Das wird im *Induktionssatz* formal bewiesen.

Satz 7.1 (Induktionssatz)
Gelten die beiden Aussagen $p(0)$ und $\forall n \in \mathbb{N} : p(n) \to p(n + 1)$, dann gilt auch die Aussage $\forall n \in \mathbb{N} : p(n)$.

Beweis Sei $W = \{n \in \mathbb{N} \mid p(n)\}$ die Menge aller natürlichen Zahlen n, für die $p(n)$ gilt. Wir erinnern uns an den axiomatischen Aufbau der natürlichen Zahlen nach Peano (siehe Kap. 3). Da Induktionsbasis und Induktionsschritt für $p(n)$ gelten, erfüllt W die Axiome 1 und 2 von Peano:

> *Axiom 1:* $0 \in W$
>
> *Axiom 2:* für alle $i \in \mathbb{N}$ *gilt* $i \in W \to (i + 1) \in W$

Also folgt aus Axiom 5 des Axiomensystems von Peano, dass $W = \mathbb{N}$ ist. Das heißt, dass die Aussage $\forall n \in \mathbb{N} : p(n)$ gilt. ∎

7.2 Beispiele für Induktionsbeweise

Es folgen einige Beispiele für Sätze, die man gut mittels vollständiger Induktion beweisen kann.

Als erstes betrachten wir das Aufsummieren aufeinander folgender natürlicher Zahlen. Dabei ergibt sich folgendes Muster:

$$
\begin{aligned}
0 &= 0 &&= \frac{0 \cdot (0 + 1)}{2} \\
0 + 1 &= 1 &&= \frac{1 \cdot (1 + 1)}{2} \\
0 + 1 + 2 &= 3 &&= \frac{2 \cdot (2 + 1)}{2} \\
0 + 1 + 2 + 3 &= 6 &&= \frac{3 \cdot (3 + 1)}{2} \\
0 + 1 + 2 + 3 + 4 &= 10 &&= \frac{4 \cdot (4 + 1)}{2}
\end{aligned}
$$

Es hat den Anschein, als ob die folgende Beziehung gelten würde:

$$
0 + 1 + 2 + \ldots + n = \frac{n \cdot (n + 1)}{2}.
$$

Tatsächlich gilt:

Satz 7.2 *Für alle natürlichen Zahlen* n *gilt:* $\displaystyle\sum_{i=0}^{n} i = \frac{n \cdot (n + 1)}{2}$.

Beweis Die betrachtete Eigenschaft $p(n)$ hat für eine natürliche Zahl n die Gestalt

$$
p(n) : \quad 0 + 1 + 2 + \ldots + n = \frac{n \cdot (n + 1)}{2}.
$$

Wir haben zu zeigen, dass die Aussage

$$\forall n \in \mathbb{N} : \ p(n)$$

gilt. Wir führen den Beweis mittels vollständiger Induktion über n. Die Induktionsbasis ist $p(0)$, und der Induktionsschritt ist die Aussage $\forall n \in \mathbb{N} : \ p(n) \rightarrow p(n + 1)$.

Induktionsbasis: Die Eigenschaft $p(0)$ bedeutet $\sum_{i=0}^{0} i = \frac{0 \cdot (0+1)}{2}$. Durch $\sum_{i=0}^{0} i$ werden alle natürlichen Zahlen aufsummiert, die größer oder gleich 0 und kleiner oder gleich 0 sind. Das ist nur die 0 selbst. Deshalb gilt $\sum_{i=0}^{0} i = 0$. Da $0 = \frac{0 \cdot 1}{2}$, gilt $\sum_{i=0}^{0} i = \frac{0 \cdot 1}{2}$, womit die Eigenschaft $p(0)$ bewiesen ist.

Induktionsschritt: Nun müssen wir die Aussage $\forall n \in \mathbb{N} : \ p(n) \rightarrow p(n + 1)$ beweisen. Wir wählen dazu eine beliebige natürliche Zahl a und beweisen $p(a) \rightarrow p(a + 1)$. Die Aussage $p(a)$: $\sum_{i=0}^{a} i = \frac{a \cdot (a+1)}{2}$ ist die Hypothese. Aus der Annahme, dass die Hypothese gilt, muss die Gültigkeit der Aussage $p(a + 1)$ abgeleitet werden, also

$$\sum_{i=0}^{a+1} i = \frac{(a + 1) \cdot (a + 2)}{2}.$$

Für die Summe auf der linken Seite der Gleichung gilt

$$\sum_{i=0}^{a+1} i = \left(\sum_{i=0}^{a} i \right) + (a + 1).$$

Durch Anwendung der Hypothese $\sum_{i=0}^{a} i = \frac{a \cdot (a+1)}{2}$ ergibt sich daraus

$$\left(\sum_{i=0}^{a} i \right) + (a + 1) = \frac{a \cdot (a + 1)}{2} + (a + 1).$$

Durch Erweitern und Umformen erhält man

$$\frac{a \cdot (a + 1)}{2} + (a + 1) = \frac{a \cdot (a + 1) + 2 \cdot (a + 1)}{2}$$

und

$$\frac{a \cdot (a + 1) + 2 \cdot (a + 1)}{2} = \frac{(a + 1) \cdot (a + 2)}{2}.$$

Insgesamt haben wir nun gezeigt, dass die folgende Aussage für beliebiges $a \in \mathbb{N}$ gilt.

$$\text{Aus } \sum_{i=0}^{a} i = \frac{a \cdot (a+1)}{2} \text{ folgt } \sum_{i=0}^{a+1} i = \frac{(a+1) \cdot (a+2)}{2}.$$

Damit ist der Induktionsschritt (die Eigenschaft $\forall n \in \mathbb{N} : p(n) \to p(n+1)$) bewiesen.

Aus dem Beweis der Induktionsbasis und des Induktionsschrittes folgt nach Induktionssatz 7.1, dass für alle natürlichen Zahlen n gilt: $\sum_{i=0}^{n} i = \frac{n \cdot (n+1)}{2}$. ∎

Durch die Anwendung der Hypothese im Induktionsschritt wurde der Beweis entschieden vereinfacht. Man muss nur die richtige Stelle finden, an der man die Hypothese verwenden kann. Um das zu üben, betrachten wir nun die Summe fortlaufender ungerader Zahlen. Wir benutzen dabei, dass die i-te ungerade Zahl genau die Zahl $2 \cdot i - 1$ ist.

i	1	2	3	4	5	$\cdots$
i-te ungerade Zahl	1	3	5	7	9	$\cdots$

Summiert man die ersten n ungeraden Zahlen auf, dann ergibt sich n^2 als Summe.

Satz 7.3 *Für alle natürlichen Zahlen n gilt:* $\sum_{i=1}^{n} (2 \cdot i - 1) = n^2$.

Beweis Die betrachtete Eigenschaft $p(n)$ einer natürlichen Zahl n ist

$$p(n): \ 1 + 3 + 5 + \ldots + (2 \cdot n - 1) = n^2.$$

Wir führen den Beweis mittels vollständiger Induktion über n.

Induktionsbasis: Für $n = 0$ haben wir die Aussage $\sum_{i=1}^{0} (2i - 1) = 0^2$ zu beweisen. Da die „leere" Summe $\sum_{i=1}^{0} (2 \cdot i - 1)$ den Wert 0 hat, ist die Aussage $p(0)$ wahr.

Induktionsschritt: Wir wählen ein beliebiges $a \in \mathbb{N}$ und haben zu zeigen, dass $p(a) \to p(a+1)$ gilt. Als Hypothese $p(a)$ steht

$$\sum_{i=1}^{a} (2 \cdot i - 1) = a^2.$$

Daraus muss die Gültigkeit von $p(a+1)$ geschlussfolgert werden.

Wir beginnen wieder damit, die Summe so aufzuschreiben, dass einer der Summanden durch Anwendung der Hypothese ersetzt werden kann:

$$\sum_{i=1}^{a+1} (2 \cdot i - 1) = \left(\sum_{i=1}^{a} (2 \cdot i - 1) \right) + (2 \cdot (a+1) - 1).$$

Die rechte Seite der Gleichung kann durch Anwendung der Hypothese umgeschrieben werden und es ergibt sich

$$\left(\sum_{i=1}^{a}(2\cdot i - 1)\right) + (2\cdot(a+1)-1) = a^2 + (2\cdot(a+1)-1) = a^2 + 2\cdot a + 1.$$

Da nach den binomischen Regeln

$$a^2 + 2\cdot a + 1 = (a+1)^2$$

gilt, ist mit

$$\sum_{i=1}^{a+1}(2\cdot i - 1) = (a+1)^2$$

der Induktionsschritt für ein beliebiges a bewiesen.

Mit Induktionsbasis und Induktionsschritt ist der Satz nach dem Induktionssatz 7.1 bewiesen. ∎

7.3   Struktur von Induktionsbeweisen

Die Struktur eines Induktionsbeweises bleibt stets gleich:

(1) *Induktionsbasis:* Beweise $p(0)$.
(2) *Induktionsschritt:* Beweise $p(a) \to p(a+1)$ für ein beliebiges a.

Induktionsbasis und -schritt zusammen liefern nach Induktionssatz 7.1 den Beweis dafür, dass für alle natürlichen Zahlen n die Eigenschaft $p(n)$ gilt.

Um Schreibarbeit zu sparen, kann die „monotone" Schlussbemerkung, dass aus Induktionsbasis und -schritt der Beweis folgt, weggelassen werden. Da im Beweis des Induktionsschrittes $p(a) \to p(a+1)$ stets mit der Hypothese $p(a)$ gearbeitet wird, führt man sie auch als *Induktionsvoraussetzung* an. Im Induktionsschluss ist dann nur noch $p(a+1)$ aus der Induktionsvoraussetzung zu folgern. Damit ergibt sich die folgende vereinfachte Struktur eines Induktionsbeweises:

(1) *Induktionsbasis:* Beweise $p(0)$.
(2) *Induktionsvoraussetzung:* Für ein beliebig gewähltes a gilt $p(a)$.
(3) *Induktionsschluss:* Folgere $p(a+1)$ aus der Induktionsvoraussetzung $p(a)$.

Da die Induktionsvoraussetzung eine Hypothese ist, muss nur die Induktionsbasis und der Induktionsschluss bewiesen werden. Diese Form des Induktionsbeweises soll im Beweis des nächsten Satzes angewendet werden.

Satz 7.4 *Für alle natürlichen Zahlen* n *gilt:* $\displaystyle\sum_{i=0}^{n} 2^i = 2^{n+1} - 1$.

Beweis Wir führen den Beweis mittels vollständiger Induktion über n.

Induktionsbasis: Für $n = 0$ gilt $\displaystyle\sum_{i=0}^{0} 2^i = 2^0 = 2^1 - 1$.

Induktionsvoraussetzung: Es gilt $\displaystyle\sum_{i=0}^{a} 2^i = 2^{a+1} - 1$ für ein beliebig gewähltes $a \in \mathbb{N}$.

Induktionsschluss: Unter Anwendung der Induktionsvoraussetzung folgt

$$
\begin{aligned}
\sum_{i=0}^{a+1} 2^i &= \underbrace{\left(\sum_{i=0}^{a} 2^i\right)}_{\text{Induktionsvoraussetzung}} + \; 2^{a+1} \\
&= \overbrace{\left(2^{a+1} - 1\right)} + \; 2^{a+1} \\
&= 2 \cdot 2^{a+1} - 1 \\
&= 2^{(a+1)+1} - 1.
\end{aligned}
$$

∎

Wir sehen uns noch ein weiteres Beispiel an: Die Folge der so genannten *harmonischen Zahlen* $h_1, h_2, h_3, \ldots$ ist definiert durch

$$
h_k = 1 + \frac{1}{2} + \frac{1}{3} + \ldots + \frac{1}{k}
$$

für jedes $k \in \mathbb{N}^+$.

Satz 7.5 *Für alle natürlichen Zahlen* n *gilt:* $h_{2^n} \geq 1 + \frac{n}{2}$.

Beweis Wir führen den Beweis mittels vollständiger Induktion über n.

Induktionsbasis: Für $n = 0$ gilt $h_{2^0} = 1 \geq 1 + \frac{0}{2}$.

Induktionsvoraussetzung: Es gilt $h_{2^a} \geq 1 + \frac{a}{2}$ für ein beliebig gewähltes $a \in \mathbb{N}$.

Induktionsschluss: Unter Anwendung der Induktionsvoraussetzung folgt

$$
\begin{aligned}
h_{2^{a+1}} &= 1 + \frac{1}{2} + \dots + \frac{1}{2^a} & &+ \frac{1}{2^a+1} + \dots + \frac{1}{2^{a+1}} \\
&= \underbrace{h_{2^a}}_{\text{Induktionsvoraussetzung}} & &+ \frac{1}{2^a+1} + \dots + \frac{1}{2^{a+1}} \\
&\geq \overbrace{\left(1 + \frac{a}{2}\right)} & &+ \frac{1}{2^a+1} + \dots + \frac{1}{2^{a+1}} \\
&\geq \left(1 + \frac{a}{2}\right) & &+ 2^a \cdot \frac{1}{2^{a+1}} \\
&= \left(1 + \frac{a}{2}\right) & &+ \frac{1}{2} \\
&= 1 + \frac{(a+1)}{2} & & \quad .
\end{aligned}
$$

■

7.4   Verallgemeinerte vollständige Induktion

Nicht immer ist es im Induktionsschritt einfach, von $p(a)$ auf $p(a+1)$ zu schließen. Betrachtet man den Induktionsschritt genauer, so sieht man, dass man eigentlich sogar die Gültigkeit von $p(0) \wedge \cdots \wedge p(a)$ als Voraussetzung nutzen kann. Damit ergibt sich das Prinzip der *verallgemeinerten vollständigen Induktion.*

Satz 7.6 (Verallgemeinerter Induktionssatz) *Gelten die beiden Aussagen* $p(0)$ *und* $\forall n \in \mathbb{N} : (p(0) \wedge \cdots \wedge p(n)) \rightarrow p(n+1)$, *dann gilt die Aussage* $\forall n \in \mathbb{N} : p(n)$.

Beweis Die Gültigkeit der beiden Aussagen

$$
p(0) \quad \text{und} \quad \forall n \in \mathbb{N} : (p(0) \wedge \cdots \wedge p(n)) \rightarrow p(n+1)
$$

impliziert sofort die Gültigkeit der beiden Aussagen $p(0)$ und $\forall n \in \mathbb{N} : p(n) \rightarrow p(n+1)$. Der Induktionssatz 7.1 liefert daraus direkt die Gültigkeit der Aussage $\forall n \in \mathbb{N} : p(n)$. ■

Wir zeigen nun mittels verallgemeinerter vollständiger Induktion, dass jede natürliche Zahl, die größer oder gleich 2 ist, als Produkt von Primzahlen dargestellt werden kann. Es gilt zum Beispiel

$$
1815 = 3 \cdot 5 \cdot 11 \cdot 11 .
$$

Aus dieser Faktorisierung von 1815 lässt sich nicht unmittelbar auf die Primzahlzerlegung von $1815 + 1 = 1816$ schließen, wie es bei der bisher betrachteten Induktion notwendig gewesen wäre.

Satz 7.7 *Sei n eine natürliche Zahl, und n ≥ 2. Dann ist n Produkt von Primzahlen.*

Beweis Wir führen den Beweis mittels verallgemeinerter vollständiger Induktion.

Induktionsbasis: Da 2 eine Primzahl ist, ist 2 triviales Produkt von sich selbst, also Produkt einer Primzahl.

Induktionsvoraussetzung: Für eine beliebige natürliche Zahl a gilt: Alle Zahlen von 2 bis a lassen sich als Produkte von Primzahlen schreiben.

Induktionsschluss: Wir zeigen, dass dann $a + 1$ ebenfalls ein Produkt von Primzahlen ist. Dazu machen wir eine Fallunterscheidung.

Fall 1: $a + 1$ ist eine Primzahl. Dann ist $a + 1$ die einzige Primzahl, aus der das Produkt $a + 1$ besteht.

Fall 2: $a + 1$ ist keine Primzahl. Dann gibt es zwei echte Teiler von $a + 1$, also natürliche Zahlen b und c mit $2 \leq b, c < a + 1$, so dass $a + 1 = b \cdot c$. Da b und c beide kleiner als $a + 1$ sind, können wir die Induktionsvoraussetzung nutzen und sie als Produkte von Primzahlen $b = p_1 \cdot p_2 \cdot \ldots \cdot p_r$ und $c = q_1 \cdot q_2 \cdot \ldots \cdot q_l$ für geeignete Primzahlen $p_1, p_2, \ldots, p_r, q_1, q_2, \ldots, q_l$ schreiben. Daraus erhalten wir eine Darstellung von $a + 1 = (p_1 \cdot p_2 \cdot \ldots \cdot p_r) \cdot (q_1 \cdot q_2 \cdot \ldots \cdot q_l)$ als Produkt von Primzahlen. ∎

Der letzte Beweis ist in dem Sinne konstruktiv, dass man nach der dort angegebenen Methode jede Zahl als Produkt von Primzahlen darstellen kann. Nehmen wir zum Beispiel die Zahl 24. Da $24 = 4 \cdot 6$, ergibt sich – wie im Induktionsschritt angegeben – die Faktorisierung von 24 als Produkt der Faktorisierungen von 4 und 6. Da 4 und 6 beide größer als 2 sind, lässt sich ihre Faktorisierung aus einer weiteren Anwendung des Induktionsschrittes bestimmen. Ihre einzigen Faktorisierungen sind $4 = 2 \cdot 2$ und $6 = 2 \cdot 3$. Also ist $24 = 2 \cdot 2 \cdot 2 \cdot 3$. Da 2 und 3 Primzahlen sind, haben wir die Faktorisierung von 24 gefunden.

7.5 Induktive Definitionen

Bei den obigen Beispielen zur vollständigen Induktion wurde stets die Folge der natürlichen Zahlen betrachtet und ihr induktiver Aufbau ausgenutzt. Natürlich können auch andere Zahlenfolgen $a_0, a_1, a_2, \ldots$ induktiv aufgebaut sein. Dazu muss lediglich die erste Zahl a_0 der Folge festgelegt – das entspricht der Induktionsbasis – und angegeben werden, wie sich a_{i+1} aus $a_0, a_1, \ldots, a_i$ bestimmt – das entspricht dem Induktionsschritt. Der große Vorteil bei der Arbeit mit induktiv definierten Folgen ist die Tatsache, dass sich ihre Eigenschaften oft sehr einfach mittels vollständiger Induktion beweisen lassen.

Als Beispiel betrachten wir die Folge $a_0, a_1, a_2, \ldots$, die wie folgt induktiv definiert ist:

$$a_0 = 1$$
$$a_{n+1} = a_n \cdot (n + 1)$$

für alle natürlichen Zahlen n. Entsprechend der induktiven Definition der natürlichen Zahlen ist ein Basiswert a_0 angegeben. Dazu kommt eine Regel, mit der sich jedes a_i aus i und dem zuvor berechneten a_{i-1} gewinnen lässt. Zum Beispiel erhält man a_3 durch zweimalige Anwendung der Regel, bis man schließlich den Basiswert a_0 erreicht hat:

$$a_3 = a_2 \cdot 3 = a_1 \cdot 2 \cdot 3 = a_0 \cdot 1 \cdot 2 \cdot 3 = 1 \cdot 1 \cdot 2 \cdot 3 = 6$$

Der Anfangsabschnitt der Folge $(a_i)_{i \in \mathbb{N}}$ ist also

i	0	1	2	3	4	5	6	$\cdots$
a_i	1	1	2	6	24	120	720	$\cdots$

In vielen Fällen ist eine induktive Definition viel einfacher als eine „geschlossene" oder „explizite" Definition. Zudem erlaubt sie direkt, die vollständige Induktion zum Beweis spezieller Eigenschaften der Folge zu benutzen. Wir demonstrieren das im Beweis der Behauptung, dass jedes a_n der eben definierten Folge das Produkt der natürlichen Zahlen $1, 2, \ldots, n$ ist.

Satz 7.8 *Für jede natürliche Zahl n gilt:* $a_n = 1 \cdot 2 \cdot \ldots \cdot n$.

Beweis Wir führen einen Beweis mittels vollständiger Induktion über n.

Induktionsbasis: Da 0 kleiner als 1 ist, enthält das Produkt der natürlichen Zahlen beginnend bei 1 und endend bei 0 keinen Faktor. Dieses "leere Produkt" hat den Wert 1. Da a_0 ebenfalls als 1 definiert ist, gilt die Behauptung also für $n = 0$.

Induktionsvoraussetzung: $a_k = 1 \cdot 2 \cdot \ldots \cdot k$ für ein beliebig gewähltes $k \in \mathbb{N}$.

Induktionsschluss: Wir betrachten das Folgenglied a_{k+1}. Laut Definition ist $a_{k+1} = a_k \cdot (k + 1)$. Nach Induktionsvoraussetzung ist $a_k = 1 \cdot 2 \cdot \ldots \cdot k$. Also gilt

$$a_{k+1} = (1 \cdot 2 \cdot \ldots \cdot k) \cdot (k + 1) = 1 \cdot 2 \cdot \ldots \cdot k \cdot (k + 1).$$

Damit ist die Behauptung bewiesen.   ∎

Als weiteres Beispiel betrachten wir die berühmte Folge der *Fibonacci-Zahlen* $f_0, f_1, f_2, \ldots$, die induktiv definiert ist durch

$$\begin{aligned} f_0 &= 0, \quad f_1 = 1 \\ f_{n+2} &= f_n + f_{n+1} \end{aligned}$$

für alle natürlichen Zahlen n. Die Basis besteht hier aus zwei unabhängigen Werten: Einer für f_0 und einer für f_1. Deshalb kann in der Erzeugungsregel auch auf die zwei vorhergehenden Folgenglieder zurückgegriffen werden; es lassen sich also alle Werte $f_2, f_3, \ldots$ berechnen. Zum Beispiel hat f_5 den Wert

$$f_5 \; = \; f_4 + f_3 \; = \; 2 \cdot f_3 + f_2 \; = \; 3 \cdot f_2 + 2 \cdot f_1 \; = \; 5 \cdot f_1 + 3 \cdot f_0 \; = \; 5.$$

Im Falle der Fibonacci-Zahlen lässt sich jedes f_n auch explizit durch die beeindruckende Formel

$$F(n) = \frac{\left(\frac{1+\sqrt{5}}{2}\right)^n - \left(\frac{1-\sqrt{5}}{2}\right)^n}{\sqrt{5}}$$

definieren. Man beachte, dass diese „geschlossene" Definition der Fibonacci-Zahlen reelle Zahlen benutzt. Deshalb kann sie nur mit Vorsicht in einem Computer-Programm benutzt werden, denn es können sich schnell Rundungsfehler ergeben, die das Ergebnis drastisch verfälschen. Im Gegensatz dazu ist das Berechnen einer Fibonacci-Zahl nach der induktiven Definition zwar aufwändig, aber auch mit Computern exakt möglich.

Wir werden nun mittels vollständiger Induktion zeigen, dass beide Definitionen tatsächlich auf die gleiche Zahlenfolge führen.

Satz 7.9 *Für alle natürlichen Zahlen n gilt: $F(n) = f_n$.*

Beweis Wir führen den Beweis mittels vollständiger Induktion über n.

Induktionsbasis: Hier müssen wir die Behauptung für die beiden Basisfälle f_0 und f_1 beweisen, also $F(0) = f_0$ und $F(1) = f_1$.

$$F(0) = \frac{\left(\frac{1+\sqrt{5}}{2}\right)^0 - \left(\frac{1-\sqrt{5}}{2}\right)^0}{\sqrt{5}} = \frac{1-1}{\sqrt{5}} = 0 = f_0$$

$$F(1) = \frac{\left(\frac{1+\sqrt{5}}{2}\right) - \left(\frac{1-\sqrt{5}}{2}\right)}{\sqrt{5}} = \frac{\left(\frac{2\sqrt{5}}{2}\right)}{\sqrt{5}} = 1 = f_1$$

Induktionsvoraussetzung: Für ein beliebig gewähltes $a \in \mathbb{N}$ und alle natürlichen Zahlen $n \leq a+1$ gilt $F(n) = f_n$.

Induktionsschluss: Wir müssen die Behauptung für $a+2$ beweisen. Zunächst machen wir folgende Beobachtung: Es gilt

$$\left(\frac{1+\sqrt{5}}{2}\right)^2 = \frac{1+2\sqrt{5}+5}{4} = 1 + \frac{1+\sqrt{5}}{2}$$

und entsprechend

$$\left(\frac{1-\sqrt{5}}{2}\right)^2 = \frac{1-2\sqrt{5}+5}{4} = 1 + \frac{1-\sqrt{5}}{2}.$$

Damit ergibt sich

$$
\begin{aligned}
F(a+2) &= \frac{\left(\frac{1+\sqrt{5}}{2}\right)^{a+2} - \left(\frac{1-\sqrt{5}}{2}\right)^{a+2}}{\sqrt{5}} \\
&= \frac{\left(\frac{1+\sqrt{5}}{2}\right)^{a} \cdot \left(\frac{1+\sqrt{5}}{2}\right)^2 - \left(\frac{1-\sqrt{5}}{2}\right)^{a} \cdot \left(\frac{1-\sqrt{5}}{2}\right)^2}{\sqrt{5}} \\
&= \frac{\left(\frac{1+\sqrt{5}}{2}\right)^{a} \cdot \left(1 + \frac{1+\sqrt{5}}{2}\right) - \left(\frac{1-\sqrt{5}}{2}\right)^{a} \cdot \left(1 + \frac{1-\sqrt{5}}{2}\right)}{\sqrt{5}} \\
&= \frac{\left[\left(\frac{1+\sqrt{5}}{2}\right)^{a} + \left(\frac{1+\sqrt{5}}{2}\right)^{a+1}\right] - \left[\left(\frac{1-\sqrt{5}}{2}\right)^{a} + \left(\frac{1-\sqrt{5}}{2}\right)^{a+1}\right]}{\sqrt{5}} \\
&= \frac{\left[\left(\frac{1+\sqrt{5}}{2}\right)^{a+1} - \left(\frac{1-\sqrt{5}}{2}\right)^{a+1}\right] + \left[\left(\frac{1+\sqrt{5}}{2}\right)^{a} - \left(\frac{1-\sqrt{5}}{2}\right)^{a}\right]}{\sqrt{5}} \\
&= F(a+1) + F(a) \\
&= f_{a+1} + f_a \\
&= f_{a+2}.
\end{aligned}
$$

∎

Nicht nur Mengen von Zahlen, auch andere Mengen lassen sich induktiv definieren. Die induktive Definition einer Menge besteht dann aus der Angabe einer Basismenge – das entspricht der Induktionsbasis – und aus Regeln, durch deren wiederholte Anwendung die weiteren Elemente der Menge erzeugt werden – das entspricht dem Induktionsschritt. Natürlich muss jedes Element der zu definierenden Menge nach einer endlichen Anzahl von Regelanwendungen erzeugt sein.

Als erstes Beispiel betrachten wir die Menge Σ^* aller Wörter über einem Alphabet Σ. Ein *Alphabet* ist eine endliche Menge, zum Beispiel $\Sigma = \{a, b, e, h, l, p, t\}$. Ein *Wort* über Σ ist eine beliebige endliche Folge von Elementen aus Σ. Zum Beispiel sind

$$abt, \quad e, \quad bbpt, \quad alphabet, \quad help, \quad p$$

sechs verschiedene Wörter über dem Alphabet $\{a, b, e, h, l, p, t\}$.

Schreibt man zwei Wörter direkt hintereinander auf – man sagt dazu *konkatenieren* –, dann erhält man daraus ein neues Wort. Beispielsweise ergibt das Wort aap konkateniert mit dem Wort al das Wort $aapal$. Eine besondere Rolle spielt das *leere Wort* ε. Wird es mit einem beliebigen anderen Wort w konkateniert, so ist das Ergebnis wiederum w. Beispielsweise ergibt aap konkateniert mit ε wieder das Wort aap, es gilt also $aap\varepsilon = aap$. Das leere Wort bildet die Basis in der induktiven Definition der Menge Σ^* aller Wörter über Σ.

Definition 7.1 Sei Σ ein Alphabet. Die Menge Σ^* aller Wörter über Σ ist induktiv definiert durch

Basismenge: Das leere Wort ε gehört zu Σ^*; das heißt: $\varepsilon \in \Sigma^*$.

Erzeugungsregel: Ist w ein Wort in Σ^* und a ein Element von Σ, dann gehört wa zu Σ^*; das heißt: wenn $w \in \Sigma^*$ und $a \in \Sigma$, dann gilt $wa \in \Sigma^*$.

Für $\Sigma = \{a, x\}$ ergibt sich Σ^* also schrittweise aus

Basismenge	ε
ein Erzeugungsschritt[1]	a, x
zwei Erzeugungsschritte	aa, xa, ax, xx
drei Erzeugungsschritte	$aaa, aax, xaa, xax, axa, axx, xxa, xxx$
$\vdots$	$\vdots$

Die *Länge* $|w|$ eines Wortes $w \in \Sigma^*$ ist die Anzahl der Zeichen von w. Sie lässt sich ebenfalls induktiv definieren.

Definition 7.2 Sei Σ ein Alphabet. Die *Länge eines Wortes* $w \in \Sigma^*$ ist induktiv definiert durch:

1. Die Länge des leeren Wortes ε ist 0, $|\varepsilon| = 0$.
2. Sei $w \in \Sigma^*$ und $a \in \Sigma$. Dann ist $|wa| = |w| + 1$.

Zum Beispiel ist $|axxaa| = 5$ und $|\varepsilon| = 0$. Wie man leicht sieht, ist die Länge eines Wortes also genau die minimale Anzahl der Erzeugungsschritte, mit denen man das Wort aus dem leeren Wort erzeugen kann.

Satz 7.10 *Sei Σ ein Alphabet, und u und v seien Wörter aus Σ^*. Dann ist $|uv| = |u| + |v|$.*

Beweis Wir führen einen Induktionsbeweis über die Wortlänge $|v|$ von v. Dabei benutzen wir die induktive Definition der Wortlänge.

Induktionsbasis: Betrachte ein Wort v der Länge 0. Dann ist $v = \varepsilon$. Also gilt $uv = u\varepsilon = u$. Insgesamt gilt also $|uv| = |u| = |u| + 0 = |u| + |v|$.

---

[1] Wir geben jeweils nur die bisher noch nicht erzeugten Wörter an.

Induktionsvoraussetzung: Für ein beliebig gewähltes k und alle Wörter v der Länge $|v| = k$ gilt die Behauptung.

Induktionsschluss: Betrachte ein Wort v der Länge $k+1$. Dann ist $v = v'a$ für ein $a \in \Sigma$ und ein Wort $v' \in \Sigma^*$ der Länge $|v'| = k$. Also kann die Induktionsvoraussetzung auf v' angewendet werden. Dann gilt

$$
\begin{aligned}
|uv| &= |uv'a| && \text{(da } v = v'a) \\
&= |uv'| + 1 && \text{(Definition der Länge eines Wortes)} \\
&= (|u| + |v'|) + 1 && \text{(nach Induktionsvoraussetzung)} \\
&= |u| + (|v'| + 1) && \\
&= |u| + |v'a| && \text{(Definition der Länge eines Wortes)} \\
&= |u| + |v| && \text{(da } v = v'a).
\end{aligned}
$$

∎

Wir betrachten noch ein weiteres Beispiel: Auch die Menge aller aussagenlogischen Formeln lässt sich induktiv definieren. Als Basismenge wird dabei die (unendlich große) Menge aller Variablen und Konstanten gewählt. Die Basismenge besteht aus den so genannten *atomaren Formeln.* In der Erzeugungsregel wird festgelegt, wie man bereits erzeugte Formeln zu neuen Formeln zusammensetzen kann.

Definition 7.3 Die Menge der aussagenlogischen Formeln ist induktiv definiert durch:

Basismenge: w, f, $x_0, x_1, x_2, \ldots$ sind aussagenlogische Formeln, die sogenannten *atomaren Formeln.*

Erzeugungsregel: Seien α und β aussagenlogische Formeln. Dann sind auch $(\neg\alpha)$, $(\alpha \wedge \beta)$, $(\alpha \vee \beta)$, $(\alpha \rightarrow \beta)$ und $(\alpha \leftrightarrow \beta)$ aussagenlogische Formeln.

Formeln, die man durch einmalige Anwendung der Erzeugungsregel erhält, sind

$$(\neg w),(\neg f), (\neg x_0), (\neg x_1), (\neg x_2), \ldots, (\neg x_i), \ldots$$
$$(w \wedge f), \ldots, (x_0 \wedge x_0), \ldots,(x_1 \wedge x_2),\ldots,(x_i \wedge x_j),\ldots$$
$$\vdots$$

Durch eine weitere Anwendung der Erzeugungsregel erhält man entsprechend kompliziertere Formeln, wie zum Beispiel

$$((x_1 \wedge x_2) \vee (\neg x_2)).$$

Der induktive Erzeugungsprozess einer Formel ist in Abb. 7.2 veranschaulicht. Tatsächlich lässt sich jede aussagenlogische Formel in einer endlichen Anzahl von Erzeugungsschritten aus den Formeln der Basismenge erzeugen. In einem Beweis für eine Eigenschaft von Formeln kann man deshalb ihre induktive Erzeugung ausnutzen: Für die Induktionsbasis wird bewiesen, dass alle Elemente der Basismenge, also alle atomaren Formeln, die betrachtete Eigenschaft besitzen. Im Induktionsschritt wird für alle $n \in \mathbb{N}$ folgendes gezeigt: Wenn die

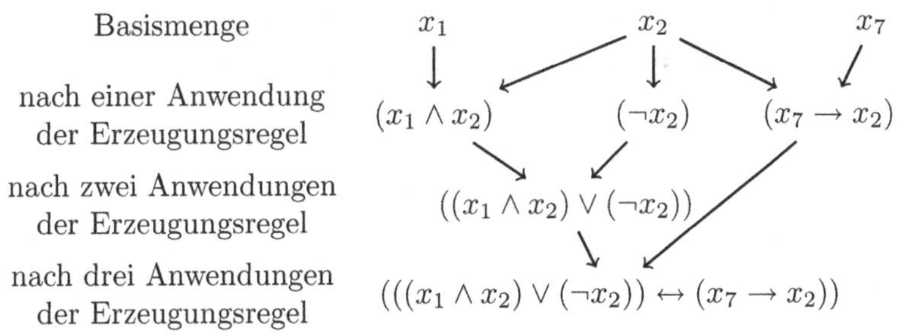

Basismenge x_1 x_2 x_7

nach einer Anwendung
der Erzeugungsregel $(x_1 \wedge x_2)$ $(\neg x_2)$ $(x_7 \to x_2)$

nach zwei Anwendungen
der Erzeugungsregel $((x_1 \wedge x_2) \vee (\neg x_2))$

nach drei Anwendungen
der Erzeugungsregel $(((x_1 \wedge x_2) \vee (\neg x_2)) \leftrightarrow (x_7 \to x_2))$

Abb. 7.2 Induktiver Erzeugungsprozess der Formel $(((x_1 \wedge x_2) \vee (\neg x_2)) \leftrightarrow (x_7 \to x_2))$

Eigenschaft für alle Formeln gilt, die in höchstens n Schritten erzeugt werden können, dann gilt sie auch für alle in $n + 1$ Schritten erzeugbaren Formeln. Zur Illustration des Vorgehens beweisen wir den folgenden interessanten Satz.

Satz 7.11 *Sei ϕ eine aussagenlogische Formel. Dann gibt es eine aussagenlogische Formel ϕ', in der nur $\wedge$ und $\neg$ als Verknüpfungszeichen vorkommen und die logisch äquivalent ist zu ϕ.*

Beweis Wir führen einen Beweis mittels verallgemeinerter vollständiger Induktion über den induktiven Aufbau der aussagenlogischen Formeln gemäß Definition 7.3

Induktionsbasis: Wir beweisen die Behauptung für alle atomaren Formeln. Das sind aber genau die Formeln, die nur aus einer Konstanten oder einer Variablen bestehen. Da jede solche Formel ϕ überhaupt kein Verknüpfungszeichen enthält, kann $\phi' = \phi$ gewählt werden.

Induktionsvoraussetzung: Für alle Formeln, die in höchstens n Schritten erzeugt werden können, gilt die Behauptung.

Induktionsschluss: Wir müssen die Behauptung für alle Formeln beweisen, die in $n + 1$ Schritten erzeugt werden können. Sei ϕ eine beliebige solche Formel. Wir betrachten nun alle Möglichkeiten, wie ϕ entstanden sein kann. Dazu führen wir eine Fallunterscheidung durch.

Fall 1: $\phi = (\neg \alpha)$. Nach Induktionsvoraussetzung gibt es eine zu α äquivalente Formel α', in der nur $\wedge$ und $\neg$ als Verknüpfungszeichen vorkommen. Da α und α' äquivalent sind, sind auch $(\neg \alpha)$ und $(\neg \alpha')$ äquivalent. Wir nehmen nun für ϕ' die Formel $(\neg \alpha')$. Dann kommen in ϕ' nur $\wedge$ und $\neg$ als Verknüpfungszeichen vor und es gilt

$$\phi' = (\neg \alpha') \equiv (\neg \alpha) = \phi \,,$$

also $\phi' \equiv \phi$.

Fall 2: $\phi = (\alpha \wedge \beta)$. Dann sind α und β zwei Formeln, die jeweils in höchstens n Schritten erzeugt werden können. Nach Induktionsvoraussetzung gibt es α' und β', die zu

α bzw. β äquivalent sind und nur $\wedge$ und $\neg$ als Verknüpfungszeichen besitzen. Wir wählen $\phi' = (\alpha' \wedge \beta')$. Dann kommen in ϕ' nur $\wedge$ und $\neg$ als Verknüpfungszeichen vor und es gilt

$$\phi' = (\alpha' \wedge \beta') \equiv (\alpha \wedge \beta) = \phi \,,$$

also $\phi' \equiv \phi$.

Fall 3: $\phi = (\alpha \vee \beta)$. Nach Induktionsvoraussetzung gibt es wieder α' und β' wie oben. Nach der deMorgan'schen Regel ist

$$(\alpha \vee \beta) \equiv (\neg((\neg\alpha) \wedge (\neg\beta))) \,.$$

Wir wählen $\phi' = (\neg((\neg\alpha') \wedge (\neg\beta')))$. Dann kommen in ϕ' nur $\wedge$ und $\neg$ als Verknüpfungszeichen vor. Aufgrund der deMorgan'schen Regel gilt

$$\phi' = (\neg((\neg\alpha') \wedge (\neg\beta'))) \equiv (\alpha' \vee \beta') \equiv (\alpha \vee \beta) = \phi \,,$$

also $\phi' \equiv \phi$.

Fall 4: $\phi = (\alpha \to \beta)$. Dieser Fall wird analog zu den vorangegangenen Fällen bewiesen, diesmal unter Ausnutzung der Äquivalenz $(\alpha \to \beta) \equiv (\neg(\alpha \wedge \neg\beta))$. Die Formel $\phi' = (\neg(\alpha' \wedge \neg\beta'))$ erfüllt die Bedingung.

Fall 5: $\phi = (\alpha \leftrightarrow \beta)$. Auch dieser Fall wird nach dem gleichen Schema bewiesen. Wir benutzen hier die Äquivalenz $(\alpha \leftrightarrow \beta) \equiv ((\neg(\alpha \wedge (\neg\beta))) \wedge (\neg(\beta \wedge (\neg\alpha))))$.

Damit sind alle Möglichkeiten der Erzeugung von ϕ betrachtet, und der Induktionsschluss ist geführt.   ■

Als abschließendes Beispiel betrachten wir *binäre Terme*.

Definition 7.4 Die Menge aller binären Terme ist induktiv definiert durch:

Basismenge: 0 ist ein binärer Term.
Erzeugungsregel: Sei α ein binärer Term. Dann sind auch $2 \cdot \alpha + 0$ und $2 \cdot \alpha + 1$ binäre Terme.
(Falls $\alpha \neq 0$, schreibt man binäre Terme mit Klammern $2 \cdot (\alpha) + 0$ und $2 \cdot (\alpha) + 1$.)

Binäre Terme sind zum Beispiel 0, $2 \cdot 0 + 1$, $2 \cdot (2 \cdot 0 + 1) + 0$, $2 \cdot (2 \cdot 0 + 1) + 1$, $2 \cdot (2 \cdot (2 \cdot 0 + 1) + 0) + 1$.

Jeder binäre Term kann zu einer natürlichen Zahl ausgewertet werden. Zum Beispiel ist $2 \cdot (2 \cdot 0 + 1) + 1 = 3$. Es ist auf den ersten Blick nicht offensichtlich, dass auch jede natürliche Zahl der Wert eines binären Terms ist. Im induktiven Beweis des folgenden Satzes werden wir sehen, wie der binäre Term für eine natürliche Zahl konstruiert werden kann.

Satz 7.12 *Jede natürliche Zahl wird durch einen binären Term beschrieben.*

Beweis Wir führen den Beweis mittels vollständiger Induktion über die natürlichen Zahlen.
Induktionsbasis: $k = 0$. Die natürliche Zahl 0 wird durch den binären Term 0 beschrieben.
Induktionsvoraussetzung: jede natürliche Zahl $k \leq n$ wird durch einen binären Term beschrieben.
Induktionsschluss: wir konstruieren einen binären Term für die natürliche Zahl $n + 1$.
Dazu werden zwei Fälle betrachtet.

Fall 1: $n + 1$ ist eine gerade Zahl. Dann ist $\frac{n+1}{2}$ eine natürliche Zahl, die kleiner als $n + 1$ ist. Nach Induktionsvoraussetzung gibt es einen binären Term ϕ, dessen Wert $\frac{n+1}{2}$ ist. Dann ist $2 \cdot \phi + 0$ ein binärer Term mit Wert $n + 1$.

Fall 2: $n + 1$ ist ungerade. Dann ist $\frac{n}{2}$ eine natürliche Zahl, die kleiner als $n + 1$ ist. Nach Induktionsvoraussetzung gibt es einen binären Term ϕ, dessen Wert $\frac{n}{2}$ ist. Dann ist $2 \cdot \phi + 1$ ein binärer Term mit Wert $n + 1$. ∎

Wir wollen nun einen binären Term mit Wert 17 bestimmen. Da 18 gerade ist, gibt es einen binären Term ϕ_9 mit Wert $\frac{18}{2} = 9$, und $18 = 2 \cdot \phi_9 + 0$. Da 9 ungerade ist, gibt es einen binären Term ϕ_4 mit Wert $\frac{9-1}{2} = 4$, und $9 = 2 \cdot \phi_4 + 1$. Da 4 gerade ist, gibt es einen binären Term ϕ_2 mit Wert $\frac{4}{2} = 2$, und $4 = 2 \cdot \phi_2 + 0$. Da 2 gerade ist, gibt es einen binären Term ϕ_1 mit Wert $\frac{2}{2} = 1$, und $2 = 2 \cdot \phi_1$. Da 1 ungerade ist, gibt es einen binären Term ϕ_0 mit Wert $\frac{1-1}{2} = 0$, und $1 = 2 \cdot \phi_0 + 1$. Für 0 gibt es den binären Term 0. Die folgenden Gleichungen fassen diese Schritte zusammen und ergeben den binären Term mit Wert 18.

$$
\begin{aligned}
18 &= 2 \cdot \phi_9 + 0 \\
&= 2 \cdot (2 \cdot \phi_4 + 1) + 0 \\
&= 2 \cdot (2 \cdot (2 \cdot \phi_2 + 0) + 1) + 0 \\
&= 2 \cdot (2 \cdot (2 \cdot (2 \cdot \phi_1 + 0) + 0) + 1) + 0 \\
&= 2 \cdot (2 \cdot (2 \cdot (2 \cdot (2 \cdot \phi_0 + 1) + 0) + 0) + 1) + 0 \\
&= 2 \cdot (2 \cdot (2 \cdot (2 \cdot (2 \cdot 0 + 1) + 0) + 0) + 1) + 0
\end{aligned}
$$

Als abschließende Bemerkung sei hier hinzugefügt, dass letztlich die Binärdarstellung von natürlichen Zahl hinter den binären Termen steckt. Die Folge von Summanden am Ende des Termes – im Beispiel für 18 ist das 10010 – ist genau die Binärdarstellung von 18. Eine Binärzahl ist ein (nicht-leeres) Wort über dem Alphabet $\{0, 1\}$. Die Binärzahl $b_k b_{k-1} \cdots b_1 b_0$ hat den Wert $\sum_{i=0}^{k} b_i \cdot 2^i$.

Beispiele 7.1

(1) *Bestimmung der Binärdarstellung einer natürlichen Zahl.* Für die Binärdarstellung einer Zahl sind nur die Summanden (in der richtigen Reihenfolge) am Ende des binären Termes wichtig. Deswegen braucht man nicht den ganzen Term aufzuschreiben, sondern

konzentriert sich auf die Summanden der Teil-Terme. Zum Beispiel beginnt man die Berechnung des binären Termes für 70 mit der Gleichung $70 = 2 \cdot 35 + 0$. Damit weiß man: das letzte (am weitesten rechts stehende) Zeichen b_0 in der Binärdarstellung von 70 ist 0 – der Summand obiger Gleichung. Das links von b_0 stehende Zeichen b_1 ist dann der letzte Summand im binären Term für 35. Da $35 = 2 \cdot 17 + 1$, ist also $b_1 = 1$. Wir schreiben nun die Berechnung des binären Termes für 70 auf diese Weise auf.

$$
\begin{aligned}
\text{Aus } 70 &= 2 \cdot 35 + 0 \quad \text{folgt} \quad b_0 = 0 \\
\text{Aus } 35 &= 2 \cdot 17 + 1 \quad \text{folgt} \quad b_1 = 1 \\
\text{Aus } 17 &= 2 \cdot 8 + 1 \quad \text{folgt} \quad b_2 = 1 \\
\text{Aus } 8 &= 2 \cdot 4 + 0 \quad \text{folgt} \quad b_3 = 0 \\
\text{Aus } 4 &= 2 \cdot 2 + 0 \quad \text{folgt} \quad b_4 = 0 \\
\text{Aus } 2 &= 2 \cdot 1 + 0 \quad \text{folgt} \quad b_5 = 0 \\
\text{Aus } 1 &= 2 \cdot 0 + 1 \quad \text{folgt} \quad b_6 = 1
\end{aligned}
$$

Der binäre Term für 1, der hier in der letzten Zeile steht, liefert das letzte Zeichen für die Binärdarstellung. Damit haben wir die Binärdarstellung $b_6 b_5 b_4 b_3 b_2 b_1 b_0$ für 70 bestimmt. Es ist $b_6 b_5 b_4 b_3 b_2 b_1 b_0 = 1000110$.

(2) *Bestimmung einer ntürlichen Zahl aus einer Binärdarstellung.* Wir betrachten die oben berechnete Binärdarstellung $b_6 b_5 b_4 b_3 b_2 b_1 b_0 = 1000110$. Die von ihr dargestellte Zahl berechnet sich wie folgt.

$$
\begin{aligned}
\sum_{i=0}^{6} b_i \cdot 2^i &= 1 \cdot 2^6 + 0 \cdot 2^5 + 0 \cdot 2^4 + 0 \cdot 2^3 + 1 \cdot 2^2 + 1 \cdot 2^1 + 0 \cdot 2^0 \\
&= 2^6 + 2^2 + 2^1 \\
&= 70
\end{aligned}
$$

Also stellt die Binärzahl 1000110 die natürliche Zahl 70 dar.   □

Zählen 8

Zusammenfassung

In diesem Kapitel befassen wir uns mit der Kombinatorik, also der Bestimmung der Anzahl der Elemente endlicher Mengen. Zuerst werden wir sehen, dass die Kenntnis, wie eine Menge aus anderen Mengen aufgebaut ist, ausgenutzt werden kann, um die Größe dieser Menge aus den Größen der beteiligten „Baustein"-Mengen zu bestimmen. Danach werden wir zählen, wie viele Möglichkeiten es gibt, Elemente einer Menge auszuwählen oder anzuordnen – eine Fragestellung, die in vielen Anwendungen der Mathematik und Informatik von grundlegender Bedeutung ist.

8.1 Grundlegende Zählprinzipien

In einem Hotel hat jedes Telefon eine Nummer, die aus zwei Ziffern besteht. Wie viele verschiedene Telefonnummern gibt es? M bezeichne die Menge aller möglichen Telefonnummern. Jedes Element von M ist eine Nummer aus zwei Ziffern. Jede Ziffer ist ein Element der Menge $D = \{0, 1, 2, \ldots, 9\}$. Eine zweistellige Nummer kann man als geordnetes Paar, also als Element des Kreuzproduktes $D \times D = \{(0, 0), (0, 1), \ldots, (0, 9), (1, 0), \ldots, (9, 9)\}$ auffassen. Für jede der zwei Stellen hat man $\sharp D = 10$ mögliche Ziffern zur Auswahl. Ist die erste Stelle eine 0, dann gibt es 10 verschiedene Möglichkeiten für die zweite Stelle. Das gilt ebenso, wenn die erste Stelle eine 1 ist, eine 2 ist, …eine 9 ist. Insgesamt gibt es also $10 \cdot 10$ mögliche zweistellige Telefonnummern, $\sharp M = 100$. Die Menge der zweistelligen Telefonnummern, die nicht mit 0 beginnen, lässt sich entsprechend als Kreuzprodukt $\{1, 2, \ldots, 9\} \times \{0, 1, 2, \ldots, 9\}$ darstellen. Ihre Größe ist $9 \cdot 10 = 90$.

C. Meinel und M. Mundhenk, *Mathematische Grundlagen der Informatik*, https://doi.org/10.1007/978-3-658-43136-5_8

Satz 8.1 *Seien A und B endliche Mengen. Dann gilt*

$$\sharp(A \times B) = \sharp A \cdot \sharp B \, .$$

Beweis Wir führen einen Beweis mittels vollständiger Induktion über die Größe der Menge B.

Induktionsbasis: Sei B eine Menge der Größe $\sharp B = 0$. Dann ist $B = \emptyset$ und folglich $A \times B = \emptyset$ und es gilt $\sharp(A \times B) = 0$. Da $\sharp A \cdot 0 = 0$ gilt, folgt $\sharp(A \times B) = \sharp A \cdot \sharp B$.

Induktionsvoraussetzung: Für jede Menge B der Größe n gilt die Behauptung.

Induktionsschluss: Sei nun B eine Menge der Größe $\sharp B = n + 1$. Für ein beliebiges Element $b \in B$ betrachten wir $B' = B - \{b\}$. Dann ist $\sharp B' = n$. Nach Induktionsvoraussetzung gilt $\sharp(A \times B') = \sharp A \cdot n$. Zusätzlich zu den $\sharp A \cdot n$ Elementen von $A \times B'$ gehören alle Paare (a, b) für ein $a \in A$ zu $A \times B$, also weitere $\sharp A$ Elemente. Insgesamt gilt also

$$\sharp(A \times B) = \sharp A \cdot n + \sharp A$$
$$= \sharp A \cdot (n + 1)$$
$$= \sharp A \cdot \sharp B \, . \qquad \blacksquare$$

Diese Argumentation lässt sich sofort auf das Kreuzprodukt einer beliebigen Anzahl endlicher Mengen verallgemeinern. Man erhält die so genannte *Produkt-Regel*.

Satz 8.2 (Produkt-Regel) *Sei k eine positive natürliche Zahl, und seien $A_1, A_2, \ldots, A_k$ endliche Mengen. Dann gilt*

$$\sharp(A_1 \times A_2 \times \ldots \times A_k) = \prod_{i=1}^{k} \sharp A_i \, . \qquad \blacksquare$$

Beispiele 8.1 Mit der Produkt-Regel kann man die Anzahl aller Wörter fester Länge k über einem endlichen Alphabet Σ ausrechnen. Jedes Wort $x_1 \cdots x_k$, $x_i \in \Sigma$, entspricht einem k-Tupel $(x_1, \ldots, x_k) \in \underbrace{\Sigma \times \cdots \times \Sigma}_{k\text{-mal}}$. Also gibt es genau $(\sharp \Sigma)^k$ Wörter der Länge k über Σ.

Besteht Σ zum Beispiel aus den 26 kleinen Buchstaben $a, b, c, \ldots, z$, dann gibt es 26^3 Wörter der Länge 3 über Σ. $\qquad \square$

Wie viele Wörter gibt es nun, die aus drei oder vier kleinen Buchstaben bestehen? Diese Menge lässt sich in zwei disjunkte Teilmengen aufteilen: die Menge A aller Wörter aus drei Buchstaben und die Menge B aller Wörter aus vier Buchstaben. Die Anzahl aller Wörter aus drei oder vier Buchstaben ist die Anzahl der Elemente in der Vereinigungsmenge $A \cup B$. Da A und B disjunkt sind, stammt jedes Element von $A \cup B$ entweder aus A oder aus B, aber nicht aus beiden Mengen A und B gleichzeitig. Deshalb ist die Größe von $A \cup B$

gleich der Summe der Anzahl der Elemente in A und der Anzahl der Elemente in B, also $\sharp(A \cup B) = \sharp A + \sharp B$. Die Anzahl aller Wörter aus drei oder vier kleinen Buchstaben ist also $26^3 + 26^4$.

Satz 8.3 *Seien A und B paarweise disjunkte endliche Mengen. Dann gilt*

$$\sharp(A \cup B) = \sharp A + \sharp B\,.$$

Beweis Wir führen wieder einen induktiven Beweis über die Größe der Menge B.

Induktionsbasis: Sei B eine Menge der Größe $\sharp B = 0$. Dann ist $B = \emptyset$. Deshalb gilt

$$\sharp(A \cup B) \ = \ \sharp A \ = \ \sharp A + 0 \ = \ \sharp A + \sharp B\,.$$

Induktionsvoraussetzung: Für alle Mengen B der Größe $\sharp B = n$ gilt $\sharp(A \cup B) = \sharp A + \sharp B$.

Induktionsschluss: Sei B eine Menge mit $\sharp B = n + 1$ Elementen. Sei $b \in B$ beliebig gewählt und $B' = B - \{b\}$. Wegen $\sharp B = n$ folgt nach Induktionsvoraussetzung

$$\sharp(A \cup B') = \sharp A + n\,.$$

Da A und B disjunkt sind, gehört b nicht zu A. Nach Definition von B' gilt weiter $b \notin B'$. Also ist $\sharp((A \cup B') \cup \{b\}) = \sharp(A \cup B') + 1$ und es folgt

$$\sharp(A \cup B) = \sharp((A \cup B') \cup \{b\}) = \sharp(A \cup B') + 1 = \sharp A + n + 1\,. \qquad \blacksquare$$

Diese Argumentation kann man leicht auf beliebig viele Mengen verallgemeinern. Man erhält die *Summen-Regel*.

Satz 8.4 (Summen-Regel) *Sei k eine positive natürliche Zahl, und seien $A_1, A_2, \ldots, A_k$ paarweise disjunkte endliche Mengen. Dann gilt*

$$\sharp \bigcup_{i=1}^{k} A_i = \sum_{i=1}^{k} \sharp A_i\,. \qquad \blacksquare$$

Beispiel 8.2 In einigen Programmiersprachen beginnt jeder Variablenname mit einem der 26 Buchstaben des Alphabets. Anschließend folgen bis zu 7 weitere Zeichen, von denen jedes wiederum einer der 26 Buchstaben des Alphabets oder eine der Ziffern $0, 1, \ldots, 9$ ist. Wie viele verschiedene Variablennamen gibt es?

Zuerst teilen wir die Menge A der Variablennamen in 8 disjunkte Teilmengen auf. A_1 bezeichne die Menge aller Variablennamen der Länge 1, A_2 die Menge aller Variablennamen der Länge 2, und so weiter bis A_8. Aufgrund der Summen-Regel gilt

$$\sharp A = \sharp A_1 + \sharp A_2 + \ldots + \sharp A_8\,.$$

Jeder Variablenname aus einem Zeichen ist ein Zeichen aus dem Alphabet $\Sigma = \{a, b, c, \dots, z\}$
der 26 Buchstaben. Also stimmt die Menge A_1 der Variablennamen aus einem Zeichen mit
dem Alphabet Σ überein und es gilt $\sharp A_1 = 26$. Jeder Variablenname aus zwei Zeichen
besteht aus einem Buchstaben aus dem Alphabet Σ gefolgt von einem Buchstaben oder
einer Ziffer aus $\{0, 1, \dots, 9\}$. Die Menge A_2 der Variablennamen aus zwei Zeichen ist also
das Kreuzprodukt $\Sigma \times (\Sigma \cup \{0, 1, \dots, 9\})$. Da Σ und $\{0, 1, \dots, 9\}$ disjunkt sind, hat ihre
Vereinigung nach der Summen-Regel die Größe $26 + 10 = 36$. Nach der Produkt-Regel ist
also $\sharp A_2 = 26 \cdot 36$. Entsprechend ist

$$A_3 = \Sigma \times (\Sigma \cup \{0, 1, \dots, 9\}) \times (\Sigma \cup \{0, 1, \dots, 9\}).$$

Damit ergibt sich $\sharp A_3 = 26 \cdot 36 \cdot 36 = 26 \cdot 36^2$. Insgesamt ist $\sharp A_1 + \sharp A_2 + \dots + \sharp A_8$ gleich

$$26 + 26 \cdot 36 + 26 \cdot 36^2 + 26 \cdot 36^3 + 26 \cdot 36^4 + 26 \cdot 36^5 + 26 \cdot 36^6 + 26 \cdot 36^7. \qquad \square$$

Bei nicht-disjunkten Mengen ergibt sich die Größe der Vereinigungsmenge nicht so einfach aus der Summe der Größen der einzelnen Mengen. Elemente, die zum Beispiel im
Durchschnitt zweier Mengen liegen, würden dann nämlich doppelt gezählt werden.

Beispiel 8.3 Sei $A = \{1, 2, 3, 4, 5\}$ und $B = \{4, 5, 6, 7\}$. Dann ist $\sharp A = 5$ und $\sharp B = 4$.
Die Vereinigungsmenge ist $A \cup B = \{1, 2, 3, 4, 5, 6, 7\}$ und es gilt $\sharp(A \cup B) = 7 \neq 5 + 4$.
   Die Differenz von $\sharp A + \sharp B$ und $\sharp(A \cup B)$ ist genau die Größe $\sharp(A \cap B)$ des Durchschnitts
von A und B. Tatsächlich gilt $A \cap B = \{4, 5\}$ und damit $7 = \sharp(A \cup B) = \sharp A + \sharp B - \sharp(A \cap B) =$
$5 + 4 - 2$. $\square$

Satz 8.5 (Inklusions-Exklusionsprinzip) *Seien A und B endliche Mengen. Dann gilt*

$$\sharp(A \cup B) = \sharp A + \sharp B - \sharp(A \cap B).$$

Beweis Wir führen einen Induktions-Beweis über die Größe der Menge B.
   Induktionsbasis: Sei B eine Menge B der Größe $\sharp B = 0$. Dann gilt $B = \emptyset$ und folglich
$A \cap B = \emptyset$. Also folgt

$$\sharp(A \cup B) = \sharp A = \sharp A + 0 - 0 = \sharp A + \sharp B - \sharp(A \cap B).$$

Induktionsvoraussetzung: Die Behauptung gilt für alle Mengen der Größe n.
   Induktionsschluss: Sei nun B eine Menge mit $\sharp B = n + 1$ Elementen. Für ein beliebiges
$b \in B$ sei $B' = B - \{b\}$. Es gilt $\sharp B' = n$ und aus der Induktionsvoraussetzung folgt
$\sharp(A \cup B') = \sharp A + \sharp B' - \sharp(A \cap B')$. Wir müssen nun zwei Fälle unterscheiden: $b \in A$ und
$b \notin A$.
   Fall 1: $b \in A$. Dann ist $A \cup B = A \cup B'$, und die Mengen $A \cap B'$ und $\{b\}$ sind disjunkt.
Deshalb liefert die Summen-Regel $\sharp((A \cap B') \cup \{b\}) = \sharp(A \cap B') + 1$. Da $A \cap B =$

$(A \cap B') \cup \{b\}$, folgt damit $\sharp(A \cap B) = \sharp(A \cap B') + 1$. Insgesamt erhalten wir

$$
\begin{aligned}
\sharp(A \cup B) &= \sharp(A \cup B') && \text{(da } b \in A) \\
&= \sharp A + \sharp B' - \sharp(A \cap B') && \text{(nach Induktionsvor.)} \\
&= \sharp A + (\sharp B - 1) - (\sharp(A \cap B) - 1) \\
& && \text{(da } \sharp(A \cap B) = \sharp(A \cap B') + 1) \\
&= \sharp A + \sharp B - \sharp(A \cap B).
\end{aligned}
$$

Fall 2: $b \notin A$. Dann ist $A \cup B' = (A \cup B) - \{b\}$ und $(A \cap B') = A \cap B$. Also gilt $\sharp(A \cap B) = \sharp(A \cap B')$. Damit folgt

$$
\begin{aligned}
\sharp(A \cup B) &= \sharp(A \cup B') + 1 && \text{(da } b \notin A) \\
&= \sharp A + \sharp B' - \sharp(A \cap B') + 1 && \text{(nach Induktionsvor.)} \\
&= \sharp A + (\sharp B - 1) - \sharp(A \cap B) + 1 && \text{(da } b \notin A \cap B) \\
&= \sharp A + \sharp B - \sharp(A \cap B).
\end{aligned}
$$
∎

Beispiel 8.4 Wir betrachten die Anzahl der Wörter über $\{0, 1\}$ mit Länge 8, die mit 0 anfangen oder mit 11 enden: Sei

$$
A = \{w \in \{0, 1\}^8 \mid w \text{ beginnt mit } 0\} = \{0v \mid v \in \{0, 1\}^7\},
$$

und

$$
B = \{w \in \{0, 1\}^8 \mid w \text{ endet mit } 11\} = \{v11 \mid v \in \{0, 1\}^6\}.
$$

Dann ist

$$
A \cap B = \{0w11 \mid w \in \{0, 1\}^5\}.
$$

Es gilt $\sharp A = 2^7$, $\sharp B = 2^6$ und $\sharp(A \cap B) = 2^5$. Also ist

$$
\sharp(A \cup B) = \sharp A + \sharp B - \sharp(A \cap B) = 2^7 + 2^6 - 2^5.
$$
□

Das Inklusions-Exklusionsprinzip lässt sich einfach auf drei Mengen verallgemeinern. Bei drei Mengen A, B und C müssen nicht nur die Schnittmengen $A \cap B$, $A \cap C$ und $B \cap C$ in Betracht gezogen werden, sondern auch noch der Durchschnitt aller drei Mengen $A \cap B \cap C$.

Satz 8.6 *Seien A, B und C endliche Mengen. Dann gilt*

$$
\sharp(A \cup B \cup C) = \sharp A + \sharp B + \sharp C - \sharp(A \cap B) - \sharp(A \cap C) - \sharp(B \cap C) + \sharp(A \cap B \cap C).
$$

Beweis Um Satz 8.5 anwenden zu können, fassen wir die Vereinigung der drei Mengen A, B und C als Vereinigung der beiden Mengen $A \cup B$ und C auf. Nun lässt sich durch

Anwendung von Satz 8.5 und den Rechenregeln für die Mengenoperationen der Beweis führen.

$$\sharp(A \cup B \cup C)$$
$$= \sharp(A \cup B) + \sharp C - \sharp\big((A \cup B) \cap C\big) \qquad \text{(nach Satz 8.5)}$$
$$= \sharp A + \sharp B - \sharp(A \cap B) + \sharp C - \sharp\big((A \cup B) \cap C\big) \qquad \text{(nach Satz 8.5)}$$
$$= \sharp A + \sharp B - \sharp(A \cap B) + \sharp C - \sharp\big((A \cap C) \cup (B \cap C)\big) \quad \text{(Distribut.ges.)}$$
$$= \sharp A + \sharp B - \sharp(A \cap B) + \sharp C - \big(\sharp(A \cap C) + \sharp(B \cap C) - \sharp(A \cap B \cap C)\big)$$
$$\text{(nach Satz 8.5)}$$
$$= \sharp A + \sharp B + \sharp C - \sharp(A \cap B) - \sharp(A \cap C) - \sharp(B \cap C) + \sharp(A \cap B \cap C) \qquad \blacksquare$$

Beispiel 8.5 In der Mensa sitzen 100 Studenten und essen, 60 Studenten reden und 20 Studenten lesen Zeitung. 23 dieser Studenten essen und reden gleichzeitig, 5 essen und lesen Zeitung, 3 reden und lesen Zeitung und einer isst, redet und liest gleichzeitig. Wieviele Studenten sind in der Mensa? Sei E die Menge aller Studenten, die essen, R die Menge der redenden Studenten und L die der Zeitung lesenden. Also gilt $\sharp E = 100$, $\sharp R = 60$ und $\sharp L = 20$. Die Studenten, die verschiedenes zugleich machen, finden sich in den Schnittmengen wieder. Hier ist $\sharp(E \cap R) = 23$, $\sharp(E \cap L) = 5$, $\sharp(R \cap L) = 3$ und $\sharp(E \cap R \cap L) = 1$. Nach Satz 8.6 ist die Anzahl der Studenten in der Mensa $100 + 60 + 20 - 23 - 5 - 3 + 1 = 150$.   □

8.2   Permutationen und Binomialkoeffizienten

Wir haben bereits gesehen, wie viele verschiedene zweistellige Telefonnummern aus den Ziffern $0, 1, 2, \dots, 9$ gebildet werden können. Wie viele unterschiedliche Telefonnummern gibt es nun, wenn beide Ziffern verschieden sein müssen? Die Telefonnummer 33 ist dann zum Beispiel nicht mehr erlaubt. Gehen wir systematisch vor und betrachten zuerst alle zweistelligen Nummern, deren erste Ziffer 0 ist. Das sind die Nummern 01, 02, ..., 09. Die Nummer 00 ist nicht erlaubt, und deshalb haben wir 9 verschiedene Nummern. Entsprechendes gilt bei Nummern mit 1 als erster Ziffer. Dort haben wir 10, 12, 13, ...19 – also wiederum 9 Nummern. Für jede erste Ziffer in $\{0, 1, 2, \dots, 9\}$ gibt es also 9 verschiedene zweistellige Telefonnummern. Da es 10 verschiedene Möglichkeiten für die Auswahl der ersten Stelle gibt, erhält man insgesamt $10 \cdot 9 = 90$ verschiedene zweistellige Telefonnummern, die nicht aus zwei gleichen Ziffern bestehen.

Entsprechend kann man sich überlegen, dass es $10 \cdot 9 \cdot 8$ dreistellige Telefonnummern ohne doppelte Ziffern gibt. Die Zahl dieser Nummern ist deshalb interessant, da sie genau die Anzahl aller Möglichkeiten ausdrückt, drei verschiedene Elemente aus einer 10-elementigen Menge auszuwählen und anzuordnen.

Wir wollen nun eine Formel finden, die uns sagt, wie viele Möglichkeiten es gibt, r Elemente aus einer n-elementigen Menge auszuwählen und anzuordnen. Dazu betrachten wir zuerst die möglichen Anordnungen aller Elemente einer Menge.

Definition 8.1 Eine Anordnung aller Elemente einer endlichen Menge heißt *Permutation*.

Beispiel 8.6 Die Menge $S = \{1, 2, 3\}$ besitzt genau die folgenden Permutationen:

$$(1, 2, 3), (1, 3, 2), (2, 1, 3), (2, 3, 1), (3, 1, 2), (3, 2, 1). \qquad \square$$

Den Wert des Produktes $1 \cdot 2 \cdot 3 \cdot \ldots \cdot n$ bezeichnet man mit $n!$ (sprich: n *Fakultät*). Per Definition gilt $0! = 1$.

Satz 8.7 *Die Anzahl aller Permutationen einer n-elementigen Menge S ist $n!$.*

Beweis Den Beweis führen wir mit Induktion über die Größe $\sharp S$ der Menge S.

Induktionsbasis: Sei $\sharp S = 1$. Dann gibt es nur eine Permutation der Elemente von S. Diese besteht aus dem einzigen Element von S. Für $n = 1$ ist $1! = 1$. Damit ist die Induktionsbasis bewiesen.

Induktionsvoraussetzung: Die Behauptung gilt für alle Mengen der Größe k.

Induktionsschluss: Sei S eine Menge der Größe $\sharp S = k + 1$. Wir wählen ein beliebiges Element a aus S und bilden die Permutationen von S, die mit a beginnen und dann aus einer beliebigen Permutation von $S - \{a\}$ bestehen. Da $\sharp(S - \{a\}) = k$, gibt es nach Induktionsvoraussetzung $k!$ solcher Permutationen. Weiter gibt es insgesamt $\sharp S$ Möglichkeiten, das Element a auszuwählen. Für jede dieser $\sharp S = k + 1$ Möglichkeiten erhalten wir $k!$ verschiedene Permutationen. Andere Permutationen von S gibt es nicht. Insgesamt ergibt sich also die Anzahl aller Permutationen von S als

$$(k + 1) \cdot k! = (k + 1)!. \qquad \blacksquare$$

Definition 8.2 Eine *k-Permutation* einer endlichen Menge S ist eine Permutation einer k-elementigen Teilmenge von S.

Beispiel 8.7 Sei wiederum $S = \{1, 2, 3\}$. Die 2-elementigen Teilmengen von S sind $\{1, 2\}$, $\{1, 3\}$ und $\{2, 3\}$. Jede dieser Teilmengen besitzt $2!$ Permutationen. Damit ergeben sich als 2-Permutationen von S

$$(1, 2), \quad (2, 1), (1, 3), \quad (3, 1), (2, 3), \quad (3, 2). \qquad \square$$

Definition 8.3 Wir bezeichnen mit $\begin{bmatrix} n \\ k \end{bmatrix}$ die Anzahl aller k-Permutationen einer n-elementigen Menge.

Satz 8.8 *Seien n und k natürliche Zahlen mit $n \geq k \geq 1$. Für die Anzahl $\left[\begin{smallmatrix} n \\ k \end{smallmatrix}\right]$ aller k-Permutationen einer n-elementigen Menge gilt*

$$\left[\begin{matrix} n \\ k \end{matrix}\right] = n \cdot (n-1) \cdot \ldots \cdot (n-k+1).$$

Beweis Sei S eine Menge mit n Elementen. Den Beweis führen wir mittels Induktion über k.

Induktionsbasis: Für $k = 1$ ist $\left[\begin{smallmatrix} n \\ 1 \end{smallmatrix}\right]$ die Anzahl aller Permutationen der 1-elementigen Teilmengen von S. Jede 1-elementige Menge besitzt genau $1! = 1$ Permutation. Also stimmt $\left[\begin{smallmatrix} n \\ 1 \end{smallmatrix}\right]$ mit der Anzahl aller 1-elementigen Teilmengen von S überein. Diese Anzahl ist genau n, das heißt $\left[\begin{smallmatrix} n \\ 1 \end{smallmatrix}\right] = n$.

Induktionsvoraussetzung: Es gilt $\left[\begin{smallmatrix} n \\ k \end{smallmatrix}\right] = n \cdot (n-1) \cdot \ldots \cdot (n-k+1)$ für die natürliche Zahl $k \geq 1$.

Induktionsschluss: Wir betrachten nun $\left[\begin{smallmatrix} n \\ k+1 \end{smallmatrix}\right]$ und wählen ein beliebiges Element a aus S. Wir bilden alle $(k+1)$-Permutationen von S, die mit a beginnen und darauf folgend aus einer beliebigen k-Permutation von $S - \{a\}$ bestehen. Aus der Induktionsvoraussetzung folgt, dass es

$$\left[\begin{matrix} n-1 \\ k \end{matrix}\right] = (n-1) \cdot ((n-1)-1) \cdot \ldots \cdot ((n-1)-k+1)$$

solcher Permutationen gibt. Da es n Möglichkeiten gibt, ein Element a aus S zu wählen, gibt es insgesamt

$$n \cdot \underbrace{(n-1) \cdot (n-2) \cdot \ldots \cdot ((n-1)-k+1)}_{\text{Anzahl der } k\text{-Permutationen von } S-\{a\}}$$

$(k+1)$-Permutationen von S. Da $(n-1) - k + 1 = n - (k+1) + 1$, folgt die Behauptung. ∎

Unter Benutzung der Fakultätsfunktion erhalten wir:

Korollar 8.1 *Für alle natürlichen Zahlen n und k mit $n \geq k \geq 1$ gilt*

$$\left[\begin{matrix} n \\ k \end{matrix}\right] = \frac{n!}{(n-k)!}.$$ ∎

Beispiel 8.8 Wie viele Möglichkeiten gibt es, beim Lotto 6 aus 49 Zahlen zu ziehen? $\left[\begin{smallmatrix} 49 \\ 6 \end{smallmatrix}\right]$ liefert die Anzahl aller Permutationen von 6 der 49 Zahlen. Beim Lotto kommt es jedoch nicht auf die Reihenfolge an, in der die Zahlen gezogen werden. Die beiden verschiedenen Permutationen

$$3, 43, 6, 17, 22, 11 \quad \text{und} \quad 22, 6, 43, 3, 11, 17$$

liefern beide die Menge $\{3, 6, 11, 17, 22, 43\}$ als Ergebnis der Ziehung. Für jede 6-elementige Menge gibt es 6! Permutationen. Also gibt es

$$\frac{\begin{bmatrix} 49 \\ 6 \end{bmatrix}}{6!} = \frac{49 \cdot 48 \cdot 47 \cdot 46 \cdot 45 \cdot 44}{1 \cdot 2 \cdot 3 \cdot 4 \cdot 5 \cdot 6} = 13983816$$

mögliche Ergebnisse bei einer Ziehung der Lottozahlen.   □

Wir verallgemeinern nun diese Betrachtungen.

Definition 8.4 $\binom{n}{k}$ bezeichnet die Anzahl der k-elementigen Teilmengen einer n-elementigen Menge.

$\binom{n}{k}$ wird „n über k" ausgesprochen und auch *Binomialkoeffizient* von n und k genannt.

Beispiel 8.9 Für $S = \{1, 2, 3, 4\}$ sind alle 3-elementigen Teilmengen

$$\{1, 2, 3\}, \qquad \{1, 2, 4\}, \qquad \{1, 3, 4\}, \qquad \{2, 3, 4\}.$$

Also gilt $\binom{4}{3} = 4$.   □

Wie im Beispiel mit den Lottozahlen bereits bemerkt, lässt sich $\binom{n}{k}$ mit Hilfe der Fakultätsfunktion ausdrücken.

Satz 8.9 *Seien k und n natürliche Zahlen mit $k \leq n$. Für die Anzahl $\binom{n}{k}$ der k-elementigen Teilmengen einer n-elementigen Menge gilt*

$$\binom{n}{k} = \frac{n \cdot (n - 1) \cdot \ldots \cdot (n - k + 1)}{k!}.$$

Beweis Sei T eine k-elementige Teilmenge der n-elementigen Menge S. Dann gibt es $\begin{bmatrix} k \\ k \end{bmatrix}$ Permutationen von T. Also ist die Anzahl der k-Permutationen von S gleich dem Produkt aus der Anzahl der k-elementigen Teilmengen von S und der Anzahl der Permutationen jeder dieser Teilmengen, das heißt

$$\begin{bmatrix} n \\ k \end{bmatrix} = \binom{n}{k} \cdot \begin{bmatrix} k \\ k \end{bmatrix}.$$

Da $\begin{bmatrix} k \\ k \end{bmatrix} = k!$, erhält man durch Umformung

$$\binom{n}{k} = \frac{\left[\begin{smallmatrix}n\\k\end{smallmatrix}\right]}{\left[\begin{smallmatrix}k\\k\end{smallmatrix}\right]} = \frac{n \cdot (n-1) \cdot \ldots \cdot (n-k+1)}{k!}.$$

■

Nach obigem Satz gilt $\binom{n}{0} = 1$ für jedes $n \in \mathbb{N}$. Für ganzzahliges negatives k wird $\binom{n}{k} = 0$ definiert.

Binomialkoeffizienten haben viele Eigenschaften, von denen einige im folgenden Kapitel vorgestellt werden.

Beispiele 8.10

(1) Wie viele Wörter über dem Alphabet $\{0, 1\}$ gibt es, deren Länge n ist und die an genau k Stellen eine 1 und an allen anderen Stellen eine 0 haben?

Die Auswahl der k Stellen, an denen eine 1 steht, entspricht einer Auswahl einer k-elementigen Teilmenge der Menge aller Stellen $\{1, 2, \ldots, n\}$. Die gesuchte Anzahl ist also $\binom{n}{k}$.

(2) Wie viele Wörter über dem Alphabet $\{0, 1, 2\}$ gibt es, deren Länge n ist und die an genau k Stellen eine 1 haben?

Wiederum wählt man die k Stellen aus, an denen eine 1 steht. Auf allen anderen Stellen steht nun eine 0 oder eine 2 – es gibt also 2 Möglichkeiten für jede der übrigen $n - k$ Positionen. Damit ergibt sich $\binom{n}{k} \cdot 2^{n-k}$ als Anzahl der betrachteten Wörter.

(3) Wie viele Möglichkeiten gibt es, n Bonbons so auf k Kinder zu verteilen, dass jedes Kind mindestens einen Bonbon bekommt?

Zur Ermittlung dieser Anzahl geht man am Besten folgendermaßen vor: Man legt alle Bonbons in eine Reihe

⌀	⌀	⌀	⌀	⌀	⌀	⌀
Position 1	2	3	$\cdots$	$n-2$	$n-1$	n

und lässt der Reihe nach jedes der Kinder Bonbons wegnehmen. Das erste Kind nimmt die Bonbons 1 bis c_1, das zweite Kind die Bonbons $c_1 + 1$ bis c_2 und so weiter. Das letzte Kind nimmt schließlich die Bonbons $c_{k-1} + 1$ bis n. Dabei müssen natürlich immer soviele Bonbons übrigbleiben, dass jedes der nachfolgenden Kinder noch mindestens einen Bonbon abbekommt. Die Aufgabe besteht nun darin, die Anzahl aller Möglichkeiten zu bestimmen, mit denen die Positionen c_1 bis c_{k-1} ausgewählt werden können. Aufgrund obiger Bedingung stammen die $k - 1$ Positionen aus dem Bereich $\{1, 2, \ldots, n-1\}$, es gibt also $\binom{n-1}{k-1}$ Möglichkeiten, diese Positionen auszuwählen und n Bonbons auf k Kinder zu verteilen.

Wie geht man vor, wenn einige Kinder auch leer ausgehen können, das heißt wenn nicht jedes Kind mindestens einen Bonbon bekommen muss? Die obige Argumentation kann nun nicht mehr ohne weiteres angewendet werden. Wir modifizieren sie wie folgt. Zu Beginn „bezahlt" jedes Kind einen Bonbon. Anschließend verteilt man die nun zur Verteilung bereitstehenden $n + k$ Bonbons wie oben. Die Kinder, die dabei nur einen Bonbon bekommen haben, haben also tatsächlich keinen Bonbon dazubekommen. Da nun insgesamt $n + k$ Bonbons verteilt werden, gibt es $\binom{n+k-1}{k-1}$ Verteilungsmöglichkeiten. □

8.3 Rechnen mit Binomialkoeffizienten

Schreibt man die Binomialkoeffizienten geordnet auf, dann erhält man das berühmte *Pascal'sche Dreieck* (Abb. 8.1).

Das Pascal'sche Dreieck steckt voller Regelmäßigkeiten. Wir betrachten hier nur einige davon. Zunächst beobachten wir, dass sich jeder Eintrag im Pascal'schen Dreieck als Summe zweier Einträge der darüberliegenden Zeile ergibt.

n	$\binom{n}{0}$	$\binom{n}{1}$	$\binom{n}{2}$	$\binom{n}{3}$	$\binom{n}{4}$
0	1				
1	1	1			
2	1	2	1		
3	1	3	3	1	
4	1	4	6	4	1

Diese Eigenschaft drückt sich in der so genannten *Pascal'schen Gleichung* wie folgt aus.

Satz 8.10 (Pascal'sche Gleichung) *Für alle natürlichen Zahlen k und n mit $1 \leq k \leq n$ gilt*

$$\binom{n}{k} = \binom{n-1}{k-1} + \binom{n-1}{k}.$$

Beweis Betrachten wir diese Gleichung zunächst aus dem Blickwinkel der Mengen-Interpretation: Sei A eine n-elementige, nicht leere Menge, von der wir Teilmengen bilden wollen. Dazu nehmen wir ein Element a aus A heraus. $A - \{a\}$ ist eine $(n-1)$-elementige Menge. Jede k-elementige Teilmenge von A, die a enthält, enthält $k - 1$ Elemente aus $A - \{a\}$. Also gibt es $\binom{n-1}{k-1}$ solcher Teilmengen. Jede k-elementige Teilmenge von A, die a *nicht* enthält, enthält k Elemente aus $A - \{a\}$. Also gibt es $\binom{n-1}{k}$ solcher Teilmengen. Damit ergibt sich die Anzahl der k-elementigen Teilmengen als Summe von $\binom{n-1}{k-1}$ und $\binom{n-1}{k}$.

n	$\binom{n}{0}$	$\binom{n}{1}$	$\binom{n}{2}$	$\binom{n}{3}$	$\binom{n}{4}$	$\binom{n}{5}$	$\binom{n}{6}$	$\binom{n}{7}$	$\cdots$
0	1								
1	1	1							
2	1	2	1						
3	1	3	3	1					
4	1	4	6	4	1				
5	1	5	10	10	5	1			
6	1	6	15	20	15	6	1		
7	1	7	21	35	35	21	7	1	
$\vdots$	$\vdots$	$\vdots$	$\vdots$	$\vdots$	$\vdots$	$\vdots$	$\vdots$	$\vdots$	$\ddots$

Abb. 8.1 Das Pascal'sche Dreieck

Wir können den Satz aber auch „rein rechnerisch" beweisen, indem wir die uns bekannten Regeln zur Manipulation von Produkten und Brüchen anwenden.

$$
\begin{aligned}
\binom{n}{k} &= \frac{n \cdot (n-1) \cdot \ldots \cdot (n-k+1)}{k!} \\
&= \frac{(k+n-k) \cdot (n-1) \cdot \ldots \cdot (n-k+1)}{k!} \\
&= \frac{k \cdot (n-1) \cdot \ldots \cdot (n-k+1)}{k!} + \frac{(n-k) \cdot (n-1) \cdot \ldots \cdot (n-k+1)}{k!} \\
&= \frac{(n-1) \cdot \ldots \cdot (n-k+1)}{(k-1)!} + \frac{(n-1) \cdot \ldots \cdot (n-k+1) \cdot (n-k)}{k!} \\
&= \binom{n-1}{k-1} + \binom{n-1}{k}.
\end{aligned}
$$
∎

Die Pascal'sche Gleichung liefert einen oft verwendeten Ansatz, Binomialkoeffizienten induktiv zu definieren.

Basis: (1) Für alle natürlichen Zahlen n gilt $\binom{n}{0} = 1$.

(2) Für alle natürlichen Zahlen n, k mit $n < k$ gilt $\binom{n}{k} = 0$.

Regel: Für alle natürlichen Zahlen n und k mit $n \geq k \geq 1$ gilt

$$\binom{n}{k} = \binom{n-1}{k-1} + \binom{n-1}{k}.$$

Die Pascal'sche Gleichung kann verallgemeinert werden. Einträge in Zeile $n + m$ können als Summe von Produkten von Einträgen in Zeile m und in Zeile n berechnet werden. Diese Beziehung ist unter dem Namen *Gleichung von Vandermonde* bekannt.

Satz 8.11 (Gleichung von Vandermonde) *Für alle natürlichen Zahlen k, m und n mit $k \leq m$ und $n \leq m$ gilt*

$$\binom{m+n}{k} = \sum_{i=0}^{k} \binom{m}{i} \cdot \binom{n}{k-i}.$$

Beweis Bei diesem Satz ist ein rechnerischer Beweis recht aufwändig. Deswegen führen wir den Beweis wieder über eine Mengen-Interpretation. $\binom{m+n}{k}$ ist die Anzahl der k-elementigen Teilmengen einer $(m+n)$-elementigen Menge A. Diese Menge A lässt sich in zwei Mengen B und C mit den Größen $|B| = m$ und $|C| = n$ aufteilen, die disjunkt sind und deren Vereinigung A ergibt. Jede k-elementige Teilmenge von A besteht aus i Elementen von B und $k - i$ Elementen von C für ein $i \leq k$. Für jedes i gibt es also $\binom{m}{i} \cdot \binom{n}{k-i}$ verschiedene k-elementige Teilmengen von A. Also ist

$$\sum_{i=0}^{k} \binom{m}{i} \cdot \binom{n}{k-i}$$

die Anzahl der k-elementigen Teilmengen von A.   ∎

Wie man leicht sieht, ist die Pascal'sche Gleichung ein Spezialfall der Gleichung von Vandermonde.

Aus der Pascal'schen Gleichung ergibt sich eine weitere induktive Definition der Binomialkoeffizienten. Dazu betrachten wir als Beispiel die Berechnung von $\binom{4}{2}$. Löst man in $\binom{4}{2} = \binom{3}{2} + \binom{3}{1}$ den ersten Summanden $\binom{3}{2} = \binom{2}{2} + \binom{2}{1}$ auf, wiederholt das gleiche mit dem ersten Summanden $\binom{2}{2} = \binom{1}{2} + \binom{1}{1}$, dann erhält man

$$\binom{4}{2} = \binom{3}{1} + \binom{2}{1} + \binom{1}{1}.$$

Ein Eintrag, der nicht in der ersten Spalte des Pascal'schen Dreiecks liegt, ergibt sich also als Summe aller Einträge, die in der Spalte links davon darüber stehen.

n	$\binom{n}{0}$	$\binom{n}{1}$	$\binom{n}{2}$	$\binom{n}{3}$	$\binom{n}{4}$
0	1				
1	1	1			
2	1	2	1		
3	1	3	3	1	
4	1	4	6	4	1

Satz 8.12 *Für alle natürlichen Zahlen k und n gilt*

$$\binom{n+1}{k+1} = \sum_{i=0}^{n} \binom{i}{k}.$$

Beweis Hier fällt die Betrachtung einer Mengen-Interpretation des Satzes nicht so leicht. Deswegen beschränken wir uns auf einen rechnerischen Beweis. Wir führen ihn mittels Induktion über n.

Induktionsbasis $n = 0$:

$$\sum_{i=0}^{0} \binom{i}{k} = \binom{0}{k} = \left\{ \begin{array}{l} 1, \text{ falls } k = 0 \\ 0, \text{ falls } k \geq 1 \end{array} \right\} = \binom{1}{k+1}.$$

Induktionsvoraussetzung: Die Behauptung gilt für die natürliche Zahl n.
Induktionsschluss:

$$\sum_{i=0}^{n+1} \binom{i}{k} = \binom{n+1}{k} + \sum_{i=0}^{n} \binom{i}{k}$$

$$= \binom{n+1}{k} + \binom{n+1}{k+1} \qquad \text{(nach Induktionsvoraussetzung)}$$

$$= \binom{n+2}{k+1} \qquad \text{(nach Pascal'scher Gleichung)} \qquad \blacksquare$$

Wir erhalten schließlich eine dritte induktive Definition der Binomialkoeffizienten mit der Basis $\binom{n}{0} = 1$ für alle $n \geq 0$ gemäß obigem Induktionsschritt. Da das Pascal'sche Dreieck symmetrisch ist, ergibt sich eine entsprechende Summenformel, wenn über Einträgen in einer Diagonalen aufsummiert wird.

n	$\binom{n}{0}$	$\binom{n}{1}$	$\binom{n}{2}$	$\binom{n}{3}$	$\binom{n}{4}$
0	1				
1	1	1			
2	1	2	1		
3	1	3	3	1	
4	1	4	6	4	1

Satz 8.13 *Für alle natürlichen Zahlen k und n mit $k \leq n$ gilt*

$$\binom{n+1}{k} = \sum_{i=0}^{n} \binom{n-i}{k-i}.$$

Beweis Wir führen einen Beweis mittels Induktion über n.
Induktionsbasis $n = 0$:

$$\binom{1}{0} = 1 = \binom{0}{0} = \sum_{i=0}^{0} \binom{0-i}{k-i}.$$

Induktionsvoraussetzung: Die Behauptung gilt für die natürliche Zahl n.
Induktionsschluss:

$$\binom{n+2}{k} = \binom{n+1}{k-1} + \binom{n+1}{k} \qquad \text{(nach Pascal'scher Gleichung)}$$

$$= \sum_{i=0}^{n} \binom{n-i}{(k-1)-i} + \binom{n+1}{k} \qquad \text{(nach Induktionsvorauss.)}$$

$$= \sum_{i=0}^{n} \binom{n-i}{k-(i+1)} + \binom{n+1}{k}$$

$$= \sum_{i=1}^{n+1} \binom{n+1-i}{k-i} + \binom{n+1-0}{k-0}$$

$$= \sum_{i=0}^{n+1} \binom{n+1-i}{k-i}. \qquad \blacksquare$$

Jede Zeile des Pascal'schen Dreiecks enthält sämtliche Koeffizienten der Potenz einer Summe aus zwei Summanden – daher auch der Name *Binomialkoeffizienten.*

Satz 8.14 (Binomischer Satz) *Für alle natürlichen Zahlen n gilt*

$$(x + y)^n = \sum_{j=0}^{n} \binom{n}{j} \cdot x^{n-j} \cdot y^j.$$

Beweis Anders aufgeschrieben ist $(x + y)^n = \underbrace{(x + y) \cdot \ldots \cdot (x + y)}_{n-\text{mal}}$ ein Produkt aus n

Faktoren $(x + y)$. Beim Ausmultiplizieren ergibt sich ein Summe von Produkten der Form $x \cdot x \cdot x \cdot \ldots \cdot y \cdot y$. Jeder dieser Summanden entsteht, indem aus jedem der n Faktoren $(x + y)$ jeweils das x oder das y ausgewählt wird. Also entspricht jedem der Summanden eine Teilmenge von $\{1, 2, \ldots, n\}$, die genau die Nummern der Faktoren enthält, aus denen y ausgewählt wurde. Damit ergibt sich

$$(x + y)^n = \sum_{A \subseteq \{1,2,\ldots,n\}} \left(\prod_{i \in \{1,2,\ldots,n\}-A} x \cdot \prod_{i \in A} y \right) = \sum_{A \subseteq \{1,2,\ldots,n\}} x^{n-\sharp A} \cdot y^{\sharp A}.$$

In der Summe kommt es nur noch auf die Anzahl der Elemente in der Indexmenge an, nicht mehr auf die einzelnen Elemente selbst. Also können wir über diese Anzahlen aufsummieren.

$$\sum_{A \subseteq \{1,2,\ldots,n\}} x^{n-\sharp A} \cdot y^{\sharp A} = \sum_{j=0}^{n} \left(\sum_{A \subseteq \{1,2,\ldots,n\}, \sharp A = j} x^{n-j} \cdot y^j \right).$$

Da es $\binom{n}{j}$ Teilmengen von $\{1, 2, \ldots, n\}$ mit j Elementen gibt und für jede dieser Teilmengen der Summand gleich ist, folgt schließlich

$$\sum_{j=0}^{n} \sum_{A \subseteq \{1,2,\ldots,n\}, \sharp A = j} x^{n-j} \cdot y^j = \sum_{j=0}^{n} \binom{n}{j} \cdot x^{n-j} \cdot y^j.$$

■

Die Koeffizienten für $(x + y)^n$ erhält man also aus der n-ten Zeile des Pascal'schen Dreiecks. Zum Beispiel ist

$$(x + y)^5 = 1x^5 + 5x^4y + 10x^3y^2 + 10x^2y^3 + 5xy^4 + 1y^5.$$

Wir können nun leicht einsehen, dass die Summe aller Einträge einer Zeile des Pascal'schen Dreiecks (mit Ausnahme der ersten Zeile) mit abwechselnden Vorzeichen 0 ergibt.

n	$\binom{n}{0}$	$\binom{n}{1}$	$\binom{n}{2}$	$\binom{n}{3}$	$\binom{n}{4}$	
0	1					
1	1	$-$ 1				$= 0$
2	1	$-$ 2	$+$ 1			$= 0$
3	1	$-$ 3	$+$ 3	$-$ 1		$= 0$
4	1	$-$ 4	$+$ 6	$-$ 4	$+$ 1	$= 0$

Satz 8.15 *Für alle natürlichen Zahlen n gilt*

$$\sum_{i=0}^{n}(-1)^i \cdot \binom{n}{i} = 0.$$

Beweis Aus Satz 8.14 folgt sofort

$$0 = ((-1) + 1)^n = \sum_{i=0}^{n}\binom{n}{i} \cdot (-1)^i \cdot 1^{n-i}$$

$$= \sum_{i=0}^{n}\binom{n}{i} \cdot (-1)^i. \qquad \blacksquare$$

Wir haben bereits gesehen, dass es $\binom{n}{k}$ Wörter der Länge n über $\{0, 1\}$ gibt, die genau k Einsen enthalten. Da jedes Wort der Länge n entweder 0 Einsen oder eine Eins, oder 2 Einsen, …oder n Einsen enthält, ist $\sum_{i=0}^{n}\binom{n}{i}$ die Anzahl aller Wörter der Länge n über $\{0, 1\}$, die uns aus früheren Betrachtungen als 2^n gut bekannt ist.

n	$\binom{n}{0}$	$\binom{n}{1}$	$\binom{n}{2}$	$\binom{n}{3}$	$\binom{n}{4}$	
0	1					$= 2^0$
1	1	$+$ 1				$= 2^1$
2	1	$+$ 2	$+$ 1			$= 2^2$
3	1	$+$ 3	$+$ 3	$+$ 1		$= 2^3$
4	1	$+$ 4	$+$ 6	$+$ 4	$+$ 1	$= 2^4$

Satz 8.16 *Für alle natürlichen Zahlen n gilt*

$$\sum_{i=0}^{n}\binom{n}{i} = 2^n.$$

Beweis Wegen Satz 8.14 gilt

$$(1+1)^n = \sum_{i=0}^{n} \binom{n}{i} \cdot 1^{n-i} \cdot 1^i$$

$$= \sum_{i=0}^{n} \binom{n}{i}.$$

Da $2^n = (1+1)^n$, folgt der Satz.   ∎

Bemerkenswerterweise kann man Binomialkoeffizienten auch für ganzzahlige *negative* n definieren. Wenn man in Satz 8.9 auf die Voraussetzung $k \leq n$ verzichtet, erhält man $\binom{-2}{3} = \frac{(-2)\cdot(-3)\cdot(-4)}{1\cdot2\cdot3} = -4$. Damit gibt man zwar eine mögliche Mengeninterpretation über Anzahlen von Teilmengen auf, trotzdem ist die Betrachtung solcher Binomialkoeffizienten vernünftig und wichtig für viele Anwendungen.

Satz 8.17 *Für alle natürlichen Zahlen r und k gilt*

$$\binom{r}{k} = (-1)^k \cdot \binom{k-r-1}{k}.$$

Beweis Es gilt

$$\binom{r}{k} = \frac{r \cdot (r-1) \cdot \ldots \cdot (r-k+1)}{k!}$$

$$= \frac{(-1) \cdot (-r) \cdot (-1) \cdot (1-r) \cdot \ldots \cdot (-1) \cdot (k-r-1)}{k!}$$

$$= \frac{(-1)^k \cdot (k-r-1) \cdot \ldots \cdot (1-r) \cdot (-r)}{k!}$$

$$= (-1)^k \cdot \binom{k-r-1}{k}.$$

                                                                                                ∎

Um einen Binomialkoeffizienten exakt zu bestimmen, muss man Quotienten von sehr großen Produkten berechnen. Rechnet man mit einem Computer, kann es schnell vorkommen, dass der Speicherplatz, der für Rechenoperationen und Zwischenergebnisse vorgesehen ist, nicht ausreicht. Deshalb greift man gerne auf die *Stirling'sche Formel* zurück, die eine Abschätzung der Fakultätsfunktion liefert.

Satz 8.18 (Stirling'sche Formel) *Für alle natürlichen Zahlen n gilt*

$$\sqrt{2\pi n} \cdot \left(\frac{n}{e}\right)^n \leq n! \leq \sqrt{2\pi n} \cdot \left(\frac{n}{e}\right)^n \cdot e^{\frac{1}{12n}}.$$

                                                                                                ∎

Die Stirling'sche Formel liefert sofort auch eine einfache Abschätzung von $\binom{n}{k}$.

Korollar 8.2 *Für alle natürlichen Zahlen n und k gilt*

$$\left(\frac{n}{k}\right)^k \leq \binom{n}{k} \leq \left(\frac{e \cdot n}{k}\right)^k.$$

Beweis Um die erste Ungleichung zu beweisen, bemerken wir, dass $\frac{n}{k} \leq \frac{n-a}{k-a}$ für $0 \leq a < k \leq n$. Damit ergibt sich

$$\binom{n}{k} = \frac{n \cdot (n-1) \cdot \ldots \cdot (n-k+1)}{1 \cdot 2 \cdot \ldots \cdot k}$$

$$= \frac{n}{k} \cdot \frac{n-1}{k-1} \cdot \frac{n-2}{k-2} \cdot \ldots \cdot \frac{n-k+1}{1}$$

$$\geq \frac{n}{k} \cdot \frac{n}{k} \cdot \frac{n}{k} \cdot \ldots \cdot \frac{n}{k}$$

$$= \left(\frac{n}{k}\right)^k.$$

Aus der Stirling'schen Formel ergibt sich $(\frac{k}{e})^k \leq k!$ und wir erhalten

$$\binom{n}{k} = \frac{n \cdot (n-1) \cdot \ldots \cdot (n-k+1)}{k!}$$

$$\leq \frac{n^k}{k!} \leq n^k \cdot \left(\frac{e}{k}\right)^k = \left(\frac{e \cdot n}{k}\right)^k.$$

∎

Diskrete Stochastik 9

Zusammenfassung

In der diskreten Stochastik geht es um das Berechnen der Wahrscheinlichkeit, mit der ein Zufallsexperiment ein bestimmtes Ergebnis liefert. Diese Wahrscheinlichkeitsberechnungen lassen sich zurückführen auf das (normierte) Zählen von Elementen in speziellen Teilmengen eines Ereignisraums. Wir betrachten die Grundbegriffe und typische Arten von Zufallsexperimenten.

Betrachtungen der diskreten Stochastik sind nicht zuletzt durch das Glücksspiel motiviert. Beim Lotto zum Beispiel besteht das Zufallsexperiment aus dem Ziehen von Zahlenkugeln aus einer Trommel. Dieses Experiment kann sehr viele verschiedene Ausgänge haben. Wer Lotto spielt, möchte nun gerne wissen, wie groß die Wahrscheinlichkeit ist, dass er die richtigen Zahlen getippt hat. Laplace definierte im 19. Jahrhundert als Wahrscheinlichkeit eines Ereignisses den Quotienten aus der Anzahl der positiven Ausgänge eines Experimentes und der Anzahl aller möglichen Ergebnisse.

9.1 Zufallsexperimente und Wahrscheinlichkeiten

Ein Zufallsexperiment liefert ein Ergebnis, das nicht exakt vorhersagbar ist. Jedes mögliche Ergebnis wird *elementares Ereignis* genannt.

Beispiele 9.1

(1) Ein Münzwurf hat zwei elementare Ereignisse: Entweder landet die Münze so, dass *Kopf* oben liegt, oder so, dass *Zahl* oben liegt.

© Der/die Autor(en), exklusiv lizenziert an Springer Fachmedien Wiesbaden GmbH, ein Teil von Springer Nature 2024
C. Meinel und M. Mundhenk, *Mathematische Grundlagen der Informatik*,
https://doi.org/10.1007/978-3-658-43136-5_9

(2) Der Wurf eines Würfels hat sechs elementare Ereignisse: Entweder wird eine 1, oder eine 2,…oder eine 6 gewürfelt.

(3) Die Ziehung der Lottozahlen „6 aus 49" hat als Ergebnis eine 6-elementige Teilmenge von $\{1, 2, \ldots, 49\}$. Es gibt also $\binom{49}{6}$ verschiedene elementare Ereignisse.   □

Die Menge aller elementaren Ereignisse eines Zufallsexperiments bilden einen *Ereignisraum*.

Definition 9.1   Eine abzählbare Menge S heißt *Ereignisraum*.

Beispiele 9.2

(1) Der Ereignisraum beim Münzwurf ist $\{Kopf, Zahl\}$.
(2) Der Ereignisraum beim Wurf eines Würfels ist $\{1, 2, 3, 4, 5, 6\}$.
(3) Der Ereignisraum beim Ziehen der Lottozahlen ist

$$\{\{1, 2, 3, 4, 5, 6\}, \{1, 2, 3, 4, 5, 7\}, \ldots, \{44, 45, 46, 47, 48, 49\}\}.$$

□

Ein elementares Ereignis beim Lotto ist ein bestimmter Tipp von 6 Zahlen. Es können auch mehrere elementare Ereignisse zu einem *Ereignis* zusammengefasst werden.

Definition 9.2   Sei S ein Ereignisraum. Eine Teilmenge $E \subseteq S$ heißt *Ereignis*. Ein Element $s \in S$ heißt *Elementarereignis*.

Beispiele 9.3

(1) Das Ereignis, eine gerade Zahl zu würfeln, ist die Teilmenge $\{2, 4, 6\}$ des Ereignisraums $\{1, 2, 3, 4, 5, 6\}$.
(2) Beim Werfen von zwei Würfeln besteht der Ereignisraum aus allen möglichen geordneten Paaren von Augenzahlen, also aus den elementaren Ereignissen

$$\{1, 2, \ldots, 6\} \times \{1, 2, \ldots, 6\} = \{(1, 1), (1, 2), \ldots, (1, 6), (2, 1), \ldots, (6, 6)\}.$$

Das Ereignis, die Summe der Augenzahlen 7 zu würfeln, ist die Teilmenge

$$\{(1, 6), (2, 5), (3, 4), (4, 3), (5, 2), (6, 1)\}.$$

(3) Das Ereignis, dass der Lotto-Tipp $\{2, 3, 6, 11, 19, 22\}$ genau 5 der gezogenen Zahlen enthält, ist

$$\{\{\underline{1}, 3, 6, 11, 19, 22\}, \quad \{\underline{4}, 3, 6, 11, 19, 22\}, \quad \ldots \{\underline{49}, 3, 6, 11, 19, 22\},$$

$$\vdots \qquad\qquad \vdots \qquad\qquad \vdots \qquad\qquad \vdots$$

$$\{2, \underline{1}, 6, 11, 19, 22\}, \quad \{2, \underline{4}, 6, 11, 19, 22\}, \quad \ldots \{2, \underline{49}, 6, 11, 19, 22\},$$

$$\vdots \qquad\qquad \vdots \qquad\qquad \vdots \qquad\qquad \vdots$$

$$\{2, 3, 6, 11, 19, \underline{1}\}, \quad \{2, 3, 6, 11, 19, \underline{4}\}, \quad \ldots \{2, 3, 6, 11, 19, \underline{49}\} \;\}.$$

□

Jedem Ereignis wird als *Wahrscheinlichkeit* seines Eintretens eine reelle Zahl größer gleich 0 und kleiner gleich 1 gemäß folgender Interpretation zugeordnet:

(1) Ein Ereignis mit Wahrscheinlichkeit 0 tritt nie als Ergebnis des Experiments ein. Jedes Ereignis hat eine Wahrscheinlichkeit größer oder gleich 0.
(2) Ein Ereignis mit Wahrscheinlichkeit 1 tritt *immer* als Ergebnis des Experiments ein. Deshalb ist die Wahrscheinlichkeit des gesamten Ereignisraumes gleich 1.
(3) Die Wahrscheinlichkeit eines Ereignisses ergibt sich als Summe der Wahrscheinlichkeiten seiner elementaren Ereignisse.

Eine Funktion, die jedem Ereignis über einem Ereignisraum eine Wahrscheinlichkeit zuordnet und diese drei Bedingungen erfüllt, heißt *Wahrscheinlichkeitsverteilung.*

Definition 9.3 Sei S ein Ereignisraum. Eine *Wahrscheinlichkeitsverteilung* ist eine Funktion $\mathsf{Prob} : \mathcal{P}(S) \to \mathbb{R}$ mit den Eigenschaften

(1) $\mathsf{Prob}(E) \geq 0$ für jedes Ereignis $E \subseteq S$,
(2) $\mathsf{Prob}(S) = 1$, und
(3) $\mathsf{Prob}(E) = \sum_{e \in E} \mathsf{Prob}(\{e\})$ für jedes Ereignis $E \subseteq S$.

Beispiel 9.4 Beim Werfen einer Münze ist der Ereignisraum $\{Kopf, Zahl\}$. Wir nennen eine Münze *fair,* wenn die beiden möglichen elementaren Ereignisse *Kopf* und *Zahl* die gleiche Wahrscheinlichkeit haben. Die Funktion Prob mit

E	$\emptyset$	$\{Kopf\}$	$\{Zahl\}$	$\{Kopf, Zahl\}$
$\mathsf{Prob}(E)$	0	$\frac{1}{2}$	$\frac{1}{2}$	1

ist die Wahrscheinlichkeitsverteilung einer fairen Münze.   □

Eine Wahrscheinlichkeitsverteilung lässt sich angeben, indem man nur den elementaren Ereignissen eine Wahrscheinlichkeit größer oder gleich 0 zuordnet, und zwar so, dass die Summe der Wahrscheinlichkeiten aller elementaren Ereignisse gleich 1 ist. Damit sind die

Bedingungen (1) und (2) in Definition 9.3 erfüllt. Schließlich definiert man die Wahrscheinlichkeitsverteilung nicht-elementarer Ereignisse als Summe der Wahrscheinlichkeiten aller darin enthaltenen elementaren Ereignisse. Damit ist dann auch Bedingung (3) in Definition 9.3 erfüllt.

Satz 9.1 *Sei S ein Ereignisraum und P eine Funktion $P : S \to \mathbb{R}$ mit den Eigenschaften*

(I) $P(e) \geq 0$ für jedes elementare Ereignis $e \in S$, und
(II) $\displaystyle\sum_{e \in S} P(e) = 1$.

Sei die Funktion Prob $: \mathcal{P}(S) \to \mathbb{R}$ *definiert durch* $\mathsf{Prob}(E) = \displaystyle\sum_{e \in E} P(e)$ *für alle $E \subseteq S$.*
Dann ist Prob *eine Wahrscheinlichkeitsverteilung auf S.*

Beweis Wir müssen feststellen, dass Prob die drei Eigenschaften einer Wahrscheinlichkeitsverteilung aus Definition 9.3 erfüllt.

Eigenschaft (1): Aus Eigenschaft (I) von P und der Definition von Prob folgt $\mathsf{Prob}(E) = \displaystyle\sum_{e \in E} P(e) \geq 0$ für jedes Ereignis $E \subseteq S$.

Eigenschaft (2): Aus Eigenschaft (II) von P und der Definition von Prob folgt $\mathsf{Prob}(S) = \displaystyle\sum_{e \in S} P(e) = 1$.

Eigenschaft (3): Nach Definition von Prob gilt $P(e) = \mathsf{Prob}(\{e\})$ für jedes elementare Ereignis $e \in S$. Also gilt $\displaystyle\sum_{e \in E} P(e) = \sum_{e \in E} \mathsf{Prob}(\{e\})$ für jedes Ereignis $E \subseteq S$, und damit $\mathsf{Prob}(E) = \displaystyle\sum_{e \in E} \mathsf{Prob}(\{e\})$.   ∎

Beispiele 9.5

(1) Beim Werfen eines Würfels besteht der Ereignisraum S aus allen möglichen Augenzahlen, $S = \{1, 2, 3, 4, 5, 6\}$. Wir gehen davon aus, dass jede Augenzahl mit gleicher Wahrscheinlichkeit gewürfelt wird. Da S aus $\sharp S = 6$ elementaren Ereignissen besteht, hat jedes die Wahrscheinlichkeit $\frac{1}{\sharp S} = \frac{1}{6}$. Daraus ergibt sich die folgende Wahrscheinlichkeitsverteilung für die elementaren Ereignisse

e	1	2	3	4	5	6
$\mathsf{Prob}(\{e\})$	$\frac{1}{6}$	$\frac{1}{6}$	$\frac{1}{6}$	$\frac{1}{6}$	$\frac{1}{6}$	$\frac{1}{6}$

Die Wahrscheinlichkeit jedes elementaren Ereignisses ist größer oder gleich 0, und die Summe der Wahrscheinlichkeiten aller elementaren Ereignisse ist 1. Nach Satz 9.1 ist Prob eine Wahrscheinlichkeitsverteilung auf S.

Wir berechnen nun die Wahrscheinlichkeit eines nicht-elementaren Ereignisses. Das

Ereignis, eine gerade Zahl zu würfeln, ist $E = \{2, 4, 6\}$. Die Wahrscheinlichkeit Prob($\{2, 4, 6\}$) ergibt sich als Summe der Wahrscheinlichkeiten der elementaren Ereignisse 2, 4 und 6,

$$\text{Prob}(\{2, 4, 6\}) = \text{Prob}(\{2\}) + \text{Prob}(\{4\}) + \text{Prob}(\{6\}) = \frac{1}{2}.$$

(2) Beim Werfen von zwei Würfeln besteht der Ereignisraum S aus allen geordneten Paaren möglicher Augenzahlen,

$$S = \{1, 2, 3, 4, 5, 6\} \times \{1, 2, 3, 4, 5, 6\}.$$

Es gibt also $6^2 = 36$ elementare Ereignisse. Wir gehen davon aus, dass jedes elementare Ereignis die gleiche Wahrscheinlichkeit hat. Die Funktion Prob mit $\text{Prob}(e) = \frac{1}{36}$ für alle elementaren Ereignisse in S ist nach Satz 9.1 eine Wahrscheinlichkeitsverteilung. Die Wahrscheinlichkeit, mit einem Wurf als Summe der Augenzahlen 7 zu erhalten, ergibt sich dann zu

$$\text{Prob}\big(\{(1, 6), (2, 5), (3, 4), (4, 3), (5, 2), (6, 1)\}\big) = 6 \cdot \frac{1}{36} = \frac{1}{6}.$$

$\square$

Aus Definition 9.3 können sofort weitere Eigenschaften von Wahrscheinlichkeitsverteilungen abgeleitet werden. Sie lassen sich leicht mit dem, was wir bereits über Mengen gelernt haben, beweisen.

Satz 9.2 *Sei* Prob *eine Wahrscheinlichkeitsverteilung über dem Ereignisraum S. A und B seien Ereignisse über S. Dann gilt:*

(1) Für disjunkte Ereignisse A und B gilt $\text{Prob}(A \cup B) = \text{Prob}(A) + \text{Prob}(B)$.
(2) Wenn $A \subseteq B$, *dann ist* $\text{Prob}(A) \leq \text{Prob}(B)$.
(3) Für $\overline{A} = S - A$ *gilt* $\text{Prob}(A) = 1 - \text{Prob}(\overline{A})$.
(4) $\text{Prob}(\emptyset) = 0$.

Beweis

(1) Seien A und B disjunkte Ereignisse. Dann ist $\text{Prob}(A) = \sum_{e \in A} \text{Prob}(\{e\})$ $\text{Prob}(B) = \sum_{e \in B} \text{Prob}(\{e\})$. Also ist $\text{Prob}(A \cup B) = \sum_{e \in A \cup B} \text{Prob}(\{e\}) = \sum_{e \in A} \text{Prob}(\{e\}) + \sum_{e \in B} \text{Prob}(\{e\}) = \text{Prob}(A) + \text{Prob}(B)$.

(2) Sei $A \subseteq B$. Falls $A = B$, dann ist $\text{Prob}(A) = \text{Prob}(B)$. Falls $A \subset B$, dann gibt es ein Ereignis $C = B - A$. Da $\text{Prob}(B) = \text{Prob}(A) + \text{Prob}(C)$ und $\text{Prob}(C) \geq 0$, gilt $\text{Prob}(A) \leq \text{Prob}(B)$.

(3) Da $S = A \cup \overline{A}$, gilt $\text{Prob}(S) = \text{Prob}(A) + \text{Prob}(\overline{A})$. Da $\text{Prob}(S) = 1$, folgt $1 = \text{Prob}(A) + \text{Prob}(\overline{A})$, also $\text{Prob}(A) = 1 - \text{Prob}(\overline{A})$.

(4) Da $\emptyset = \overline{S}$ und $\text{Prob}(S) = 1$, folgt $\text{Prob}(S) = 1 - \text{Prob}(\emptyset)$ und damit $\text{Prob}(\emptyset) = 0$.

■

Beispiele 9.6

(1) Beim Zahlen-Lotto ist der Ereignisraum S die Menge aller 6-elementigen Teilmengen von $\{1, 2, \ldots, 48, 49\}$. Wir gehen davon aus, dass jedes elementare Ereignis $e \in S$ die gleiche Wahrscheinlichkeit hat, also $\text{Prob}(\{e\}) = \frac{1}{\binom{49}{6}}$. Wir wollen nun entsprechend Bedingung (3) in Definition 9.3 die Wahrscheinlichkeit ausrechnen, dass bei einer Ziehung die Zahl 2 unter den gezogenen Zahlen ist, $\text{Prob}(\{E \mid E \subseteq S, 2 \in E\})$. Nach Satz 9.2 gilt

$$\text{Prob}(\overline{E}) = 1 - \text{Prob}(E)$$

für $\overline{E} = S - E$. Also ist

$$\text{Prob}(\{E \mid E \subseteq S, 2 \in E\}) = 1 - \text{Prob}(\{E \mid E \subseteq S, 2 \notin E\}).$$

Die letzte Wahrscheinlichkeit lässt sich leicht bestimmen, da $\{E \mid E \subseteq S, 2 \notin E\}$ die Menge aller 6-elementigen Teilmengen des um das elementare Ereignis 2 verminderten Ereignisraums $S - \{2\} = \{1, 3, 4, \ldots, 49\}$ ist. Es gilt

$$
\begin{aligned}
&\text{Prob}(\{E \mid E \subseteq S, 2 \notin E\}) \\
&= \frac{\sharp(\text{Menge aller 6-elementigen Teilmengen von } \{1, 3, 4, \ldots, 49\})}{\sharp S} \\
&= \frac{\binom{48}{6}}{\binom{49}{6}} = \frac{43}{49}.
\end{aligned}
$$

Die Wahrscheinlichkeit, dass bei einer Ziehung von 6 Lotto-Zahlen die 2 gezogen wird, ist also

$$\text{Prob}(\{E \mid E \subseteq S, 2 \in E\}) = 1 - \frac{43}{49} = \frac{6}{49}.$$

(2) Zum Wurf einer fairen Münze gehört der Ereignisraum $S = \{Kopf, Zahl\}$ und die Wahrscheinlichkeitsverteilung $\text{Prob}(\{Kopf\}) = \text{Prob}(\{Zahl\}) = \frac{1}{2}$. Führt man n Würfe hintereinander aus, dann besteht der Ereignisraum aus allen Folgen aus $Kopf$ und $Zahl$ mit Länge n. Der Ereignisraum ist also

$$S^n = \underbrace{\{Kopf, Zahl\} \times \{Kopf, Zahl\} \times \ldots \times \{Kopf, Zahl\}}_{n\text{-mal}}.$$

Da $\sharp S^n = 2^n$ und jede geworfene Folge gleich wahrscheinlich ist, ergibt sich die Wahrscheinlichkeitsverteilung

$$\text{Prob}(\{e\}) = \frac{1}{2^n} \text{ für jedes elementare Ereignis } e \in S^n.$$

Wir betrachten das Ereignis A_j, dass bei n Würfen genau j-mal *Kopf* geworfen wird, also

$$A_j = \{w \in S^n \mid w \text{ enthält genau } j\text{mal } Kopf\}.$$

Die Anzahl der elementaren Ereignisse in A_j ist $\sharp A_j = \binom{n}{j}$. Deshalb ist die Wahrscheinlichkeit des Ereignisses A_j

$$\text{Prob}(A_j) = \binom{n}{j} \cdot \frac{1}{2^n}.$$

Wir betrachten nun das Ereignis B, dass bei den n Münzwürfen *Kopf* mit geradzahliger Häufigkeit geworfen wurde, das heißt

$$B = \{e \mid e \in S^n, \text{ die Anzahl von } Kopf \text{ in } e \text{ ist gerade}\}.$$

Das Ereignis B ist die Vereinigung der Ereignisse A_j mit geradem j,

$$B = A_0 \cup A_2 \cup A_4 \cup \ldots \cup A_{2 \cdot \lfloor \frac{n}{2} \rfloor}.$$

Alle A_j sind paarweise disjunkt. Nach Satz 9.2 ist die Wahrscheinlichkeit von B deshalb gleich der Summe der Wahrscheinlichkeiten aller A_j mit geradem j, also [1]

$$\text{Prob}(B) = \sum_{i=0}^{\lfloor \frac{n}{2} \rfloor} \text{Prob}(A_{2 \cdot i}) = \sum_{i=0}^{\lfloor \frac{n}{2} \rfloor} \binom{n}{2i} \cdot \frac{1}{2^n}.$$

Nach Satz 8.15 gilt

$$\sum_{i=0}^{n} (-1)^i \cdot \binom{n}{i} = \binom{n}{0} - \binom{n}{1} + \binom{n}{2} - \ldots \pm \binom{n}{n} = 0,$$

---

[1] $\lfloor \frac{a}{b} \rfloor$ bezeichnet die größte ganze Zahl, die kleiner oder gleich $\frac{a}{b}$ ist. Also gilt zum Beispiel $\lfloor \frac{5}{2} \rfloor = 2$ und $\lfloor \frac{6}{2} \rfloor = 3$.

die Summe der Binomialkoeffizienten mit negativem Vorzeichen ist also gleich der Summe der Binomialkoeffizienten mit positivem Vorzeichen. Wenn n gerade ist, heißt das

$$\binom{n}{0} + \binom{n}{2} + \ldots + \binom{n}{n-2} + \binom{n}{n} = \binom{n}{1} + \binom{n}{3} + \ldots + \binom{n}{n-3} + \binom{n}{n-1},$$

und wenn n ungerade ist, heißt das

$$\binom{n}{0} + \binom{n}{2} + \ldots + \binom{n}{n-3} + \binom{n}{n-1} = \binom{n}{1} + \binom{n}{3} + \ldots + \binom{n}{n-2} + \binom{n}{n}.$$

Um beide Fälle in einer Gleichung exakt aufschreiben zu können, führen wir eine neue Schreibweise ein. Mit $\lfloor \frac{n}{2} \rfloor$ wird die größte ganze Zahl kleiner oder gleich $\frac{n}{2}$ bezeichnet. Zum Beispiel gilt $\lfloor \frac{6}{2} \rfloor = 3$ und $\lfloor \frac{7}{2} \rfloor = 3$. Wenn n gerade ist, dann gilt $2 \cdot \lfloor \frac{n}{2} \rfloor = n$. Ist n ungerade, dann ist $2 \cdot \lfloor \frac{n}{2} \rfloor + 1 = n$.

Da $\binom{n}{n+1} = 0$, können wir die beiden Gleichheiten in einer Gleichung aufschreiben:

$$\underbrace{\binom{n}{0} + \binom{n}{2} + \ldots + \binom{n}{2 \cdot \lfloor \frac{n}{2} \rfloor}}_{= \sum_{i=0}^{\lfloor \frac{n}{2} \rfloor} \binom{n}{2i}} = \underbrace{\binom{n}{1} + \binom{n}{3} + \ldots + \binom{n}{2 \cdot \lfloor \frac{n}{2} \rfloor + 1}}_{= \sum_{i=0}^{\lfloor \frac{n}{2} \rfloor} \binom{n}{2i+1}}.$$

Da $\sum\limits_{i=0}^{\lfloor \frac{n}{2} \rfloor} \binom{n}{2i} + \sum\limits_{i=0}^{\lfloor \frac{n}{2} \rfloor} \binom{n}{2i+1} = \sum\limits_{i=0}^{n} \binom{n}{i} = 2^n$ (Satz 8.16), gilt

$$\sum_{i=0}^{\lfloor \frac{n}{2} \rfloor} \binom{n}{2i} = \sum_{i=0}^{\lfloor \frac{n}{2} \rfloor} \binom{n}{2i+1} = \frac{1}{2} \cdot 2^n = 2^{n-1}.$$

Insgesamt ist also

$$\mathrm{Prob}(B) = \frac{2^{n-1}}{2^n} = \frac{1}{2}.$$

(3) Wir gehen nun auf das so genannte *Geburtstags-Paradoxon* ein. Wieviele Gäste muss man zu einer Party einladen, damit mit Wahrscheinlichkeit mindestens $\frac{1}{2}$ zwei Gäste am gleichen Tag des Jahres Geburtstag haben?

Der Einfachheit halber laden wir keine Leute ein, die am 29. Februar Geburtstag haben – wir betrachten also nur Jahre mit $d = 365$ Tagen. Außerdem nehmen wir an, dass jeder Tag mit gleicher Wahrscheinlichkeit als Geburtstag in Frage kommt.

Seien $x_1, \ldots, x_k$ also unsere k Gäste. Jeder Gast hat natürlich einen Geburtstag. Der Ereignisraum S ist die Menge aller k-stelligen Folgen, die aus den Geburtstagen der k Gäste bestehen.

$$S = \underbrace{\{1, 2, \ldots, d\} \times \{1, 2, \ldots, d\} \times \cdots \times \{1, 2, \ldots, d\}}_{k\text{-mal}}$$

Das i-te Element einer solchen Folge gibt den Geburtstag von Gast x_i an. Die Anzahl der elementaren Ereignisse in S ist nach Produkt-Regel (Satz 8.2) $\sharp S = d^k$.

Das betrachtete Ereignis E ist die Menge aller Folgen in S, in denen mindestens ein Tag doppelt vorkommt. Um die Wahrscheinlichkeit von E zu bestimmen, berechnen wir die komplementäre Wahrscheinlichkeit – also die Wahrscheinlichkeit des Ereignisses, dass alle Gäste an unterschiedlichen Tagen Geburtstag haben,

$$\text{Prob}(E) = 1 - \text{Prob}(\overline{E}).$$

Das Ereignis $\overline{E}$ besteht aus der Menge aller Folgen in S, in denen kein Tag doppelt vorkommt. Das ist die Menge aller k-Permutationen von $\{1, 2, \ldots, d\}$. Nach Definition 8.2 gibt es $\begin{bmatrix} d \\ k \end{bmatrix}$ k-Permutationen von $\{1, 2, \ldots, d\}$, also ist $\sharp \overline{E} = \begin{bmatrix} d \\ k \end{bmatrix}$, und nach Satz 8.8 gilt $\begin{bmatrix} d \\ k \end{bmatrix} = d \cdot (d-1) \cdot \ldots \cdot (d-k+1)$. Damit ergibt sich

$$\begin{aligned} \text{Prob}(\overline{E}) &= \frac{\sharp \overline{E}}{\sharp S} \\ &= \frac{\begin{bmatrix} d \\ k \end{bmatrix}}{d^k} && (\text{da } \sharp \overline{E} = \begin{bmatrix} d \\ k \end{bmatrix}) \\ &= \frac{d \cdot (d-1) \cdot \ldots \cdot (d-k+1)}{d^k} && (\text{nach Satz 8.8}). \end{aligned}$$

Insgesamt erhalten wir

$$\text{Prob}(E) = 1 - \frac{d \cdot (d-1) \cdot \ldots \cdot (d-k+1)}{d^k}.$$

Da wir wissen wollen, wann $\text{Prob}(E) \geq \frac{1}{2}$, müssen wir ein k finden, für das die rechte Seite der Gleichung größer oder gleich $\frac{1}{2}$ ist. Bei $d = 365$ ist das bereits für $k \geq 23$ der Fall! Wenn wir also mindestens 23 Gäste zur Party eingeladen haben, können wir mit Wahrscheinlichkeit mindestens $\frac{1}{2}$ sicher sein, dass wenigstens zwei unserer Gäste am gleichen Tag des Jahres Geburtstag haben.

Würden wir unsere Party auf dem Mars mit seinem Mars-Jahr von 669 Tagen ausrichten, müssten wir mindestens 31 Gäste einladen … □

9.2   Bedingte Wahrscheinlichkeit

Wie groß ist die Wahrscheinlichkeit, dass zwei Münzwürfe beide *Kopf* ergeben, wenn man sicher weiß, dass mindestens einer der beiden Würfe *Kopf* ergibt? Dieses Vorwissen verkleinert den betrachteten Ereignisraum. Er besteht nun nicht mehr aus allen möglichen Ergebnissen beider Münzwürfe, sondern nur noch aus denen, die mindestens einmal *Kopf* enthalten. Damit enthält der Ereignisraum anstelle von vier in diesem Fall nur noch drei gleichwahrscheinliche Ereignisse. Die gesuchte Wahrscheinlichkeit ist also $\frac{1}{3}$.

Definition 9.4 Die *bedingte Wahrscheinlichkeit* von Ereignis A unter der Voraussetzung, dass Ereignis B eintritt, ist definiert als

$$\mathrm{Prob}(A|B) = \frac{\mathrm{Prob}(A \cap B)}{\mathrm{Prob}(B)}.$$

Beispiel 9.7 Im obigen Beispiel ist der Ereignisraum

$$S = \{(Kopf, Kopf), (Kopf, Zahl), (Zahl, Kopf), (Zahl, Zahl)\},$$

und die betrachteten Ereignisse A und B sind

$$A = \{(Kopf, Zahl)\} \text{ und } B = \{(Kopf, Zahl), (Zahl, Kopf), (Kopf, Kopf)\}.$$

Mit $\mathrm{Prob}(w) = \frac{1}{4}$ für jedes $w \in S$ ergibt sich

$$\mathrm{Prob}(A|B) \quad = \quad \frac{\mathrm{Prob}(A \cap B)}{\mathrm{Prob}(B)} \quad = \quad \frac{\mathrm{Prob}(A)}{\mathrm{Prob}(B)} \quad = \quad \frac{1}{3}.$$

Wir sehen, dass sich unter der Voraussetzung B die Wahrscheinlichkeit von Ereignis A vergrößert. Die Wahrscheinlichkeit des Ereignisses A wird also in diesem Beispiel von der Wahrscheinlichkeit des Ereignisses B beeinflusst. $\square$

Nicht in jeder Situation beeinflussen sich die Wahrscheinlichkeiten verschiedener Ereignisse.

Definition 9.5 Zwei Ereignisse A und B heißen *unabhängig*, falls

$$\mathrm{Prob}(A \cap B) = \mathrm{Prob}(A) \cdot \mathrm{Prob}(B)$$

und damit $\mathrm{Prob}(A|B) = \mathrm{Prob}(A)$.

Beispiele 9.8

(1) Wir betrachten zwei Münzwürfe mit den beiden Ereignissen $A =$„Der erste Wurf ergibt *Kopf*" und $B =$„Die Ergebnisse beider Würfe sind verschieden". Da $\text{Prob}(A) = \frac{1}{2}$ und $\text{Prob}(B) = \frac{1}{2}$, ist $\text{Prob}(A) \cdot \text{Prob}(B) = \frac{1}{4}$. Das Ereignis $A \cap B$ ist „Der erste Wurf ergibt *Kopf* und beide Würfe sind verschieden". Es gilt $\text{Prob}(A \cap B) = \frac{1}{4}$. Insgesamt gilt also $\text{Prob}(A) \cdot \text{Prob}(B) = \text{Prob}(A \cap B)$ und die Ereignisse A und B sind unabhängig.

(2) Wir betrachten zwei Münzwürfe mit den Ereignissen $A =$„Beide Würfe ergeben *Kopf*" und $B =$„Mindestens ein Wurf ergibt *Kopf*". Da $\text{Prob}(A) = \frac{1}{4}$, aber $\text{Prob}(A|B) = \frac{1}{3}$, sind die beiden Ereignisse nicht unabhängig.

$\square$

Aus der Definition der bedingten Wahrscheinlichkeit folgt
$$\text{Prob}(A \cap B) \;=\; \text{Prob}(B) \cdot \text{Prob}(A|B)$$
und
$$\text{Prob}(A \cap B) \;=\; \text{Prob}(B \cap A) \;=\; \text{Prob}(A) \cdot \text{Prob}(B|A)\,.$$
Insgesamt gilt also
$$\text{Prob}(B) \cdot \text{Prob}(A|B) \;=\; \text{Prob}(A) \cdot \text{Prob}(B|A)\,.$$
Durch Umformung erhalten wir den bekannten *Satz von Bayes*.

Satz 9.3 (Satz von Bayes) *Seien A und B zwei Ereignisse. Dann gilt*

$$\text{Prob}(A|B) = \frac{\text{Prob}(A) \cdot \text{Prob}(B|A)}{\text{Prob}(B)}\,.$$

Beispiel 9.9 Wir haben eine faire Münze, deren Wurf mit gleicher Wahrscheinlichkeit *Kopf* oder *Zahl* ergibt, und eine unfaire Münze, deren Wurf immer *Kopf* ergibt. Wir führen das folgende Zufallsexperiment durch:

„Wähle eine der beiden Münzen zufällig aus und wirf sie zweimal."

Wir wollen nun ausrechnen, wie groß die Wahrscheinlichkeit ist, dass die unfaire Münze ausgewählt wurde, falls beide Würfe *Kopf* ergeben. Sei A das Ereignis, dass die unfaire Münze ausgewählt wurde, und B sei das Ereignis, dass beide Würfe der Münze *Kopf* ergeben. Es ist also $\text{Prob}(A|B)$ zu bestimmen. Die Wahrscheinlichkeit, die unfaire Münze bzw. die faire Münze auszuwählen, ist

$$\text{Prob}(A) = \text{Prob}(\overline{A}) = \frac{1}{2}\,.$$

Für das Ereignis B betrachten wir die bedingten Wahrscheinlichkeiten in Abhängigkeit davon, ob die faire oder die unfaire Münze ausgewählt wurde. Es gilt $\text{Prob}(B|A) = 1$ und $\text{Prob}(B|\overline{A}) = \frac{1}{4}$. Aus diesen bedingten Wahrscheinlichkeiten von B und der Wahrscheinlichkeit von A lässt sich die „un-bedingte" Wahrscheinlichkeit von B bestimmen: Da $B = (B \cap A) \cup (B \cap \overline{A})$, folgt mit Satz 9.2, dass

$$\text{Prob}(B) = \text{Prob}(B \cap A) + \text{Prob}(B \cap \overline{A}).$$

Ersetzen wir $\text{Prob}(B \cap A)$ und $\text{Prob}(B \cap \overline{A})$ gemäß Definition 9.4, dann erhalten wir

$$\begin{aligned}
\text{Prob}(B) &= \text{Prob}(A) \cdot \text{Prob}(B|A) + \text{Prob}(\overline{A}) \cdot \text{Prob}(B|\overline{A}) \\
&= \frac{1}{2} \cdot 1 + \frac{1}{2} \cdot \frac{1}{4} \\
&= \frac{5}{8}.
\end{aligned}$$

Nun können wir den Satz von Bayes anwenden und erhalten schließlich mit

$$\begin{aligned}
\text{Prob}(A|B) &= \frac{\text{Prob}(A) \cdot \text{Prob}(B|A)}{\text{Prob}(B)} \\
&= \frac{\frac{1}{2} \cdot 1}{\frac{5}{8}} \\
&= \frac{4}{5}
\end{aligned}$$

die gesuchte Wahrscheinlichkeit. $\square$

9.3 Zufallsvariablen

Bisher haben wir Ereignisse durch Mengen von elementaren Ereignissen beschrieben, deren Wahrscheinlichkeit sich aus der Summe der Wahrscheinlichkeiten der elementaren Ereignisse ergab. Die Betrachtung von *Zufallsvariablen* liefert eine weitere Methode, Ereignisse zu beschreiben.

Definition 9.6 Eine *Zufallsvariable* X ist eine Funktion aus einem Ereignisraum S in die reellen Zahlen, $X : S \to \mathbb{R}$.

Beispiele 9.10

(1) Das Zufallsexperiment des Würfelns mit einem Würfel kann mit der Zufallsvariablen X_1 ausgedrückt werden, die jede Augenzahl i auf die reelle Zahl i abbildet. X_1 ist also die Identitätsfunktion. Übrigens lässt sich jedes Zufallsexperiment, dessen elementare Ereignisse Zahlen sind, mit einer solchen Zufallsvariable ausdrücken.
(2) Wir definieren eine Zufallsvariable für das Experiment, mit zwei Würfeln zu würfeln. Der Ereignisraum S ist nun die Menge aller möglichen Würfelergebnisse

$$S = \{1, 2, 3, 4, 5, 6\} \times \{1, 2, 3, 4, 5, 6\}.$$

Wir definieren die Zufallsvariable X_{max} als Funktion von S auf die Zahlenmenge $\{1, 2, 3, 4, 5, 6\}$ mit $X_{max}\big((a, b)\big) = \max\{a, b\}$.

□

Wir interessieren uns nun dafür, welchen Wert eine Zufallsvariable X abhängig vom Ausgang des Zufallsexperimentes annimmt. Die Wahrscheinlichkeit, dass X einen bestimmten Wert annimmt, ist durch die Wahrscheinlichkeitsverteilung auf dem Ereignisraum vollständig festgelegt.

Definition 9.7 Sei S ein Ereignisraum, Prob eine Wahrscheinlichkeitsverteilung von S und X eine Zufallsvariable auf S. Die Wahrscheinlichkeit, dass X den Wert r annimmt, ist

$$\text{Prob}[X = r] = \sum_{e \in X^{-1}(r)} \text{Prob}(\{e\}).$$

Beispiele 9.11

(1) Für die Zufallsvariable X_1 beim Würfeln mit einem Würfel ist $\text{Prob}[X_1 = r] = \text{Prob}(\{r\})$ für alle $r \in \{1, 2, \ldots, 6\}$.
(2) Betrachten wir nun das Experiment, mit zwei Würfeln zu würfeln, zusammen mit der Zufallsvariablen X_{max}. Wenn alle Würfel-Ergebnisse gleich wahrscheinlich sind, erhalten wir über dem Ereignisraum $S = \{1, 2, 3, 4, 5, 6\} \times \{1, 2, 3, 4, 5, 6\}$ die Wahrscheinlichkeitsverteilung

$$\text{Prob}_S\big(\{(a, b)\}\big) = \frac{1}{36}$$

für alle $(a, b) \in S$. Die Wahrscheinlichkeit, dass die größte der beiden gewürfelten Zahlen 3 ist, ist die Wahrscheinlichkeit, dass X_{max} den Wert 3 annimmt, also $\text{Prob}[X_{max} = 3]$. Nach Definition ist das die Summe der Wahrscheinlichkeiten aller Ereignisse $e \in S$ mit $X_{max}(e) = 3$. Da $X_{max}(e) = 3$ genau für $e \in \{(1, 3), (2, 3), (3, 3), (3, 2), (3, 1)\}$, ist $\text{Prob}[X_{max} = 3] = 5 \cdot \frac{1}{36}$. Insgesamt ergeben sich die Wahrscheinlichkeiten $\text{Prob}[X_{max} = k]$ zu

k	1	2	3	4	5	6
$\text{Prob}[X_{max} = k]$	$\frac{1}{36}$	$\frac{3}{36}$	$\frac{5}{36}$	$\frac{7}{36}$	$\frac{9}{36}$	$\frac{11}{36}$

□

Eine Zufallsvariable X liefert eine Zerlegung des Ereignisraumes S in Ereignisse $\{s \mid X(s) = r\}$ für jedes r aus dem Wertebereich von X. Jedes Element der Zerlegung wird durch eine reelle Zahl beschrieben. Der Wertebereich $X(S)$ von X kann dann als neuer Ereignisraum angesehen werden. Auf ihm ist durch X und die Wahrscheinlichkeitsverteilung von S eine Wahrscheinlichkeitsverteilung $\mathsf{Prob}_X(r) = \mathsf{Prob}[X = r]$ definiert. Tatsächlich hat Prob_X die drei Eigenschaften einer Wahrscheinlichkeitsverteilung aus Definition 9.3:

(1) $\mathsf{Prob}_X(r) = \mathsf{Prob}[X = r] = \displaystyle\sum_{e \in X^{-1}(r)} \mathsf{Prob}(e) \geq 0$ für alle r in $X(S)$,

(2) $\displaystyle\sum_{r \in X(S)} \mathsf{Prob}_X(r) = \sum_{r \in X(S)} \sum_{e \in X^{-1}(r)} \mathsf{Prob}(e) = \sum_{e \in S} \mathsf{Prob}(e) = 1$, und

(3) $\mathsf{Prob}_X(R) = \displaystyle\sum_{r \in R} \mathsf{Prob}[X = r] = \sum_{r \in R} \mathsf{Prob}_X(r)$.

Weil der Ereignisraum $X(S)$ aus Zahlen besteht, kann man die durch X definierte Wahrscheinlichkeitsverteilung vermittels „typischer" Zahlenwerte charakterisieren.

Definition 9.8 Sei S ein Ereignisraum und X eine Zufallsvariable auf S. Der *Erwartungswert* von X ist definiert als

$$E[X] = \sum_{r \in X(S)} r \cdot \mathsf{Prob}[X = r].$$

Beispiele 9.12

(1) Der Erwartungswert der Zufallsvariablen X_1 des Würfelexperimentes berechnet sich als

$$E[X_1] = \sum_{r \in \{1,2,\dots,6\}} r \cdot \mathsf{Prob}[X_1 = r]$$

$$= \sum_{r \in \{1,2,\dots,6\}} r \cdot \frac{1}{6}$$

$$= 3\frac{1}{2}.$$

Tatsächlich ist $3\frac{1}{2}$ genau der Mittelwert für alle Würfelergebnisse.

Da jede Augenzahl gleich wahrscheinlich ist, hilft einem dieser Erwartungswert jedoch nicht weiter bei der Voraussage der Ergebnisse zukünftiger Würfe. Bevor wir den Erwartungswert für solche Voraussagen ausnutzen können, brauchen wir noch eine weitere Kenngröße, nämlich die *Standardabweichung* (siehe Definition 9.9). Sie liefert einen zusätzlichen „typischen" Wert für eine Wahrscheinlichkeitsverteilung und hilft, die Vorhersagetauglichkeit des Erwartungswertes einzuschätzen.

(2) Der Erwartungswert der Zufallsvariablen $X_{\max}$ ist

$$E[X_{max}] = \sum_{r \in \{1,2,\ldots,6\}} r \cdot \text{Prob}[X_{max} = r]$$

$$= \frac{\cdot 1 + 6 + 15 + 28 + 45 + 66}{36}$$

$$= \frac{161}{36}$$

$$\approx 4{,}47.$$

Für viele Anwendungen ist es wichtig, den Wert einer Zufallsvariablen abschätzen zu können. Mit $\text{Prob}[X \geq c]$ wird die Wahrscheinlichkeit bezeichnet, dass die Zufallsvariable X einen Wert größer oder gleich c annimmt. Also ist $\text{Prob}[X \geq c] = \sum_{r \geq c} \text{Prob}[X = r]$.

Satz 9.4 (Ungleichung von Markoff) *Sei $c > 0$ und X eine Zufallsvariable, die keinen negativen Wert annimmt. Dann gilt*

$$\text{Prob}[X \geq c] \leq \frac{E[X]}{c}.$$

Beweis Es gilt

$$
\begin{aligned}
\text{Prob}[X \geq c] &= \sum_{r \geq c} \text{Prob}[X = r] \\
&\leq \sum_{r \geq c} \frac{r}{c} \cdot \text{Prob}[X = r] && \left(\text{da } \tfrac{r}{c} \geq 1\right) \\
&= \frac{1}{c} \sum_{r \geq c} r \cdot \text{Prob}[X = r] \\
&\leq \frac{1}{c} \cdot E[X] && \text{(Definition des Erwartungswertes).}
\end{aligned}
$$

Weitere typische Werte zur Charakterisierung von Zufallsvariablen liefern *Varianz* und *Standardabweichung*.

Definition 9.9 Die *Varianz* $\text{Var}[X]$ einer Zufallsvariablen X ist der Erwartungswert

$$\text{Var}[X] = E\big[(X - E[X])^2\big].$$

Die (positive) Quadratwurzel $\sqrt{\text{Var}[X]}$ der Varianz heißt *Standardabweichung* von X.

Beispiel 9.13 Zur Berechnung der Varianz der Zufallsvariablen X_1 des Würfelexperimentes setzen wir zunächst den bereits berechneten Erwartungswert von X_1 in die Formel ein.

$$
\begin{aligned}
\text{Var}[X_1] &= E\big[(X_1 - E[X_1])^2\big] \\
&= E\left[\left(X_1 - 3\tfrac{1}{2}\right)^2\right]
\end{aligned}
$$

Als nächstes berechnen wir den Erwartungswert von $(X_1 - 3\frac{1}{2})^2$. Das ist eine (neue) Zufallsvariable mit dem Ereignisraum

$$\left\{ \left(r - 3\frac{1}{2} \right)^2 \;\middle|\; r \in X_1(S) \right\} = \left\{ \frac{1}{4}, \frac{9}{4}, \frac{25}{4} \right\} .$$

Jedes Ereignis hat die gleiche Wahrscheinlichkeit. Damit setzt sich die Berechnung von $\mathrm{Var}[X_1]$ wie folgt fort.

$$\mathsf{E}\left[\left(X_1 - 3\frac{1}{2} \right)^2 \right] = \sum_{r \in \left\{ \frac{1}{4}, \frac{9}{4}, \frac{25}{4} \right\}} r \cdot \mathsf{Prob}\left[\left(X_1 - 3\frac{1}{2} \right)^2 = r \right]$$

$$= \frac{1}{3} \cdot \left(\frac{1}{4} + \frac{9}{4} + \frac{25}{4} \right)$$

$$= \frac{35}{12}$$

$\square$

Also gilt $\mathrm{Var}[X_1] = \frac{35}{12}$.

Eine Zufallsvariable ist eine Funktion. Deshalb sind Summen oder Produkte von Zufallsvariablen auch wiederum Funktionen und können entsprechend als Zufallsvariablen aufgefasst werden. Das führt zu den folgenden Möglichkeiten, mit Zufallsvariablen zu rechnen.

Satz 9.5 *Seien X und Y Zufallsvariablen über dem Ereignisraum S, und k sei in* $\mathbb{R}$. *Dann gilt*

1. $\mathsf{E}[k] = k$,
2. $\mathsf{E}\big[\mathsf{E}[X]\big] = \mathsf{E}[X]$,
3. $\mathsf{E}[k \cdot X] = k \cdot \mathsf{E}[X]$,
4. $\mathsf{E}[X + Y] = \mathsf{E}[X] + \mathsf{E}[Y]$ *und*
5. $\mathsf{E}\big[X \cdot \mathsf{E}[X]\big] = \mathsf{E}[X]^2$.

Beweis

1. $\mathsf{E}[k]$ ist der Erwartungswert der Zufallsvariablen X, die alle Ereignisse auf k abbildet. Also ist $X(S) = \{k\}$. Die Wahrscheinlichkeit, dass X den Wert k annimmt, ist 1 ($\mathsf{Prob}[X = k] = 1$). Damit folgt

$$\mathsf{E}[k] = \sum_{r \in X(S)} r \cdot \mathsf{Prob}[X = r] = k \cdot \mathsf{Prob}[X = k] = k .$$

2. Folgt aus $\mathsf{E}[k] = k$, da $\mathsf{E}[X]$ eine Zahl (und keine Zufallsvariable) ist.

3. Wir fassen $k \cdot X$ als eine Zufallsvariable auf mit $(k \cdot X)(s) = k \cdot X(s)$ für jedes $s \in S$.
   Dann gilt

$$
\begin{aligned}
\mathsf{E}[k \cdot X] &= \sum_{r \in (k \cdot X)(S)} r \cdot \mathsf{Prob}[(k \cdot X) = r] \\
&= \sum_{r \in X(S)} k \cdot r \cdot \mathsf{Prob}[X = r] \\
&= k \cdot \sum_{r \in X(S)} r \cdot \mathsf{Prob}[X = r] \\
&= k \cdot \mathsf{E}[X].
\end{aligned}
$$

4. Wir fassen $X + Y$ als eine Zufallsvariable auf mit $(X + Y)(s) = X(s) + Y(s)$ für jedes
   $s \in S$. Dann folgt die Behauptung durch Umformung von Ausdrücken wie oben.
5. Man mache sich zunächst klar, dass $\mathsf{E}[X]$ eine reelle Zahl ist. Also ist $X \cdot \mathsf{E}[X]$ das
   $\mathsf{E}[X]$-fache von X. Damit folgt

$$
\begin{aligned}
\mathsf{E}\big[X \cdot \mathsf{E}[X]\big] \\
&= \sum_{r \in (X \cdot \mathsf{E}[X])(S)} r \cdot \mathsf{Prob}[X \cdot \mathsf{E}[X] = r] \quad \text{(Def. des Erwartungswertes)} \\
&= \sum_{r \in X(S)} r \cdot \mathsf{E}[X] \cdot \mathsf{Prob}[X = r] \quad \text{(da } (X \cdot \mathsf{E}[X])(r) = X(r) \cdot \mathsf{E}[X]) \\
&= \mathsf{E}[X] \cdot \sum_{r \in X(S)} r \cdot \mathsf{Prob}[X = r] \\
&= \mathsf{E}[X] \cdot \mathsf{E}[X] \quad \text{(Def. des Erwartungswertes)} \\
&= \mathsf{E}[X]^2.
\end{aligned}
$$

Diese Eigenschaften von Zufallsvariablen und Erwartungswerten liefern eine alternative
Beschreibung der Varianz.

Satz 9.6 *Sei X eine Zufallsvariable. Dann gilt:*

$$
\mathsf{Var}[X] = \mathsf{E}[X^2] - \mathsf{E}[X]^2 .
$$

Beweis Es gilt

$$
\begin{aligned}
\mathsf{Var}[X] &= \mathsf{E}\big[(X - \mathsf{E}[X])^2\big] & \text{(Def. der Varianz)} \\
&= \mathsf{E}\big[X^2 - 2 \cdot X \cdot \mathsf{E}[X] + \mathsf{E}[X]^2\big] & \text{(binomische Regel)} \\
&= \mathsf{E}\big[X^2 - 2 \cdot \mathsf{E}[X]^2 + \mathsf{E}[X]^2\big] & \text{(nach Satz 9.5)} \\
&= \mathsf{E}\big[X^2 - \mathsf{E}[X]^2\big] & \text{(nach Satz 9.5)} \\
&= \mathsf{E}[X^2] - \mathsf{E}[X]^2 & \text{(nach Satz 9.5)}
\end{aligned}
$$

Beispiel 9.14 Wir berechnen die Varianz der Zufallsvariablen $X_{\max}$ (siehe Beispiel 9.10). Den Erwartungswert $E[X_{\max}] = \frac{160}{36}$ haben wir bereits in Beispiel 9.12 berechnet. Bleibt also noch $E[X_{\max}^2]$ zu berechnen.

$$E[X_{\max}^2] = \sum_{r \in \{1,4,9,16,25,36\}} r \cdot \text{Prob}[X_{\max}^2 = r]$$

$$= \frac{1 + 12 + 45 + 112 + 225 + 396}{36}$$

$$= \frac{791}{36}$$

Den Erwartungswert $E[X_{\max}] = \frac{160}{36}$ haben wir bereits in Beispiel 9.12 berechnet. Damit ergibt sich die Varianz von $X_{\max}$ wie folgt.

$$\text{Var}[X_{\max}] = \frac{791}{36} - \left(\frac{160}{36}\right)^2$$

$$= \frac{2876}{1296}$$

$$\approx 2{,}22$$

$\square$

Mit der Varianz lässt sich beschreiben, mit welcher Wahrscheinlichkeit sich die Zufallsvariable vom Erwartungswert um einen Wert c unterscheidet.

Satz 9.7 (Ungleichung von Tschebyscheff) *Sei X eine Zufallsvariable und $c > 0$. Dann gilt*

$$\text{Prob}\big[|X - E[X]| \geq c\big] \leq \frac{\text{Var}[X]}{c^2}.$$

Beweis Für die niemals negative Zufallsvariable $(X - E[X])^2$ und ein $d > 0$ erhält man aus der Ungleichung von Markoff die Beziehung

$$\text{Prob}\big[(X - E[X])^2 \geq d\big] \leq \frac{\text{Var}[X]}{d}.$$

Da $(X - E[X])^2 \geq d$ genau dann, wenn $|X - E[X]| \geq \sqrt{d}$, folgt die Behauptung für $c = \sqrt{d}$. ∎

Aus Tschebyscheffs Ungleichung folgt sofort

$$\text{Prob}\big[|X - E[X]| \geq \sqrt{\text{Var}[X]} \cdot c\big] \leq \frac{1}{c^2}.$$

Für $c = 1$ ist das nicht sonderlich interessant, aber für $c = 2$ heißt das zum Beispiel: Die Wahrscheinlichkeit, dass die Zufallsvariable X einen Wert annimmt, der sich um die doppelte Standardabweichung von ihrem Erwartungswert unterscheidet, ist höchstens $\frac{1}{4}$.

9.4 Binomial-Verteilung und geometrische Verteilung

Ein Münzwurf ist ein gutes Beispiel für einen *Bernoulli-Versuch*. Ein Bernoulli-Versuch hat zwei mögliche Ergebnisse: *Erfolg* (üblicherweise mit 1 beschrieben) oder *Misserfolg* (üblicherweise mit 0 beschrieben). Während wir bisher meistens von einer Gleichverteilung über dem Ereignisraum ausgegangen sind, werden wir nun Bernoulli-Versuche betrachten, bei denen die Wahrscheinlichkeiten von Erfolg und Misserfolg verschieden sein können: Mit Wahrscheinlichkeit p tritt Erfolg ein und mit Wahrscheinlichkeit $q = (1 - p)$ tritt Misserfolg ein, wobei $0 \leq p \leq 1$.

Binomial-Verteilung
Sei eine unfaire Münze geworfen, deren Wurf dreimal häufiger *Kopf* ergibt als *Zahl*. Das ist ein Bernoulli-Versuch, bei dem Erfolg mit Wahrscheinlichkeit $p = \frac{3}{4}$ und Misserfolg mit Wahrscheinlichkeit $q = 1 - p = \frac{1}{4}$ eintritt. Wie groß ist die Wahrscheinlichkeit, dass 5 unabhängige Münzwürfe genau 3-mal *Kopf* ergeben? Die Folge *Kopf*, *Kopf*, *Zahl*, *Kopf*, *Zahl* enthält genau 3-mal *Kopf*. Ihre Wahrscheinlichkeit ist $p^3 \cdot q^2$, da die Ergebnisse der einzelnen Würfe voneinander unabhängig sind. Folglich hat jede Folge mit genau 3-mal *Kopf* die Wahrscheinlichkeit $p^3 \cdot q^2$. Da es $\binom{5}{3}$ solcher Folgen gibt, gilt

$$\text{Prob(5 Würfe enthalten 3-mal \textit{Kopf})} = \binom{5}{3} \cdot p^3 \cdot q^2 = \frac{270}{1024}.$$

Generell wird die Wahrscheinlichkeit, bei n unabhängigen Bernoulli-Versuchen mit Erfolgswahrscheinlichkeit p genau k-mal Erfolg zu haben, mit $b(k; n, p)$ bezeichnet.

Satz 9.8 *Für die Wahrscheinlichkeit $b(k; n, p)$, bei n unabhängigen Bernoulli-Versuchen mit Erfolgswahrscheinlichkeit p genau k-mal Erfolg zu haben, gilt*

$$b(k; n, p) = \binom{n}{k} \cdot p^k \cdot q^{n-k}.$$

Beweis Wir führen den Beweis durch Induktion über n.
Induktionsbasis: $n = 1$. Hier gilt die Gleichung offensichtlich.
Induktionsvoraussetzung: Für die natürliche Zahl m gilt

$$b(k; m, p) = \binom{m}{k} \cdot p^k \cdot q^{m-k}.$$

Induktionsschluss: Sei $n = m + 1$. Die Wahrscheinlichkeit, genau k-mal Erfolg zu haben, ist gleich der Summe der Wahrscheinlichkeiten

(1) mit m Versuchen k-mal Erfolg zu haben und im $(m + 1)$-ten Versuch keinen Erfolg zu haben und

(2) mit m Versuchen $(k - 1)$-mal Erfolg zu haben und im $(m + 1)$-ten Versuch Erfolg zu haben (vergleiche Pascal'sche Gleichung).

Formal ergibt das

$$
\begin{aligned}
b(k; m + 1, p) &= b(k; m, p) \cdot q + b(k - 1; m, p) \cdot p \\
&= \binom{m}{k} \cdot p^k \cdot q^{m-k} \cdot q + \binom{m}{k-1} \cdot p^{k-1} \cdot q^{m-k+1} \cdot p \\
&= \left(\binom{m}{k} + \binom{m}{k-1} \right) \cdot p^k \cdot q^{m-k+1} \\
&= \binom{m+1}{k} \cdot p^k \cdot q^{(m+1)-k}.
\end{aligned}
$$

∎

Die durch $b(k; n, p)$ definierte Wahrscheinlichkeit heißt *Binomial-Verteilung,* weil $b(k; n, p)$ genau der k-te Summand der Entwicklung von $(p + q)^n$ gemäß dem binomischen Satz (Satz 8.14) ist.

Wir definieren nun eine Zufallsvariable X, die jedes Ereignis des Ereignisraumes – also n unabhängige Bernoulli-Versuche mit Erfolgswahrscheinlichkeit p – auf die Anzahl der erfolgreichen Versuche abbildet. Es gilt $\mathsf{Prob}[X = k] = b(k; n, p)$. Der Erwartungswert von X ist

$$
\begin{aligned}
\mathsf{E}[X] &= \sum_{k=0}^{n} k \cdot b(k; n, p) \\
&= \sum_{k=1}^{n} k \cdot \binom{n}{k} \cdot p^k \cdot q^{n-k} \\
&= \sum_{k=1}^{n} k \cdot \frac{n}{k} \cdot \binom{n-1}{k-1} \cdot p^k \cdot q^{n-k} \\
&= n \cdot p \cdot \sum_{k=1}^{n} \binom{n-1}{k-1} \cdot p^{k-1} \cdot q^{n-k} \\
&= n \cdot p \cdot \sum_{k=0}^{n-1} \binom{n-1}{k} \cdot p^k \cdot q^{n-1-k}
\end{aligned}
$$

$$= n \cdot p \cdot \sum_{k=0}^{n-1} b(k; n-1, p) \qquad = n \cdot p \,.$$

Zur Berechnung der Varianz von X benutzen wir die Gleichung $\mathrm{Var}[X] = \mathrm{E}[X^2] - \mathrm{E}[X]^2$ (Satz 9.6). Wir beginnen mit der Berechnung von $\mathrm{E}[X^2]$ und wenden dabei eine ähnliche Methode an wie oben.

$$\mathrm{E}[X^2] = \sum_{k=0}^{n} k^2 \cdot b(k; n, p)$$

$$= n \cdot p \cdot \sum_{k=1}^{n} k \cdot \binom{n-1}{k-1} \cdot p^{k-1} \cdot q^{n-k}$$

$$= n \cdot p \cdot \sum_{k=0}^{n-1} (k+1) \cdot \binom{n-1}{k} \cdot p^{k} \cdot q^{n-1-k}$$

$$= n \cdot p \cdot \left(\sum_{k=0}^{n-1} k \cdot \binom{n-1}{k} \cdot p^{k} \cdot q^{n-1-k} \right.$$

$$\left. + \sum_{k=0}^{n-1} \binom{n-1}{k} \cdot p^{k} \cdot q^{n-1-k} \right)$$

$$= n \cdot p \cdot ((n-1) \cdot p + 1)$$

$$= n \cdot p \cdot q + n^2 \cdot p^2$$

Da $\mathrm{E}[X]^2 = n^2 \cdot p^2$, folgt unmittelbar $\mathrm{Var}[X] = n \cdot p \cdot q$.

Geometrische Verteilung

Wir werfen eine Münze, die mit Wahrscheinlichkeit p *Kopf* zeigt. Wie oft muss man werfen, bis das erste Mal *Kopf* erscheint? Die Zufallsvariable X beschreibe die Anzahl der notwendigen Würfe. Der Definitionsbereich von X ist die Menge aller endlichen Folgen e von Münzwürfen, die *Kopf* enthalten. Der Funktionswert $X(e)$ ist der Index der ersten Stelle von e, die *Kopf* ist. Zum Beispiel gilt $X((\textit{Zahl}, \textit{Zahl}, \textit{Zahl}, \textit{Kopf}, \textit{Kopf}, \textit{Zahl}, \textit{Kopf})) = 4$. Der Wertebereich von X sind die positiven natürlichen Zahlen. Die Wahrscheinlichkeit $\mathrm{Prob}[X = k]$ ergibt sich als $q^{k-1} \cdot p$, wobei q^{k-1} die Wahrscheinlichkeit ist, dass $(k-1)$-mal *Zahl* geworfen wurde, und p die Wahrscheinlichkeit ist, dass beim k-ten Wurf *Kopf* geworfen wurde. Da $\sum_{k=1}^{\infty} q^{k-1} = \frac{1}{1-q}$, gilt $\sum_{k=1}^{\infty} q^{k-1} \cdot p = 1$. Tatsächlich liefert X eine Wahrscheinlichkeitsverteilung, die so genannte *geometrische Verteilung*.

Der Erwartungswert der geometrischen Verteilung berechnet sich wie folgt.

$$E[X] = \sum_{k=1}^{\infty} k \cdot q^{k-1} \cdot p$$

$$= \frac{p}{q} \cdot \sum_{k=0}^{\infty} k \cdot q^k$$

$$= \frac{p}{q} \cdot \frac{q}{(1-q)^2}$$

$$= \frac{1}{p}.$$

Die Varianz der geometrischen Verteilung ist $\mathrm{Var}[X] = \frac{q}{p^2}$.

Beispiele 9.15

(1) Die geometrische Verteilung liefert uns eine Möglichkeit, eine Wahrscheinlichkeitsverteilung auf der abzählbar unendlichen Menge aller Wörter über dem Alphabet $\{0, 1\}$ zu definieren. Zunächst wird zufällig die Länge des Wortes bestimmt. Dazu wird eine Münze solange geworfen, bis das erste Mal *Kopf* geworfen wird. Anschließend wird mit einer weiteren Münze jedes Zeichen des Wortes geworfen. Seien p_1 und p_2 die Erfolgswahrscheinlichkeiten der beiden Münzen. Die Wahrscheinlichkeit des Wortes $b_1 \cdots b_n$ ist dann

$$(1 - p_1)^{n-1} \cdot p_1 \cdot (p_2)^a \cdot (1 - p_2)^b \,,$$

wobei a die Anzahl der Einsen und b die Anzahl der Nullen des Wortes ist.

(2) Wir verteilen wieder Bonbons an Kinder (siehe Beispiel 8.10). Dazu werfen wir wiederholt einen Bonbon in eine Gruppe aus r Kindern. Der Versuch eines Kindes, den geworfenen Bonbon zu fangen, ist ein Bernoulli-Versuch. Jedes der Kinder fängt mit gleicher Wahrscheinlichkeit einen Bonbon. Die Erfolgswahrscheinlichkeit jedes Kindes ist dann $p = \frac{1}{r}$, und die Wahrscheinlichkeit eines Misserfolges ist $q = \frac{r-1}{r}$.

Wie groß ist nun die Wahrscheinlichkeit, dass ein bestimmtes Kind von n geworfenen Bonbons genau k fängt? Sei X die Zufallsvariable, deren Wert die Anzahl der von diesem Kind gefangenen Bonbons beschreibt. Dann ist $\mathrm{Prob}[X = k] = b(n; k, p)$ durch die Binomial-Verteilung bestimmt. Die erwartete Anzahl gefangener Bonbons ist also $\frac{n}{r}$.

Wie viele Bonbons müssen geworfen werden, bis dieses Kind einen Bonbon gefangen hat? Hier gibt eine geeignete Zufallsvariable X die Nummer des Versuchs an, bei dem das Kind erstmals einen Bonbon fängt. Dann ist $\mathrm{Prob}[X = k] = q^{k-1} \cdot p$ durch die geometrische Verteilung bestimmt. Also ist der Erwartungswert $\frac{1}{p} = r$.

Wie viele Bonbons müssen geworfen werden, bis jedes Kind einen Bonbon gefangen hat? Dazu definieren wir Zufallsvariablen X_i. Wenn bereits $i - 1$ Kinder einen Bonbon gefangen haben, gibt X_i die Anzahl der Würfe an, die gemacht werden müssen, bis das i-te Kind einen Bonbon fängt. Die Misserfolgswahrscheinlichkeit dieses Versuchs ist $\frac{i-1}{r}$. Alle X_i sind voneinander unabhängig und unterliegen der geometrischen Verteilung. Also ist

$$\mathsf{E}[X_i] \;=\; \frac{1}{1 - \frac{i-1}{r}} \;=\; \frac{r}{r - i + 1}.$$

Der Erwartungswert der Anzahl der zu werfenden Bonbons ergibt sich aus der Summe der Erwartungswerte der X_i,

$$\sum_{i=1}^{r} \mathsf{E}[X_i] \;=\; \sum_{i=1}^{r} \frac{r}{r - i + 1} \;=\; r \cdot \sum_{i=1}^{r} \frac{1}{i} . \qquad\qquad \Box$$

Literatur

Allgemeine Darstellungen der in Teil II behandelten Themen findet man neben den bereits in Teil I genannten Lehrbüchern in

T.H. Cormen, C.E. Leiserson, R.L. Rivest *Introduction to algorithms.* MIT Press, 1990.

W.M. Dymàček, H. Sharp *Introduction to discrete mathematics.* McGraw-Hill, 1998.

S. Epp *Discrete mathematics with applications.* PWS Publishing Company, 1995.

S. Lipschutz *Theory and problems of discrete mathematics.* MacGraw-Hill, 1976.

Grundlegende Einführungen in Beweistechniken geben

D.J. Velleman *How to prove it: a structured approach.* Cambridge University Press, 1994.

U. Daepp, P. Gorkin *Reading, writing, and proving.* Springer-Verlag, 2003.

Ausführliche Betrachtungen zur Kombinatorik und zur Stochastik findet man in

M. Aigner *Combinatorial theory.* Springer-Verlag, 1979.

G.P. Beaumont *Probability and random variables.* John Wiley & Sons, 1986.

B. Bollobás *Combinatorics.* Cambridge University Press, 1986.

W. Feller *An introduction to probability theory and its applications.* John Wiley & Sons, 1978.

R.L. Graham, D.E. Knuth, O. Patashnik *Concrete mathematics.* Addison-Wesley, 1994.

H.-R. Halder, W. Heise *Einführung in die Kombinatorik.* Akademie-Verlag Berlin, 1977.

S. Jukna *Extremal combinatorics.* Springer-Verlag, 2000.

S. Lipschutz *Theory and problems of probability.* MacGraw-Hill, 1965.

Teil III
Strukturen

Boole'sche Algebra

10

Zusammenfassung

Eine Boole'sche Algebra ist eine mathematische Struktur, die unsere Vorstellungen von Aussagen und deren Verknüpfung in einem Rechenkalkül formal beschreibt. In dieser Struktur gibt es bestimmte Rechenoperationen und es gelten bestimmte Rechenregeln. Wir schauen uns verschiedene Beispiele Boole'scher Algebren an und werden sehen, dass sie „eigentlich gleich" (isomorph) sind.

Computer und andere digitale Systeme sind aus elektronischen Schaltkreisen aufgebaut. Diese erzeugen beim Anlegen bestimmter Spannungen an den Eingabepins bestimmte Signale an den Ausgabepins. Das vereinfachte Modell zur Beschreibung des Zusammenhangs zwischen Eingabe- und Ausgabespannungen geht von zwei wohlunterschiedenen Spannungswerten aus: Es fließt Strom, symbolisiert durch den Wert 1, und es fließt kein Strom, symbolisiert durch den Wert 0. Zur Modellierung der binären Signale werden Boole'sche Variablen verwendet, also Variablen mit Werten aus $\{0, 1\}$. Beschreibt man nun die Eingabesignale eines Schaltkreises mit Hilfe solcher Boole'schen Variablen, dann können die resultierenden Ausgabesignale y vermöge von Schaltfunktionen $y = f(x_1, \ldots, x_n)$ beschrieben werden.

Schaltkreise produzieren ihre Ausgaben oder berechnen ihre Schaltfunktion mit Hilfe einer hoch komplexen Kombination von sehr einfachen Schaltelementen, den so genannten Gattern, welche einfachste logische Operationen ausführen. Mit seinem „Calculus of Switching Circuits" war C. E. Shannon 1936 der erste, der die grundlegenden Regeln der klassischen Logik und elementaren Mengenlehre, wie sie 1854 von G. Boole in den „Laws of Thought" formuliert wurden, auch zur Analyse und Beschreibung von Schaltkreisen durch Schaltfunktionen angewendet hat.

© Der/die Autor(en), exklusiv lizenziert an Springer Fachmedien Wiesbaden GmbH, ein Teil von Springer Nature 2024
C. Meinel und M. Mundhenk, *Mathematische Grundlagen der Informatik*, https://doi.org/10.1007/978-3-658-43136-5_10

10.1   Schaltfunktionen und Ausdrücke

In der Logik betrachtet man Aussagen und deren Wahrheitswerte „wahr" und „falsch",
auch dargestellt als 1 und 0. Die grundlegenden Rechenregeln der Logik haben wir bereits
kennen gelernt: „wahr und falsch" ergibt „falsch", „wahr oder falsch" ergibt „wahr" und
„nicht falsch" ergibt „wahr". Wir benutzen also zweistellige Funktionen – und, oder – und
eine einstellige Funktion – nicht –, die ein oder zwei Argumente aus der Grundmenge
{wahr, falsch} auf einen Wert aus derselben Menge abbilden. Schaltfunktionen rechnen
über der Grundmenge der beiden Boole'schen Konstanten $\{0, 1\}$, die wir im folgenden
mit $\mathbb{B}$ bezeichnen. Variablen, die nur die beiden (Wahrheits-)Werte 0 oder 1 annehmen
können, heißen Boole'sche Variablen. Schaltfunktionen, also Funktionen über Boole'schen
Variablen, können beliebige Stelligkeit besitzen. Eine n-stellige Schaltfunktion f bildet n
Argumente aus $\mathbb{B}$ auf einen Wert in $\mathbb{B}$ ab. Formal bezeichnet man das mit $f : \mathbb{B}^n \to \mathbb{B}$.

Eine einfache Beschreibungsmethode für Schaltfunktionen ist die Werte-Tabelle. Die
nachfolgende Tabelle beschreibt zum Beispiel eine 1-stellige Schaltfunktion $f : \mathbb{B} \to \mathbb{B}$.

b	$f(b)$
0	1
1	0

Der Wert dieser Funktion ist stets genau das „Gegenteil" ihres Argumentes. Deshalb bezeichnet man sie als *Boole'sches Komplement* und schreibt kurz $\overline{b}$ anstelle von $f(b)$. Es gibt
noch drei weitere 1-stellige Schaltfunktionen:

b	$g(b)$
0	0
1	0

b	$h(b)$
0	1
1	1

b	$i(b)$
0	0
1	1

Die Funktionen g und h sind konstant, das heißt, ihr Funktionswert ist unabhängig vom
Argument. Deswegen bezeichnet man sie auch einfach durch ihren Funktionswert 0 bzw. 1.
Konstante Funktionen gibt es übrigens mit beliebiger Stelligkeit. Die Schaltfunktion i ist
die Identitätsfunktion, da Argument und Wert stets gleich sind.

Betrachten wir nun 2-stellige Schaltfunktionen. Von besonderer Bedeutung sind die beiden folgenden:

b_1	b_2	$r(b_1, b_2)$
0	0	0
0	1	0
1	0	0
1	1	1

b_1	b_2	$s(b_1, b_2)$
0	0	0
0	1	1
1	0	1
1	1	1

Die Funktion r wird *Boole'sches Produkt* ihrer Argumente genannt. Das Boole'sche Produkt stimmt mit dem arithmetischen Produkt überein, wenn wir die beiden Boole'schen Konstanten 0 und 1 als natürliche Zahlen auffassen. Man schreibt kurz $b_1 \cdot b_2$ für $r(b_1, b_2)$. Die Funktion s heißt *Boole'sche Summe*. Man schreibt $b_1 + b_2$ für $h(b_1, b_2)$. Die Summe $1 + 1$ ist 1. Sie darf also nicht mit der arithmetischen Summe verwechselt werden.

Die Beschreibung einer n-stelligen Schaltfunktion als Tabelle kann sehr aufwändig sein. Eine solche Tabelle umfasst 2^n Zeilen. Zum Glück haben wir aber die oben definierten Operationen Komplement, Summe und Produkt. Man nennt sie auch *Boole'sche Operationen*. So wie es aus der Arithmetik bekannt ist, können mit diesen Operationen *Boole'sche Ausdrücke* gebildet werden, mit deren Hilfe wir später die Schaltfunktionen beschreiben. Wir werden sehen, dass Boole'sche Ausdrücke ähnlich wie aussagenlogische Formeln definiert sind. Anstelle von $\neg$ benutzt man nun $^-$, anstelle von $\wedge$ benutzt man $\cdot$, und anstelle von $\vee$ benutzt man $+$.

Definition 10.1 Die Menge aller *n-stelligen Boole'schen Ausdrücke* ist induktiv definiert durch:

(1) Die Konstanten 0 und 1 sowie die Boole'schen Variablen $x_1, \ldots, x_n$ sind n-stellige Boole'sche Ausdrücke.

(2) Sind α und β n-stellige Boole'sche Ausdrücke, dann sind auch $\overline{\alpha}$, $(\alpha + \beta)$ und $(\alpha \cdot \beta)$ n-stellige Boole'sche Ausdrücke.

Die Stelligkeit eines Boole'schen Ausdrucks gibt also an, welche Boole'schen Variablen in ihm vorkommen können.

Beispiele 10.1

(1) 0-stellige Boole'sche Ausdrücke:

$$0, \ 1, \ \bar{0}, \ (1 \cdot \bar{0}), \ (1 + 1), \ \overline{(1 \cdot \bar{0})}, \ \overline{(1 \cdot \bar{0})} + (1 + 1), \ldots$$

(2) 1-stellige Boole'sche Ausdrücke:

$$0, \ 1, \ \bar{0}, \ldots, \ x_1, \ \bar{x}_1, \ (x_1 + 1), \ (x_1 + \bar{x}_1), \ ((x_1 + 1) \cdot \bar{x}_1), \ \ldots$$

(3) k-stellige Boole'sche Ausdrücke:

$$0, \ 1, \ldots, \ x_1, \ldots, \ x_k, \ldots, \ \overline{((\bar{x}_1 \cdot ((x_2 + x_k) + \bar{x}_3)) \cdot (x_1 \cdot x_k))}, \ldots$$

$\square$

Enthält ein Boole'scher Ausdruck nur die beiden Konstanten $0, 1$ und keine Variablen $x_1, \ldots, x_n$, dann kann man seinen Wert sofort mit Hilfe der Boole'schen Operationen für Komplement, Summe und Produkt bestimmen. Zum Beispiel gilt:

$$(1 \cdot 0) + \overline{(1 + 1) + 0} = 0 + \overline{(1 + 1) + 0}$$
$$= 0 + \overline{1 + 0}$$
$$= 0 + \overline{1}$$
$$= 0 + 0$$
$$= 0$$

Jeder Boole'sche Ausdruck ohne Variablen hat entweder den Wert 0 oder den Wert 1. Andererseits gibt es genau zwei 0-stellige Schaltfunktionen: die 0-stellige Funktion mit dem Wert 0 und die mit dem Wert 1. Jeder Boole'sche Ausdruck ohne Variablen stellt also eine 0-stellige Schaltfunktion dar.

Die von einem 1-stelligen Boole'schen Ausdruck dargestellte Funktion erhält man, indem man mit Hilfe der Boole'schen Operationen die beiden 0-stelligen Ausdrücke auswertet, die entstehen, wenn man die Boole'sche Variable x_1 durch durch ihre möglichen Werte 0 bzw. 1 in $\mathbb{B}$ ersetzt. (Wir werden später in Definition 10.5 sehen, dass man anstelle von $\mathbb{B}$ auch eine größere Menge nehmen kann, über der die von einem Ausdruck dargestellte Funktion definiert ist. In diesem Abschnitt beschränken wir uns jedoch auf $\mathbb{B}$.) Für den Ausdruck $((x_1 + 1) \cdot \bar{x_1})$ ergibt das

Ersetzung von x_1 durch $\boxed{0}$ ergibt $((0 + 1) \cdot \bar{0}) = \boxed{1}$
Ersetzung von x_1 durch $\boxed{1}$ ergibt $((1 + 1) \cdot \bar{1}) = \boxed{0}$

Die beiden eingerahmten Spalten liefern die vom Ausdruck $((x_1 + 1) \cdot \bar{x_1})$ dargestellte Funktion $f : \mathbb{B} \to \mathbb{B}$ mit der folgenden Werte-Tabelle

x_1	$f(x_1)$
0	1
1	0

Auf diese Weise kann nun jeder Boole'sche Ausdruck zur Darstellung einer Schaltfunktion benutzt werden.

Definition 10.2 Jeder n-stellige Boole'sche Ausdruck α stellt eine n-stellige Schaltfunktion $f : \mathbb{B}^n \to \mathbb{B}$ dar. Man erhält den Wert von f für das Argument $(b_1, \ldots, b_n)$, indem im Boole'schen Ausdruck α die Variable x_1 durch den Wert $b_1, \ldots$, die Variable x_n durch den Wert b_n ersetzt und den Wert des so erhaltenen Ausdrucks nach den Boole'schen Operationen berechnet.

Abb. 10.1 Tabelle der
Schaltfunktion
$f(x_1, x_2) = (x_1 \cdot x_2) + \overline{(x_1 + 1)}$

x_1	x_2	$f(x_1, x_2)$
0	0	0
0	1	0
1	0	0
1	1	1

Wir betrachten den Ausdruck $(x_1 \cdot x_2) + \overline{(x_1 + 1)}$, der eine Schaltfunktion f darstellt. Der Wert von f für das Argument $(0, 1)$ ist

$$f(0, 1) = (0 \cdot 1) + \overline{(0 + 1)} = 0 + \overline{1} = 0 \ .$$

Aus der Berechnung des Wertes von f für jedes mögliche Argument erhält man die Tabelle in Abb. 10.1. Diese Tabelle kennen wir bereits. Sie stimmt mit dem Boole'schen Produkt überein. Also stellen die beiden Ausdrücke $(x_1 \cdot x_2) + \overline{(x_1 + 1)}$ und $x_1 \cdot x_2$ dieselbe zweistellige Schaltfunktion, nämlich das Boole'sche Produkt, dar.

Definition 10.3 Zwei Boole'sche Ausdrücke α und β heißen *äquivalent* genau dann, wenn sie dieselbe Schaltfunktion darstellen.

Man schreibt $\alpha = \beta$, um auszudrücken, dass die Ausdrücke α und β äquivalent sind. Die Äquivalenz verschiedener Ausdrücke kann man überprüfen, indem man die Tabellen der dargestellten Funktionen vergleicht. Wir können uns diese Arbeit aber wie bereits gesehen durch die geschickte Anwendung der Boole'schen Operationen erleichtern. Betrachten wir zum Beispiel den Summanden $\overline{(x_1 + 1)}$ des obigen Ausdruckes. Er enthält die Summe $x_1 + 1$. Die Boole'sche Summe eines beliebigen Ausdrucks und 1 ist stets äquivalent 1 (vgl. die Werte-Tabelle der Boole'schen Summe). Also gilt $\overline{(x_1 + 1)} = \overline{1}$. Da $\overline{1} = 0$ ist, folgt $\overline{(x_1 + 1)} = 0$. Setzt man 0 anstelle von $\overline{(x_1 + 1)}$ in den Ausdruck $(x_1 \cdot x_2) + \overline{(x_1 + 1)}$ ein, erhält man den äquivalenten Ausdruck $(x_1 \cdot x_2) + 0$. Da die Boole'sche Summe eines beliebigen Ausdrucks und 0 stets äquivalent zum Ausdruck ist, folgt $(x_1 \cdot x_2) + 0 = (x_1 \cdot x_2)$. Wir fassen diese Schritte nocheinmal zusammen und benutzen dabei b zur Bezeichnung eines beliebigen Elementes von $\mathbb{B}$:

Anfangsausdruck:	$(x_1 \cdot x_2) + \overline{(x_1 + 1)}$	
Schritt 1:	$= (x_1 \cdot x_2) + \overline{1}$	(wegen $b + 1 = 1$)
Schritt 2:	$= (x_1 \cdot x_2) + 0$	(wegen $\overline{1} = 0$)
Schritt 3:	$= (x_1 \cdot x_2)$	(wegen $b + 0 = b$).

Vermittels dieser Umformungskette haben wir die Äquivalenz des Anfangsausdruckes mit dem nach drei Schritten erhaltenen Ausdruck gezeigt, also

$$(x_1 \cdot x_2) + \overline{(x_1 + 1)} = (x_1 \cdot x_2) \ .$$

Für beliebige Elemente x, y und z in $\mathbb{B}$ gilt:

$$\text{Kommutativgesetz:} \quad x + y = y + x$$
$$x \cdot y = y \cdot x$$
$$\text{Distributivgesetz:} \quad x \cdot (y + z) = x \cdot y + x \cdot z$$
$$x + (y \cdot z) = (x + y) \cdot (x + z)$$
$$\text{Neutralitätsgesetz:} \quad x + 0 = x$$
$$x \cdot 1 = x$$
$$\text{Komplementgesetz:} \quad x + \overline{x} = 1$$
$$x \cdot \overline{x} = 0$$

Abb. 10.2 Rechenregeln der Boole'schen Algebra

In jedem Schritt haben wir eine Umformung entsprechend einer Äquivalenz, deren Korrektheit wir anhand einer Werte-Tabelle zuvor überprüft haben, durchgeführt. Anstatt nun immer wieder neue Tabellen zu überprüfen, kann man mit Umformungen arbeiten, die auf ganz wenigen grundlegenden Äquivalenzen – den so genannten *Rechengesetzen* – basieren. Sie sind in Abb. 10.2 dargestellt. Die genannten Rechengesetze stellen Eigenschaften dar, die uns bereits aus der Aussagenlogik gut bekannt sind. Das Kommutativgesetz besagt, dass $+$ und $\cdot$ kommutative Operationen sind. Das Distributivgesetz besagt, dass $+$ und $\cdot$ gegenseitig distributive Operationen sind. Das Identitätsgesetz besagt, dass 0 das neutrale Element bezüglich $+$ ist, und dass 1 das neutrale Element bezüglich $\cdot$ ist.

Die Rechengesetze lassen sich überprüfen, indem man die entsprechenden Werte-Tabellen aufstellt und untersucht. Wir demonstrieren das am Beispiel des Distributivgesetzes.

x	y	z	$(y \cdot z)$	$(x + y)$	$(x + z)$	$x + (y \cdot z)$	$(x + y) \cdot (x + z)$
0	0	0	0	0	0	0	0
0	0	1	0	0	1	0	0
0	1	0	0	1	0	0	0
0	1	1	1	1	1	1	1
1	0	0	0	1	1	1	1
1	0	1	0	1	1	1	1
1	1	0	0	1	1	1	1
1	1	1	1	1	1	1	1

Da die beiden letzten Spalten der Tabelle gleich sind, ist das Distributivgesetz bewiesen.

Wir wollen jetzt die oben durchgeführte Umformung nocheinmal mit Hilfe der Rechengesetze durchführen: Schritt 3 ist die Anwendung des Neutralitätsgesetzes. Bei den anderen Schritte haben wir jedoch nicht direkt ein Rechengesetz angewendet. In Schritt 1 haben wir die Äquivalenz $y + 1 = 1$ benutzt. Diese Äquivalenz kommt unter den Rechengesetzen nicht vor. Wir können sie jedoch leicht aus ihnen herleiten:

$$
\begin{aligned}
y + 1 &= (y + 1) \cdot 1 && \text{Anwendung des Neutralitätsgesetzes} \\
&= (y + 1) \cdot (y + \bar{y}) && \text{Anwendung des Komplementgesetzes} \\
&= (y + \bar{y}) \cdot (y + 1) && \text{Anwendung des Kommutativgesetzes} \\
&= y + (\bar{y} \cdot 1) && \text{Anwendung des Distributivgesetzes} \\
&= y + \bar{y} && \text{Anwendung des Neutralitätsgesetzes} \\
&= 1 && \text{Anwendung des Komplementgesetzes.}
\end{aligned}
$$

In Schritt 2 haben wir die Äquivalenz $\bar{1} = 0$ benutzt. Sie ergibt sich aus der im folgenden Satz bewiesenen Eindeutigkeit des Komplements.

Satz 10.1 *Aus* $x + y = 1$ *und* $x \cdot y = 0$ *folgt stets* $y = \bar{x}$.

Beweis Gelte $x + y = 1$ und $x \cdot y = 0$. Beginnend mit y führen wir äquivalente Umformungen unter Anwendung der Rechengesetze und den Voraussetzungen durch, bis wir schließlich $\bar{x}$ erhalten. Die sind in Abb. 10.3 dargestellt. ∎

Ersetzen wir in Satz 10.1 x durch 1 und y durch 0, dann erhalten wir $x + y = 1 + 0 = 1$ und $x \cdot y = 1 \cdot 0 = 0$. Also folgt $0 = y = \bar{x} = \bar{1}$.

Tatsächlich haben wir nun die Gültigkeit aller drei Schritte nachgewiesen unter alleiniger Anwendung des Kommutativgesetzes, des Distributivgesetzes, des Neutralitätsgesetzes und des Komplementgesetzes. In der Tat lassen sich alle denkbaren Umformungen, die einen Ausdruck in einen äquivalenten Ausdruck überführen, durch geeignete Anwendung und Kombination dieser vier Rechengesetze erhalten. Die Beziehung zwischen Ausdrücken sind also vollkommen bestimmt durch die Gültigkeit der Rechengesetze.

$$
\begin{aligned}
y &= y + 0 && \text{Neutralitätsgesetz} \\
&= y + (x \cdot \overline{x}) && \text{Komplementgesetz} \\
&= (y + x) \cdot (y + \overline{x}) && \text{Distributivgesetz} \\
&= (x + y) \cdot (y + \overline{x}) && \text{Kommutativgesetz} \\
&= 1 \cdot (y + \overline{x}) && \text{Voraussetzung } x + y = 1 \\
&= (y + \overline{x}) \cdot 1 && \text{Kommutativgesetz} \\
&= y + \overline{x} && \text{Komplementgesetz} \\
&= \overline{x} + y && \text{Kommutativgesetz} \\
&= (\overline{x} + y) \cdot 1 && \text{Komplementgesetz} \\
&= 1 \cdot (\overline{x} + y) && \text{Kommutativgesetz} \\
&= (x + \overline{x}) \cdot (\overline{x} + y) && \text{Komplementgesetz} \\
&= (\overline{x} + x) \cdot (\overline{x} + y) && \text{Kommutativgesetz} \\
&= \overline{x} + (x \cdot y) && \text{Distributivgesetz} \\
&= \overline{x} + 0 && \text{Voraussetzung } x \cdot y = 0 \\
&= \overline{x} && \text{Neutralitätsgesetz.}
\end{aligned}
$$

Abb. 10.3 Äquivalente Umformungen von y zu $\bar{x}$ im Beweis von Satz 10.1

10.2 Definition der Boole'schen Algebra

Die schon mehrfach angesprochene Analogie der Boole'schen Ausdrücke zu den aussagenlogischen Formeln hat ihre Begründung in der einfachen Tatsache, dass für Formeln
– bezogen auf die aussagenlogischen Operationen $\wedge$, $\vee$ und $\neg$ – die gleichen Rechengesetze gelten wie für Ausdrücke. Tatsächlich ist es eine der großen Leistungen der modernen
Algebra, erkannt zu haben, dass Kalküle, deren Operationen den gleichen Rechengesetzen
folgen, gleiche Eigenschaften haben und es demzufolge ausreicht, sie nur einmal, ohne
die konkrete Natur der Elemente des Kalküls zu beachten, abstrakt zu untersuchen. Im
Falle Boole'scher Ausdrücke bzw. aussagenlogischer Formeln wird diese abstrakte Struktur
Boole'sche Algebra genannt.

Schauen wir uns nocheinmal die Bestandteile Boole'scher Ausdrücke an. Die Variablen
x_i sind Platzhalter für Elemente der Grundmenge. Im letzten Abschnitt war das stets die
Menge $\mathbb{B}$, wir können aber auch eine andere Grundmenge betrachten. Die Operationen $+$,
$\cdot$ und $^-$ haben eine festgelegte Bedeutung. In den Rechengesetzen spielen außerdem noch
die neutralen Elemente eine besondere Rolle.

Definition 10.4 Eine *Boole'sche Algebra* besteht aus

(1) einer Grundmenge B,
(2) den zweistelligen Operationen $\oplus$ und $\otimes$ auf B,
(3) der einstelligen Operation κ auf B und
(4) den beiden unterschiedlichen Elementen $\underline{0}$ und $\underline{1}$ in B.

Es gelten die folgenden vier Rechengesetze für alle Elemente a, b und c in der Grundmenge
B:

> *Kommutativgesetz:* $\oplus$ und $\otimes$ sind kommutative Operationen,
> d. h. es gilt $a \oplus b = b \oplus a$ und $a \otimes b = b \otimes a$.
> *Distributivgesetz:* $\oplus$ und $\otimes$ sind gegenseitig distributive Operationen,
> d. h. es gilt $a \otimes (b \oplus c) = (a \otimes b) \oplus (a \otimes c)$ und $a \oplus (b \otimes c) =$
> $(a \oplus b) \otimes (a \oplus c)$.
> *Neutralitätsgesetz:* $\underline{1}$ ist neutrales Element bezüglich $\otimes$,
> d. h. es gilt $a \otimes \underline{1} = a$, und $\underline{0}$ ist neutrales Element bezüglich $\oplus$, d. h. es
> gilt $a \oplus \underline{0} = a$.
> *Komplementgesetz:* $\kappa(a)$ ist das Komplement von a,
> d. h. es gilt $a \oplus \kappa(a) = \underline{1}$ und $a \otimes \kappa(a) = \underline{0}$.

Eine Boole'sche Algebra wird durch das Quadrupel $(B, \oplus, \otimes, \kappa)$ bezeichnet.

Die Operationen $\oplus$, $\otimes$ und κ bezeichnet man als Summe, Produkt und Komplement. Die vier Rechengesetze sind die bereits bekannten Kommutativ-, Distributiv-, Neutralitäts- und Komplementgesetze. Die Grundmenge B muss mindestens zwei Elemente mit den in den Neutralitäts- und Komplementgesetzen angegebenen Eigenschaften besitzen: Ein Element, das mit $\underline{0}$ bezeichnet wird, und ein anderes, das mit $\underline{1}$ bezeichnet wird. Diese beiden Elemente von B werden *Nullelement* und *Einselement* genannt.

Beispiel 10.2 Schalt-Algebra. Wir nehmen als Grundmenge B die Menge der Boole'schen Werte $\mathbb{B} = \{0, 1\}$. Wir benutzen die Operationen $+$, $\cdot$ und $^-$, die in Abschn. 10.1 definiert wurden. Als Operation $\oplus$ nehmen wir die Operation $+$, für $\otimes$ nehmen wir $\cdot$, und für κ die einstellige Operation $^-$. Wir wollen nun nachweisen, dass $(\mathbb{B}, +, \cdot, {}^-, 0, 1)$ eine Boole'sche Algebra ist. Mit dem Nullelement $0 \in \mathbb{B}$ und dem Einselement $1 \in \mathbb{B}$ sind die vier Rechengesetze aus Definition 10.4 erfüllt. $\Box$

Nach der Definition der Boole'schen Algebra ist nur die Existenz des Nullelements und des Einselements festgelegt. Trotzdem gibt es nur genau ein Element in der Grundmenge B, das die Eigenschaften des Einselements erfüllt, und genau ein weiteres, das die Eigenschaften des Nullelements erfüllt.

Satz 10.2 *Das Nullelement und das Einselement in einer Boole'schen Algebra sind eindeutig bestimmt.*

Beweis Sei $(B, \oplus, \otimes, \kappa, \underline{0}, \underline{1})$ eine Boole'sche Algebra, und sei angenommen, dass das Element $b \in B$ die Eigenschaften des Einselementes im Neutralitätsgesetz erfüllt. Also gilt $\underline{1} \otimes b = \underline{1}$. Das Einselement $\underline{1}$ hat die Eigenschaft $b \otimes \underline{1} = b$. Da $\otimes$ kommutativ ist (Kommutativgesetz), gilt $b \otimes c = c \otimes b$. Damit folgt $b = \underline{1}$.

Der Nachweis der Eindeutigkeit des Nullelementes erfolgt ganz analog. $\blacksquare$

Wir können nun den Begriff der *Boole'schen Funktion* definieren. Eine Boole'sche Funktion lässt sich mit Hilfe eines Boole'schen Ausdrucks beschreiben. Als Operationen verwenden wir dabei die Operationen der Boole'schen Algebra.

Definition 10.5 Sei $(B, \oplus, \otimes, \kappa, \underline{0}, \underline{1})$ eine Boole'sche Algebra. Eine n-stellige Funktion $f : B^n \to B$ heißt *Boole'sche Funktion,* wenn es einen n-stelligen Boole'schen Ausdruck α mit der folgenden Eigenschaft gibt:

Den Wert von f für das Argument $(b_1, \ldots, b_n)$ erhält man, indem man im Ausdruck α

(1) die Variable x_1 durch den Wert b_1,..., die Variable x_n durch den Wert b_n ersetzt,

(2) die Konstante 0 durch das Nullelement und die Konstante 1 durch das Einselement ersetzt,

(3) jedes Operationszeichen $+$ durch ein $\oplus$,

(4) jedes Operationszeichen $\cdot$ durch ein $\otimes$ und

(5) jedes Operationszeichen $^-$ durch ein κ ersetzt,

und den Wert des so erhaltenen Ausdrucks nach den Definitionen von $\oplus$, $\otimes$ und κ berechnet.

Einen Spezialfall von Boole'schen Funktion haben wir bereits kennen gelernt: die Schaltfunktionen. Die Boole'sche Algebra, die ihnen zu Grunde liegt, ist die bereits erwähnte Schalt-Algebra.

10.3   Beispiele Boole'scher Algebren

Wir betrachten nun einige weitere Beispiele für Boole'sche Algebren.

Schaltfunktionen-Algebra Sei $\mathbb{B} = \{0, 1\}$. Die Menge $\mathbb{B}_n$ aller n-stelligen Schaltfunktionen $f : \mathbb{B}^n \to \mathbb{B}$ (für beliebiges $n \geq 0$) mit den Operationen max, min und k ist eine Boole'sche Algebra $(\mathbb{B}_n, \text{max}, \text{min}, \text{k}, f_0, f_1)$. Das Einselement ist die konstante Funktion f_1, die stets den Funktionswert 1 besitzt. Entsprechend ist das Nullelement die konstante Funktion f_0, die stets den Funktionswert 0 besitzt.

Die Operation max bildet hierbei zwei n-stellige Schaltfunktionen g und h auf eine n-stellige Schaltfunktion $\text{max}[g, h]$ ab, wobei $\text{max}[g, h](b_1, \ldots, b_n)$ das arithmetische Maximum von $g(b_1, \ldots, b_n)$ und $h(b_1, \ldots, b_n)$ ist:

$$\text{max}[g, h](b_1, \ldots, b_n) = \text{max}(g(b_1, \ldots, b_n), h(b_1, \ldots, b_n))\,.$$

Die Operation min ist entsprechend definiert durch

$$\text{min}[g, h](b_1, \ldots, b_n) = \text{min}(g(b_1, \ldots, b_n), h(b_1, \ldots, b_n))\,,$$

wobei max und min die Maximum- bzw. Minimumfunktion auf Paaren natürlicher Zahlen bezeichnen.

Die einstellige Operation k bildet eine Funktion g auf eine Funktion $\text{k}[g]$ mit $\text{k}[g](b_1, \ldots, b_n) = 1 - g(b_1, \ldots, b_n)$ ab.

Beispiel 10.3 Aus den Funktionen g und h mit

x	y	$g(x,y)$
0	0	1
0	1	0
1	0	0
1	1	1

x	y	$h(x,y)$
0	0	1
0	1	0
1	0	1
1	1	1

werden mittels max, min und k die folgenden Funktionen $\max[g, h]$, $\min[g, h]$ und $k[g]$ gebildet:

x	y	$\max[g,h](x,y)$
0	0	1
0	1	0
1	0	1
1	1	1

x	y	$\min[g,h](x,y)$
0	0	1
0	1	0
1	0	0
1	1	1

x	y	$k[g](x)$
0	0	0
0	1	1
1	0	1
1	1	0

□

Wir wollen nachweisen, dass $(\mathbb{B}_n, \max, \min, k, f_0, f_1)$ eine Boole'sche Algebra ist. Dazu müssen wir beweisen, dass die vier Rechengesetze gelten. Wir beginnen mit der Kommutativität von max und min. Sie basiert auf der Kommutativität von max und min. Es gilt

$$\max[g, h](b_1, \ldots, b_n) = \max(g(b_1, \ldots, b_n), h(b_1, \ldots, b_n))$$
$$= \max(h(b_1, \ldots, b_n), g(b_1, \ldots, b_n))$$
$$= \max[h, g](b_1, \ldots, b_n)$$

und

$$\min[g, h](b_1, \ldots, b_n) = \min(g(b_1, \ldots, b_n), h(b_1, \ldots, b_n))$$
$$= \min(h(b_1, \ldots, b_n), g(b_1, \ldots, b_n))$$
$$= \min[h, g](b_1, \ldots, b_n)$$

für beliebige $b_1, \ldots, b_n \in \mathbb{B}$. Damit ist das Kommutativgesetz erfüllt. Zum Nachweis des Distributivgesetzes müssen wir die gegenseitige Distributivität von max und min untersuchen. Da

$$\max[f, \min[g, h]](b_1, \ldots, b_n)$$
$$= \max(f(b_1, \ldots, b_n), \min(g(b_1, \ldots, b_n), h(b_1, \ldots, b_n)))$$
$$= \min(\max(f(b_1, \ldots, b_n), g(b_1, \ldots, b_n)), \max(f(b_1, \ldots, b_n), h(b_1, \ldots, b_n)))$$
$$= \min[\max[f, g], \max[f, h]](b_1, \ldots, b_n)$$

und

$$\min[f, \max[g, h]](b_1, \dots, b_n)$$
$$= \min(f(b_1, \dots, b_n), \max(g(b_1, \dots, b_n), h(b_1, \dots, b_n)))$$
$$= \max(\min(f(b_1, \dots, b_n), g(b_1, \dots, b_n)), \min(f(b_1, \dots, b_n), h(b_1, \dots, b_n)))$$
$$= \max[\min[f, g], \min[f, h]](b_1, \dots, b_n)$$

für beliebige $b_1, \dots, b_n \in \mathbb{B}$, gilt auch das Distributivgesetz. Zum Nachweis des Neutralitätsgesetzes müssen wir überprüfen, ob f_0 tatsächlich neutrales Element für max ist, und ob f_1 neutrales Element für min ist. Wegen

$$\max[f, f_0](b_1, \dots, b_n) = f(b_1, \dots, b_n)$$

und

$$\min[f, f_1](b_1, \dots, b_n) = 1$$

für beliebige $b_1, \dots, b_n \in \mathbb{B}$, gilt das Neutralitätsgesetz. Schließlich muss noch das Komplementgesetz überprüft werden. Einer der beiden Werte $f(b_1, \dots, b_n)$ und $k[f](b_1, \dots, b_n)$ ist 0 und der andere ist 1. Also ist

$$\max[f, k[f]](b_1, \dots, b_n) = \max(f(b_1, \dots, b_n), k[f](b_1, \dots, b_n)) = 1$$

und

$$\min[f, k[f]](b_1, \dots, b_n) = \min(f(b_1, \dots, b_n), k[f](b_1, \dots, b_n)) = 0.$$

Folglich ist auch das Komplementgesetz erfüllt.

Da alle Rechengesetze der Boole'schen Algebra erfüllt sind, ist der Nachweis erbracht, dass $(\mathbb{B}_n, \max, \min, k, f_0, f_1)$ eine Boole'sche Algebra ist.

Funktionen-Algebra Sei $(B, \oplus, \otimes, \kappa, \underline{0}, \underline{1})$ eine Boole'sche Algebra. Mit B_n bezeichnen wir die Menge aller n-stelligen Boole'schen Funktionen $f : B^n \to B$ über $(B, \oplus, \otimes, \kappa, \underline{0}, \underline{1})$. Ähnlich, wie aus der Operation max über den natürlichen Zahlen die Operation max über den Schaltfunktionen gewonnen wurde, verallgemeinern wir die Operation $\oplus$ (definiert über B) zu einer Operation $\boxplus$ über B_n. Für Funktionen f und g in B_n ist die Operation $\boxplus[f, g]$ definiert durch

$$\boxplus[f, g](b_1, \dots, b_n) = f(b_1, \dots, b_n) \oplus g(b_1, \dots, b_n).$$

Entsprechend definieren wir die Operation $\boxtimes[f, g]$ durch

$$\boxtimes[f, g](b_1, \dots, b_n) = f(b_1, \dots, b_n) \otimes g(b_1, \dots, b_n).$$

und die Operation $k[f]$ durch

$$\mathsf{k}[f](b_1, \ldots, b_n) = \kappa(f(b_1, \ldots, b_n)).$$

Wir zeigen nun, dass $(B_n, \boxplus, \boxtimes, \mathsf{k}, f_0, f_1)$ eine Boole'sche Algebra ist. Als Nullelement in B_n wählen wir die konstante Funktion f_0, deren Wert stets das Nullelement von B ist. Als Einselement in B_n wählen wir entsprechend die konstante Funktion f_1, deren Wert stets das Einselement von B ist. Wir überprüfen die Gültigkeit der vier Rechengesetze, indem wir sie auf die Gültigkeit der entsprechenden Sätze in $(B, \oplus, \otimes, \kappa, \underline{0}, \underline{1})$ zurückführen.

Kommutativgesetz: $\boxplus[f, g] = \boxplus[g, f]$ gilt, da aus der Kommutativität von $\oplus$ folgt für beliebige $(b_1, \ldots, b_n)$ folgt

$$\boxplus[f, g](b_1, \ldots, b_n) = f(b_1, \ldots, b_n) \oplus g(b_1, \ldots, b_n)$$
$$= g(b_1, \ldots, b_n) \oplus f(b_1, \ldots, b_n)$$
$$= \boxplus[g, f](b_1, \ldots, b_n).$$

Entsprechend können wir das Kommutativgesetz für $\boxtimes$ nachweisen.

Distributivgesetz: Es gilt $\boxplus[f, \boxtimes[g, h]] = \boxtimes[\boxplus[f, g], \boxplus[f, h]]$, da aus der Distributivität von $\oplus$ über $\otimes$ folgt:

$$\boxplus[f, \boxtimes[g, h]](b_1, \ldots, b_n)$$
$$= f(b_1, \ldots, b_n) \oplus (g(b_1, \ldots, b_n) \otimes h(b_1, \ldots, b_n))$$
$$= (f(b_1, \ldots, b_n) \oplus g(b_1, \ldots, b_n)) \otimes (f(b_1, \ldots, b_n) \oplus h(b_1, \ldots, b_n))$$
$$= \boxtimes[\boxplus[f, g], \boxplus[f, h]](b_1, \ldots, b_n).$$

Entsprechend können wir die Distributivität von $\boxtimes$ über $\boxplus$ nachweisen.

Neutralitätsgesetz: Es gilt $\boxtimes[f, f_1] = f$, da aus der Neutralität von $\underline{1}$ bezüglich $\otimes$ folgt:

$$\boxtimes[f, f_1](b_1, \ldots, b_n) = f(b_1, \ldots, b_n) \otimes f_1(b_1, \ldots, b_n)$$
$$= f(b_1, \ldots, b_n) \otimes \underline{1}$$
$$= f(b_1, \ldots, b_n).$$

Die Neutralität von f_0 bezüglich $\boxplus$ können wir entsprechend nachweisen.

Komplementgesetz: Für jede Funktion f in B_n gilt $\boxplus[f, \mathsf{k}[f]] = f_1$, da aufgrund des Komplementgesetzes für κ gilt:

$$\boxplus[f, \mathsf{k}[f]](b_1, \ldots, b_n) = f(b_1, \ldots, b_n) \oplus \kappa(f(b_1, \ldots, b_n)) = 1.$$

Der Nachweis von $\boxtimes[f, \mathsf{k}[f]] = f_0$ erfolgt enstprechend.

Insgesamt haben wir damit die Gültigkeit der vier Rechengesetze der Boole'schen Algebra für die Operationen $\boxplus$, $\boxtimes$ und k nachgewiesen. Also ist $(B_n, \boxplus, \boxtimes, \mathsf{k}, f_0, f_1)$ eine Boole'sche Algebra.

Teiler-Algebra Wir nehmen als Grundmenge die Menge $A = \{1, 2, 3, 6\}$. Als 2-stellige Operationen nehmen wir ggt $: A \times A \to A$ und kgv $: A \times A \to A$, die als größter gemeinsamer Teiler bzw. kleinstes gemeinsames Vielfaches ihrer Argumente definiert sind. Als 1-stellige Operation nehmen wir k auf A, die durch $k(a) = \frac{6}{a}$ definiert ist.

Wir zeigen nun, dass $(A,$ ggt, kgv, k, 1, 6$)$ eine Boole'sche Algebra ist. Als Nullelement wählen wir 1 und als Einselement 6. Zum Nachweis des Kommutativgesetzes müssen wir die Kommutativität von ggt und kgv überprüfen. Da ggt$(a, b) =$ ggt(b, a) und kgv$(a, b) =$ kgv(b, a), sind beide Operationen kommutativ.

Zum Nachweis des Distributivgesetzes müssen wir die gegenseitige Distributivität von ggt und kgv überprüfen. Dazu ist zu zeigen, dass für beliebige Elemente a, b und c der Grundmenge die Gleichungen

$$\text{ggt}(a, \text{kgv}(b, c)) = \text{kgv}(\text{ggt}(a, b), \text{ggt}(a, c))$$

und

$$\text{kgv}(a, \text{ggt}(b, c)) = \text{ggt}(\text{kgv}(a, b), \text{kgv}(a, c))$$

gelten. Wir führen das lediglich am Beispiel für $a = 2$, $b = 6$ und $c = 3$ durch. Es gilt

$$\text{ggt}(2, \text{kgv}(6, 3)) = \text{ggt}(2, 6) = 2$$

und

$$\text{kgv}(\text{ggt}(2, 6), \text{ggt}(2, 3)) = \text{kgv}(2, 1) = 2$$

sowie

$$\text{kgv}(2, \text{ggt}(6, 3)) = \text{kgv}(2, 3) = 6$$

und

$$\text{ggt}(\text{kgv}(2, 6), \text{kgv}(2, 3)) = \text{ggt}(6, 6) = 6\,.$$

Nachdem die Distributivität auch für alle anderen Wahlmöglichkeiten von a, b und c erbracht hat, erhält man die Gültigkeit des Distributivgesetzes.

Zum Nachweis des Neutralitätsgesetzes müssen wir überprüfen, ob 1 neutrales Element für ggt ist, und ob 6 neutrales Element für kgv ist. Wegen ggt$(a, 1) = a$ und kgv$(a, 6) = 6$, ist das Neutralitätsgesetz erfüllt.

Schließlich muss noch das Komplementgesetz überprüft werden. Wir betrachten zuerst den Fall $a = 1$. Es gilt ggt$(1, \text{k}(1)) =$ ggt$(1, 6) = 1$ und kgv$(1, \text{k}(1)) =$ kgv$(1, 6) = 6$. Für $a = 2$ gilt ggt$(2, \text{k}(2)) =$ ggt$(2, 3) = 1$ und kgv$(2, \text{k}(2)) = 6$. Für $a = 3$ gilt ggt$(3, \text{k}(3)) =$ ggt$(3, 2) = 1$ und kgv$(3, \text{k}(3)) = 6$. Und für $a = 6$ gilt schließlich ggt$(6, \text{k}(6)) = 1$ und kgv$(6, \text{k}(6)) = 6$. Das Komplementgesetz ist tatsächlich erfüllt.

Damit ist der Nachweis erbracht, dass $(\{1, 2, 3, 6\}, \mathsf{ggt}, \mathsf{kgv}, \mathsf{k}, 1, 6)$ eine Boole'sche Algebra ist.

Potenzmengen-Algebra Nun betrachten wir als Grundmenge die Potenzmenge $\mathcal{P}(\{0\}) = \{\emptyset, \{0\}\}$ zusammen mit den Mengenoperationen Vereinigung, Durchschnitt und Komplement. Wir erhalten die Boole'sche Algebra $(\mathcal{P}(\{0\}), \cup, \cap, \overline{}, \emptyset, \{0\})$. Die einstellige Operation $\overline{}$ ist das Mengenkomplement bezüglich $\{0\}$. Wir nehmen $\emptyset$ als Nullelement und $\{0\}$ als Einselement. Entsprechend können wir auch die Potenzmenge einer größeren endlichen Menge als Grundmenge einer Boole'schen Algebra nehmen. Die Potenzmenge von $\{0, 1\}$ beispielsweise ist die Menge $\mathcal{P}(\{0, 1\}) = \{\emptyset, \{0\}, \{1\}, \{0, 1\}\}$. Dann ist $(\mathcal{P}(\{0, 1\}), \cup, \cap, \overline{}, \emptyset, \{0, 1\})$ ebenfalls eine Boole'sche Algebra. Als Nullelement nehmen wir wieder $\emptyset$, aber als Einselement nehmen wir jetzt das Komplement von $\emptyset$, also $\{0, 1\}$. Wir wissen bereits, dass das Kommutativ-, Distributiv- und das Neutralitätsgesetz für $\cup$ und $\cap$ gelten. Es bleibt also lediglich noch das Komplementgesetz nachzuweisen. Für das Element $\{1\}$ der Grundmenge ist das Komplement $\overline{\{1\}} = \{0\}$. Die Vereinigung von $\{1\}$ und $\overline{\{1\}}$ ist $\{1\} \cup \{0\} = \{0, 1\}$, und der Durchschnitt von $\{1\}$ und $\overline{\{1\}}$ ist $\{0\} \cap \{1\} = \emptyset$. Also ist das Komplementgesetz für das Element $\{1\}$ erfüllt. Für die anderen Elemente der Grundmenge kann man das Komplementgesetz entsprechend überprüfen. Das Komplementgesetz sagt in diesem Beispiel aus, dass die Vereinigung einer Menge mit ihrem Komplement die volle Grundmenge ergibt, und dass der Durchschnitt einer Menge mit ihrem Komplement die leere Menge ergibt.

Ausdruck-Algebra Entsprechend zur Schaltfunktionen-Algebra kann man eine Boole'sche Algebra über allen n-stelligen Boole'schen Ausdrücken über $\mathbb{B}$ bestimmen. Während es „nur" 2^{2^n} viele n-stellige Schaltfunktionen gibt, gibt es jedoch unendlich viele n-stellige Boole'sche Ausdrücke. Jeder Ausdruck stellt eine Funktion dar, aber jede Funktion wird kann durch unendlich viele Ausdrücke repräsentiert werden. Also gibt es 2^{2^n} Klassen äquivalenter n-stelliger Boole'scher Ausdrücke. Mit $\mathring{A}_n$ bezeichnen wir die Menge aller Klassen äquivalenter n-stelliger Boole'scher Ausdrücke.

Wir betrachten zunächst $\mathring{A}_0$. 0-stellige Boole'sche Ausdrücke enthalten keine Variablen, sondern nur Operationen auf 0 und 1. Sie stellen die beiden 0-stelligen Boole'schen Funktionen dar, also die konstanten 0-stelligen Funktionen mit Funktionswert 0 und mit Funktionswert 1. Entsprechend besteht $\mathring{A}_0$ aus zwei Elementen: der Klasse aller 0-stelligen Ausdrücke mit Wert 0 und der Klasse aller 0-stelligen Ausdrücke mit Wert 1.

$$\mathring{A}_0 = \left\{ \underbrace{\{0, (0 + 0), (0 \cdot 1), \overline{1}, \ldots\}}_{= [0]}, \underbrace{\{1, (0 + 1), (1 \cdot 1), \overline{0}, \ldots\}}_{= [1]} \right\}$$

Eine Äquivalenzklasse, die den Ausdruck α enthält, wird mit $[\alpha]$ bezeichnet. 1-stellige Boole'sche Ausdrücke enthalten Operationen auf x_1, 0 und 1. Es gibt vier 1-stellige Boole'sche Funktionen. Also enthält $\mathring{A}_1$ vier Klassen. Die Klasse $[0]$ besteht aus allen zu 0 äquivalenten Ausdrücken, $[0] = \{0, (x_1 \cdot 0), (x_1 \cdot \bar{x}_1), \overline{(x_1 + \bar{x}_1)}, \ldots\}$. Es gilt

$$\mathring{A}_1 = \left\{ [0], [x_1], [\bar{x}_1], [1] \right\}.$$

Nachdem wir die Grundmenge bestimmt haben, müssen wir geeignete Operationen festlegen: Die Operation $+$ auf zwei Klassen $A = [\alpha]$ und $B = [\beta]$ liefert die Klasse $[\alpha + \beta]$. Entsprechend liefert die Operation $\cdot$ auf zwei Klassen $A = [\alpha]$ und $B = [\beta]$ die Klasse $[\alpha \cdot \beta]$. Die Operation $^-$ schließlich überführt $A = [\alpha]$ in die Klasse $[\bar{\alpha}]$. Die Klasse $[0]$ übernimmt die Rolle des Nullelements, und $[1]$ die des Einselements. Aufgrund der bekannten Eigenschaften Boole'scher Ausdrücke ist $(\mathring{A}_n, +, \cdot, {}^-, [0], [1])$ eine Boole'sche Algebra.

In Abschn. 10.10 werden wir noch die **Schaltkreis-Algebra** betrachten.

10.4   Eigenschaften Boole'scher Algebren

Neben den vier Rechengesetzen gelten in den in Abschn. 10.3 vorgestellten Beispielen Boole'scher Algebren natürlich eine Vielzahl weiterer Regeln für die einzelnen Operationen und ihr Zusammenspiel. Zum Beispiel gelten für die Operationen $\cup$ und $\cap$ aus der Potenzmengen-Algebra

$$(\mathcal{P}(\{1, 2, 3, 4\}), \cup, \cap, {}^-, \emptyset, \{1, 2, 3, 4\})$$

auch die Idempotenz und die Assoziativität. Weiter gelten die deMorgan'schen Regeln. Wir werden nun zeigen, dass alle diese Regeln nicht nur in einigen Beispielen gelten, sondern in jeder Boole'schen Algebra gültig sind. Sie lassen sich nämlich unmittelbar aus den vier Rechengesetzen ableiten.

Satz 10.3 *Sei* $(B, \oplus, \otimes, \kappa, \underline{0}, \underline{1})$ *eine endliche Boole'sche Algebra. Die Operation* $\oplus$ *ist idempotent, das heißt es gilt* $x \oplus x = x$ *für jedes Element* $x \in B$.

Beweis Zum Beweis führen wir unter Ausnutzung der Rechengesetze einige äquivalente Umformungen aus. Wir starten mit $x \oplus x$ und erhalten x am Ende unserer Kette äquivalenter Umformungen.

Im ersten Schritt wenden wir das Neutralitätsgesetz an: $a = a \otimes \underline{1}$ für beliebiges $a \in B$. Für a setzen wir das durch $x \oplus x$ bezeichnete Element der Grundmenge ein. Dann erhalten wir

$$x \oplus x = (x \oplus x) \otimes \underline{1}.$$

Wegen des Komplementgesetzes gilt $\underline{1} = (a \oplus \kappa(a))$ für beliebiges $a \in B$. Ersetzen wir a durch x, dann ergibt sich für die rechte Seite der letzten Äquivalenz

$$(x \oplus x) \otimes \underline{1} = (x \oplus x) \otimes (x \oplus \kappa(x)) \,.$$

Die rechte Seite dieser Äquivalenz kann nun mit dem Distributivgesetz umgeformt werden:

$$(x \oplus x) \otimes (x \oplus \kappa(x)) = x \oplus (x \otimes \kappa(x)) \,.$$

Nun wenden wir das Komplementgesetz $a \otimes \kappa(a) = \underline{0}$ an,

$$x \oplus (x \otimes \kappa(x)) = x \oplus \underline{0} \,,$$

und erhalten gemäß Neutralitätsgesetz $a \oplus \underline{0} = a$ schlussendlich

$$x \oplus \underline{0} = x \,.$$

In fünf Schritten haben wir $x \oplus x$ auf der Grundlage der gültigen Rechengesetze äquivalent zu x umgeformt – d. h. wir haben $x \oplus x = x$ bewiesen. Da wir keinerlei Einschränkungen über die Eigenschaften von x gemacht haben, gelten die Umformungen für jedes beliebige x aus der Grundmenge B. ∎

Später werden wir Beweise viel kürzer aufschreiben, indem wir lediglich die Umformungen selbst mit einer kurzen Begründung angeben. Der Beweis der Aussage, dass auch die Operation $\otimes$ idempotent ist – d. h. es gilt $x \otimes x = x$ für jedes $x \in B$ –, sieht dann wie folgt aus.

$$
\begin{aligned}
x \otimes x &= (x \otimes x) \oplus \underline{0} &&\text{(Neutralitätsgesetz)} \\
&= (x \otimes x) \oplus (x \otimes \kappa(x)) &&\text{(Komplementgesetz)} \\
&= x \otimes (x \oplus \kappa(x)) &&\text{(Distributivgesetz)} \\
&= x \otimes \underline{1} &&\text{(Komplementgesetz)} \\
&= x &&\text{(Neutralitätsgesetz)}
\end{aligned}
$$

Anders als im Beweis von Satz 10.3, wo wir im ersten Schritt die Äquivalenz $a \otimes \underline{1} = a$ aus dem Neutralitätsgesetz benutzt haben, haben wir hier die Äquivalenz $a \oplus \underline{0} = a$ aus dem Neutralitätsgesetz benutzt. Jedes der vier Rechengesetze besteht ja aus zwei Äquivalenzen. Vertauscht man gleichzeitig in der einen Äquivalenz $\oplus$ und $\otimes$ sowie $\underline{0}$ und $\underline{1}$, dann erhält man die andere Äquivalenz. Diese Beobachtung gilt nicht nur im Zusammenhang mit der Idempotenz, sondern spiegelt eine sehr tiefliegende Struktureigenschaft Boole'scher Algebren wieder. Dieses Vertauschen wird *dualisieren* genannt. Hat man den Beweis einer Eigenschaft der Boole'schen Algebra, erhält man durch Dualisieren aller Äquivalenzen des Beweises einen Beweis für die duale Eigenschaft. Aus dem Beweis der Idempotenz von $\oplus$ haben wir einen Beweis der dualen Idempotenz von $\otimes$ bekommen, indem wir jeden Beweisschritt dualisiert haben, also jeweils mit der dualen Äquivalenz des Rechengesetzes argumentiert haben. Daraus ergibt sich das *Dualitätsprinzip* der Boole'schen Algebra.

Satz 10.4 (**Dualitätsprinzip**) *Gilt eine Eigenschaft in der Boole'schen Algebra, dann gilt auch die duale Eigenschaft.*   ∎

Nun werden wir eine Reihe weiterer Eigenschaften für Boole'sche Algebren beweisen.

Satz 10.5 *Sei* $(B, \oplus, \otimes, \kappa, \underline{0}, \underline{1})$ *eine endliche Boole'sche Algebra. Für alle Elemente a, b und c in B gelten die folgenden Äquivalenzen.*

(1) *Dominanzgesetz:* $a \oplus \underline{1} = \underline{1}$.
(2) *Absorptionsgesetz:* $a \oplus (a \otimes b) = a$.
(3) *Gesetz zur Vereinfachung von Gleichungen:*
$$\text{wenn } b \oplus a = c \oplus a \text{ und } b \oplus \kappa(a) = c \oplus \kappa(a), \text{ dann ist } b = c.$$
(4) *Assoziativgesetz:* $a \oplus (b \oplus c) = (a \oplus b) \oplus c$.
(5) *deMorgan'sches Gesetz:* $\kappa(a \oplus b) = \kappa(a) \otimes \kappa(b)$.
(6) *Eindeutigkeit des Komplements:*
$$\text{wenn } a \oplus b = \underline{1} \text{ und } a \otimes b = \underline{0}, \text{ dann ist } b = \kappa(a).$$
(7) *Komplementarität der neutralen Elemente* $\underline{0}$ *und* $\underline{1}$: $\bar{\underline{0}} = \underline{1}$ *und* $\bar{\underline{1}} = \underline{0}$.
(8) *Doppelnegationsgesetz:* $\kappa(\kappa(a)) = a$.

Aufgrund des Dualitätsprinzips (Satz 10.4) brauchen wir die ebenfalls geltenden dualen Eigenschaften – wie z. B. das duale Absorptionsgesetz $a \otimes (a \oplus b) = a$ oder das duale deMorgan'sche Gesetz $\kappa(a \otimes b) = \kappa(a) \oplus \kappa(b)$ – nicht extra aufzuschreiben und zu beweisen.

Beweis Die Beweise der einzelnen Eigenschaften führen wir wieder durch äquivalente Umformungen. Dazu benutzen wir entweder die Rechenregeln einer Boole'schen Algebra oder solche Eigenschaften, die wir bereits bewiesen haben.

(1) Es gilt $a \oplus \underline{1}$ $= (a \oplus \underline{1}) \otimes \underline{1}$ (Neutralitätsgesetz)
$= (a \oplus \underline{1}) \otimes (a \oplus \kappa(a))$ (Komplementgesetz)
$= a \oplus (\underline{1} \otimes \kappa(a))$ (Distributivgesetz)
$= a \oplus \kappa(a)$ (Kommut.- und Neutr.ges.)
$= \underline{1}$ (Komplementgesetz)

(2) Es gilt $a \oplus (a \otimes b)$ $= (a \otimes \underline{1}) \oplus (a \otimes b)$ (Neutralitätsgesetz)
$= a \otimes (\underline{1} \oplus b)$ (Distributivgesetz)
$= a \otimes \underline{1}$ (Kommut.- und Dominanzges.)
$= a$ (Neutralitätsgesetz)

(3) Angenommen, die beiden Äquivalenzen $b \oplus a = c \oplus a$ und $b \oplus \kappa(a) = c \oplus \kappa(a)$ gelten. Dann ist auch das Produkt der beiden linken Seiten äquivalent zum Produkt der beiden rechten Seiten, also

$$(b \oplus a) \otimes (b \oplus \kappa(a)) = (c \oplus a) \otimes (c \oplus \kappa(a)).$$

Aufgrund des Distributivgesetzes kann ausgeklammert werden, und man erhält

$$b \oplus (a \otimes \kappa(a)) = c \oplus (a \oplus \kappa(a)).$$

Da nach dem Komplementgesetz $a \otimes \kappa(a) = \underline{0}$ gilt, ergibt sich

$$b \oplus \underline{0} = c \oplus \underline{0}.$$

Nach dem Neutralitätsgesetz ist $\underline{0}$ neutrales Element für $\oplus$, und wir erhalten schließlich

$$b = c.$$

(4) Wir zeigen $((a \oplus b) \oplus c) \otimes a = (a \oplus (b \oplus c)) \otimes a$ und $((a \oplus b) \oplus c) \otimes \kappa(a) = (a \oplus (b \oplus c)) \otimes \kappa(a)$. Aufgrund des Gesetzes zur Vereinfachung von Gleichungen folgt daraus die Assoziativität von $\oplus$.

$((a \oplus b) \oplus c) \otimes a$

$= a \otimes ((a \oplus b) \oplus c)$	(Kommutativgesetz)
$= (a \otimes (a \oplus b)) \oplus (a \otimes c)$	(Distributivgesetz)
$= a \oplus (a \otimes c)$	(Absorptionsgesetz)
$= a$	(Absorption)
$= a \otimes (a \oplus (b \oplus c))$	(Absorptionsgesetz)
$= (a \oplus (b \oplus c)) \otimes a$	(Kommutativgesetz)

$((a \oplus b) \oplus c) \otimes \kappa(a)$

$= \kappa(a) \otimes ((a \oplus b) \oplus c)$	(Kommutativgesetz)
$= (\kappa(a) \otimes (a \oplus b)) \oplus (\kappa(a) \otimes c)$	(Distributivgesetz)
$= (\kappa(a) \otimes b) \oplus (\kappa(a) \otimes c)$	(Distrib.- und Kompl.gesetz)
$= \kappa(a) \otimes (b \oplus c)$	(Distributivgesetz)
$= \oplus(\kappa(a) \otimes (b \oplus c))$	(Neutr.- und Kommutativgesetz)
$= (\kappa(a) \otimes a) \oplus (\kappa(a) \otimes (b \oplus c))$	(Komplementgesetz)
$= \kappa(a) \otimes (a \oplus (b \oplus c))$	(Distributivgesetz)
$= (a \oplus (b \oplus c)) \otimes \kappa(a)$	(Kommutativgesetz)

(5) Wir zeigen $(a \oplus b) \otimes (\kappa(a) \otimes \kappa(b)) = \underline{0}$ und $(a \oplus b) \oplus (\kappa(a) \otimes \kappa(b)) = \underline{1}$. Nach dem Komplementgesetz ist dann $\kappa(a) \otimes \kappa(b)$ das Komplement von $a \oplus b$.

$$(a \oplus b) \otimes (\kappa(a) \otimes \kappa(b))$$
$$= (a \otimes (\kappa(a) \otimes \kappa(b))) \oplus (b \otimes (\kappa(a) \otimes \kappa(b)))$$
$$= ((a \otimes \kappa(a)) \otimes \kappa(b)) \oplus ((b \otimes \kappa(b)) \otimes \kappa(a))$$
$$= \underline{0} \oplus \underline{0}$$
$$= \underline{0}$$

$$(a \oplus b) \oplus (\kappa(a) \otimes \kappa(b))$$
$$= (a \oplus b \oplus \kappa(a)) \otimes (a \oplus b \oplus \kappa(b))$$
$$= \underline{1} \otimes \underline{1}$$
$$= \underline{1}$$

(6) Es gelte $a \oplus b = \underline{1}$ und $a \otimes b = \underline{0}$. Dann ist

$$\kappa(a) = \underline{1} \otimes \kappa(a) = (a \oplus b) \otimes \kappa(a) = b \otimes \kappa(a)$$

und

$$\kappa(a) = \underline{0} \oplus \kappa(a) = (a \otimes b) \oplus \kappa(a) = b \oplus \kappa(a).$$

Nun setzen wir auf der rechten Seite der Äquivalenz für $\kappa(a)$ das äquivalente $b \otimes \kappa(a)$ ein und erhalten

$$\kappa(a) = b \oplus (b \otimes \kappa(a)) = b.$$

(7) Aufgrund des Dominanzgesetzes und des Kommutativgesetzes gilt

$$\underline{0} \oplus \underline{1} = \underline{1} \quad \text{und} \quad \underline{0} \otimes \underline{1} = \underline{0}.$$

Wegen der Eindeutigkeit des Komplements folgt $\kappa(\underline{1}) = \underline{0}$. Das Dualitätsprinzip liefert schließlich $\kappa(\underline{0}) = \underline{1}$.

(8) Nach dem Komplementgesetz gilt $a \oplus \kappa(a) = \underline{1}$. Da $\underline{0}$ und $\underline{1}$ gegenseitig komplementär sind, erhalten wir $\kappa(a \oplus \kappa(a)) = \underline{0}$. Durch Anwendung des deMorgan'schen Gesetzes und aufgrund der Assoziativität von $\otimes$ ergibt sich $\kappa(\kappa(a)) \otimes \kappa(a) = \underline{0}$. Das Dualitätsprinzip liefert uns daraus $\kappa(\kappa(a)) \oplus \kappa(a) = \underline{1}$. Aus der Eindeutigkeit des Komplements folgt schließlich $\kappa(\kappa(a)) = a$ aus den letzten beiden Äquivalenzen. ∎

10.5   Halbordnungen in einer Boole'schen Algebra

Das Einselement $\underline{1}$ kann im folgenden Sinne als größtes Element einer Boole'schen Algebra ansehen werden: Egal was man zum Einselement hinzuaddiert, die Summe ist stets das Einselement. Diese Idee kann man verallgemeinern und auf einer Boole'schen Algebra eine Halbordnung zu definieren.

Definition 10.6 Sei $(B, \oplus, \otimes, \kappa, \underline{0}, \underline{1})$ eine Boole'sche Algebra, und seien a und b Elemente aus der Grundmenge B. Wir sagen, dass a *kleiner oder gleich b* ist – geschrieben $a \leq b$ – genau dann, wenn $a \oplus b = b$.

Beispiele 10.4

(1) Die Potenzmengen-Algebra $(\mathcal{P}(\{0, 1\}), \cup, \cap, {}^-, \emptyset, \{0, 1\})$ besitzt als Grundmenge $\mathcal{P}(\{0, 1\}) = \{\emptyset, \{0\}, \{1\}, \{0, 1\}\}$. Hier gilt gemäß obiger Definition zum Beispiel $\{0\} \leq \{0, 1\}$, da $\{0\} \cup \{0, 1\} = \{0, 1\}$. Es gilt aber weder $\{0\} \leq \{1\}$ noch $\{1\} \leq \{0\}$, da $\{0\} \cup \{1\} = \{0, 1\}$.

(2) In der Schaltfunktionen-Algebra der 2-stelligen Schaltfunktionen betrachten wir die Funktionen g, h und k mit

x	y	$g(x, y)$
0	0	1
0	1	0
1	0	0
1	1	1

x	y	$h(x, y)$
0	0	0
0	1	0
1	0	1
1	1	1

x	y	$k(x, y)$
0	0	1
0	1	0
1	0	1
1	1	1

Die Rolle von $\oplus$ hat hier die Operation max inne. Es gilt $\max[g, h] = k$. Da die Funktionen h und k verschieden sind, gilt nicht $g \leq h$. Da g und k ebenfalls verschieden sind und auf Grund des Kommutativgesetzes gilt nicht $h \leq g$. Die beiden Funktionen g und h lassen sich also nicht bezgl. $\leq$ miteinander vergleichen. Andererseits gilt aber $\max[g, k] = k$. Es folgt also $g \leq k$. Das kann man auch am Werteverlauf von g und k erkennen. Der Werteverlauf von g und der von k unterscheiden sich in der dritten Position, das heißt $g(1, 0) \neq k(1, 0)$. Der Wert $g(1, 0)$ ist 0 und der Wert $k(1, 0)$ ist 1. In den anderen Positionen sind die Werte gleich. Die Relation $\leq$ entspricht also dem positionsweisen Vergleich der Funktionswerte.   □

Für Potenzmengen-Algebren entspricht $\leq$ genau der Teilmengenrelation $\subseteq$, da für beliebige Mengen x und y gilt: $x \cup y = y$ genau dann, wenn $x \subseteq y$.

Die Relation $\leq$ bestimmt eine Halbordnungsrelation gemäß Definition 4.12. Ein Paar (A, R) bestehend aus einer Menge A und einer Halbordnungsrelation R auf A wird *Halbordnung* genannt. Die Halbordnung $(\mathcal{P}(\{0, 1\}), \subseteq)$ wird durch das Hasse-Diagramm in Abb. 10.4 dargestellt. Auf der Potenzmengen-Algebra $(\mathcal{P}(\{0, 1, 2\}), \cup, \cap, {}^-, \emptyset, \{0, 1, 2\})$ lässt sich die Halbordnung $(\mathcal{P}(\{0, 1, 2\}), \subseteq)$ entsprechend darstellen – siehe Abb. 10.5.

Abb. 10.4 Hasse-Diagramm
für die Halbordnung
$(\mathcal{P}(\{0, 1\}), \subseteq)$

Abb. 10.5 Hasse-Diagramm
für die Halbordnung
$(\mathcal{P}(\{0, 1, 2\}), \subseteq)$

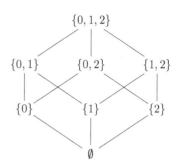

Am Hasse-Diagramm kann man auch die Werte der Operationen $\cap$ und $\cup$ ablesen: $x \cap y$ ist das größte Element, das kleiner oder gleich x und kleiner oder gleich y ist. Entsprechend ist $x \cup y$ das kleinste Element, das größer oder gleich x und größer oder gleich y ist.

Satz 10.6 *Sei* $(B, \oplus, \otimes, \kappa, \underline{0}, \underline{1})$ *eine Boole'sche Algebra. Dann ist* $(B, \leq)$ *eine Halbordnung auf der Grundmenge* B.

Beweis Eine Relation ist eine Halbordnungsrelation, wenn sie reflexiv, transitiv und antisymmetrisch ist. Wir müssen also nachweisen, dass $\leq$ diese drei Eigenschaften besitzt.

Reflexivität: Da $\oplus$ idempotent ist, gilt $x \oplus x = x$ für alle Elemente x der Grundmenge. Also folgt $x \leq x$.

Transitivität: Sei $x \leq y$ und $y \leq z$ für beliebige Elemente x, y und z der Grundmenge. Nach Definition von $\leq$ bedeutet das $x \oplus y = y$ und $y \oplus z = z$. Wir können also schreiben

$$x \oplus z = x \oplus (y \oplus z) = (x \oplus y) \oplus z = y \oplus z = z$$

und erhalten $x \leq z$.

Antisymmetrie: Sei $x \leq y$ und $y \leq x$ für beliebige Elemente x, y und z der Grundmenge B. Dann folgt $x \oplus y = y$ und $y \oplus x = x$ und schließlich

$$x = y \oplus x = x \oplus y = y.$$ ∎

Wir haben die Halbordnungsrelation $\leq$ in einer Boole'schen Algebra mit Hilfe der Eigenschaft der Addition eingeführt. Wie der folgende Satz zeigt, hätten wir genau so gut eine analoge Eigenschaft der Multiplikation nutzen können. Die Multiplikation eines Elementes x mit einem größeren Element y ergibt stets x.

Satz 10.7 $x \leq y$ *genau dann, wenn* $x \otimes y = x$.

Beweis Es gelte $x \leq y$. Nach Definition bedeutet das $x \oplus y = y$. Laut Absorptionsgesetz gilt $x \otimes (x \oplus y) = x$. Aufgrund der Voraussetzung $x \leq y$ können wir $(x \oplus y)$ durch y ersetzen und erhalten $x \otimes y = x$.

Nun gelte $x \otimes y = x$. Laut Absorptionsgesetz gilt $y \oplus (x \otimes y) = y$. Nach Ersetzung von $(x \otimes y)$ durch x erhalten wir daraus $x \oplus y = y$, also $x \leq y$. ∎

Addiert man das Komplement $\kappa(x)$ zu x, ergibt sich das Einselement. Tatsächlich gilt mehr:

Satz 10.8 $x \leq y$ *genau dann, wenn* $\kappa(x) \oplus y = \underline{1}$.

Beweis $x \leq y$ gilt genau dann, wenn $x \oplus y = y$. Nun komplementieren wir beide Seiten der Äquivalenz und erhalten nach Anwendung des deMorgan'schen Gesetzes $\kappa(x) \otimes \kappa(y) = \kappa(y)$. Durch Multiplikation beider Seiten mit x erhalten wir $x \otimes (\kappa(x) \otimes \kappa(y)) = x \otimes \kappa(y)$, woraus sich $\underline{0} = x \otimes \kappa(y)$ ergibt. Durch erneutes Komplementieren beider Seiten und nach Anwendung des deMorgan'schen Gesetzes erhalten wir schließlich $\underline{1} = \kappa(x) \oplus y$. ∎

10.6 Atome

Eine besondere Rolle spielen in Boole'schen Algebren die Elemente, die größer als das Nullelement $\underline{0}$ und kleiner als alle anderen Elemente der Grundmenge sind, mit denen sie sich vergleichen lassen.

Definition 10.7 Ein *Atom* einer Boole'schen Algebra $(B, \oplus, \otimes, \kappa, \underline{0}, \underline{1})$ ist ein Element $a \in B$ mit folgenden Eigenschaften: $a \neq \underline{0}$, und für alle $b \leq a$ gilt: $b = \underline{0}$ oder $b = a$.

Im Hasse-Diagramm einer Algebra sind die Atome genau die direkten Nachbarn des Nullelementes.

Beispiele 10.5

(1) In der Algebra $(\mathcal{P}(\{0, 1, 2\}), \cup, \cap, \overline{}, \emptyset, \{0, 1, 2\})$ ist das Nullelement die leere Menge $\emptyset$, und die Atome sind die Elemente $\{0\}$, $\{1\}$ und $\{2\}$.

(2) In der Funktionen-Algebra ist das Nullelement die Funktion mit dem konstanten Funktionswert $\underline{0}$. Die induzierte Halbordnung $\leq$ entspricht dem positionsweisen Vergleich der Funktionswerte. Also sind die Atome der Funktionen-Algebra genau die Funktionen, deren Funktionswert nur für genau ein Argument 1 und sonst immer 0 ist. Die Algebra der 2-stelligen Schaltfunktionen besitzt die vier Atome

x	y	$g_1(x, y)$	x	y	$g_2(x, y)$	x	y	$g_3(x, y)$	x	y	$g_4(x, y)$
0	0	1	0	0	0	0	0	0	0	0	0
0	1	0	0	1	1	0	1	0	0	1	0
1	0	0	1	0	0	1	0	1	1	0	0
1	1	0	1	1	0	1	1	0	1	1	1

$\Box$

Für das Produkt eines Atoms mit einem beliebigen anderen Element gibt es nur zwei Möglichkeiten: Entweder ist das Produkt $\underline{0}$, die beiden Elemente sind also unvergleichbar, oder das Produkt ist das Atom selbst.

Satz 10.9 *Sei a ein Atom einer Boole'schen Algebra, und b sei ein beliebiges Element aus deren Grundmenge. Dann gilt $a \otimes b = \underline{0}$ oder $a \otimes b = a$.*

Beweis Sei angenommen, dass $a \otimes b \neq a$. Da $a \otimes b \leq a$, muss $a \otimes b = \underline{0}$ gelten, da $\underline{0}$ das einzige Element der Grundmenge ist, das echt kleiner als a ist. ∎

Ist ein Atom mit einem Element nicht vergleichbar, dann ist es mit dessen Komplement vergleichbar, und umgekehrt.

Satz 10.10 *Sei a ein Atom einer Boole'schen Algebra, und b sei ein beliebiges Element aus deren Grundmenge. Dann gilt $a \otimes b = \underline{0}$ genau dann, wenn $a \otimes \kappa(b) = a$.*

Beweis ($\leftarrow$) Zuerst zeigen wir, dass man aus $a \otimes \kappa(b) = a$ die Folgerung $a \otimes b = \underline{0}$ ziehen kann. Gelte also $a \otimes \kappa(b) = a$. Ist $a \otimes b \neq \underline{0}$, dann ist $a \otimes b = a$. Also folgt

$$a \otimes \kappa(b) = (a \otimes b) \otimes \kappa(b) = \underline{0},$$

was der Annahme widerspricht.

($\rightarrow$) Nun gelte $a \otimes b = \underline{0}$. Aus der Annahme $a \otimes \kappa(b) \neq a$ folgt $a \otimes \kappa(b) = \underline{0}$. Damit folgt $a \otimes b = a \otimes \kappa(b)$. Addiert man a zu beiden Seiten dieser Äquivalenz, erhält man $a \oplus \kappa(b) = \kappa(b)$. Setzt man diese Summe in $a \otimes \kappa(b) = \underline{0}$ ein, erhält man $a = 0$, also einen Widerspruch zur Voraussetzung, dass a ein Atom ist. ∎

Satz 10.11 *Sei a ein Atom einer Boole'schen Algebra, und b sei ein beliebiges Element aus deren Grundmenge. Dann gilt $a \leq b$ oder $a \leq \kappa(b)$.*

Beweis Sei angenommen, dass weder $a \leq b$ noch $a \leq \kappa(b)$ gilt. Dann ist $a \otimes b = \underline{0}$ und $a \otimes \kappa(b) = \underline{0}$. Also ist $a \otimes b = a \otimes \kappa(b)$. Durch Addition von $\kappa(b)$ erhält man $a \oplus \kappa(b) = \kappa(b)$. Also muss $a = \underline{0}$ gelten, im Widerspruch dazu, dass a ein Atom ist. ∎

Beispiele 10.6

(1) Die Algebra $(\mathcal{P}(\{0, 1, 2\}), \cup, \cap, {}^{-}, \emptyset, \{0, 1, 2\})$ besitzt genau die Atome $\{0\}$, $\{1\}$ und $\{2\}$. Jedes Element der Grundmenge ist eine Teilmenge von $\{0, 1, 2\}$. Also lässt sich jedes Element x als die Vereinigung von Atomen darstellen. Zum Beispiel kann das Element $\{0, 2\}$ als Vereinigung der Atome $\{0\}$ und $\{2\}$ dargestellt werden,

$$\{0\} \cup \{2\} = \{0, 2\}\,.$$

Die in der Vereinigung vorkommenden Atome sind genau die Atome, die kleiner als $\{0, 2\}$ sind.

(2) In der Schaltfunktionen-Algebra ist jede Funktion f ebenfalls die Summe aller atomaren Funktionen, die kleiner oder gleich f sind. Zum Beispiel gilt

$$\max \left(\begin{array}{cc|c} x & y & g_1(x, y) \\ \hline 0 & 0 & 1 \\ 0 & 1 & 0 \\ 1 & 0 & 0 \\ 1 & 1 & 0 \end{array} \, , \begin{array}{cc|c} x & y & g_4(x, y) \\ \hline 0 & 0 & 0 \\ 0 & 1 & 0 \\ 1 & 0 & 0 \\ 1 & 1 & 1 \end{array} \right) = \begin{array}{cc|c} x & y & g(x, y) \\ \hline 0 & 0 & 1 \\ 0 & 1 & 0 \\ 1 & 0 & 0 \\ 1 & 1 & 1 \end{array}$$

oder

$$\max \left(\max \left(\begin{array}{cc|c} x & y & \\ \hline 0 & 0 & 1 \\ 0 & 1 & 0 \\ 1 & 0 & 0 \\ 1 & 1 & 0 \end{array} \, , \begin{array}{cc|c} x & y & \\ \hline 0 & 0 & 0 \\ 0 & 1 & 0 \\ 1 & 0 & 0 \\ 1 & 1 & 1 \end{array} \right) \, , \begin{array}{cc|c} x & y & \\ \hline 0 & 0 & 0 \\ 0 & 1 & 0 \\ 1 & 0 & 1 \\ 1 & 1 & 0 \end{array} \right) = \begin{array}{cc|c} x & y & \\ \hline 0 & 0 & 1 \\ 0 & 1 & 0 \\ 1 & 0 & 1 \\ 1 & 1 & 1 \end{array}\,. \qquad \square$$

Satz 10.12 *Jedes Element a einer Boole'schen Algebra ist die Summe der Atome, die kleiner oder gleich a sind.*

Beweis Sei b Element einer Boole'schen Algebra $(B, \oplus, \otimes, \kappa, \underline{0}, \underline{1})$, und seien $a_1, \ldots, a_k$ alle Atome aus B mit $a_i \leq b$. Mit σ_b bezeichnen wir die Summe $a_1 \oplus \cdots \oplus a_k$ dieser Atome. Wir zeigen nun, dass $b \leq \sigma_b$ und $\sigma_b \leq b$ gilt, woraus dann $b = \sigma_b$ folgt.

Wir zeigen zunächst $b \otimes \sigma_b = \sigma_b$ und betrachten dazu das Produkt $b \otimes (a_1 \oplus a_2 \oplus \cdots \oplus a_k)$. Dieses Produkt ist auf Grund des Distributivgesetzes äquivalent zu $(b \otimes a_1) \oplus (b \otimes a_2) \oplus \cdots \oplus (b \otimes a_k)$. Da $a_i \leq b$, gilt $a_i \otimes b = a_i$. Also ist die Summe äquivalent zu $a_1 \oplus a_2 \oplus \cdots \oplus a_k$.

Wir betrachten nun das Produkt $b \otimes \kappa(\sigma_b) = b \otimes \overline{(a_1 \oplus a_2 \oplus \cdots \oplus a_k)}$. Angenommen, dass $b \otimes \kappa(\sigma_b) \neq \underline{0}$ gilt. Dann gibt es ein Atom $a \leq b \otimes \kappa(\sigma_b)$. Also gilt $a \otimes b \otimes \kappa(\sigma_b) = a$. Angenommen, es gilt $a \leq b$. Dann ist a einer der Summanden in σ_b, sagen wir a_c. Also gilt

$$a = a \otimes b \otimes \kappa(\sigma_b) = a \otimes b \otimes \kappa(a_1) \otimes \cdots \otimes \kappa(a_c) \otimes \cdots \otimes \kappa(a_k) = \underline{0}.$$

Da a ein Atom ist, folgt $a \neq \underline{0}$. Also ist die Annahme $a \leq b$ falsch, und es muss $a \leq \kappa(b)$ gelten, das heißt $a \otimes \kappa(b) = a$. Damit ergibt sich

$$a = a \otimes b \otimes \kappa(\sigma_b) = a \otimes \kappa(b) \otimes b \otimes \kappa(\sigma_b) = \underline{0}.$$

Wir erhalten also einen Widerspruch dazu, dass a ein Atom ist. Folglich gilt $b \otimes \kappa(\sigma_b) = \underline{0}$.

Damit haben wir $b \otimes \sigma_b = \sigma_b$ und $b \otimes \kappa(\sigma_b) = \underline{0}$ gezeigt. Aufgrund des Gesetzes zur Vereinfachung von Gleichungen folgt $b = \sigma_b$. ∎

Jede Summe von Atomen beschreibt eindeutig ein Element der Grundmenge.

Satz 10.13 *Jedes Element einer Boole'schen Algebra ist eindeutig als Summe von Atomen darstellbar.*

Beweis Angenommen, das Element b ist durch zwei verschiedene Summen von Atomen $b = \sigma$ und $b = \sigma'$ darstellbar. Dann gibt es in einer der beiden Summen ein Atom $a \leq b$, das in der anderen Summe nicht vorkommt. O. B. d. A. sei a in σ enthalten. Wegen Satz 10.9 gilt $a \otimes b = a \otimes \sigma' = \underline{0}$. Also folgt $a = \underline{0}$ im Widerspruch dazu, dass a ein Atom ist. ∎

Korollar 10.1 *Besitzt eine Boole'sche Algebra n Atome, dann besitzt sie also genau 2^n Elemente.*

Ein *Atomkomplement* ist das Komplement $\kappa(a)$ eines Atoms a.

Satz 10.14 *Jedes Element einer Boole'schen Algebra ist das Produkt aller größeren Atomkomplemente.*

Die Sätze 10.12 und 10.14 werden auch *Normalformsätze* genannt. Sie erlauben eine einheitliche Darstellung sämtlicher Elemente einer Boole'schen Algebra mit Hilfe der Atome.

10.7   Normalformen für Boole'sche Ausdrücke

Uns interessieren nun die Atome der in Abschn. 10.3 eingeführten Ausdruck-Algebra. Jedes Element der Ausdruck-Algebra ist eine Menge von äquivalenten Boole'schen Ausdrücken. Da äquivalente Boole'sche Ausdrücke die gleiche Schaltfunktion darstellen, enthält jedes Element der Ausdruck-Algebra genau die verschiedenen Boole'schen Ausdrücke, die die gleiche Schaltfunktion darstellen. Abb. 10.6 zeigt ein Beispiel.

Um die Atome der Ausdruck-Algebra zu bestimmen, erinnern wir uns an die Atome der Schaltfunktionen-Algebra. Die Atome dort sind genau die Funktionen, die für genau ein Argument den Wert 1 besitzen und sonst stets 0 sind. Ein Beschreibung eines solchen Atom

Schaltfunktion			äquivalente Darstellungen

$$(\overline{x_1} \cdot \overline{x_2}) + (x_1 \cdot x_2)$$

x_1	x_2	$f(x_1, x_2)$
0	0	1
0	1	0
1	0	0
1	1	1

$$\overline{((\overline{x_1} \cdot x_2) + (x_1 \cdot \overline{x_2}))}$$

$$(\overline{x_1} + x_2) \cdot (x_1 + \overline{x_2})$$

$$\overline{(\overline{x_1} \cdot x_2) \cdot (x_2 + \overline{x_1})}$$

$$\vdots$$

Abb. 10.6 Eine Schaltfunktion und verschiedene äquivalente Darstellungen

als Boole'scher Ausdruck erhält man ausgehend von dem Argument mit dem Funktionswert 1. Die atomare Schaltfunktion g

x_1	x_2	$g(x_1, x_2)$
0	0	0
0	1	0
1	0	1
1	1	0

besitzt genau für das Argument $(1, 0)$ den Funktionswert 1. Ein g darstellender Boole'scher Ausdruck ist also genau dann äquivalent 1, wenn man in ihm x_1 – das erste Element des Argumentes $(1, 0)$ – durch 1 und x_2 – das zweite Element des Argumentes $(1, 0)$ – durch 0 ersetzt. Ein Ausdruck mit diesen Eigenschaften ist z. B. $x_1 \cdot \bar{x}_2$. Das Argument $(1, 0)$ gibt die „Vorzeichen" für die beiden Variablen an: x_1 hat das Vorzeichen 1, das heißt es kommt „positiv" im Produkt vor. x_2 hat das Vorzeichen 0, das heißt es kommt „negativ" als $\bar{x}_2$ im Produkt vor.

Eine Variable x_i oder eine komplementierte Variable $\bar{x}_i$ nennt man *Literal*. Wir haben gerade an einem Beispiel gesehen, dass die Atome der Schaltfunktionen-Algebra durch ein Produkt von Literalen dargestellt werden können. Dieses Produkt wird *Minterm* genannt. Kommt in ihm jede der Variablen $x_1, \ldots, x_n$ genau einmal vor, dann wird von einem *vollständigen Minterm* gesprochen. In der Ausdruck-Algebra mit den Variablen x_1, x_2, x_3 sind zum Beispiel $x_1 \cdot x_2 \cdot x_3$ und $x_1 \cdot \bar{x}_2 \cdot \bar{x}_3$ vollständige Minterme. Kommt nicht jede Variable in dem Produkt vor, dann wird von einem Minterm an Stelle von einem vollständigen Minterm gesprochen. Jeder Minterm ist die Summe kleinerer vollständiger Minterme. Zum Beispiel gilt $x_1 \cdot \bar{x}_2 = (x_1 \cdot \bar{x}_2 \cdot x_3) + (x_1 \cdot \bar{x}_2 \cdot \bar{x}_3)$.

Jedem Atom in der Algebra der n-stelligen Schaltfunktionen entspricht in der Ausdruck-Algebra über den Variablen $x_1, \ldots, x_n$ genau die Menge der zu einem vollständigen Minterm äquivalenten Ausdrücke. Nach Satz 10.12 ist jedes Element einer Boole'schen Algebra die Summe von Atomen. Damit folgt für die Ausdruck-Algebra:

Satz 10.15 *Jeder Boole'sche Ausdruck ist äquivalent zu einer Summe vollständiger Minterme.* ∎

Um diese Summe zu bestimmen, betrachten wir die vom Ausdruck dargestellte Funktion an Hand der Werte-Tabelle und bestimmen aus den mit 1 endenden Zeilen der Tabelle alle Minterme. Die gesuchte Summe besteht genau aus diesen Mintermen.

Beispiel 10.7 Der Ausdruck

$$(x_1 + x_2) \cdot (\bar{x}_1 \cdot \bar{x}_2) + (x_2 \cdot x_3)$$

stellt die folgende Funktion f dar, aus der wir die entsprechenden Minterme erhalten.

x_1	x_2	x_3	$f(x_1, x_2, x_3)$		
0	0	0	0		
0	0	1	0		
0	1	0	0		
0	1	1	1	→	$\bar{x}_1 \cdot x_2 \cdot x_3$
1	0	0	0		
1	0	1	0		
1	1	0	0		
1	1	1	1	→	$x_1 \cdot x_2 \cdot x_3$

Tatsächlich gilt $(x_1 + x_2) \cdot (\bar{x}_1 \cdot \bar{x}_2) + (x_2 \cdot x_3) = \bar{x}_1 \cdot x_2 \cdot x_3 + x_1 \cdot x_2 \cdot x_3$. □

Wir betrachten nun das Komplement eines Minterms, zum Beispiel $\overline{\bar{x}_1 \cdot x_2 \cdot x_3}$. Durch Anwendung der deMorgan'schen Regel und der Doppelnegationsregel erhalten wir

$$\overline{\bar{x}_1 \cdot x_2 \cdot x_3} = x_1 + \bar{x}_2 + \bar{x}_3.$$

Das Komplement eines Minterms ist also stets die Summe von Literalen. Eine solche Summe wird *Maxterm* genannt. Ein Maxterm heißt *vollständig,* wenn jede der Variablen $x_1, \ldots, x_n$, über der die Ausdruck-Algebra definiert ist, in ihm vorkommt. Nach Satz 10.14 ist jedes Element einer Boole'schen Algebra das Produkt von Atomkomplementen. Damit folgt für die Ausdruck-Algebra:

Satz 10.16 *Jeder Boole'sche Ausdruck ist äquivalent zu einem Produkt vollständiger Maxterme.* ∎

Zur Bestimmung dieses Produktes kann man ganz analog vorgehen wie zur Bestimmung der Summe von Mintermen: Nach Satz 10.11 ist jedes Element einer Boole'schen Algebra entweder größer als ein Atom oder kleiner als dessen Komplement. Stellt man die 1-Zeilen der Werte-Tabelle einer Schaltfunktion als Boole'sche Ausdrücke dar, erhält man genau die kleineren Atome. Entsprechend liefern die 0-Zeilen genau die größeren Atomkomplemente. Wir müssen also lediglich zu jeder 0-Zeile den Minterm bestimmen, dessen Komplement bilden und erhalten so den gesuchten Maxterm.

Beispiel 10.8 Für die Schaltfunktion aus Beispiel 10.7 erhalten wir:

x_1	x_2	x_3	$f(x_1, x_2, x_3)$		Minterm		Komplement des Minterms
0	0	0	0	$\rightarrow$	$\bar{x}_1 \cdot \bar{x}_2 \cdot \bar{x}_3$	$\rightarrow$	$x_1 + x_2 + x_3$
0	0	1	0	$\rightarrow$	$\bar{x}_1 \cdot \bar{x}_2 \cdot x_3$	$\rightarrow$	$x_1 + x_2 + \bar{x}_3$
0	1	0	0	$\rightarrow$	$\bar{x}_1 \cdot x_2 \cdot \bar{x}_3$	$\rightarrow$	$x_1 + \bar{x}_2 + x_3$
0	1	1	1				
1	0	0	0	$\rightarrow$	$x_1 \cdot \bar{x}_2 \cdot \bar{x}_3$	$\rightarrow$	$\bar{x}_1 + x_2 + x_3$
1	0	1	0	$\rightarrow$	$x_1 \cdot \bar{x}_2 \cdot x_3$	$\rightarrow$	$\bar{x}_1 + x_2 + \bar{x}_3$
1	1	0	0	$\rightarrow$	$x_1 \cdot x_2 \cdot \bar{x}_3$	$\rightarrow$	$\bar{x}_1 + \bar{x}_2 + x_3$
1	1	1	1				

Es gilt also

$$(x_1 + x_2) \cdot (\bar{x}_1 \cdot \bar{x}_2) + (x_2 \cdot x_3) = (x_1 + x_2 + x_3) \cdot (x_1 + x_2 + \bar{x}_3) \cdot (x_1 + \bar{x}_2 + x_3). \quad \square$$

10.8   Minimierung Boole'scher Ausdrücke

Unser Ziel ist es nun, zu einem Boole'schen Ausdruck eine äquivalente und möglichst kompakte Summe von Mintermen – d.h. eine Summe von möglichst wenigen und möglichst kurzen Mintermen – zu finden. Nach Satz 10.16 ist jeder Boole'sche Ausdruck äquivalent zu einer Summe vollständiger Minterme. Man erhält diese Darstellung, indem man einen vorgelegten Ausdruck durch äquivalente Umformungen in die gewünschte Form bringt. Zunächst muss man dafür sorgen, dass sämtliche komplementierten Teilausdrücke verschwinden und nur noch Variablen komplementiert werden. Das erreicht man durch wiederholte Anwendungen der deMorgan'schen Gesetze und des Doppelnegationsgesetzes. Anschließend kann der Ausdruck mit Hilfe von Distributivgesetz, Absorptionsgesetz und Idempotenzgesetz in eine äquivalente Summe von Mintermen umgeformt werden:

$$(x_1 + x_2) \cdot \overline{(x_1 + x_2)} + \overline{(\bar{x}_2 + \bar{x}_3)}$$
$$= (x_1 + x_2) \cdot (\bar{x}_1 \cdot \bar{x}_2) + (x_2 \cdot x_3)$$
$$= (x_1 \cdot \bar{x}_1 \cdot \bar{x}_2) + (x_2 \cdot \bar{x}_1 \cdot \bar{x}_2) + (x_1 \cdot x_2 \cdot x_3) + (\bar{x}_1 x_2 \cdot x_3)$$
$$= (x_1 \cdot x_2 \cdot x_3) + (\bar{x}_1 \cdot x_2 \cdot x_3)$$

Wir betrachten die erhaltene Darstellung als Summe von Mintermen. Die beiden vollständigen Minterme dieser Summe enthalten die gleichen Variablen und unterscheiden sich nur in einem einzigen Literal. Man kann also die Summe der beiden Minterme mit jeweils drei Literalen durch einen einzigen äquivalenten Minterm mit nur zwei Variablen ersetzen. Dieser äquivalente Minterm heißt *Resolvent*. Zwei Minterme, von denen man einen Resolventen bilden kann, sind *resolvierbar.* Der Resolvent von x_i und $\bar{x}_i$ ist 1.

Wir wollen nun eine Summe von Mintermen so umformen, dass sie möglichst wenige und möglichst kurze Summanden enthält. Dazu bildet man alle Resolventen – also auch die Resolventen von Resolventen – und merkt sich, welche Minterme resolviert wurden. Aus der Menge der nicht resolvierbaren Mintermen bestimmt man schließlich eine minimale Teilmenge, die Resolventen aus allen vollständigen Mintermen enthält.

Wir beschreiben dieses Verfahren induktiv. Dabei konstruieren wir einen Graphen $G = (V, E)$, dessen Knoten Minterme sind und dessen gerichtete Kanten jeweils von einem Minterm zu seinen Resolventen führen.

Wir beginnen mit allen in der Summe vorkommenden vollständigen Mintermen m_1, $\ldots, m_k$:

$Basis:$ $G_0 = (V_0, E_0)$ mit $V_0 = \{m_1, \ldots, m_k\}$, $E_0 = \emptyset$.

In jedem Schritt erweitern wir die Knotenmenge um neue Resolventen. Jeder neue Resolvent ist Endpunkt neuer Kanten, deren Startpunkte die Knoten sind, aus denen er resolviert wurde:

$Regel:$ $\quad G_{i+1} \;=\; (V_{i+1}, E_{i+1})$ mit
$\qquad\qquad V_{i+1} \;=\; V_i \cup \{r \mid r \text{ ist Resolvent von } t, t' \in V_i\},$
$\qquad\qquad E_{i+1} \;=\; E_i \cup \{(t, r), (t', r) \mid r \text{ ist Resolvent von } t, t' \in V_i\}.$

Die Knoten in V_0 sind vollständige Minterme. Die Knoten in V_1 sind alle aus V_0 und Minterme mit einem Literal weniger, und so weiter. Sei n die Anzahl der Variablen der vollständigen Minterme. Dann sind die Knoten in $V_i - V_{i-1}$ Minterme mit $n - i$ Variablen. Nach spätestens n Schritten ändert sich der Graph nicht mehr. Wir erhalten schließlich den Graphen $G = G_n$. Die Knoten in G mit Ausgangsgrad 0 sind genau die Minterme, die nicht resolvierbar sind,

$$N = \{t \in V \mid t \text{ hat Ausgangsgrad 0 in } G\}.$$

Durch jeden nicht resolvierbaren Minterm t können nun alle vollständigen Minterme m_i äquivalent ersetzt werden, aus denen t resolviert wurde Wir nennen diese Menge

$$R(t) = \{s \mid s \in \{m_1, \ldots, m_k\}, s \xrightarrow[G]{*} t\}.$$

Es gilt

$$\bigcup_{t \in N} R(t) = \{m_1, \ldots, m_k\}.$$

Also ist die Summe aller Minterme in N gleich der Summe aller Minterme $m_1, \ldots, m_k$. Eine minimale Summe von Mintermen besteht aber nur aus einer Teilmenge T von N mit $\bigcup_{t \in T} R(t) = \{m_1, \ldots, m_k\}$. Die Summe aller Minterme einer kleinsten Teilmenge T mit dieser Eigenschaft ist genau die gesuchte kompakte Darstellung.

10.9 Der Isomorphie-Satz

Wir haben als Beispiele Boole'scher Algebren die Potenzmengen-Algebra, die Ausdruck-Algebra und die Schaltfunktionen-Algebra kennen gelernt. Die Ausdruck-Algebra hatten wir aus der Schaltfunktionen-Algebra abgeleitet: Aus jeder Funktion – also jedem Element der Schaltfunktionen-Algebra – haben wir die Menge der sie darstellenden Ausdrücke als Element der Ausdruck-Algebra konstruiert. Umgekehrt kann man auch für jeden Repräsentanten eines Elementes der Ausdruck-Algebra – also für jeden Ausdruck – die Funktion – also das Element der Ausdruck-Algebra – bestimmen, die durch diesen Ausdruck dargestellt wird. Formal gesagt ist die so beschriebene Abbildung Φ_F von der Grundmenge der Schaltfunktionen-Algebra auf die Grundmenge der Ausdruck-Algebra bijektiv.

Beispiel 10.9

$$\Phi_F \begin{pmatrix} \begin{array}{cc|c} x_1 & x_2 & \\ \hline 0 & 0 & 1 \\ 0 & 1 & 0 \\ 1 & 0 & 0 \\ 1 & 1 & 1 \end{array} \end{pmatrix} = [(\bar{x_1} \cdot \bar{x_2}) + (x_1 \cdot x_2)]$$

$\square$

Betrachten wir nun die Operation max der Schaltfunktionen-Algebra. Ihr entspricht die Operation $+$ in der Ausdruck-Algebra. Wendet man max auf zwei Funktionen f und g an und betrachtet dann den dadurch bestimmten Ausdruck, so ist dieser genau die Summe der beiden zu f und g gehörenden Ausdrücke, also

$$\Phi_F(\mathsf{max}(f, g)) = \Phi_F(f) + \Phi_F(g).$$

Beispiel 10.10

$$
\begin{array}{cc|c}
x_1 & x_2 & \\
\hline
0 & 0 & 1 \\
0 & 1 & 0 \\
1 & 0 & 0 \\
1 & 1 & 1
\end{array}
\;,\;
\begin{array}{cc|c}
x_1 & x_2 & \\
\hline
0 & 0 & 1 \\
0 & 1 & 0 \\
1 & 0 & 1 \\
1 & 1 & 0
\end{array}
\qquad \overset{\Phi_F}{\longleftrightarrow} \qquad [(\bar{x}_1 \cdot \bar{x}_2) + (x_1 \cdot x_2)] \,,\, [\bar{x}_2]
$$

$$\Big\downarrow \text{max} \qquad\qquad\qquad\qquad \Big\downarrow +$$

$$
\begin{array}{cc|c}
x_1 & x_2 & \\
\hline
0 & 0 & 1 \\
0 & 1 & 0 \\
1 & 0 & 1 \\
1 & 1 & 1
\end{array}
\qquad \overset{\Phi_F}{\longleftrightarrow} \qquad [(\bar{x}_1 \cdot \bar{x}_2) + (x_1 \cdot x_2) + \bar{x}_2]
$$

$\square$

Entsprechendes gilt für die Operationen min und $\cdot$ sowie für k und $\bar{}$. Die Abbildung Φ_F ist also nicht nur bijektiv, sondern verhält sich bezüglich der Operationen vollkommen identisch. Man sagt Φ_F *erhält die Struktur.* Eine strukturerhaltende Abbildung nennt man einen Isomorphismus.

Definition 10.8 Seien $(A, \oplus, \otimes, \kappa, 0_A, 1_A)$ und $(B, \boxplus, \boxtimes, k, 0_B, 1_B)$ zwei Boole'sche Algebren. Eine bijektive Abbildung $\Phi : A \to B$ heißt *Isomorphismus,* falls für alle Elemente a und b in A gilt:

(1) $\Phi(a \oplus b) = \Phi(a) \boxplus \Phi(b)$,
(2) $\Phi(a \otimes b) = \Phi(a) \boxtimes \Phi(b)$ und
(3) $\Phi(\kappa(a)) = k(\Phi(a))$.

Zwei Boole'sche Algebren heißen *isomorph,* falls es einen Isomorphismus zwischen ihnen gibt.

Die oben beschriebene Bijektion Φ_F ist ein Isomorphismus zwischen der Schaltfunktionen-Algebra und der Ausdruck-Algebra. Informell ausgedrückt heißt das: die Schaltfunktionen-Algebra und die Ausdruck-Algebra sind „eigentlich" gleich, lediglich die Natur der Elemente unterscheidet sich. In der Tat sind alle endlichen Algebren gleicher Größe untereinander „eigentlich" gleich.

Satz 10.17 (Stone'scher Isomorphiesatz) *Jede endliche Boole'sche Algebra ist isomorph zu einer Potenzmengen-Algebra* $(\mathcal{P}(M), \cup, \cap, \bar{}, \emptyset, M)$ *für eine endliche Menge* $M \subseteq \mathbb{N}$.

Beweis Sei $(B, \oplus, \otimes, \kappa, \underline{0}, \underline{1})$ eine Boole'sche Algebra. Sei n die Anzahl der Atome der Algebra. Wir bezeichnen diese Atome mit $a_1, a_2, \ldots, a_n$ und wählen $M = \{1, 2, \ldots, n\}$ als Grundmenge der Potenzmengen-Algebra, von der wir zeigen wollen, dass sie zu $(B, \oplus, \otimes, \kappa, \underline{0}, \underline{1})$ isomorph ist. Wir definieren dann eine Abbildung $\Phi : B \to \mathcal{P}(M)$, von der wir zeigen werden, dass sie ein Isomorphismus ist. Φ bildet jedes Element von b auf die Menge der Indizes der Atome ab, deren Summe b ist. Das Nullelement $\underline{0}$ wird also von Φ auf $\emptyset$ abgebildet, ein Atom a_i wird von Φ auf die Menge $\{i\}$ abgebildet, und ein Element $b = a_{i_1} \oplus \cdots \oplus a_{i_k}$ wird von Φ auf die Menge $\{i_1, \ldots, i_k\}$ abgebildet.

Da jedes Element von B eindeutig durch eine Summe von Atomen dargestellt wird (Satz 10.13), ist Φ bijektiv.

Es bleibt also noch zu zeigen, dass Φ auch strukturerhaltend ist. Dazu müssen wir zeigen, dass sich die Operationen der beiden Algebren bezüglich Φ gegenseitig entsprechen. Die folgenden drei Eigenschaften müssen also für alle Elemente b und c aus der Grundmenge B bewiesen werden:

(1) $\oplus$ und $\cup$ entsprechen einander, d. h. $\Phi(b \oplus c) = \Phi(b) \cup \Phi(c)$,

(2) $\otimes$ und $\cap$ entsprechen einander, d. h. $\Phi(b \otimes c) = \Phi(b) \cap \Phi(c)$, und

(3) κ und $^{-}$ entsprechen einander, d. h. $\Phi(\kappa(b)) = \overline{\Phi(b)}$.

Wir beginnen mit (1). Sei $b = a_{i_1} \oplus \cdots \oplus a_{i_k}$ und $c = a_{j_1} \oplus \cdots \oplus a_{j_l}$. Dann gilt

$$\Phi(b \oplus c) = \Phi((a_{i_1} \oplus \cdots \oplus a_{i_k}) \oplus (a_{j_1} \oplus \cdots \oplus a_{j_l}))$$

$$\text{(Definition von } b \text{ und } c)$$

$$= \Phi(a_{i_1} \oplus \cdots \oplus a_{i_k} \oplus a_{j_1} \oplus \cdots \oplus a_{j_l})$$

$$\text{(Assoziativgesetz und Idempotenzgesetz)}$$

$$= \{i_1, \ldots, i_k, j_1, \ldots, j_l\}$$

$$\text{(Definition von } \Phi)$$

$$= \{i_1, \ldots, i_k\} \cup \{j_1, \ldots, j_l\}$$

$$\text{(Eigenschaft von } \cup)$$

$$= \Phi(a_{i_1} \oplus \cdots \oplus a_{i_k}) \cup \Phi(a_{j_1} \oplus \cdots \oplus a_{j_l})$$

$$\text{(Definition von } \Phi)$$

$$= \Phi(b) \cup \Phi(c)$$

$$\text{(Definition von } b \text{ und } c)$$

Der Beweis von (2) und (3), also für $\Phi(b \otimes c) = \Phi(b) \cap \Phi(c)$ und $\Phi(\kappa(b)) = \overline{\Phi(b)}$, kann entsprechend geführt werden. Damit ist nachgewiesen, dass Φ der gesuchte Isomorphismus ist. ∎

Beispiele 10.11

(1) Wir betrachten die Teiler-Algebra $(A, \text{ggt}, \text{kgv}, \text{k}, 1, 30)$ mit der Grundmenge

$$A = \{1, 2, 3, 5, 6, 10, 15, 30\}$$

aller Teiler von 30, sowie den zweistelligen Operationen „größter gemeinsamer Teiler"
ggt und „kleinstes gemeinsames Vielfaches" kgv auf A. Das Komplement k ist eine einstellige Operationen mit $\text{k}(a) = \frac{30}{a}$. Wir wollen unter Anwendung des Isomorphie-Satzes
zeigen, dass $(A, \text{ggt}, \text{kgv}, \text{k}, 1, 30)$ eine Boole'sche Algebra ist. Dazu konstruieren wir
einen Isomorphismus zu einer Klassen-Algebra. Da A aus $8 = 2^3$ Elementen besteht,
muss die Algebra 3 Atome enthalten. Also ist $(\mathcal{P}(\{1, 2, 3\}), \cup, \cap, \bar{\ }, \emptyset, \{1, 2, 3\})$ die in
Frage kommende Algebra.
Nun müssen wir den Isomorphismus konstruieren. Dazu kann man die induzierten Halbordnungen auf den Grundmengen zu Hilfe nehmen. Die Teilmengenrelation $\subseteq$ ist eine
Halbordnung auf $\mathcal{P}(\{1, 2, 3\})$. Die Teilerrelation $\{(m, n) \mid m \text{ teilt } n\}$ ist eine Halbordnung auf A. Den Isomorphismus zwischen den beiden Strukturen wählt man nun so,
dass Elemente mit der gleichen „Position" in der jeweiligen Halbordnung aufeinander
abgebildet werden. Hat man die Halbordnungen vor Augen, so fällt es nicht schwer, eine
strukturerhaltende Abbildung zu finden. Die Hasse-Diagramme der beiden Halbordnungen sind in Abb. 10.7 zu sehen. Es ergibt sich zum Beispiel die bijektive Abbildung
$\Phi_T : \mathcal{P}(\{1, 2, 3\}) \to A$ mit

A	$\emptyset$	$\{1\}$	$\{2\}$	$\{3\}$	$\{1, 2\}$	$\{1, 3\}$	$\{2, 3\}$	$\{1, 2, 3\}$
$\Phi_T(A)$	1	2	3	5	6	10	15	30

Da Φ_T gleiche „Positionen" der beiden Hasse-Diagramme aufeinander abbildet, ist auch
klar, dass Φ_T ein Isomorphismus ist. Damit ist nachgewiesen, dass $(A, \text{ggt}, \text{kgv}, \text{k}, 1, 30)$
eine Boole'sche Algebra ist.

(2) Als nächstes Beispiel betrachten wir die Schaltfunktionen-Algebra n-stelliger Schaltfunktionen $(\mathbb{B}_n, \max, \min, \text{k}, 0, 1)$. Der Werteverlauf einer n-stelligen Schaltfunktion
besteht aus 2^n Werten, also besteht $\mathbb{B}_n$ aus 2^{2^n} Elementen. Dem Stone'schen Isomorphie-
Satz zu Folge ist $(\mathbb{B}_n, \max, \min, \text{k}, 0, 1)$ isomorph zur Potenzmengen-Algebra

$$(\mathcal{P}(\{1, 2, \ldots, 2^n\}), \cup, \cap, \bar{\ }, \emptyset, \{1, 2, \ldots, 2^n\}).$$

Wir definieren eine Abbildung Φ_n von $\mathbb{B}_n$ auf $\mathcal{P}(\{1, 2, \ldots, 2^n\})$ so, dass die Menge
$\Phi_n(f)$ die Zahl i genau dann enthält, wenn an der i-ten Stelle des Werteverlaufs von f
der Wert 1 steht.

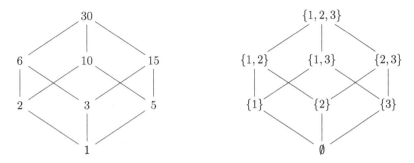

Abb. 10.7 Hasse-Diagramme der Teiler-Algebra und der isomorphen Potenzmengen-Algebra

Beispielsweise hat der Werteverlauf der 2-stelligen Funktion f mit

x_1	x_2	$f(x_1, x_2)$
0	0	1
0	1	0
1	0	1
1	1	0

die vier Stellen $1, 0, 1, 0$. Also ist $\Phi_4(f) = \{1, 3\}$.

Offensichtlich wird jede Funktion auf genau eine Menge abgebildet, und umgekehrt. Also ist Φ_n bijektiv. Es bleibt zu zeigen, dass die Operationen max, min und k den Operationen $\cup$, $\cap$ und $^-$ entsprechen. Aus der Definition von max folgt, dass eine Stelle im Werteverlauf von max$[f, g]$ genau dann 1 ist, wenn diese Stelle im Werteverlauf von f oder von g gleich 1 ist. Damit folgt, dass max und $\cup$ sich entsprechen.

$$
\begin{aligned}
\Phi_n(\max[f, g]) \;=\; & \{i \mid \text{die } i\text{-te Stelle im Werteverlauf von } f \text{ ist } 1 \\
& \quad \text{oder die } i\text{-te Stelle im Werteverlauf von } g \text{ ist } 1\} \\
=\; & \{i \mid \text{die } i\text{-te Stelle im Werteverlauf von } f \text{ ist } 1\} \\
& \cup \{i \mid \text{die } i\text{-te Stelle im Werteverlauf von } g \text{ ist } 1\} \\
=\; & \Phi_n(f) \cup \Phi_n(g)
\end{aligned}
$$

Die Beweise für die anderen Operationen sind ähnlich. Es folgt damit, dass Φ_n ein Isomorphismus ist.   □

10.10 Schaltkreis-Algebra

Wir betrachten nun eine weitere Boole'sche Algebra, die grundlegende Bedeutung für Elektronik und Computertechnologie besitzt. Die *Schaltkreis-Algebra* besteht aus *Schaltkreisen*, die ihrerseits aus *Eingabeports* und *Gattern* zusammengesetzt sind. Jedes Gatter ist entweder

Operation	Gatter-Darstellung	algebraische Darstellung
Eingabe	$a \longrightarrow$	a
Konjunktion	a b $\wedge$	$a \cdot b$
Disjunktion	a b $\vee$	$a + b$
Negation	$a \longrightarrow \vee$	$\overline{a}$

Abb. 10.8 Zuordnung von Schaltkreis-Gattern und Operationen

offen oder geschlossen – man kann sich vorstellen, dass es Strom leitet (offen) oder keinen Strom leitet (geschlossen). Diesen beiden Zuständen ordnen wir die Elemente 1 und 0 zu. Die zweistelligen Operationen $\otimes$ und $\oplus$ interpretieren wir als $\wedge$-Gatter und als $\vee$-Gatter, die einstellige Operation κ als $\neg$-Gatter. Die Gatter und die zugeordneten Operationen sind in Abb. 10.8 dargestellt. Schaltkreise setzen sich aus Gattern zusammen. Der Ausgang jedes Gatters kann zum Eingang anderer Gatter werden.

Beispielsweise hat der Schaltkreis in Abb. 10.9 die Eingangsgatter x_1, x_2 und x_3, und ein Ausgangsgatter. In Abb. 10.8 haben wir die Funktion jedes Gatters in Form eines Boole'schen Ausdrucks beschrieben. Abhängig von den Signalen an den Eingabegattern ergibt sich ein Signal am Ausgangsgatter. Da wir mit den Signalen 1 und 0 rechnen, kann man Schaltfunktionen durch Schaltkreise repräsentieren. Der Schaltkreis in Abb. 10.9 repräsentiert die gleiche Funktion wie der Ausdruck

Abb. 10.9 Beispiel für einen Schaltkreis

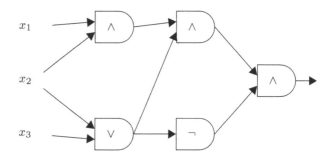

$$((x_1 \cdot x_2) \cdot (x_2 + x_3)) \cdot \overline{(x_2 + x_3)}.$$

Man bemerkt, dass die vom $\vee$-Gatter berechnete Teilfunktion $x_2 + x_3$ zweimal im Ausdruck vorkommt. Schaltkreise erlauben zum Teil wesentlich kürzere Darstellung von Funktionen als Ausdrücke. Es ist umgekehrt auch klar, dass jeder Ausdruck durch einen Schaltkreis repräsentiert werden kann.

Definition 10.9 Ein *Schaltkreis S* mit den Variablen $x_1, \ldots, x_n$ ist ein gerichteter kreisfreier Graph. Knoten mit Eingangsgrad 0 *(Eingabegatter)* sind mit Variablen x_i oder Konstanten 0, 1 markiert. Knoten mit Eingangsgrad ≥ 1 *(innere Knoten, Gatter)* sind mit Schaltfunktionen markiert, deren Eingangsgrad genau die Stelligkeit der Schaltfunktion ist. Es gibt mindestens einen Knoten mit Ausgangsgrad 0 *(Ausgabegatter)*.

Die an Gatter G berechnete Funktion $f_G(x_1, \ldots, x_n)$ kann induktiv beschrieben werden:

(1) $f_G(x_1, \ldots, x_n) = m$, falls G ein mit m markierter Eingangsknoten ist
(2) $f_G(x_1, \ldots, x_n) = m(f_{G_1}(x_1, \ldots, x_n), \ldots, f_{G_l}(x_1, \ldots, x_n))$, falls G ein mit m markierter innerer Knoten ist, dessen Vorgänger $G_1, \ldots, G_l$ sind.

Die von einem Schaltkreis repräsentierte Schaltfunktion ist die am Ausgabegatter berechnete Funktion.

Als Beispiel schauen wir uns nochmals den Schaltkreis in Abb. 10.9 an. Die Eingabegatter sind mit x_1, x_2 und x_3 markiert. Das oberste Gatter ist das Ausgabegatter, da von ihm aus kein weiteres Gatter erreichbar ist.

Beispiel 10.12 Die *Paritätsfunktion* kann durch Schaltkreise mit $\wedge$-, $\vee$- und $\neg$-Gattern kompakter dargestellt werden als durch Boole'sche Ausdrücke. Die n-stellige Paritätsfunktion $P_n : \mathbb{B}^n \to \mathbb{B}$ ist definiert durch

$$P_n(b_1, \ldots, b_n) = 1$$
genau dann, wenn
eine ungerade Anzahl von b_i Wert 1 hat.

Beispielsweise besitzt P_3 die Werte-Tabelle in Abb. 10.10. Repräsentiert man P_n als Normalform, dann erhält man eine Summe von 2^{n-1} Mintermen. Diese Minterme unterscheiden sich paarweise an mindestens zwei Stellen. Also kann dieser Ausdruck nicht minimiert werden. Krapchenko zeigt in einem berühmten Satz, dass jede Darstellung von P_n als Boole'scher Ausdruck mindestens Größe n^2 besitzt. Wir wollen nun zeigen, dass Schaltkreise kleinerer Größe zur Darstellung der Paritätsfunktion ausreichen.

Abb. 10.10 Wertetabelle von
P_3

x_1	x_2	x_3	$P_3(x_1, x_2, x_3)$
0	0	0	0
0	0	1	1
0	1	0	1
0	1	1	0
1	0	0	1
1	0	1	0
1	1	0	0
1	1	1	1

Zunächst betrachten wir ein Gatter, das die Äquivalenz seiner beiden Eingaben berechnet. Es gibt 1 aus genau dann, wenn seine beiden Eingaben gleich sind.

Operation	Gatter-Darstellung	algebraische Darstellung
Äquivalenz		$(a \cdot b) + (\bar{a} \cdot \bar{b})$

Mit Hilfe von Äquivalenz-Gattern kann leicht ein Schaltkreis für die Paritätsfunktion konstruiert werden. Der Schaltkreis in Abb. 10.11 berechnet die Funktion P_4. Ein entsprechender Schaltkreis für P_n besteht aus n Eingabe-Gattern, $n-1$ Äquivalenz-Gattern und $n-1$ Negations-Gattern. Insgesamt besitzt er also weniger als $3n$ Gatter. Nun konstruieren wir daraus einen Schaltkreis, der ausschließlich aus Eingabe-, $\wedge$-, $\vee$- und $\neg$-Gattern besteht. Die von einem Äquivalenz-Gatter berechnete Schaltfunktion wird durch den Ausdruck $(x_1 \cdot x_2) + (\bar{x_1} \cdot \bar{x_2})$ dargestellt. Das bedeutet, dass jedes Äquivalenz-Gatter durch einen diesem Ausdruck entsprechenden Schaltkreis ersetzt werden kann. Dieser Schaltkreis ist in Abb. 10.12 dargestellt.

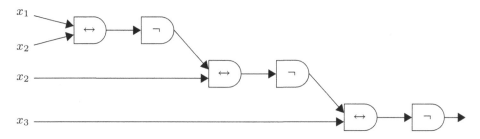

Abb. 10.11 Schaltkreis für P_4

Abb. 10.12 Ein Schaltkreis für die Paritätsfunktion

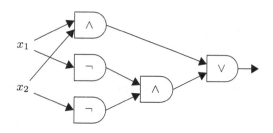

Auf diese Weise erhalten wir einen Schaltkreis C_n für P_n mit n Eingabe-Gattern, $(n-1) \cdot 5$ Gattern zur Ersetzung der Paritäts-Gatter und $(n-1)$ Negations-Gatter. Der Schaltkreis C_n besitzt also weniger als $7n$ Gatter. Da jeder Boole'sche Ausdruck, der P_n repräsentiert, mindestens die Größe n^2 besitzt, ist asymptotisch gesehen die Darstellung von P_n durch Schaltkreise kleiner als die durch Boole'sche Ausdrücke. □

Üblicherweise benutzt man Schaltkreise mit $\wedge$-, $\vee$- und $\neg$-Gattern. Wir wollen nun zeigen, wie man mit Schaltkreisen eine Boole'sche Algebra definieren kann. Von der Idee her ist es klar, dass Schaltkreise mit n Eingabe-Gattern genau die n-stelligen Schaltfunktionen repräsentieren. Die Gatter erfüllen die vier Rechengesetze einer Boole'scher Algebra.

(1) $\wedge$-Gatter und $\vee$-Gatter sind jeweils kommutativ.

(2) $\wedge$-Gatter und $\vee$-Gatter sind gegenseitig distributiv.

(3) 1 ist neutrales Element für das $\wedge$-Gatter, und 0 ist neutrales Element für das $\vee$-Gatter.

(4) Ein $\wedge$-Gatter, an dessen Eingängen ein Wert und dessen Komplement anliegen, gibt 0 aus. Ein $\vee$-Gatter mit solchen Eingängen gibt 1 aus.

Nun müssen wir nur noch die Grundmenge festlegen. Offensichtlich gibt es unendlich viele Schaltkreise mit n Eingabegattern. Aber hier können wir wieder vorgehen wie bei den Ausdrücken: Die Menge aller Schaltkreise wird so zerlegt, dass in jeder Partition genau die Schaltkreise liegen, die die gleiche Schaltfunktion berechnen. Da es nur endlich viele solcher n-stelligen Schaltfunktionen gibt, ist die Menge aller Partitionen endlich. Wir nehmen diese Menge als Grundmenge. Auf dieser Grundmenge sind die Operationen entsprechend Abb. 10.8 definiert. Damit ist die n-stellige Schaltkreis-Algebra definiert und wir können den Isomorphiesatz auf sie anwenden:

Satz 10.18 *Die n-stellige Schaltkreis-Algebra ist isomorph zur n-stelligen Schaltfunktionen-Algebra* ($\mathbb{B}_n$, max, min, k, 0, 1).

Auf Grund dieses Satzes können wir alle Rechengesetze und Verfahrensweisen, die wir für Boole'sche Algebren kennen gelernt haben, sofort auch für die Schaltkreis-Algebra benutzen.

Beispiel 10.13 Wir wollen einen Schaltkreis für die Addition von zwei Binärzahlen konstruieren. Bei der Methode des schriftlichen Addierens schreibt man die beiden zu addierenden Zahlen rechtsbündig untereinander und addiert die untereinander stehenden Ziffern mit dem zuvor bestimmten Übertrag („...1 im Sinn").

$$
\begin{array}{ccccccc}
 & 1 & 1 & 0 & 1 & 0 \\
 & 1 \;_1 & 1 & 0 \;_1 & 1 & 1 \\
\hline
1 & 1 & 0 & 1 & 0 & 1 \\
\end{array}
$$

In diesem Beispiel sind die beiden Binärzahlen $a_4a_3a_2a_1a_0 = 11010$ und $b_4b_3b_2b_1b_0 = 11011$ addiert worden. Ihre Summe ist $s_5s_4s_3s_2s_1s_0 = 110101$.

Der Schaltkreis zur Addition soll aus $\wedge$-, $\vee$- und $\neg$-Gattern bestehen. Für jedes Bit jeder der beiden Zahlen gibt es ein Eingabegatter, und für jedes Bit der berechneten Summe gibt es ein Ausgabegatter. Im ersten Schritt nimmt man die letzte Ziffer jeder der beiden Binärzahlen und addiert sie. Entsteht dabei ein Übertrag, so muss man ihn bei der Addition der beiden vorletzten Ziffern berücksichtigen, und so weiter. Die Addition besteht also aus einer Wiederholung des elementaren Schrittes, jeweils die i-te Ziffer der beiden Binärzahlen mit dem zuvor erhaltenen Übertrag zu addieren. Dieser Schritt wird durch einen *Halbaddierer* vorgenommen. Der Halbaddierer besteht aus zwei zweistelligen Schaltfunktionen. Die eine Funktion berechnet die Summe, die andere den Übertrag:

Eingabebits		Übertrag	Summe
a	b	$\ddot{u}$	s
0	0	0	0
0	1	0	1
1	0	0	1
1	1	1	0

Mit Hilfe der konjunktiven Normalform sieht man, dass

$$\ddot{u} = a \cdot b \quad \text{und} \quad s = \overline{a} \cdot b + a \cdot \overline{b}.$$

Damit erhält man die Realisierung eines Halbaddierers als Schaltkreis in Abb. 10.13. Da wir den Halbaddierer als Teil eines größeren Schaltkreises verwenden werden, stellen wir ihn als „black box" dar.

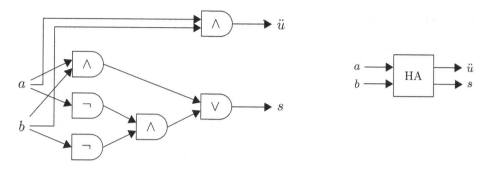

Abb. 10.13 Ein Halbaddierer und seine Darstellung als „black box"

Eingabebits			Übertrag	Summe
a_i	b_i	$\ddot{u}_{i-1}$	$\ddot{u}_i$	s_i
0	0	0	0	0
0	1	0	0	1
1	0	0	0	1
1	1	0	1	0
0	0	1	0	1
0	1	1	1	0
1	0	1	1	0
1	1	1	1	1

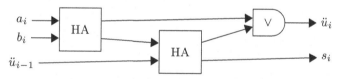

Abb. 10.14 Darstellung der Additionsfunktion mit Übertrag als Tabelle und als Schaltbild

Nun konstruieren wir einen Schaltkreis, der außer den beiden Bits der zu addierenden Zahlen auch noch den Übertrag hinzu addiert. Es werden also drei Bits – die jeweils i-te Stelle a_i und b_i der beiden Zahlen und der Übertrag $\ddot{u}_{i-1}$ der vorhergehenden Addition – zusammengezählt. Daraus ergibt sich das i-te Bit s_i der Summe und ein neuer Übertrag $\ddot{u}_i$. Also handelt es sich um eine Funktion $\{0, 1\} \times \{0, 1\} \times \{0, 1\} \rightarrow \{0, 1\} \times \{0, 1\}$. Sie ist in Abb. 10.14 dargestellt. Ist $\ddot{u}_{i-1}$ gleich 0, dann ergeben sich $\ddot{u}_i$ und s_i wie bei der Addition von a_i und b_i. Ist $\ddot{u}_{i-1}$ gleich 1, dann muss zur Summe von a_i und b_i noch 1 addiert und der Übertrag angepasst werden. Der Volladdierer besteht also aus zwei Halbaddierern und einem zusätzlichen $\vee$-Gatter. Abb. 10.14 zeigt seinen Aufbau. Nun kann man Halbaddierer und Volladdierer zur Addition von Binärzahlen hintereinanderschalten. Abb. 10.15 zeigt, wie ein Addierer für zwei dreistellige Binärzahlen aus einem Halbaddierer und zwei Volladdierern

Abb. 10.15 Schematische
Darstellung eines Addierers für
dreistellige Binärzahlen

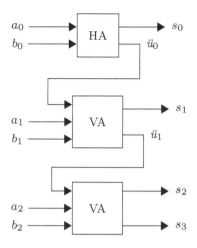

zusammengesetzt wird. Es werden die Zahlen $a_2a_1a_0$ und $b_2b_1b_0$ addiert werden. Ihre Summe ist $s_3s_2s_1s_0$. Da in die Addition von a_0 und b_0 kein Übertrag eingeht, reicht dort ein Halbaddierer aus. Der Übertrag aus der Addition a_0 und b_0 wird bei der Addition von a_1 und b_1 berücksichtigt. Deshalb muss dort ein Volladdierer verwendet werden. Der Übertrag aus der Addition von a_2 und b_2 ergibt das letzte Summenbit s_3. □

Graphen und Bäume 11

Zusammenfassung

Graphen und Bäume werden in der Informatik zur Modellierung verwendet. Sie sind zugleich anschaulich und gut abstrahierbar. Wir geben eine Einführung, führen die grundlegenden Begriffe ein und beweisen interessante Eigenschaften.

Als Geburtsstunde der Graphentheorie kann eine Arbeit von Leonard Euler aus dem Jahr 1736 angesehen werden. In dieser Arbeit beschreibt Euler die Lösung des folgenden geographischen Problems: Die Stadt Königsberg in Preußen (heute Kaliningrad in Russland) liegt am Zusammenfluss zweier Arme der Pregel. Die Stadt besitzt (1736) sieben Brücken, die die einzelnen Stadtteile verbinden, die an den verschiedenen Ufern dieser Flussarme und auf einer Insel im Fluss liegen (siehe Abb. 11.1). Gefragt wird, ob es einem Spaziergänger möglich ist, an einem beliebigen Punkt der Stadt zu starten, über alle sieben Brücken genau einmal zu spazieren, und schließlich wieder den Ausgangspunkt zu erreichen. Um dieses Problem zu lösen, beschreibt Euler die Stadt Königsberg mit Hilfe eines Graphen (genauer eines Multigraphen), also einer Struktur, die nur aus Knoten und einzelnen Verbindungskanten zwischen diesen Knoten besteht (siehe Abb. 11.2). Er zieht alle Örtlichkeiten der Stadt, die voneinander erreichbar sind, ohne dass dabei eine Brücke überquert werden muss, zu einem Knoten zusammen und verbindet diese Knoten durch eine Kante, wenn die Örtlichkeiten des einen Knotens über eine Brücke mit den Örtlichkeiten des anderen Knotens verbunden sind. Der Stadtplan von Königsberg hat unter diesem Blickwinkel die folgende Gestalt: Bezogen auf den entstandenen Graphen lautet die Frage nun: Gibt es eine Route, die von einem beliebigen Knoten des Graphen ausgeht, genau einmal über jede Kante des Graphen verläuft und zum Ausgangspunkt zurückführt? Auf der Basis des graphentheoretischen Modells von Königsberg kann Euler nun sehr einfach zeigen, dass es in Königsberg keinen Rundgang der gewünschten Art gibt: Auf einem solchen Rundgang, bei dem jede Kante nur einmal abgelaufen würde, müsste nämlich die Zahl der Ankünfte und der Abgänge in jedem

© Der/die Autor(en), exklusiv lizenziert an Springer Fachmedien Wiesbaden GmbH, ein   219
Teil von Springer Nature 2024
C. Meinel und M. Mundhenk, *Mathematische Grundlagen der Informatik*,
https://doi.org/10.1007/978-3-658-43136-5_11

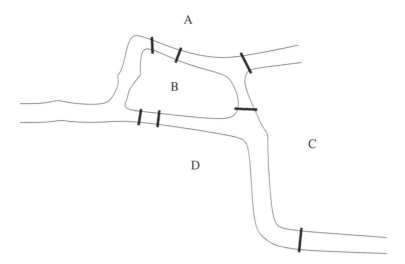

Abb. 11.1 Die Brücken von Königsberg

Abb. 11.2 Ein Graph zur
Darstellung der Brücken von
Königsberg

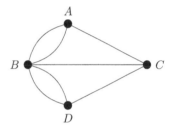

Zwischenknoten des Rundwegs – man spricht hierbei vom *Grad* des Knotens – gerade sein. Tatsächlich hat der die Stadt Königsberg modellierende Graph jedoch die Eigenschaft, dass jeder seiner Knoten einen ungeraden Grad besitzt.

Natürlich begegnen wir nicht nur in Königsberg Graphen, sondern in so gut wie allen Anwendungen der Informatik, von Navigationssystemen in Fahrzeugen über CAD-Systeme zum Chip-Design, Verkabelungen in Serverfarmen, Graph-basierte Datenbanken, S- und U-Bahnnetze, Beweissysteme bis hin zu Mindmaps. Um in all diesen Anwendungen Lösungen zu finden, ist es immer sehr hilfreich, sich auf die zugrundeliegende mathematische Graph-Struktur zu konzentrieren und den meist hoch komplexen Kontext auszublenden.

11.1 Grundbegriffe

Definition 11.1 Ein *(gerichteter) Graph* $G = (V, E)$ ist eine Struktur, die aus zwei Bestandteilen besteht: Einer Menge V und einer Relation $E \subseteq V \times V$ über dieser Menge V. Die Elemente v der Menge V werden Knoten genannt, die Elemente $e = (v, u)$ der Menge

E sind die Kanten des Graphen. Die Kante *e* verbindet die Knoten *v* und *u*. *v* heißt deshalb auch Startknoten und *u* Endknoten von *e*. Zwei Knoten, die in einem Graphen durch eine Kante verbunden sind, heißen *adjazent* (oder *benachbart*).

Ein Graph $G = (V, E)$ heißt *endlich,* wenn die Knotenmenge *V* endlich ist, sonst spricht man von einem *unendlichen* Graph. Im Rahmen dieses Textes werden wir uns auf die Betrachtung endlicher Graphen beschränken.

Beispiele 11.1

(1) Der Graph $G = (V, \emptyset)$ ohne Kanten heißt *Nullgraph* oder *vollständig unverbunden.* Besteht *V* aus *n* Knoten, dann wird der Nullgraph durch O_n bezeichnet.

(2) Der Graph $G = (V, V \times V)$ heißt *vollständig.* Der vollständige Graph mit *n* Knoten wird durch K_n bezeichnet. K_n besitzt die Maximalzahl von n^2 Kanten.

(3) $G = (V, E)$ mit $V = \{1, 2, 3, 4\}$ und $E = \{(1, 2), (1, 3), (2, 4), (3, 3), (4, 2), (4, 3)\}$.

□

Graphen werden gewöhnlich mit Hilfe geometrischer Diagramme dargestellt. Dabei wird für jeden Knoten $v \in V$ ein Punkt P_v gezeichnet. Eine Kante $e = (v, u)$ wird durch einen gerichteten Pfeil veranschaulicht, der von Punkt P_v zu Punkt P_u führt. Im folgenden Beispiel werden Diagramme gezeigt, die die Graphen aus Beispiel 11.1 veranschaulichen.

Beispiele 11.2

(1) Diagramm des Graphen O_6:

(2) Diagramm des vollständigen Graphen K_4:

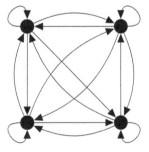

(3) Diagramm des Graphen G aus Beispiel 11.1(3):

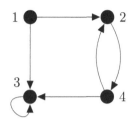

Besitzt die Kantenmenge E eines Graphen $G = (V, E)$ die Eigenschaft, als Relation $E \subseteq V \times V$ betrachtet symmetrisch zu sein, d. h. mit jedem $(u, v) \in E$ also auch $(v, u) \in E$ zu enthalten, dann sprechen wir von einem *ungerichteten Graphen*. In der Diagrammdarstellung wird das deutlich gemacht, indem anstelle der zwei Pfeile von u nach v und von v nach u eine einzige ungerichtete Verbindungslinie gezeichnet wird. Die Kanten eines ungerichteten Graphen können als 2-elementige Knotenmengen $\{u, v\}$ geschrieben werden. Deshalb betrachtet man bei ungerichteten Graphen keine Kanten mit gleichem Start- und Endknoten (sog. Schlingen).

Beispiel 11.3 Die einem vollständigen Graphen K_n zugrunde liegende Kantenrelation ist die Allrelation und demzufolge symmetrisch. Vollständige Graphen können deshalb als ungerichtete Graphen aufgefasst und gezeichnet werden. Man beachte, dass der ungerichtete vollständige Graph K_n nur noch $\binom{n}{2}$ Kanten enthält. Die Kantenmenge eines vollständigen Graphen mit Knotenmenge V bezeichnet man deshalb auch mit $\binom{V}{2}$. Abb. 11.3 zeigt den ungerichteten K_4. □

Oft wird zwischen einem Graphen und einem diesen Graphen darstellenden Diagramm nicht deutlich unterschieden. Wir müssen aber ausdrücklich davor warnen, Graphen und Diagramme gleichzusetzen. Spezielle geometrische Darstellungen können das Vorhandensein von Eigenschaften suggerieren, die der dargestellte Graph als eine Struktur, die lediglich aus einer Knotenmenge und einer Relation über dieser Menge besteht, gar nicht besitzen kann.

Abb. 11.3 Der
ungerichtete K_4

Abb. 11.4 Zwei Darstellungen
eines Kreises aus fünf Knoten

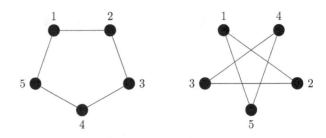

Beispiel 11.4 Wir betrachten $G = (V, E)$ mit $V = \{1, 2, 3, 4, 5\}$ und $E = \{(1, 2), (2, 3),$ $(3, 4), (4, 5), (5, 1)\}$. G kann sowohl als 5-zackiger Stern als auch als 5-Eck dargestellt werden (siehe Abb. 11.4). $\qquad\square$

Die weite Verbreitung und große Bedeutung von Graphen in Mathematik und Informatik hat ihre Begründung in der Möglichkeit, mit Hilfe von Graphen auch komplizierte Zusammenhänge übersichtlich modellieren zu können. So lassen sich, wie das Eingangsbeispiel zeigte, Brücken-, Straßen-, Kommunikations- oder Rechnernetze ebenso gut mit Hilfe von Graphen veranschaulichen, wie z. B. semantische Beziehungen zwischen Begriffen einer Sprache oder Nachbarschaftsbeziehungen zwischen verschiedenen Staaten.

Aus der Definition von Graphen folgt unmittelbar:

1. Keine Kante kann drei oder mehr Knoten enthalten.
2. Kanten können sich höchstens in Knoten berühren, sonstige Schnittpunkte von Kanten in Diagrammen haben nichts mit dem zugrunde liegenden Graph zu tun.
3. Zwei Knoten können durch höchstens eine Kante verbunden sein.
   In verschiedenen Zusammenhängen erweist sich die letzte Eigenschaft als zu restriktiv. Man betrachtet dann anstelle von Graphen so genannte *Multigraphen,* also Strukturen, bei denen zwei Knoten mit mehr als einer Kante verbunden sein können. Aber das geht weit über den Inhalt dieses Buches hinaus.

Vollständige Graphen, also Graphen, bei denen sämtliche Knoten miteinander verbunden sind, hatten wir schon kennen gelernt. Ist ihre Knotenzahl n klein, dann lassen sie sich gut zeichnen (Abb. 11.5).

Eine andere interessante Klasse von Graphen sind die *bipartiten Graphen.* Graphen dieser Klasse haben die Eigenschaft, dass

1. die Knotenmenge V in zwei disjunkte Teilmengen U und W zerlegt ist, beschrieben durch $V = U \bowtie W$, und
2. von sämtlichen Kanten der eine Endpunkt zu U gehört und der andere zu W.

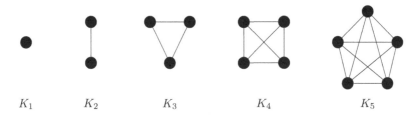

K_1 K_2 K_3 K_4 K_5

Abb. 11.5 Vollständige Graphen mit höchstens 5 Knoten

Bipartite Graphen haben eine große Bedeutung, liefern sie doch unmittelbar eine Veranschaulichung der in Kap. 4 behandelten binären Relationen. Tatsächlich können nämlich die Elemente einer beliebigen Relation $R \subseteq A \times B$ als Kanten von Knoten aus A nach Knoten aus B aufgefasst werden.

Vollständige bipartite Graphen G mit Knotenmenge $U \bowtie W$ verbinden jeden Knoten aus U mit jedem Knoten aus W und besitzen sonst keine weiteren Kanten. Besteht U aus n Knoten und W aus m Knoten, dann wird G durch $K_{n,m}$ bezeichnet. Zwei Beispiele findet man in Abb. 11.6.

Unterstrukturen eines Graphen heißen Untergraphen.

Definition 11.2 Seien $G = (V_G, E_G)$ und $H = (V_H, E_H)$ zwei Graphen. H heißt *Untergraph* oder *Teilgraph* von G, wenn $V_H \subseteq V_G$ und $E_H \subseteq E_G$ gilt, wenn also jede Kante von H auch zu G gehört.

Beispiel 11.5 Der K_3 und seine 18 Untergraphen sind in Abb. 11.7 dargestellt.   □

Offensichtlich ist der Nullgraph O_n Untergraph jedes Graphen mit n Knoten, während jeder solche Graph selbst Teilgraph des vollständigen Graphen K_n ist.

Abb. 11.6 Vollständige
bipartite ungerichtete Graphen
$K_{4,2}$ und $K_{3,3}$

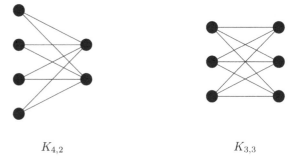

$K_{4,2}$ $K_{3,3}$

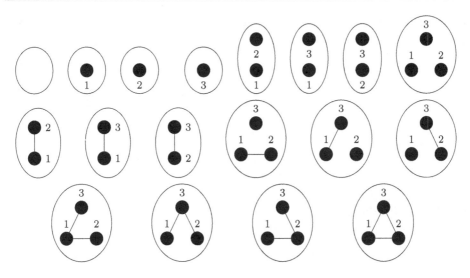

Abb. 11.7 Die 18 Untergraphen des K_3

Definition 11.3 Sei $G = (V, E)$ ein Graph. Ist $V' \subseteq V$ eine Teilmenge der Knotenmenge V von G, dann heißt der Graph $G[V'] = (V', E')$ mit

$$E' = \{(u, v) \mid u, v \in V' \text{ und } (u, v) \in E\}$$

der durch V' *induzierte Teilgraph* von G.

Für $G[V - \{v\}]$ bzw. für den Graphen $(V, E - \{e\})$ wird oft $G - \{v\}$ bzw. $G - \{e\}$ geschrieben oder noch kürzer $G - v$ bzw. $G - e$. Natürlich stimmt der von der gesamten Knotenmenge V eines Graphen $G = (V, E)$ induzierte Teilgraph $G[V]$ von G mit G überein.

Beispiele 11.6

(1) Sei G aus Beispiel 11.1(3) und $V' = \{2, 3, 4\}$. Dann ist

$$G[V'] = (\{2, 3, 4\}, \{(2, 4), (3, 3), (4, 2), (4, 3)\}).$$

   Der Graph $G[V']$ ist in Abb. 11.8 dargestellt.

(2) Jeder durch n Knoten aus K_{2n} induzierte Teilgraph ist der K_n. $\qquad\qquad\square$

Ähnlich wie mit Mengen, kann auch mit Graphen „gerechnet" werden.

Definition 11.4 Die *Vereinigung* zweier Graphen $G = (V, E)$ und $G' = (V', E')$ ist der Graph

Abb. 11.8 Graph G aus
Beispiel 11.1(3) und der
induzierte Teilgraph
$G[\{2, 3, 4\}]$

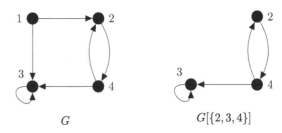

$$G \cup G' = (V \cup V', E \cup E').$$

Das *Komplement* von G ist der Graph

$$\neg G = (V, V \times V - E).$$

Gilt $V = V'$, dann ist der *Durchschnitt* von G und G' der Graph

$$G \cap G' = (V, E \cap E').$$

Bereits in der Einführung zu diesem Kapitel waren wir auf das Konzept des Knotengrades gestoßen.

Definition 11.5 Sei $G = (V, E)$ ein Graph und v ein Knoten von G. Der *Ausgrad* $outdeg(v)$ von v ist die Zahl der Kanten, die v als Startknoten besitzen, der *Ingrad* $indeg(v)$ von v ist die Zahl der Kanten, die in v enden. Ist G ein ungerichteter Graph, dann stimmen Ingrad und Ausgrad von v überein und es wird kurz von *Grad* $deg(v)$ gesprochen.

Offensichtlich ist jeder Knoten v eines Graphen mit der Eigenschaft $indeg(v) = outdeg(v) = 0$ isoliert, kann also von keinem anderen Knoten aus erreicht werden. Gilt dagegen in einem ungerichtetem Graphen G mit n Knoten für alle Knoten $deg(v) = n - 1$, dann ist $G = K_n$.

Satz 11.1

(1) Sei $G = (V, E)$ ein gerichteter Graph. Dann gilt

$$\sum_{i=1}^{\sharp V} indeg(v_i) = \sum_{i=1}^{\sharp V} outdeg(v_i) = \sharp E.$$

(2) Ist G ungerichtet, dann gilt

$$\sum_{i=1}^{\sharp V} deg(v_i) = 2 \cdot \sharp E \,.$$

Beweis Wir führen den Beweis durch vollständige Induktion über die Kantenzahl $m = \sharp E$. Für $m = 0$, also für Graphen, die lediglich aus isolierten Knoten bestehen, sind beide Behauptungen offensichtlich gültig.

Seien die beiden Behauptungen bereits bewiesen für alle Graphen mit höchstens m Kanten und sei $G = (V, E)$ ein gerichteter/ungerichteter Graph mit $m + 1$ Kanten. Entnehmen wir G eine beliebige Kante $e \in E$, betrachten wir also $G - e$, dann erhalten wir einen gerichteten/ungerichteten Graphen mit m Kanten, für den die Behauptung nach Induktionsvoraussetzung gilt. Im Falle des gerichteten Graphen hat sich bei der Entnahme der einen Kante aber nicht nur die Zahl der Kanten um eins verringert, sondern auch die Summe der Ingrade als auch die Summe der Ausgrade (Behauptung 1). Im Falle des ungerichteten Graphen verringert sich mit der Entnahme einer Kante der Knotengrad der beiden Endknoten jeweils um eins, die Summe der Knotengrade also um zwei (Behauptung 2). ∎

Korollar 11.1 *In einem ungerichteten Graphen ist die Zahl der Knoten mit ungeradem Grad gerade.*

Beweis Aufgrund des letzten Satzes ist die Gesamtsumme der Knotengrade in jedem ungerichteten Graphen gerade. Da sich gerade Knotengrade stets zu einer geraden Summe addieren, ungerade aber nur, wenn die Zahl der Summanden gerade ist, muss die Zahl der ungeraden Knotengrade gerade sein. ∎

Ähnlich wie das Taubenschlag-Prinzip ist auch die folgende, sich unmittelbar aus obigem Satz ergebende Aussage von sehr weitreichender Bedeutung in der Kombinatorik.

Definition 11.6 Ein ungerichteter Graph $G = (V, E)$ heißt *regulär*, wenn alle seine Knoten von gleichem Grad k sind.

Korollar 11.2 *In einem regulären Graphen $G = (V, E)$ mit Knotengrad k gilt:*

$$k \cdot \sharp V = 2 \cdot \sharp E$$

∎

11.2 Wege und Kreise in Graphen

In einem Graphen spielt die Betrachtung von *Wegen* und *Kreisen* – also von zusammenhängenden und, im Falle von Kreisen, geschlossenen Kantenfolgen – eine wichtige Rolle.

Abb. 11.9 Ein Graph mit
Wegen und geschlossenen
Wegen

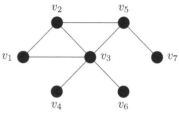

Abb. 11.10 Ein Graph mit
Wegen und geschlossenen
Wegen

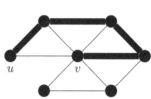

Definition 11.7 Sei $G = (V, E)$ ein Graph, und u und v seien zwei Knoten in G.

(1) Ein *Weg* von u nach v ist eine Folge jeweils benachbarter Knoten $u_0, u_1, \ldots, u_l$ mit $u = u_0$ und $v = u_l$. Die *Länge* dieses Weges ist l, u und v sind seine *Endknoten*. Ein Weg der Länge 0 besteht nur aus einem Knoten und wird *trivialer Weg* genannt.

(2) Ein Weg heißt *geschlossen*, wenn seine beiden Endknoten gleich sind.

Beispiele 11.7

(1) Im Graphen in Abb. 11.9 ist die Knotenfolge v_1, v_3, v_2, v_5, v_2, v_5 ein Weg von v_1 nach v_5 der Länge 5.

(2) Der Weg (v_2, v_5, v_2) ist ein geschlossener Weg im Graph in Abb. 11.9.

(3) Der Graph in Abb. 11.10 enthält viele Wege von u nach v von unterschiedlicher Länge, von denen einer eingezeichnet ist.

$\square$

Mit Hilfe des Begriffs der Wege lässt sich eines der zentralen Konzepte der Graphentheorie fassen, nämlich das des *Graphzusammenhangs*. Zur Vereinfachung werden wir unsere Betrachtungen zunächst ausschließlich auf ungerichtete Graphen beschränken.

Definition 11.8 Zwei Knoten u und v eines ungerichteten Graphen $G = (V, E)$ heißen *zusammenhängend*, wenn es in G einen Weg von u nach v gibt.

Man sieht leicht, dass die Eigenschaft des Zusammenhangs eine Relation auf der Knotenmenge eines ungerichteten Graphen definiert, die als *Zusammenhangsrelation* bezeichnet wird. Der Beweis des folgenden Satzes ist eine leichte Übung.

Satz 11.2 *Sei $G = (V, E)$ ein ungerichteter Graph und bezeichne Z die Zusammenhangsrelation über der Knotenmenge V von G. Dann ist Z eine Äquivalenzrelation.* ∎

Definition 11.9

(1) Der Graph G heißt *zusammenhängend,* wenn die Zusammenhangsrelation lediglich eine Äquivalenzklasse besitzt, wenn also jedes Paar seiner Knoten zusammenhängend ist.
(2) Die Äquivalenzklassen einer Zusammenhangsrelation über einem ungerichteten Graphen G heißen *Zusammenhangskomponenten* von G.

Eine Zusammenhangskomponente eines ungerichteten Graphen G ist also ein Untergraph H mit folgenden Eigenschaften: H ist zusammenhängend, und es gibt keinen zusammenhängenden Untergraphen von G, der H echt umfasst, also mehr Knoten oder mehr Kanten als H enthält.

Beispiele 11.8

(1) Sämtliche vollständigen Graphen K_n (siehe z. B. Abb. 11.5) sind zusammenhängend.
(2) Abb. 11.11 zeigt drei Graphen. G_1 ist zusammenhängend, während die Graphen G_2 und G_3 nicht zusammenhängend sind.
(3) Abb. 11.12 zeigt die Vereinigung $G = G_1 \cup G_2 \cup G_3$ der drei Graphen aus Abb. 11.11 mit gekennzeichneten Zusammenhangskomponenten.

□

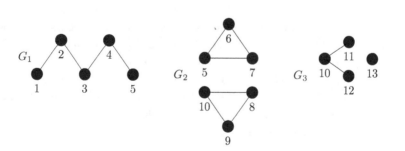

Abb. 11.11 Drei Graphen G_1, G_2 und G_3

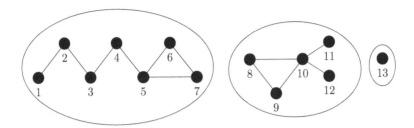

Abb. 11.12 Die Vereinigung der drei Graphen aus Abb. 11.11 bestehend aus drei Zusammenhangs-komponenten

In einem zusammenhängenden Graphen bzw. in den Zusammenhangskomponenten eines nicht zusammenhängenden Graphen sind (Rund-)Wege von besonderem Interesse, bei denen Kanten oder Knoten nicht mehrfach besucht werden.

Definition 11.10

(1) Als *Pfade* werden Wege in einem Graphen bezeichnet, bei denen keine Kante zweimal durchlaufen wird. Ein geschlossener Pfad heißt *Kreis*.
(2) Ein *einfacher Pfad* ist ein Pfad, bei dem kein Knoten mehrfach durchlaufen wird. Ein geschlossener Pfad, der mit Ausnahme seines Ausgangspunktes einfach ist, heißt *einfacher Kreis*.
(3) Ein einfacher Kreis durch sämtliche Knoten des Graphen, heißt *Hamilton'scher Kreis*.

Kreise oder Hamilton'sche Kreise durch sämtliche Knoten eines Graphen kann es natürlich nur in zusammenhängenden Graphen geben.

Beispiele 11.9

(1) Jeder vollständige Graph K_n mit $n \geq 3$ besitzt einen Hamilton'schen Kreis: Man starte den Kreis z. B. im Knoten v_1, verbinde alle Knoten gemäß aufsteigendem Index und verbinde schließlich v_n mit v_1. Aufgrund der Vollständigkeit des Graphen sind sämtliche dazu erforderlichen Kanten tatsächlich auch vorhanden (siehe Abb. 11.13).
(2) Während sich im Graph G in Abb. 11.14 mit Ausgangspunkt v sofort ein Kreis angeben lässt, der durch sämtliche Knoten von G führt, ist es unmöglich, einen Hamilton'schen Kreis, also einen geschlossenen Pfad, der durch alle Knoten von G führt und mit Ausnahme von v einfach ist, anzugeben.

Der in Beispiel 11.9 betrachtete Graph G hat eine Eigenschaft, von der stets auf die Unmöglichkeit der Konstruktion eines Hamilton'schen Kreises geschlossen werden kann: Er zerfällt in zwei nicht zusammenhängende Teile, wenn an geeigneter Stelle nur ein einziger Knoten entnommen wird.

Satz 11.3 *Kann der Zusammenhang eines Graphen G durch die Entnahme eines einzigen Knotens und sämtlicher mit diesem Knoten benachbarter Kanten zerstört werden, dann besitzt G keinen Hamilton'schen Kreis.*

Beweis Sei G ein zusammenhängender Graph und bezeichne v einen Knoten mit der Eigenschaft, dass $G - v$ nicht zusammenhängend ist, also wenigstens aus den beiden nichtleeren Zusammenhangskomponenten G_1 und G_2 besteht.

Jeder Kreis, der durch sämtliche Knoten von G führt und seinen Ausgang nicht im Knoten v hat, muss v wenigstens zweimal durchlaufen: Von seinem Ausgangspunkt in der Zusammenhangskomponente G_1 bzw. G_2 ausgehend, muss der Kreis wenigstens einmal zu den Knoten der Komponente G_2 bzw. G_1 wechseln und von dort in die Komponente G_1 bzw. G_2 zurückkehren, um tatsächlich alle Knoten von G zu durchlaufen. Dabei wird der Knoten v wenigstens zweimal berührt.

Hat der Kreis seinen Ausgangspunkt im Knoten v, dann muss er – dem selben Argument folgend – wenigstens dreimal durchlaufen werden. In keinem der beiden Fälle kann der Kreis einfach – also ein Hamilton'scher Kreis – sein.   ∎

Tatsächlich besitzen nur wenige Graphen einen Hamilton'schen Kreis. Diese Graphen haben die Eigenschaft, einen Untergraphen mit den folgenden, sehr spezifischen Eigenschaften zu besitzen:

Abb. 11.13 Der K_5 mit einem
Hamilton'schen Kreis

Abb. 11.14 Ein Graph ohne
Hamilton'schen Kreis

Satz 11.4 *Ein Graph G = (V, E) hat einen Hamilton'schen Kreis, wenn er einen Unter-graph H mit den folgenden Eigenschaften besitzt:*

(1) H enthält jeden Knoten von G,

(2) H ist zusammenhängend,

(3) H hat ebenso viele Kanten wie Knoten, und

(4) H ist regulär und jeder Knoten von H hat den Grad 2.

Beweis Offenbar besitzt jeder aus sämtlichen Knoten und Kanten eines fixierten Hamilton'schen Kreises aufgebaute Graph sämtliche der Eigenschaften (1)–(4). ∎

Mit der Spezies der vollständigen Graphen K_n, $n \geq 3$, hatten wir bereits eine Klasse von Graphen mit Hamilton'schen Kreisen kennen gelernt. Die in Beispiel 11.9 skizzierte Konstruktion eines Hamilton'schen Kreises war für diese Graphen möglich gewesen, da in jedem Knoten alle der erforderlichen Kanten vorhanden waren. Eine nahe liegende Frage lautet deshalb, wie viele der Kanten in einem vollständigen Graphen weggelassen werden können, ohne dass die Eigenschaft, einen Hamilton'schen Kreis zu besitzen, zerstört wird. Eine Antwort auf diese Frage gab 1952 Gabriel Dirac.

Satz 11.5 *Sei G ein Graph mit n Knoten, $n \geq 3$. Besitzt jeder Knoten v von G wenigstens den Grad $n/2$, $deg(v) \geq n/2$, dann besitzt G einen Hamilton'schen Kreis.*

Beweis Offenbar ist der Satz richtig für alle Graphen mit $n = 3$ und $n = 4$.

Wenn der Satz falsch ist, dann existiert ein kleinstes n, für das Gegenbeispiele existieren. Offenbar ist $n > 4$ und keines der Gegenbeispiele vollständig. Wir wählen nun ein Gegenbeispiel G – also einen Graphen, der die Bedingungen des Satzes erfüllt. Wir können G so wählen, dass das Hinzufügen *einer* Kante zu einem Graphen führt, der einen Hamilton'schen Kreis besitzt.

Seien $\{v_1, v_2, \ldots, v_n\}$ die Knoten von G. Die Hinzunahme der in G zunächst nicht vorhandenen Kante $e_{1,n}$ lasse den Graphen G' entstehen mit einem Hamilton'schen Kreis $(v_1, v_2, \ldots, v_n, v_1)$. Wir beobachten zunächst, dass es kein k, $1 < k < n$, geben kann, so dass v_1 adjazent zu v_k und v_{k-1} adjazent zu v_n ist, ansonsten wäre $(v_1, v_k, v_{k+1}, \ldots, v_n, v_{k-1}, v_{k-2}, \ldots, v_2, v_1)$ ein Hamilton'scher Kreis in G. Für jedes v_k, adjazent zu v_1, ist also v_{k-1} nicht adjazent zu v_n. Wegen $deg(v_1) \geq n/2$ sind damit wenigstens $(n/2) - 1$ der Knoten $\{v_2, \ldots, v_{n-1}\}$ nicht adjazent zu v_n. Da darüberhinaus weder v_1 noch v_n in G adjazent sind zu v_n, folgt $deg(v_n) < n/2$ im Widerspruch zur Annahme, dass $deg(v) \geq n/2$ für alle Knoten aus G. ∎

Der letzte Satz liefert ein sehr schön kompakt fassbares Kriterium für die Existenz eines Hamilton'schen Kreises in einem Graphen. Neben Graphen mit einem hohen Knotengrad gibt es aber durchaus auch Graphen mit ganz gegenteiligen Eigenschaften, die ebenfalls Hamilton'sche Kreise besitzen: Man denke nur an Graphen, die die Gestalt eines Kreises haben, bei denen also jeder Knoten lediglich vom Grad 2 ist. Unter den Kriterien, die lediglich auf einer Gradbetrachtung basieren, ist der Satz von Dirac jedoch optimal. Man kann nämlich Beispiele angeben, bei denen Graphen vom Grad $n/2 - 1$ bereits keinen Hamilton'schen Kreis besitzen.

11.3 Graphen und Matrizen

Die Eigenschaft der Graphen, Informationen und Sachverhalte visuell darstellen zu können, hat sie zu einem universellen Beschreibungswerkzeug in den verschiedensten Anwendungsgebieten werden lassen. Graphen findet man nicht nur in der Informatik, sondern auch in der Physik oder Chemie, in den Wirtschaftswissenschaften oder der Philologie. Um die mit Hilfe von Graphen beschriebenen, mitunter sehr komplexen Informationen und Sachverhalte auch einer Bearbeitung durch den Computer zugänglich machen zu können, bedarf es einer Repräsentation der Graphen – einer so genannten *Datenstruktur* –, die die einfache und effiziente Speicherung und Manipulation von Graphen im Computer erlaubt. Aus vielerlei Gründen hat sich dazu die Matrixdarstellung als besonders geeignet erwiesen.

Definition 11.11 Sei $G = (V, E)$ ein (gerichteter) Graph mit der Knotenmenge $V = \{v_1, \ldots, v_n\}$. Die $n \times n$ Matrix $A_G = (a_{i,j})_{1 \leq i, j \leq n}$ mit

$$a_{i,j} = 1 \text{ falls } (v_i, v_j) \in E \text{ und } a_{i,j} = 0 \text{ sonst}$$

heißt *Adjazenzmatrix* von G.

Adjazenzmatrizen sind also 0,1-wertige Matrizen, die die Nachbarschaftsstruktur des jeweils dargestellten Graphen exakt widerspiegeln: Eine 1 im Schnittpunkt der i-ten Zeile und j-ten Spalte von A_G zeigt die Existenz einer Kante im zugehörigen Graphen G an, die vom i-ten Knoten v_i zum j-ten Knoten v_j führt. Die Adjazenzmatrix A_G ist (nach Festlegung einer Knotennummerierung) eindeutig durch den Graphen G bestimmt und, umgekehrt, aus einer 0,1-wertigen Matrix A kann eindeutig ein Graph G rekonstruiert werden, für den gilt $A = A_G$.

Beispiele 11.10

(1) Ein Graph mit seiner Adjazenzmatrix:

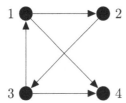

$$\begin{pmatrix} 0 & 1 & 0 & 1 \\ 0 & 0 & 1 & 0 \\ 1 & 0 & 0 & 1 \\ 0 & 0 & 0 & 0 \end{pmatrix}$$

(2) Ein Kreis und seine Adjazenzmatrix:

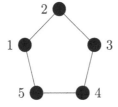

$$\begin{pmatrix} 0 & 1 & 0 & 0 & 1 \\ 1 & 0 & 1 & 0 & 0 \\ 0 & 1 & 0 & 1 & 0 \\ 0 & 0 & 1 & 0 & 1 \\ 1 & 0 & 0 & 1 & 0 \end{pmatrix}$$

$\square$

Übrigens lassen sich auch Multigraphen, also Graphen, die mehrere Kanten zwischen zwei Knoten besitzen können, mit Hilfe von Adjazenzmatrizen repräsentieren. Man schreibt hier für $a_{i,j}$ die Anzahl der Kanten, die von v_i nach v_j führen.

Beispiel 11.11 Adjazenzmatrix des die Stadt Königsberg repräsentierenden (Multi-)Graphen:

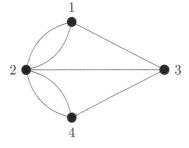

$$\begin{pmatrix} 0 & 2 & 1 & 0 \\ 2 & 0 & 1 & 2 \\ 1 & 1 & 0 & 1 \\ 0 & 2 & 1 & 0 \end{pmatrix}$$

$\square$

Die Symmetrie der Kantenrelation bei ungerichteten Graphen spiegelt sich in der Symmetrie ihrer Adjazenzmatrix wider. Eine Matrix $A = (a_{i,j})_{1 \le i, j \le n}$ heißt *symmetrisch,* wenn $a_{i,j} = a_{j,i}$ für alle $1 \le i, j \le n$ gilt. Ist nun ein Graph $G = (V, E)$ ungerichtet, gilt also $(v_i, v_j) \in E$ genau dann, wenn $(v_j, v_i) \in E$ für alle $v_i, v_j \in E$, dann hat die Adjazenzmatrix A_G von G für alle $1 \le i, j \le n$ tatsächlich die Eigenschaft $a_{i,j} = a_{j,i}$.

Beispiel 11.12 $K_{4,1}$ mit seiner symmetrischen Adjazenzmatrix.

$$\begin{pmatrix} 0 & 0 & 0 & 0 & 1 \\ 0 & 0 & 0 & 0 & 1 \\ 0 & 0 & 0 & 0 & 1 \\ 0 & 0 & 0 & 0 & 1 \\ 1 & 1 & 1 & 1 & 0 \end{pmatrix}$$

□

Mit Hilfe seiner Adjazenzmatrix lässt sich die Struktur eines Graphen rechnerisch aufklären. Wir beobachten zunächst, dass sich aus der Gestalt der Adjazenzmatrix Zusammenhangseigenschaften des repräsentierten Graphen ablesen lassen.

Beispiel 11.13 Ein ungerichteter Graph G mit seinen drei Zusammenhangskomponenten G_1, G_2 und G_3.

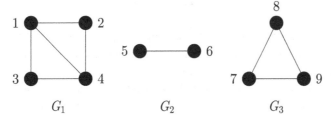

Die Adjazenzmatrix A_G von G besteht aus drei Blöcken entlang der Hauptdiagonalen. Jeder dieser Blöcke ist die Adjazenzmatrix einer Zusammenhangskomponente von G.

$$A_G = \begin{pmatrix} 0 & 1 & 1 & 1 & 0 & 0 & 0 & 0 & 0 \\ 1 & 0 & 0 & 1 & 0 & 0 & 0 & 0 & 0 \\ 1 & 0 & 0 & 1 & 0 & 0 & 0 & 0 & 0 \\ 1 & 1 & 1 & 0 & 0 & 0 & 0 & 0 & 0 \\ 0 & 0 & 0 & 0 & 0 & 1 & 0 & 0 & 0 \\ 0 & 0 & 0 & 0 & 1 & 0 & 0 & 0 & 0 \\ 0 & 0 & 0 & 0 & 0 & 0 & 0 & 1 & 1 \\ 0 & 0 & 0 & 0 & 0 & 0 & 1 & 0 & 1 \\ 0 & 0 & 0 & 0 & 0 & 0 & 1 & 1 & 0 \end{pmatrix}$$

□

Tatsächlich ist die im Beispiel beschriebene Situation nicht zufällig. Besitzt nämlich ein ungerichteter Graph mit n Knoten k Zusammenhangskomponenten G_i, $1 \leq i \leq k$, mit jeweils n_i Knoten, $\sum_{i=1}^{k} n_i = n$, dann besteht die $n \times n$ Adjazenzmatrix A_G von G aus den k Blöcken A_{G_i} der Größe $n_i \times n_i$, $1 \leq_i \leq k$, die entlang der Hauptdiagonale aufgereiht sind.

Alle Einträge außerhalb dieser Blöcke sind 0. Um das einzusehen, braucht man sich nur zu erinnern, dass ein von Null verschiedener Eintrag außerhalb der Blöcke für eine Verbindung zwischen einem Knoten aus einer Zusammenhangskomponente und einem Knoten aus einer anderen Zusammenhangskomponente stehen würde.

Tatsächlich ist der Zusammenhang zwischen einem Graph und seiner Adjazenzmatrix viel tiefer liegend als bisher gesehen. Um diesem Zusammenhang auf die Spur zu kommen, untersuchen wir zunächst, was sich aus dem Produkt einer Adjazenzmatrix A_G mit sich selbst über den Graphen G herauslesen lässt. Wir betrachten die Koeffizienten der Adjazenzmatrix dazu als ganze Zahlen und rechnen über $\mathbb{Z}$.

Um zu erkennen, welche Informationen die einzelnen Koeffizienten der Produktmatrix $B = A_G \cdot A_G$ enthalten, betrachten wir das Element $b_{r,s}$ im Schnittpunkt der r-ten Zeile und der s-ten Spalte von B. Nach Definition der Matrixmultiplikation gilt

$$b_{r,s} = \sum_{i=1}^{n} a_{r,i} \cdot a_{i,s}.$$

Für jedes i, $1 \leq i \leq n$ ist $a_{r,i} \cdot a_{i,s} = 1$ genau dann, wenn sowohl $a_{r,i} = 1$ als auch $a_{i,s} = 1$ gilt. Das ist aber nur dann der Fall, wenn in G gleichzeitig Kanten von v_r nach v_i ($a_{r,i} = 1$) und von v_i nach v_r ($a_{i,s}$) $= 1$ führen, wenn es also einen Weg der Länge 2 von v_r nach v_s gibt. Für jedes i, $1 \leq i \leq n$ wird also eine Eins beigetragen, genau dann, wenn ein Weg der Länge 2 von v_r über v_i nach v_s führt. $b_{r,s}$ zählt also die Zahl der Wege der Länge 2 von v_r nach v_s.

Beispiel 11.14 Wir betrachten die Adjazenzmatrix A_{G_1} des Graphen G_1 aus Beispiel 11.13 und die Produktmatrix $A_{G_1} \cdot A_{G_1}$:

$$A_{G_1} = \begin{pmatrix} 0 & 1 & 1 & 1 \\ 1 & 0 & 0 & 1 \\ 1 & 0 & 0 & 1 \\ 1 & 1 & 1 & 0 \end{pmatrix} \qquad A_{G_1} \cdot A_{G_1} = \begin{pmatrix} 3 & 1 & 1 & 2 \\ 1 & 2 & 2 & 1 \\ 1 & \boxed{2} & 2 & 1 \\ 2 & 1 & 1 & 3 \end{pmatrix}$$

Der markierte Eintrag in der Produktmatrix $A_{G_1} \cdot A_{G_1}$ gibt die Anzahl der Wege der Länge 2 vom Knoten 3 zu Knoten 2 an. Diese beiden Wege von G_1 sind in Abb. 11.15 veranschaulicht.   □

Satz 11.6 *Sei G ein Graph mit den Knoten $v_1, \ldots, v_n$ und $A = (a_{i,j})_{1 \leq i, j \leq n}$ seine Adjazenzmatrix. Für jede natürliche Zahl k gibt der Koeffizient $b_{r,s}$, $1 \leq r, s \leq n$, der k-ten Potenz von A*

$$A^k = (b_{r,s})_{1 \leq r, s \leq n}$$

die Zahl der Wege der Länge k in G an, die von v_r nach v_s führen.

Beweis Wir beweisen den Satz mittels Induktion über k.

Für $k = 0$ geben die Koeffizienten von A^0 tatsächlich die Zahl der trivialen Wege an – also der Wege der Länge 0, die von v_r nach v_s führen. Denn es gilt $A^0 = E$ und die Einheitsmatrix E hat in allen Positionen der Hauptdiagonale eine 1 und ist sonst stets 0.

Auch für $k = 1$ ist die Behauptung trivialerweise erfüllt, denn es gilt $A^1 = A$, und die Adjazenzmatrix zeigt die Zahl aller Kanten zwischen zwei Knoten an – also aller Wege der Länge 1.

Sei die Behauptung bereits für alle $k < l$ bewiesen und sei $b_{r,s}$, $1 \leq r, s \leq n$, ein beliebiger Koeffizient der Matrix

$$B = A^l = A^{(l-1)} \cdot A.$$

Nach Definition der Matrixmultiplikation gilt

$$b_{r,s} = \sum_{i=1}^{n} c_{r,i} a_{i,s},$$

wobei die $c_{r,i}$ Koeffizienten der Matrix $A^{(l-1)}$ bezeichnen. Für jedes i, $1 \leq i \leq n$, ist nun der Summand $c_{r,i} a_{i,s}$ genau dann von Null verschieden, wenn $a_{i,s} = 1$ gilt und demzufolge $c_{r,i} a_{i,s} = c_{r,i}$ ist. Da nach Induktionsvoraussetzung $c_{r,i}$ die Zahl der Wege der Länge $l - 1$ angibt, die von v_r nach v_i führen, und sich aufgrund der Existenz der Kante (v_i, v_s) ($a_{i,s} = 1$) jeder dieser Wege zu einem Weg der Länge l von v_r nach v_s fortsetzen lässt, trägt der Summand $c_{r,i} a_{i,s}$ genau die Anzahl der Wege der Länge $(1 - 1) + 1 = 1$ von v_r über v_i nach v_s zur Summe $b_{r,s}$ bei. Da über alle Zwischenknoten v_i, $1 \leq i \leq n$, summiert wird, gibt $b_{r,s}$ wie behauptet die Zahl sämtlicher Wege der Länge l an, die in G von v_r nach v_s führen. ∎

Abb. 11.15 Zwei Wege von Knoten 3 zu Knoten 2 im Graph G_1 aus Beispiel 11.13

Übrigens lässt sich ein völlig analoger Satz zur Berechnung der Anzahl der Wege einer bestimmten Länge zwischen zwei Knoten in einem Multigraphen beweisen.

Wir wollen nun zurückkehren zu Fragen des Graphzusammenhangs. Im letzten Abschnitt hatten wir uns dabei der Einfachheit halber zunächst auf die Betrachtung von ungerichteten Graphen beschränkt. Bei einer analogen Betrachtung für gerichtete Graphen G ist man nämlich mit dem Problem konfrontiert, dass es wohl einen Weg von einem Knoten v_i zu einem anderen Knoten v_j geben kann, während es unmöglich ist, in G von v_j nach v_i zu gelangen.

Definition 11.12 Sei G ein (gerichteter) Graph und seien v_i, v_j Knoten von G. v_j heißt *erreichbar* von v_i, falls es in G einen Weg von v_i nach v_j gibt.

Ähnlich wie der Zusammenhang in ungerichteten Graphen definiert die Erreichbarkeit eine Relation auf der Knotenmenge (gerichteter) Graphen, die als *Erreichbarkeitsrelation* bezeichnet wird. Auf ungerichteten Graphen stimmen Zusammenhangs- und Erreichbarkeitsrelation überein. Offensichtlich ist die Erreichbarkeitsrelation stets reflexiv und transitiv.

In den verschiedenen Anwendungen der Graphentheorie ist die detaillierte Kenntnis der Erreichbarkeitsrelation über einem Graphen $G = (V, E)$, $\sharp V = n$, von eminenter Bedeutung. Glücklicherweise ist es mit Hilfe der Adjazenzmatrix A des Graphen sehr leicht möglich, seine Erreichbarkeitrelation zu berechnen: Man muss lediglich die n-te Potenz A^n von A über der Schalt-Algebra $(\mathbb{B}, +, \cdot, ^{\,-})$ bilden ....

Satz 11.7 *Sei $G = (V, E)$ ein Graph mit n Knoten und sei R die Erreichbarkeitsrelation von G. Weiter bezeichne $B^{(t)} = (b_{r,s}^{(t)})_{1 \leq r,s \leq n}$ die t-te Potenz der Adjazenzmatrix $A_G = (a_{i,j})_{1 \leq i,j \leq n}$ von G gebildet über der zweielementigen Schalt-Algebra $(\mathbb{B}, +, \cdot, ^{\,-})$,*

$$B^{(t)} = (A_G)^t.$$

Für zwei Knoten v_r und v_s gilt:

$$v_r R v_s \text{ genau dann, wenn } b_{r,s}^{(0)} + b_{r,s}^{(1)} + \ldots + b_{r,s}^{(n-1)} = 1.$$

Beweis Wenn wir über der zweielementigen Schalt-Algebra $(\mathbb{B}, +, \cdot, ^{\,-})$ rechnen, dann dürfen in sämtlichen Matrizen nur die beiden Koeffizienten 0 und 1 vorkommen und die Booleschen Operationen $+$ und $\cdot$ anstelle der üblichen Addition und Multiplikation verwendet werden. Da die Adjazenzmatrizen stets 0,1-wertig sind, können wir die erforderlichen l-ten Potenzen tatsächlich über der Schalt-Algebra $(\mathbb{B}, +, \cdot, ^{\,-})$ ausrechnen.

Wir machen uns zunächst die Wirkung der Booleschen Matrixmultiplikation klar: Bezeichne $b_{r,s}^{(2)}{}_{1 \leq r,s \leq n}$ ein Koeffizient der Matrix $B^{(2)} = (A_G)^2$,

$$b_{r,s}^{(2)} = \sum_{i=1}^{n} a_{r,i} \cdot a_{i,s}.$$

Offensichtlich ist $b_{r,s}^{(2)} = 1$ genau dann, wenn es ein i, $1 \leq i \leq n$, gibt, so dass gleichzeitig $a_{r,i} = 1$ und $a_{i,s} = 1$ gilt, v_s also von v_r aus über einen Weg der Länge 2 erreichbar ist. Induktiv zeigt man weiter, dass für die Koeffizienten $b_{r,s}^{(t)}$ von $(A_G)^t$ gilt, $b_{r,s}^{(t)} = 1$ genau dann, wenn v_s von v_r aus über einen Weg der Länge t erreichbar ist.

Tatsächlich ist also $b_{r,s}^{(0)} + b_{r,s}^{(1)} + \ldots + b_{r,s}^{(n-1)} = 1$ genau dann, wenn es einen Weg der Länge $\leq n - 1$ gibt von v_r nach v_s.

Zum Abschluss des Beweises bleibt zu zeigen, dass wann immer ein Knoten v_s von einem Knoten v_r aus erreichbar ist, es auch über einen Verbindungsweg der Länge $\leq n - 1$ gibt. Sei dazu angenommen, dass es einen Weg p von v_r nach v_s gibt, der länger als $n - 1$ ist, und dass es in G keinen kürzeren Weg von v_r nach v_s gibt. Da G nur n Knoten besitzt, muss p einen Knoten v zweimal besuchen. Schneiden wir aus p den zwischen diesen beiden Besuchen verlaufenden Abschnitt heraus, dann erhalten wir einen Weg p', der ebenfalls von v_r nach v_s führt, aber im Widerspruch zur Annahme kürzer ist als p. ■

Beispiel 11.15 Wir betrachten den Graph G mit der Adjazenzmatrix A_G.

$$A_G = \begin{pmatrix} 0 & 1 & 0 & 0 \\ 0 & 0 & 1 & 0 \\ 0 & 0 & 0 & 1 \\ 1 & 0 & 0 & 0 \end{pmatrix}$$

Die Potenzmatrizen von A_G gebildet über der Schalt-Algebra $(\mathbb{B}, +, \cdot, {}^{-})$ sind

$$B^{(0)} = \begin{pmatrix} 1 & 0 & 0 & 0 \\ 0 & 1 & 0 & 0 \\ 0 & 0 & 1 & 0 \\ 0 & 0 & 0 & 1 \end{pmatrix} \qquad B^{(1)} = A_G$$

$$B^{(2)} = \begin{pmatrix} 0 & 0 & 1 & 0 \\ 0 & 0 & 0 & 1 \\ 1 & 0 & 0 & 0 \\ 0 & 1 & 0 & 0 \end{pmatrix} \qquad B^{(3)} = \begin{pmatrix} 0 & 0 & 0 & 1 \\ 1 & 0 & 0 & 0 \\ 0 & 1 & 0 & 0 \\ 0 & 0 & 1 & 0 \end{pmatrix}.$$

Damit erhalten wir für die Erreichbarkeitsrelation R von G die Matrix

$$R_G = B^{(0)} + B^{(1)} + B^{(2)} + B^{(3)} = \begin{pmatrix} 1 & 1 & 1 & 1 \\ 1 & 1 & 1 & 1 \\ 1 & 1 & 1 & 1 \\ 1 & 1 & 1 & 1 \end{pmatrix}.$$

$\Box$

Zum Abschluss der Betrachtungen zur Erreichbarkeitsrelation wollen wir noch kurz auf den Zusammenhang zwischen der Kantenrelation E und der Erreichbarkeitsrelation R in einem Graph $G = (V, E)$ eingehen. Auf dem Hintergrund der in Kap. 4 besprochenen Theorie der Relationen erkennt man sofort, dass $E \subseteq R$ gilt, dass E also eine Unterrelation von R ist. Während die Kantenrelation jedoch weder reflexiv noch transitiv sein muss, besitzt die Erreichbarkeitsrelation stets beide Eigenschaften. Tatsächlich ist die Erreichbarkeitsrelation R eines Graphen die kleinste Relation, die dessen Kantenrelation E umfasst und sowohl reflexiv als auch transitiv ist. In der Sprache der Relationen heißt R deshalb der *transitive Abschluss* von E. Wird E darüberhinaus noch in Bezug auf die Symmetrie abgeschlossen, dann erhält man die durch E induzierte Äquivalenzrelation (vgl. Abschn. 4.4).

Im Hinblick auf die Tatsache, dass sich jede Relation K über einer endlichen Menge als Graph G_K und demzufolge mit Hilfe einer Matrix $A_K = A_{G_K}$, der so genannten *Relationsmatrix,* darstellen lässt, liefert der eben skizzierte Zusammenhang mit dem letzten Satz ein effektives Verfahren zur Berechnung des transitiven Abschlusses einer vorgegebenen Relation.

Satz 11.8 *Sei K eine Relation über einer n-elementigen Menge und sei A die Relationsmatrix zu K. Die Relationsmatrix A_T des transitiven Abschlusses T von K lässt sich gemäß*

$$A_T = A^0 \bowtie A^1 \bowtie \ldots \bowtie A^n$$

berechnen, wobei sämtliche Matrixberechnungen über der Schalt-Algebra $(\mathbb{B}, +, \cdot, \bar{})$ ausgeführt werden. $\blacksquare$

11.4 Isomorphismen auf Graphen

Sowohl bei der geometrischen Darstellung von Graphen durch Diagramme als bei ihrer Repräsentation durch Adjazenzmatrizen hatten wir beobachten können, dass die Art der Zuordnung von Namen bzw. Nummern zu den Knoten des Graphen von ganz erheblichem Einfluss war. So ergab eine geänderte Zuordnung der Knoten des Graphen zu den geometrischen Punkten im allgemeinen ein völlig verändertes Diagramm des Graphen; eine veränderte Nummerierung der Knoten führte zu einer andersgestalteten Adjazenzmatrix, obwohl sich an der Struktur des Graphen eigentlich nichts geändert hatte. Dieses merkwürdige Phänomen aufzuklären, hilft das Konzept der *Graphisomorphie.*

Beispiel 11.16 Einen Graphen mit zwei verschiedenen Knotennummerierungen und die entsprechenden Adjazenzmatrizen findet man in Abb. 11.16.   □

Definition 11.13 Zwei Graphen $G = (V, E)$ und $G' = (V', E')$ heißen *isomorph*, wenn es eine eineindeutige Abbildung $\phi : V \rightarrow V'$ gibt, so dass $(\phi(u), \phi(v)) \in E'$ genau dann, wenn $(u, v) \in E$. Die Abbildung ϕ heißt *Graphisomorphismus*.

Ist $H = (V_H, E_H)$ ein Untergraph von $G = (V, E)$ und $\phi : V \rightarrow V'$ ein Graphisomorphismus, dann schreiben wir kurz $\phi(H)$ für den durch $\phi(V_H)$ induzierten Teilgraphen von G'.

Beispiel 11.17 Ein Isomorphismus ϕ zwischen den beiden Graphen in Beispiel 11.16 ist

$$
\begin{array}{c|c|c|c|c}
v & 1 & 2 & 3 & 4 \\
\hline
\phi(v) & 1 & 3 & 4 & 2
\end{array}.
$$

□

Graphisomorphismen respektieren sämtliche spezifische Grapheigenschaften:

Satz 11.9 *Sei ϕ ein Graphisomorphismus von $G = (V, E)$ nach $\phi(G) = G'$ mit $G' = (V', E')$.*

(1) Ist H ein Untergraph von G, dann ist $\phi(H)$ ein Untergraph von G' mit gleicher Knoten- und Kantenzahl.

(2) Ist G ungerichtet, dann ist auch G' ungerichtet.

(3) Ist v ein Knoten von G mit dem Ingrad / Ausgrad /Grad d, dann hat sein Bildknoten $\phi(v)$ den gleichen Ingrad / Ausgrad / Grad d.

(4) ϕ überführt Wege / Pfade / Kreise / Hamilton'sche Kreise von G in Wege / Pfade / Kreise / Hamilton'sche Kreise von G' gleicher Länge.

Abb. 11.16 Zwei isomorphe Graphen und ihre Adjanzenzmatrizen

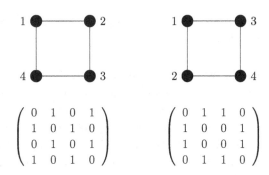

(5) Ist Z eine Zusammenhangskomponente von G, dann ist $\phi(Z)$ eine Zusammenhangs-komponente von G' gleicher Größe.

Beweis Behauptung (1) ergibt sich sofort aus der Definition von Graphisomorphismen.

Sei nun G ungerichtet und sei (u', v') eine beliebige Kante von G'. Wir zeigen, dass dann auch (v', u') zu G' gehört: Das Urbild von (u', v') in G hat die Gestalt $(\phi^{-1}(u'), \phi^{-1}(v')) = (u, v)$. Da G ungerichtet ist, und folglich auch die Kante $(v, u) = (\phi^{-1}(v'), \phi^{-1}(u'))$ zu G gehört, muss (v', u') eine Kante von G' sein. G' ist also auch symmetrisch und Behauptung (2) gilt.

Zur Behauptung (3): Hat ein Knoten v den Ingrad bzw. Ausgrad d, dann ist v Endpunkt bzw. Startpunkt von d verschiedenen Kanten $(u_1, v), \ldots, (u_d, v)$ bzw. $(v, u_1), \ldots, (v, u_d)$, $u_i \neq u_j$ für alle $1 \leq i < j \leq d$. Da ϕ ein Graphisomorphismus ist, sind die Bilder dieser Kanten sämtlich paarweise verschieden und inzident mit $\phi(v)$. Zusätzliche Kanten $(w', \phi(v))$ bzw. $(\phi(v), w')$ mit $\phi^{-1}(v) \neq u_i$, $1 \leq i \leq d$ kann es in G' nicht geben, da ihre sicher existierenden Urbilder $(\phi^{-1}(w'), \phi^{-1}\phi(v)) = (w, v)$ bzw. $(\phi^{-1}\phi(v), \phi^{-1}(w')) = (v, w)$ auch mit v inzident sein, also $w = u_i$ für ein $1 \leq i \leq d$ gelten müsste. Es gilt also $outdeg(v) = outdeg(\phi(v))$ und $indeg(v) = indeg(\phi(v))$ für jeden Knoten v von G. Ist G ungerichtet, dann folgt analog $deg(v) = deg(\phi(v))$.

Die Behauptungen (4) und (5) können ohne weitere neue Argumente bewiesen werden, und sollen deshalb dem Leser zur Übung überlassen werden. ∎

Das Isomorphiekonzept ist ein (sehr) grundlegendes Konzept in der Mathematik. Es ermöglicht die Identifikation „bis auf Isomorphie" von verschiedenen Objekten, die sich im Hinblick auf die gerade betrachtete Struktur nicht unterscheiden und lediglich Unterschiede in für diese Struktur unwesentlichen Details aufweisen (z. B. Benennung der Knoten). Interessiert uns lediglich die Struktur der Mengen, dann liefert jede eineindeutige Abbildung zwischen zwei Mengen eine (Mengen-)Isomorphie; kommt es uns auf die Struktur der Graphen an, dann muss die geforderte eineindeutige Abbildung auf der Knotenmenge zusätzliche, für die Struktur der Graphen wesentliche Eigenschaften erfüllen: Sie muss die Kantenrelation respektieren. In diesem Sinne definiert die Isomorphie einen verallgemeinerten, der jeweiligen Struktur anpassbaren Gleichheitsbegriff.

Satz 11.10 *Die Graphisomorphie definiert eine Äquivalenzrelation auf der Menge aller Graphen.*

Beweis Wir haben zu zeigen, dass die vermittels der Graphisomorphie auf der Menge aller Graphen definierte Relation reflexiv, symmetrisch und transitiv ist.

Vermöge der identischen Abbildung auf der Knotenmenge ist jeder Graph zu sich selbst isomorph, die Graphisomorphie ist also reflexiv. Weiter sei ϕ ein Graphisomorphismus von G nach G', also eine eineindeutige Abbildung $\phi : V \to V'$ mit der Eigenschaft, $(\phi(u), \phi(v)) \in E'$ genau dann, wenn $(u, v) \in E$. Wir betrachten die eineindeutige inverse Abbildung $\phi^{-1} : E' \to E$ von ϕ und eine beliebige Kante $(u', v') \in E'$. Aufgrund der Eineindeutigkeit von ϕ besitzt jeder Knoten v' aus V' ein Urbild $v \in V$ mit $\phi(v) = v'$. Jede Kante $(u', v') \in E'$ lässt sich also schreiben als $(\phi(u), \phi(v))$, und es gilt $(\phi^{-1}(u'), \phi^{-1}(v')) = (\phi^{-1}(\phi(u)), \phi^{-1}(\phi(v))) = (u, v) \in E$ genau dann, wenn $(u', v') = (\phi(u), \phi(v)) \in E$. Die Graphisomorphie definiert also eine symmetrische Relation.

Zum Nachweis der Transitivität der Graphisomorphie zeigen wir schließlich, dass das Produkt $\chi = \rho \circ \phi$ von zwei Graphisomorphismen $\phi : G \to G'$ und $\rho : G' \to G''$ wieder ein Graphisomorphismus ist: Als Produkt zweier eineindeutiger Abbildungen ist χ selbst eineindeutig, und es gilt $(\chi(u), \chi(v)) = (\rho\phi(u), \rho\phi(v)) \in E''$ genau dann, wenn $(\phi(u), \phi(v)) \in E'$ (ρ ist Graphisomorphismus), also $(u, v) \in E$ (ϕ ist Graphisomorphismus). ■

Die Beantwortung der Frage, ob zwei vorgegebene Graphen isomorph sind, stellt ein rechnerisch sehr anspruchsvolles Problem dar. Tatsächlich sind alle möglichen eineindeutigen Abbildungen (vgl. Abschn. exrefsec6.3) von der Knotenmenge eines Graphen auf die Knotenmenge des anderen Graphs daraufhin zu untersuchen, ob sie die Kantenrelation respektieren. Einfacher festzustellen dagegen ist es oft, dass zwei betrachtete Graphen nicht isomorph sind. Man betrachtet dazu Eigenschaften, die bei Anwendung eines Graphisomorphismus invariant bleiben müssten.

Definition 11.14 Eine Eigenschaft P eines Graphen G heißt *invariant bezüglich Graphisomorphismen*, wenn jeder zu G isomorphe Graph die Eigenschaft P besitzt.

Der folgende Satz listet eine Reihe sehr einfacher Graphisomorphie-Invarianten auf und ist im wesentlichen ein Korollar zu Satz 11.9.

Korollar 11.3 *Die folgenden Eigenschaften sind invariant bezüglich Graphisomorphismen:*

(1) Der Graph hat n Knoten.
(2) Der Graph hat m Kanten.
(3) Der Graph hat s Knoten vom Grad k.
(4) Der Graph hat s Kreise der Länge l.
(5) Der Graph hat s Hamilton'sche Kreise.
(6) Der Graph ist ungerichtet.
(7) Der Graph ist zusammenhängend.
(8) Der Graph hat s Zusammenhangskomponenten. ■

11.5 Bäume

In den verschiedenen Anwendungsgebieten der Informatik spielen Graphen, die keine geschlossenen Wege besitzen, eine herausragende Rolle. Mit diesen als Bäume bezeichneten Graphen lassen sich zum Beispiel beschreiben

(1) Hydrocarbone, also Kohlenwasserstoff-Moleküle – Arthur Caylay untersuchte und bestimmte Ende des 19. Jahrhunderts die mögliche Anzahl solcher Strukturen,
(2) elektrische Schaltkreise – Gustav Kirchhoff analysierte Schaltkreise bereits Mitte des 19. Jahrhunderts mit Hilfe von Bäumen,
(3) Grammatiken von Computer-Programmiersprachen und auch von natürlichen Sprachen – Noam Chomsky benutzte Syntaxbäume, um die nach vorgegebenen Regeln korrekt gebildeten Sätze abzuleiten; John Backus und Peter Naur entwickelten Ende der fünfziger Jahre eine Schreibweise für Syntaxbäume, die zur Definition von ALGOL verwendet wurde,
(4) Entscheidungsprozeduren – Entscheidungsgraphen spielen nicht nur in den Politik- und Wirtschaftswissenschaften eine wichtige Rolle, sondern haben auch einen festen Platz in der computer-unterstützten Schaltkreisanalyse.

Aus Platzgründen können wir nur kurz auf ungerichtete Bäume einzugehen.

Definition 11.15

(1) Ein Graph heißt *zyklenfrei,* wenn er keinen geschlossenen Weg der Länge ≥ 1 besitzt.
(2) Ein ungerichteter Graph heißt *Wald,* wenn er zyklenfrei ist.
(3) Ein ungerichteter Graph heißt *Baum,* wenn er zyklenfrei und zusammenhängend ist.

Beispiele 11.18

(1) Ein Wald:

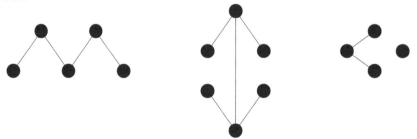

(2) Alle Bäume mit 5 Knoten:

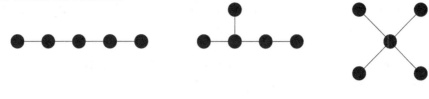

$\square$

Ein wesentliches Charakteristikum von Bäumen ist die Tatsache, dass jedes Paar von Knoten in einem Baum durch genau einen Weg verbunden ist.

Wir beobachten weiter, dass das Streichen von Kanten oder Knoten schlimmstenfalls aus Bäumen Wälder machen kann, während das Hinzufügen nur einer Kante zu einem Baum die Baumstruktur sofort vollkommen zerstört.

Satz 11.11

(1) Werden in einem Baum Kanten gestrichen, dann entsteht ein Wald.

(2) Werden einem Baum Kanten hinzugefügt, dann verliert er seine Baumstruktur.

Beweis Die Beobachtung, dass durch das Streichen von Kanten in einem Baum keine Zyklen entstehen können, beweist Behauptung (1).

Den Nachweis von (2) liefert folgende Überlegung: Sei T ein Baum, also ein zusammenhängender, zyklenfreier Graph. Aufgrund des Zusammenhangs von T sind zwei beliebige Knoten u, v durch einen Weg $p_{u,v}$ in T verbunden. Wird nun dem Graph eine zusätzliche Kante $e = \{u, v\}$ zugefügt, dann entsteht aus $p_{u,v}$ und e ein geschlossener Weg, der die Baumstruktur von T zerstört. ∎

Bäume können durch einen sehr engen Zusammenhang ihrer Knoten- und Kantenzahl charakterisiert werden. Zum Beweis benötigen wir einen Hilfssatz, der für sich selbst betrachtet schon recht interessant ist.

Satz 11.12 *Jeder Baum T mit n Knoten, $n > 1$, besitzt wenigstens zwei Knoten vom Grad 1.*

Beweis Sei $T = (V, E)$ ein Baum mit $\sharp V = n > 1$. Da T als Baum nach Definition azyklisch ist, haben sämtliche Wege in T eine beschränkte Länge $\leq n$. Wir wählen einen längsten Weg $p = (u_1, u_2, \ldots, u_r)$ in T aus. Da T zusammenhängend ist und $n > 1$ gilt, ist $u_1 \neq u_r$.

Wäre $deg(u_1) > 1$, dann müßte es einen zu u_1 adjazenten Knoten $v \in V$ geben mit $v \neq u_2$. Da $v \neq u_i$ für alle $1 \leq i \leq r$ gilt (es gäbe sonst einen geschlossenen Weg in T

und T wäre nicht azyklisch), ist $p' = (v, u_1, u_2, \ldots, u_r)$ ein Weg in T, der im Widerspruch zur Annahme länger als p ist. Es gilt also $deg(u_1) = 1$. Eine analoge Argumentation zeigt $deg(u_r) = 1$. ∎

Definition 11.16 Die Knoten eines Baumes vom Grad 1 werden *Blätter* genannt, die Knoten vom Grad größer als 1 heißen *innere Knoten*.

Beispiel 11.19 Im folgenden Graphen sind u, v und w Blätter, während alle anderen Knoten innere Knoten sind:

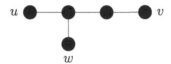

□

Satz 11.13 *Jeder Baum mit n Knoten hat $n - 1$ Kanten.*

Beweis Wir beweisen den Satz mittels Induktion über n.

Für $n = 1$ – also für einen Baum T mit nur einem Knoten – ist die Aussage offenbar wahr. Besäße T nämlich nur eine Kante, dann wäre T nicht zyklenfrei, denn es müsste in T einen nichttrivialen geschlossenen Weg geben.

Wir nehmen nun an, dass die Aussage des Satzes wahr ist für alle Bäume mit $\leq k$ Knoten. Sei T ein Baum mit $k + 1$ Knoten. Da $k + 1 > 1$ ist, besitzt T aufgrund des letzten Satzes ein Blatt (eigentlich sogar zwei), also einen Knoten v vom Grad $deg(v) = 1$. Sei e die zu v adjazente Kante mit dem zweiten Endpunkt u, $e = \{v, u\}$. Wir betrachten nun den Untergraph $T' = (V', E')$ von T, der aus T durch Entnahme des Knoten v und der Kante e entsteht,

$$V' = V - \{v\}, \quad E' = E - \{e\}.$$

T' ist als Untergraph eines Baumes ein Wald. Da T' darüberhinaus offensichtlich auch zusammenhängend ist, ist T' sogar ein Baum, der $(k + 1) - 1 = k$ Knoten besitzt. Nach Induktionsannahme hat T' demzufolge $k - 1$ Kanten. Für T ergibt sich damit eine Kantenzahl von $(k - 1) + 1 = k$ und eine Knotenzahl von $k + 1$. ∎

Interessanterweise gilt für zusammenhängende Graphen auch die Umkehrung des letzten Satzes: ein zusammenhängender Graph mit n Knoten und $n - 1$ Kanten ist ein Baum. Um das zu beweisen, zeigen wir zunächst, dass man aus jedem geschlossenen Weg in einem zusammenhängenden Graphen eine Kante entfernen kann, ohne den Zusammenhang des Graphen zu zerstören.

Satz 11.14 *Sei G ein zusammenhängender Graph und sei p ein nichttrivialer geschlossener Weg in G. Entnimmt man p eine beliebige Kante, dann bleibt der resultierende Graph zusammenhängend.*

Beweis Sei e eine beliebige Kante von p und entstehe G' aus G durch die Entnahme von e. Um zu zeigen, dass G' zusammenhängend ist, müssen wir zeigen, dass zwei beliebige Knoten u, v in G' durch einen Weg verbunden sind.

Da u, v Knoten aus G sind, und G zusammenhängend ist, gibt es in G einen Weg q von u nach v.

1. Fall: Die gestrichene Kante e gehört nicht zum Weg q. Da sich G und G' nur bzgl. der Kante e unterscheiden, gehören sämtliche Kanten von q auch zu G', u und v sind also auch in G' verbunden.

2. Fall: Die gestrichene Kante e gehört zum Weg q. Nach Voraussetzung ist die Kante e Teil des geschlossenen Weges $p = (r, e, s, p', r)$. Da $e = (r, s)$ zum Verbindungsweg q von u nach v gehört, hat dieser die Gestalt $q = (u, q_1, r, e, s, q_2, v)$. Da sowohl die Kante $e = \{r, s\}$ als auch der Teilweg p' von p die Knoten r und s verbindet, liefert die Ersetzung von e durch p' in q eine weitere Verbindung von u nach v, die ohne die Kante e auskommt und deshalb vollständig in G' verläuft. ∎

Satz 11.15 *Ist G ein zusammenhängender Graph mit n Knoten und n − 1 Kanten, dann ist G ein Baum.*

Beweis Wir müssen zeigen, dass G zyklenfrei ist. Angenommen also, G ist nicht zyklenfrei. Dann existiert ein nichttrivialer geschlossener Weg p in G. Aufgrund von Satz 11.14 können wir aus diesem eine Kante entfernen, ohne den Zusammenhang zu zerstören. Wir fahren solange fort, Kanten aus geschlossenen Wegen zu entfernen ohne den Zusammenhang zu zerstören, bis wir schließlich einen Baum T erhalten. Da sich bei dieser Entnahme von Kanten die Knotenzahl nicht geändert hat, besitzt der Baum T ebenfalls n Knoten und folglich $n - 1$ Kanten. Die Annahme, dass G nicht zyklenfrei ist und wir deshalb, ohne den Zusammenhang zu zerstören, Kanten entnehmen können, muss also falsch sein. ∎

In vielen Anwendungen ist ein Knoten des Baumes als Startknoten besonders ausgezeichnet.

Definition 11.17 Sei T ein Baum. T heißt *Wurzelbaum*, wenn ein Knoten v_0 von T besonders ausgezeichnet ist. v_0 heißt *Wurzel* von T.

In einem Wurzelbaum, in den meisten Anwendungen wird wieder kurz von einem Baum gesprochen, kann das Verhältnis der einzelnen Knoten des Baumes zueinander begrifflich gut beschrieben werden.

Definition 11.18

(1) Als *Tiefe* eines Knotens von T wird sein Abstand von der Wurzel bezeichnet. Die *Tiefe* von T ist die Tiefe des Knotens von T mit dem größten Abstand zur Wurzel.
(2) Alle Knoten der gleichen Tiefe bilden ein *Knotenniveau*.
(3) Als *Kinder* eines Knotens v von T werden sämtliche Knoten bezeichnet, die zu v benachbart sind und deren Tiefe die von v um eins übersteigt. v heißt *Vater* seiner Kinder.

Beispiel 11.20 Der folgende Wurzelbaum mit der Wurzel r hat die Tiefe 3. u und w sind Kinder des Knotens v, der die Tiefe 1 besitzt. a, b und v bilden ein Knotenniveau.

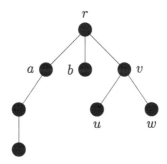

Unter den Wurzelbäumen bilden Bäume, bei denen jeder innere Knoten höchstens zwei Kinder hat, vor allem in Anwendungen aus der Informatik eine besondere Rolle.

Definition 11.19 Ein *binärer Baum* ist ein Wurzelbaum, in dem jeder innere Knoten höchstens zwei Kinder hat.

Satz 11.16 *Für jeden binären Baum T mit t Blättern und Tiefe d gilt*

$$t \leq 2^d,$$

oder äquivalent

$$\log_2 t \leq d.$$

Beweis Wir führen den Beweis mittels Induktion über die Tiefe d.

Gilt $d = 0$, dann besteht T nur aus einem Knoten. Dieser Knoten ist ein Blatt, es gilt also $t = 1$. Da $1 \leq 2^0$ bzw. $log_2 1 \leq 0$, ist die Behauptung für $d = 0$ wahr.

Sei die Behauptung bereits bewiesen für alle binären Bäume der Tiefe $\leq d - 1$. Sei r die Wurzel von T und seien (r, u) und (r, v) die beiden mit r inzidenten Kanten.

Wir betrachten die beiden in u und v wurzelnden Unterbäume T_u und T_v von T. Bezeichnet d_u bzw. d_v die Tiefe von T_u bzw. T_v und t_u und t_v deren Blätterzahl, dann gilt zunächst offenbar $d_u, d_v \leq d - 1$ und $t_u + t_v = t$. Nach Induktionsannahme gilt also

$$t_u \leq 2^{d_u} \quad \text{und} \quad t_v \leq 2^{d_v}.$$

Wir erhalten damit

$$t = t_u + t_v \leq 2^{d_u} + 2^{d_v} \leq 2 \cdot 2^{d-1} \leq 2^d.$$

∎

Definition 11.20 Ein *vollständiger binärer Baum* ist ein binärer Baum bei dem jeder innere Knoten genau zwei Kinder hat.

Offenbar sind vollständige binäre Bäume besonders kompakt gebaute Bäume.

Satz 11.17 *Sei T ein vollständiger binärer Baum mit k inneren Knoten. T hat $k + 1$ Blätter und insgesamt $2k + 1$ Knoten.*

Beweis Wenn wir die Zahl der Knoten eines vollständigen binären Baums betrachten, dann können wir sofort feststellen, dass mit Ausnahme der Wurzel jeder Knoten von T Kind eines Knotens aus T ist, und dass die Zahl der Kind-Knoten zweimal so groß ist, wie die Zahl der Eltern-Knoten. Da als Eltern-Knoten sämtliche innere Knoten in Frage kommen, gilt $t = 1 + 2k$. Da die Differenz aus Gesamtknotenzahl und Zahl der inneren Knoten die Zahl der Blätter von T ergibt, folgt daraus die Behauptung. ∎

Nimmt man die letzten beiden Sätze zusammen, dann ergibt sich das folgende Korollar:

Korollar 11.4 *Ist T ein vollständiger binärer Baum der Tiefe d, dann besitzt T insgesamt*

$$\sum_{i=0}^{d} 2^i = 2^{d+1} - 1$$

Knoten. ∎

Aussagenlogik 12

Zusammenfassung

Aussagenlogik spiegelt die grundlegenden Ideen des korrekten Schlussfolgerns wider. Zuerst betrachten wir die Verbindung zwischen Boole'scher Algebra und Aussagenlogik. Anschließend werden wir die Resolutionsmethode vorstellen, mit der man korrektes Schlussfolgern überprüfen kann.

An verschiedenen Stellen dieses Buches waren wir bereits auf die Bedeutung der Aussagenlogik für das Formulieren, das Verstehen und Manipulieren von Aussagen gestoßen. Wir werden uns nun damit beschäftigen, wie man überprüfen kann, ob eine als Formel dargestellte Aussage tatsächlich wahr ist. Zuerst zeigen wir dazu, dass die Aussagenlogik eine Boole'sche Algebra ist. Also können wir den ganzen Fundus der in einer Boole'schen Algebra gültigen Rechenregeln anwenden. Insbesondere sind die Normalformsätze für die Aussagenlogik von großem Interesse. So entspricht die Darstellung eines Elementes einer Boole'schen Algebra als Produkt von Atomkomplementen genau der Darstellung einer aussagenlogischen Formel in konjunktiver Normalform. Auf Formeln dieses Typs werden wir die *Resolutionsmethode* – eine Methode zum Überprüfen des Wahrheitswertes – kennen lernen.

12.1 Boole'sche Algebra und Aussagenlogik

Bei der Definition der Boole'schen Algebra in Abschn. 10.2 haben wir bereits festgestellt, dass Boole'sche Ausdrücke und aussagenlogische Formeln sehr ähnlich aussehen. Vertauscht man in einem Ausdruck

C. Meinel und M. Mundhenk, *Mathematische Grundlagen der Informatik*, https://doi.org/10.1007/978-3-658-43136-5_12

(1) jedes $+$ durch ein $\vee$,
(2) jedes $\cdot$ durch ein $\wedge$,
(3) jedes $^{-}$ durch ein $\neg$,
(4) jede 1 durch w und
(5) jede 0 durch f,

dann erhält man eine aussagenlogische Formel. Diese Vertauschungsregeln bestimmen eine Abbildung Φ_a von der Menge der Boole'schen Ausdrücke auf die Menge der Formeln.

Beispiel 12.1 Der Ausdruck

$$\alpha = \big((x_1 \cdot x_2) \cdot (\bar{x}_2 + x_3)\big) + \overline{(\bar{x}_3 \cdot x_1)}$$

wird zur Formel

$$\Phi_a(\alpha) = \big((x_1 \wedge x_2) \wedge (\neg x_2 \vee x_3)\big) \vee \neg(\neg x_3 \wedge x_1) \,. \qquad \square$$

Da Φ_a durch Vertauschungsregeln definiert ist, die mit jeweils eindeutigem Resultat rückgängig gemacht werden können, ist auch die inverse Abbildung Φ_a^{-1} von Φ_a, die wir Φ_f nennen (also $\Phi_f = \Phi_a^{-1}$), wohl definiert.

Beispiel 12.2 Die Formel

$$\alpha = \big(\neg(x_3 \wedge \neg x_2) \vee (\mathsf{f} \vee x_3)\,\big)$$

wird zum Ausdruck $\Phi_f(\alpha)$

$$\Phi_f(\alpha) = \big(\overline{(x_2 \cdot \bar{x}_2)} + (0 + x_3)\,\big) \,. \qquad \square$$

Die Abbildung Φ_f bildet aussagenlogische Formeln auf Ausdrücke ab und liefert einen Isomorphismus von der Ausdrucks-Algebra

$$(\mathbb{A}_n, +, \cdot, \ ^{-})$$

der n-stelligen Boole'schen Ausdrücke (über $\mathbb{B} = \{0, 1\}$) in die *Formel-Algebra*

$$(\mathbb{F}_n, \vee, \wedge, \neg)$$

aller Klassen äquivalenter aussagenlogischer Formeln mit den Variablen $x_1, x_2, \ldots, x_n$. Die Operation $\vee$ überführt zwei Klassen $[\alpha]$ und $[\beta]$ in die Klasse $[\alpha \vee \beta]$. Die Operation $\wedge$ überführt zwei Klassen $[\alpha]$ und $[\beta]$ in die Klasse $[\alpha \wedge \beta]$. Und die Operation $\neg$ überführt die Klasse $[\alpha]$ in die Klasse $[\neg\alpha]$. Das Nullelement dieser Algebra ist die Klasse $[\mathsf{f}]$ aller unerfüllbaren Formeln, und das Einselement ist die Klasse $[\mathsf{w}]$ aller Tautologien. Die

Boole'sche Konstante 0 entspricht also dem Wahrheitswert f, und die Konstante 1 entspricht dem Wahrheitswert w.

Aufgrund der Isomorphie zwischen Ausdruck-Algebra und Formel-Algebra sind die Bedeutung eines Ausdrucks und einer aussagenlogischen Formel eigentlich gleich: Jeder Ausdruck stellt eine Schaltfunktion dar. Der Wert der Funktion für festgelegte Argumente kann bestimmt werden, indem man im Ausdruck jede Variable durch den entsprechenden Wert – 0 oder 1 – ersetzt und dann den Wert des Ausdruckes ausrechnet (siehe Definition 10.2). Jede Formel stellt einen logischen Sachverhalt dar, dessen Wahrheitswert von den einzelnen Wahrheitswerten seiner Variablen und der Kombination der auf sie angewendeten Operationen abhängt. Die Wahrheitstafel der Formel entspricht der Tabelle für die Schaltfunktion, die durch den der Formel entsprechenden Ausdruck dargestellt werden kann.

Definition 12.1 Eine aussagenlogische Formel stellt die Schaltfunktion dar, deren Tabelle aus der Wahrheitstafel der Formel entsteht, indem man jedes w durch 1 und jedes f durch 0 ersetzt.

Beispiel 12.3 Die Formel $((x_1 \wedge x_2) \vee (x_2 \vee x_3))$ besitzt die Wahrheitstafel

x_1	x_2	x_3	$((x_1 \wedge x_2) \vee (x_2 \vee x_3))$
w	w	w	w
w	w	f	w
w	f	w	w
w	f	f	f
f	w	w	w
f	w	f	w
f	f	w	w
f	f	f	f

und stellt folglich die Schaltfunktion

x_1	x_2	x_3	$f(x_1, x_2, x_3)$
1	1	1	1
1	1	0	1
1	0	1	1
1	0	0	0
0	1	1	1
0	1	0	1
0	0	1	1
0	0	0	0

dar.   □

Das Argument einer Schaltfunktion ist eine Zuordnung einer Konstanten 1 oder 0 zu jeder Variablen eines Boole'schen Ausdrucks. Dem entspricht eine Zuordnung eines Wahrheitswertes w oder f zu jeder Variablen einer aussagenlogischen Formel. Gemäß den Rechenregeln der Ausdruck-Algebra kann der Wert eines Ausdrucks ohne Variablen bestimmt werden. Diese Rechenregeln werden nun auch für aussagenlogische Formeln definiert.

Definition 12.2 Eine *Belegung* für eine aussagenlogische Formel mit den Variablen $x_1, \ldots, x_n$ ist eine Abbildung $\mathcal{A}$ von der Menge $\mathbb{F}_n$ aller aussagenlogischen Formeln mit den Variablen $x_1, \ldots, x_n$ in die Menge der Wahrheitswerte $\{$ w, f $\}$ mit folgenden Eigenschaften für alle Formeln α und β.

(1) $\mathcal{A}(\text{w}) = \text{w}$ und $\mathcal{A}(\text{f}) = \text{f}$,
(2) $\mathcal{A}(\alpha \wedge \beta) = \text{w}$ genau dann, wenn $\mathcal{A}(\alpha) = \text{w}$ und $\mathcal{A}(\beta) = \text{w}$,
(3) $\mathcal{A}(\alpha \vee \beta) = \text{w}$ genau dann, wenn $\mathcal{A}(\alpha) = \text{w}$ oder $\mathcal{A}(\beta) = \text{w}$,
(4) $\mathcal{A}(\neg\alpha) = \text{w}$ genau dann, wenn $\mathcal{A}(\alpha) = \text{f}$.

Entsprechend den Tautologien in Beispiel 1.2 betrachten wir Formeln der Art $(\alpha \rightarrow \beta)$ als Schreibweise für die äquivalente Formel $(\neg\alpha \vee \beta)$, und Formeln der Art $(\alpha \leftrightarrow \beta)$ als Schreibweise für die äquivalente Formel $((\alpha \rightarrow \beta) \wedge (\beta \rightarrow \alpha))$.

Entsprechend gilt

$$\mathcal{A}(\alpha \rightarrow \beta) = \mathcal{A}(\alpha \rightarrow \beta) \quad \text{und} \quad \mathcal{A}(\alpha \leftrightarrow \beta) = \mathcal{A}((\alpha \rightarrow \beta) \wedge (\beta \rightarrow \alpha)) \,.$$

Belegungen unterscheiden sich also im wesentlichen dadurch, welche Wahrheitswerte den Variablen zugeordnet werden. Ersetzt man in einer Formel jede Variable x_i durch den ihr zugeordnete Wahrheitswert $\mathcal{A}(x_i)$, erhält man eine Formel ohne Variablen, in der nur noch die Konstanten w und f vorkommen. Den Wahrheitswert dieser Formel können wir entsprechend den Rechenregeln für $\vee$, $\wedge$ und $\neg$ ausrechnen.

Beispiel 12.4 Wir betrachten die Formel α
$$(x_1 \vee \neg x_2) \wedge ((\neg x_1 \vee x_2) \wedge x_3)$$
unter der Belegung $\mathcal{A}_1$ mit

	x_1	x_2	x_3
$\mathcal{A}_1(x_i)$	w	f	w

Um den Wahrheitswert $\mathcal{A}_1(\alpha)$ zu bestimmen, ersetzt man jede Variable x_i in α durch den Wahrheitswert $\mathcal{A}_1(x_i)$ und erhält die Aussage

$$(\text{w} \vee \neg\text{f}) \wedge ((\neg\text{w} \vee \text{f}) \wedge \text{w}) \,.$$

Nun kann man schrittweise die Rechenregeln der Operationen $\wedge$, $\vee$ und $\neg$ anwenden und erhält

$$(w \vee w) \wedge ((f \vee f) \wedge w)$$
$$w \wedge (f \wedge w)$$
$$w \wedge (f \wedge w)$$
$$w \wedge f$$
$$f.$$

Also gilt

$$\mathcal{A}_1\big((x_1 \vee \neg x_2) \wedge ((\neg x_1 \vee x_2) \wedge x_3)\big) = f.$$

Unter der Belegung $\mathcal{A}_2$ mit

	x_1	x_2	x_3
$\mathcal{A}_2(x_i)$	w	w	w

ist der Wahrheitswert $\mathcal{A}_2(\alpha)$ aus der Aussage

$$(w \vee \neg w) \wedge ((\neg w \vee w) \wedge w)$$

zu berechnen. Schrittweise erhält man

$$(w \vee f) \wedge ((f \vee w) \wedge w)$$
$$w \wedge (w \wedge w)$$
$$w \wedge w$$
$$w$$

Also gilt $\mathcal{A}_2(\alpha) = w$. $\qquad\qquad\square$

Streng formal könnten wir auch den Isomorphie-Satz ausnutzen. Der Wahrheitswert $\mathcal{A}(\alpha)$ einer Formel α mit den Variablen $x_1, \ldots, x_n$ unter einer Belegung $\mathcal{A}$ entspricht danach dem Wert der vom Ausdruck $\Phi_f(\alpha)$ dargestellten Schaltfunktion unter den $\mathcal{A}$ entsprechenden Argumenten. Das heißt

$$\mathcal{A}(\alpha) = \Phi_a\Big(\Phi_f(\alpha)\big(\Phi_f(\mathcal{A}(x_1)), \ldots, \Phi_f(\mathcal{A}(x_n))\big)\Big).$$

In der Logik interessiert man sich insbesondere dafür, ob eine Formel einen wahren Sachverhalt ausdrückt.

Definition 12.3 Sei α eine Formel.

(1) Eine Belegung $\mathcal{A}$ heißt *Modell* von α, falls $\mathcal{A}(\alpha) = \mathsf{w}$.
(2) α heißt *erfüllbar,* falls α ein Modell besitzt.
(3) α heißt *unerfüllbar* (oder *Kontradiktion*), falls α kein Modell besitzt.
(4) α heißt *gültig* (oder *Tautologie*), falls jede Belegung ein Modell von α ist.

Beispiel Die Belegung $\mathcal{A}$ mit $\mathcal{A}(x) = \mathsf{w}, \mathcal{A}(y) = \mathsf{f}, \mathcal{A}(z) = \mathsf{w}$ ist Modell der Formel $((x \rightarrow y) \rightarrow z)$ und kein Modell der Formel $(x \wedge y) \vee \neg z$. Die Formel $((x \wedge y) \vee (\neg(x \wedge y)))$ ist gültig, die Formel $(\neg(x \rightarrow (\neg y \vee x)))$ ist unerfüllbar, die Formel x ist erfüllbar und nicht gültig. $\qquad\square$

Gültige und unerfüllbare Formeln sind sehr ähnlich.

Satz 12.1 α *ist gültig genau dann, wenn* $\neg\alpha$ *unerfüllbar ist.*

Beweis α ist gültig

gdw. jede Belegung ist ein Modell von α	(Def. der Gültigkeit)
gdw. $\mathcal{A}(\alpha) = \mathsf{w}$ für jede Belegung $\mathcal{A}$	(Def. eines Modells)
gdw. $\mathcal{A}(\neg\alpha) = \mathsf{f}$ für jede Belegung $\mathcal{A}$	(Eigenschaft von $\neg$)
gdw. keine Belegung ist ein Modell von $\neg\alpha$	(Def. eines Modells)
gdw. $\neg\alpha$ ist unerfüllbar	(Def. der Unerfüllbarkeit)

■

Die Menge der aussagenlogischen Formeln teilt sich also in drei disjunkte Teilmengen auf:

(1) die Menge der gültigen Formeln,
(2) die Menge der unerfüllbaren Formeln, und
(3) die Menge der erfüllbaren und nicht gültigen Formeln.

Diese drei Mengen sind in obiger Definition „semantisch" – d.h. über den Begriff der Belegung – definiert worden. In den nächsten Kapiteln wird gezeigt, wie man diese Mengen auch „syntaktisch" definieren kann. Aus den syntaktischen Definitionen lassen sich dann algorithmische Methoden entwickeln, mit denen die Erfüllbarkeit von Formeln überprüft werden kann.

12.2 Normalformen

In jeder Boole'schen Algebra gelten die in Kap. 10.7 besprochenen Normalformsätze. Die Atome der Ausdruck-Algebra (vgl. Abschn. 10.6) sind die durch Produkte von Literalen wie zum Beispiel

$$x_1 \cdot \overline{x_2} \cdot x_3 \cdot x_4 \cdot \overline{x_5}$$

repräsentierten Klassen äquivalenter Ausdrücke – in diesem Beispiel die Klasse $[x_1 \cdot \overline{x_2} \cdot x_3 \cdot x_4 \cdot \overline{x_5}]$. Der Isomorphismus Φ_a zwischen der Ausdruck-Algebra und der Formel-Algebra bildet ein Produkt von Literalen in eine Konjunktion von Literalen ab, also zum Beispiel

$$\Phi_a(x_1 \cdot \overline{x_2} \cdot x_3 \cdot x_4 \cdot \overline{x_5}) = x_1 \wedge \neg x_2 \wedge x_3 \wedge x_4 \wedge \neg x_5 \,.$$

Die Atome der Formel-Algebra sind also die durch Konjunktion von Literalen repräsentierten Klassen äquivalenter Ausdrücke. In der Logik werden sie auch *Monom* genannt. Eine Summe von Atomen der Formel-Algebra ist eine Disjunktion von Monomen, also eine Disjunktion von Konjunktionen von Literalen, beispielsweise

$$(x_1 \wedge \neg x_2 \wedge x_3) \vee (\neg x_1 \wedge x_2) \vee (x_1 \wedge x_2 \wedge \neg x_3) \,.$$

Definition 12.4 Eine aussagenlogische Formel ist in *disjunktiver Normalform* (abgekürzt DNF), wenn sie eine Disjunktion von Monomen ist.

Aus dem ersten Normalformsatz (Satz 10.12) für Boole'sche Algebren folgt sofort:

Korollar 12.1 *Für jede aussagenlogische Formel gibt es eine äquivalente Formel in disjunktiver Normalform.*

Zu jeder Formel können wir mit der gleichen Vorgehensweise wie bei Ausdrücken (siehe Kap. 10.7) eine äquivalente Formel in disjunktiver Normalform konstruieren. Wir nehmen uns dazu die Wahrheitstafel der Formel. Jede erfüllende Belegung – also jede mit w endende Zeile der Wahrheitstafel – bestimmt ein Monom. Diese Vorgehensweise führen wir am Beispiel der Formel

$$\neg\bigl(\neg x_3 \wedge \neg(x_2 \wedge x_1)\bigr)$$

vor. Abb. 12.1 zeigt, wie die Monome aus der zugehörigen Wahrheitstafel abgelesen werden können. Die Disjunktion aller so erhaltenen Monome ergibt eine Darstellung der Formel $\neg(\neg x_3 \wedge \neg(x_2 \wedge x_1))$ in disjunktiver Normalform, nämlich

$$(x_1 \wedge x_2 \wedge x_3) \vee (x_1 \wedge x_2 \wedge \neg x_3) \vee (x_1 \wedge \neg x_2 \wedge x_3) \vee (\neg x_1 \wedge x_2 \wedge x_3) \vee (\neg x_1 \wedge \neg x_2 \wedge x_3) \,.$$

x_1	x_2	x_3	$\neg(\neg x_3 \wedge \neg(x_2 \wedge x_1))$		Monom
w	w	w	w	$\rightarrow$	$x_1 \wedge x_2 \wedge x_3$
w	w	f	w	$\rightarrow$	$x_1 \wedge x_2 \wedge \neg x_3$
w	f	w	w	$\rightarrow$	$x_1 \wedge \neg x_2 \wedge x_3$
w	f	f	f		
f	w	w	w	$\rightarrow$	$\neg x_1 \wedge x_2 \wedge x_3$
f	w	f	f		
f	f	w	w	$\rightarrow$	$\neg x_1 \wedge \neg x_2 \wedge x_3$
f	f	f	f		

Abb. 12.1 Ablesen der Monome für die disjunktive Normalform aus der Wahrheitstafel

Der zweite Normalformsatz für Boole'sche Algebren (Satz 10.14) behandelt Produkte von Komplementen von Atomen. Das Komplement

$$\neg(x_1 \wedge \neg x_2 \wedge x_3 \wedge x_4 \wedge \neg x_5)$$

des oben betrachteten Atoms ist

$$(\neg x_1 \vee x_2 \vee \neg x_3 \vee \neg x_4 \vee x_5).$$

Es ist eine Disjunktion von Literalen.

Definition 12.5 Eine *Klausel* ist eine Disjunktion von Literalen. Eine aussagenlogische Formel ist in *konjunktiver Normalform* (abgekürzt KNF), wenn sie eine Konjunktion von Klauseln ist.

Aus dem zweiten Normalformsatz für Boole'sche Algebren (Satz 10.14) folgt sofort:

Korollar 12.2 *Für jede aussagenlogische Formel gibt es eine äquivalente Formel in konjunktiver Normalform.*

Zu jeder Formel können wir mit der gleichen Vorgehensweise wie bei Ausdrücken (siehe S. 205) eine äquivalente Formel in konjunktiver Normalform konstruieren. Wir nehmen uns dazu wieder die Wahrheitstafel der Formel her. Das Komplement jeder nicht-erfüllenden Belegung – also jede mit f endende Zeile der Wahrheitstafel – bestimmt eine Klausel. Diese Klausel ist genau das Komplement des durch die Zeile bestimmten Monoms. Als Beispiel sehen wir uns wie oben die Formel

$$\neg\big(\neg x_3 \wedge \neg(x_2 \wedge x_1)\big)$$

x_1	x_2	x_3	$\neg(\neg x_3 \wedge \neg(x_2 \wedge x_1))$		Klausel
w	w	w	w		
w	w	f	w		
w	f	w	w		
w	f	f	f	$\rightarrow$	$\neg x_1 \vee x_2 \vee x_3$
f	w	w	w		
f	w	f	f	$\rightarrow$	$x_1 \vee \neg x_2 \vee x_3$
f	f	w	w		
f	f	f	f	$\rightarrow$	$x_1 \vee x_2 \vee x_3$

Abb. 12.2 Ablesen der Klauseln für die konjunktive Normalform aus der Wahrheitstafel

an. Abb. 12.2 zeigt, wie die Klauseln aus der Wahrheitstafel abgelesen werden können. Die Konjunktion dieser Klauseln ergibt eine Darstellung in konjunktiver Normalform, nämlich

$$(\neg x_1 \vee x_2 \vee x_3) \wedge (x_1 \vee \neg x_2 \vee x_3) \wedge (x_1 \vee x_2 \vee x_3).$$

12.3 Erfüllbarkeitsäquivalente Formeln

Kehren wir zurück zur zentralen Frage nach der Erfüllbarkeit aussagenlogischer Formeln. Die Erfüllbarkeit von Formeln in disjunktiver Normalform ist sehr einfach zu überprüfen: Da jedes Monom erfüllbar ist, ist eine disjunktive Normalform erfüllbar, wenn sie mindestens ein Monom enthält. Die Umformung einer Formel in eine disjunktive Normalform ist jedoch nicht effizient durchführbar, da bei einer Formel mit n Variablen die ganze Wahrheitstafel mit ihren 2^n Zeilen aufgestellt und durchsucht werden muss. Auch äquivalentes Umformen garantiert kein effizienteres Verfahren.

Gleiches gilt für die Erzeugung einer äquivalenten Formel in konjunktiver Normalform. Auch hier ist das beschriebene Verfahren nicht effizient durchführbar. Während man von dieser Normalform nicht wie im Falle der disjunktiven Normalform direkt ablesen kann, ob die Formel erfüllbar ist, liefert sie einen guten Ausgangspunkt für algorithmische Erfüllbarkeitstests. (Allerdings ist auch hier kein Algorithmus bekannt, der die Erfüllbarkeit effizient testen würde.) Im folgenden werden wir uns nur für die *Erfüllbarkeit* einer Formel interessieren, nicht aber an dem von ihr dargestellten abstrakten logischen Sachverhalt. Wir können uns deshalb zufrieden geben mit einem effizienten Umformungsverfahren, das aus einer beliebigen Formel α eine *erfüllbarkeitsäquivalente* Formel α' erzeugt.

Definition 12.6 Eine Formel α' ist *erfüllbarkeitsäquivalent* zu einer Formel α, wenn folgendes gilt: α ist erfüllbar genau dann, wenn α' erfüllbar ist.

Beispiele 12.5

(1) Die Formeln x_1 und $\neg(x_1 \lor \neg x_2) \land (\neg(x_1 \land x_3))$ sind erfüllbarkeitsäquivalent, da sie beide erfüllbar sind: Eine erfüllende Belegung für die erste Formel ist $\mathcal{A}_1(x_1) = \mathsf{w}$. Eine erfüllende Belegung der zweiten Formel ist durch $\mathcal{A}_2$ mit $\mathcal{A}_2(x_1) = \mathsf{f}$, $\mathcal{A}_2(x_2) = \mathsf{w}$ und $\mathcal{A}_2(x_3) = \mathsf{f}$ gegeben.

(2) Die Formeln $x_1 \lor x_2$ und $(x_1 \lor x_2) \land \neg(x_1 \lor x_2)$ sind *nicht* erfüllbarkeitsäquivalent: Die erste der beiden Formeln ist erfüllbar, die zweite dagegen ist unerfüllbar. □

Der Aufbau der Formel

$$\alpha = (a \land \neg b) \lor (a \land \neg c)$$

kann durch den Baum in Abb. 12.3 veranschaulicht werden. Dieser Baum enthält drei Knoten, die nicht mit Literalen sondern mit Operationszeichen markiert sind. Für diese Knoten führen wir die neuen Variablen S_1, S_2 und S_3 ein (Abb. 12.4). Sie können als Wurzel des darunter liegenden Baumes betrachtet werden und stehen jeweils für eine Teilformel von α.

Man sieht, dass S_1 äquivalent zur betrachteten Formel α ist. Außerdem gilt

(1) $S_1 \equiv (S_2 \lor S_3)$,
(2) $S_2 \equiv (a \land \neg b)$, und
(3) $S_3 \equiv (a \land \neg c)$.

Jede Belegung $\mathcal{A}$ für α kann so um eine Belegung der Variablen S_1, S_2 und S_3 erweitert werden, dass sich ein Modell $\mathcal{A}'$ für die Formel

$$(S_1 \leftrightarrow (S_2 \lor S_3)) \land (S_2 \leftrightarrow (a \land \neg b)) \land (S_3 \leftrightarrow (a \land \neg c))$$

Abb. 12.3 Darstellung der Formel $(a \land \neg b) \lor (a \land \neg c)$ als Baum

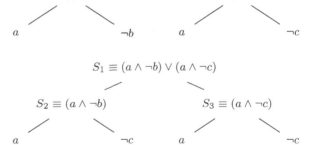

Abb. 12.4 Darstellung der Formel $(a \land \neg b) \lor (a \land \neg c)$ als Baum

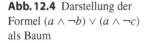

ergibt: Der Wahrheitswert von S_i unter $\mathcal{A}'$ ist dabei genau der Wahrheitswert der Teilformel unter $\mathcal{A}$, für die S_i eingeführt wurde. Der Wahrheitswert von S_1 unter $\mathcal{A}'$ stimmt also mit dem Wert von α unter $\mathcal{A}$ überein. Nehmen wir zu dieser Konjunktion noch S_1 hinzu, dann ist der Wert von

$$\alpha' = S_1 \wedge (S_1 \leftrightarrow (S_2 \vee S_3)) \wedge (S_2 \leftrightarrow (a \wedge \neg b)) \wedge (S_3 \leftrightarrow (a \wedge \neg c))$$

unter $\mathcal{A}'$ gleich $\mathcal{A}(\alpha)$. Daraus ergibt sich, dass α' und α erfüllbarkeitsäquivalent sind. Schließlich kann α' selbst noch sehr einfach in eine äquivalente konjunktive Normalform umgeformt werden. α' ist eine Konjunktion von Teilformeln, die jeweils höchstens drei verschiedene Variablen enthalten. Mittels der Wahrheitstafelmethode kann jede dieser Teilformeln in konjunktive Normalform gebracht werden, wobei sich die Größe der Formel höchstens verachtfacht.

Satz 12.2 *Es gibt einen effizienten Algorithmus, der aus einer Formel α eine erfüllbarkeitsäquivalente konjunktive Normalform α' berechnet.*

Beweis Sei α eine beliebige Formel. Als erstes formen wir α äquivalent um, so dass alle Negationszeichen $\neg$ in α nur direkt vor Variablen stehen. Dazu wenden wir das deMorgan'sche Gesetz und das Doppelnegationsgesetz an. $\alpha_1, \ldots, \alpha_m$ seien alle Teilformeln von α, die durch die Anwendung zweistelliger Operationen entstehen, und $\alpha_{m+1}, \ldots, \alpha_k$ seien die Literale von α. Dabei sei $\alpha = \alpha_1$, und $\alpha_i = \alpha_{i_1} \circ \alpha_{i_2}$ für $1 \leq i \leq m$, und $\circ$ eine beliebige zweistellige Verknüpfung. Seien $S_1, \ldots, S_m$ Variablen, die nicht in α vorkommen. Wir definieren

$$D(\alpha) = \bigwedge_{i=1,2,\ldots,m;\, \alpha_i = \alpha_{i_1} \circ \alpha_{i_2}} \left[S_i \leftrightarrow (S_{i_2} \circ S_{i_2}) \right] \wedge \bigwedge_{i=m+1,\ldots,k} [S_i \leftrightarrow \alpha_i].$$

Behauptung 1: Ist $\mathcal{A}$ Modell von $D(\alpha)$, dann gilt für jedes α_i: $\mathcal{A}(\alpha_i) = \mathcal{A}(S_i)$.

Wir beweisen die Behauptung mittels Induktion über die Anzahl k der Teilformeln von α. Ist $k = 1$, so ist $\alpha = \ell$ für ein Literal ℓ. Also ist $D(\alpha) = S_1 \leftrightarrow \ell$. Ist $\mathcal{A}$ ein Modell für $D(\alpha)$, dann gilt $\mathcal{A}(S_1) = \mathcal{A}(\ell)$.

α besitze nun $k + 1$ Teilformeln und Literale ($k > 1$). Dann ist $\alpha = \alpha_a \circ \alpha_b$. Ist $\mathcal{A}$ ein Modell von $D(\alpha)$, dann ist $\mathcal{A}(\alpha) = \mathcal{A}(\alpha_a) \circ \mathcal{A}(\alpha_b)$. Nach Induktionsvoraussetzung gilt $\mathcal{A}(S_a) = \mathcal{A}(\alpha_a)$ und $\mathcal{A}(S_b) = \mathcal{A}(\alpha_b)$. Da $\mathcal{A}(S_a) \circ \mathcal{A}(S_b) = \mathcal{A}(S_1)$, folgt $\mathcal{A}(S_1) = \mathcal{A}(\alpha)$.

Behauptung 2: Ist $\mathcal{A}$ Modell von α, dann gibt es eine Belegung $\mathcal{A}'$, die Modell von α und Modell von $D(\alpha)$ ist.

$\mathcal{A}'$ kann aus $\mathcal{A}$ gewonnen werden, indem $\mathcal{A}'(S_i) = \mathcal{A}(\alpha_{i_1}) \circ \mathcal{A}(\alpha_{i_2})$ gesetzt und alle anderen Variablen unter $\mathcal{A}'$ genau so belegt werden, wie unter $\mathcal{A}$.

Wir können nun den Beweis abschließen: Ist α unerfüllbar, dann besitzt $D(\alpha)$ nur Modelle $\mathcal{A}$ mit $\mathcal{A}(S_1) = \mathsf{f}$. Also ist $D(\alpha) \wedge S_1$ unerfüllbar. Ist α erfüllbar, so besitzt $D(\alpha)$ ein Modell $\mathcal{A}$ mit $\mathcal{A}(S_1) = \mathsf{w}$. Also ist $D(\alpha) \wedge S_1$ erfüllbar.

$D(\alpha)$ ist eine Konjunktion von Formeln, die aus jeweils drei Literalen bestehen. Die konjunktive Normalform jeder dieser Formeln besteht also aus einer Konjunktion von maximal 8 Klauseln (abhängig von der verwendeten Verknüpfung $\circ$). Also lässt sich $D(\alpha) \wedge S_1$ in eine äquivalente Formel α' in konjunktiver Normalform von höchstens 8-facher Größe der ursprünglichen Formel umwandeln.   ∎

Beispiel 12.6 Wir führen die im Beweis beschriebene Konstruktion am Beispiel der Formel

$$((x_1 \leftrightarrow x_2) \rightarrow \neg(x_1 \vee \neg x_2)) \vee \neg x_1$$

aus. Zuerst werden alle Negationszeichen direkt vor die Variablen gebracht. Da $\neg(x_1 \vee \neg x_2) \equiv (\neg x_1 \wedge x_2)$, erhalten wir

$$\alpha = ((x_1 \leftrightarrow x_2) \rightarrow (\neg x_1 \wedge x_2)) \vee \neg x_1.$$

Jetzt zerlegen wir α in seine Teilformeln:

$$\alpha_1 = ((x_1 \leftrightarrow x_2) \rightarrow (\neg x_1 \wedge x_2)) \vee \neg x_1$$
$$\alpha_2 = (x_1 \leftrightarrow x_2) \rightarrow (\neg x_1 \wedge x_2)$$
$$\alpha_3 = x_1 \leftrightarrow x_2$$
$$\alpha_4 = \neg x_1 \wedge x_2$$
$$\alpha_5 = x_1$$
$$\alpha_6 = \neg x_1$$
$$\alpha_7 = x_2$$

Wir führen für die sieben Teilformeln $\alpha_1, \ldots, \alpha_7$ die neuen Variablen $S_1, \ldots, S_7$ ein. Als zu α erfüllbarkeitsäquivalente Formel erhalten wir damit die Formel

$$D(\alpha) = (S_1 \leftrightarrow (S_2 \vee S_6)) \wedge (S_2 \leftrightarrow (S_3 \rightarrow S_4)) \wedge (S_3 \leftrightarrow (S_5 \leftrightarrow S_7))$$
$$\wedge (S_4 \leftrightarrow (S_6 \wedge S_7)) \wedge (S_5 \leftrightarrow x_1) \wedge (S_6 \leftrightarrow \neg x_1) \wedge (S_7 \leftrightarrow x_2) \wedge S_1.$$

Zum Schluss müssen wir noch jede der durch Konjunktion verknüpften Teilformeln in eine konjunktive Normalform bringen. Wir erhalten die gewünschte zu α erfüllbarkeitsäquivalente konjunktive Normalform

$$(\neg S_1 \vee S_2 \vee S_6) \wedge (S_1 \vee \neg S_2) \wedge (S_1 \vee \neg S_6)$$
$$\wedge (\neg S_2 \vee \neg S_3 \vee S_4) \wedge (S_2 \vee S_3) \wedge (S_2 \vee \neg S_4)$$
$$\wedge (\neg S_3 \vee \neg S_5 \vee S_6) \wedge (\neg S_3 \vee S_5 \vee \neg S_6) \wedge (S_3 \vee S_5 \vee S_6) \wedge (S_3 \vee \neg S_5 \vee \neg S_6)$$
$$\wedge (\neg S_4 \vee S_6) \wedge (\neg S_4 \vee S_7) \wedge (S_4 \vee \neg S_6 \vee \neg S_7)$$
$$\wedge (\neg S_5 \vee x_1) \wedge (S_5 \vee \neg x_1) \wedge (\neg S_6 \vee \neg x_1) \wedge (S_6 \vee x_1)$$
$$\wedge (\neg S_7 \vee x_2) \wedge (S_7 \vee \neg x_2) \wedge S_1. \qquad\qquad \Box$$

Da wir nun jede Formel effizient in eine erfüllbarkeitsäquivalente Formel in konjunktiver Normalform umformen können, reicht es zur Beantwortung der Frage nach der Erfüllbarkeit einer Formel ein Erfüllbarkeitstest für Formeln in konjunktiver Normalform. Dabei fassen wir eine konjunktive Normalform als *Menge* auf: Jede Klausel wird als Menge der in ihr enthaltenen Literale dargestellt. Die Klausel $(x_1 \lor \neg x_2 \lor x_3)$ wird also als Menge $\{x_1, \neg x_2, x_3\}$ dargestellt. Formeln in konjunktiver Normalform – also Konjunktionen von Klauseln – werden als Mengen von Klauseln dargestellt, so genannte *Klauselmengen*. Beispielsweise wird die konjunktive Normalform

$$(x_1 \lor \neg x_2 \lor x_3) \land (\neg x_1 \lor \neg x_2 \lor x_3) \land (x_2 \lor \neg x_3)$$

als Menge

$$\big\{\{x_1, \neg x_2, x_3\}, \{\neg x_1, \neg x_2, x_3\}, \{x_2, \neg x_3\}\big\}$$

geschrieben. Durch diese Schreibweise wird eine vereinfachte Sichtweise auf Belegungen möglich: sie können nun ebenfalls als Mengen aufgefasst werden, die genau die von der Belegung erfüllten Literale enthalten. Beispielsweise wird die Belegung $\mathcal{A}$ mit

$$\mathcal{A}(x_1) = \mathcal{A}(x_3) = \mathsf{w} \text{ und } \mathcal{A}(x_i) = \mathsf{f} \text{ für } i \notin \{1, 2, 3\}$$

als Menge

$$\{x_1, \neg x_2, x_3, \neg x_4, \neg x_5, \ldots\}$$

geschrieben. Darüberhinaus lassen wir nun auch partielle Belegungen zu, also Belegungen, die nicht jeder Variablen einen Wahrheitswert zuweisen.

Die Begriffe Gültigkeit, Unerfüllbarkeit und Erfüllbarkeit sind für Klauselmengen genauso definiert wie für Formeln. Der große Vorteil dieser Mengenschreibweise besteht nun darin, dass wir jetzt Modelle durch Mengeneigenschaften beschreiben können. Zum Beispiel ist eine Belegung $\mathcal{A}$ Modell einer Klausel C, genau dann, wenn $\mathcal{A} \cap C \neq \emptyset$ gilt. Entsprechend ist $\mathcal{A}$ Modell einer Klauselmenge S, falls für jede Klausel $C \in S$ gilt: $\mathcal{A} \cap C \neq \emptyset$.

Die *leere Klausel* ist eine leere Menge (von Literalen) und wird mit $\square$ bezeichnet. Sie ist unerfüllbar, da der Durchschnitt der leeren Klausel mit jeder Belegung ebenfalls leer ist. Die leere Klauselmenge $\emptyset$ dagegen ist gültig.

Eine Klausel ist stets eine *endliche* Menge von Literalen. Eine Klauselmenge kann jedoch auch aus einer unendlichen Menge von Klauseln bestehen.

12.4   Unerfüllbare Klauselmengen

Wir wollen nun eine Charakterisierung der Menge aller unerfüllbaren Klauselmengen finden. Von einer gegebenen Klauselmenge S festzustellen, ob sie unerfüllbar ist, verlangt
eine Antwort auf die Frage, ob S Element der Menge aller unerfüllbaren Klauselmengen
ist. Unsere intuitive und spontane Vorstellung der unerfüllbaren Klauselmengen reicht nicht
aus, um diese Frage algorithmisch – also z. B. mit Hilfe eines Computerprogramms – beant-
worten zu können. Deshalb werden wir die unerfüllbaren Klauselmengen „syntaktisch" –
also vermittels einer formalen Eigenschaft – charakterisieren. Dabei benutzen wir – im
Gegensatz zu unserer intuitiven Vorstellung – Struktureigenschaften von Klauselmengen.

Ist eine Klauselmenge S erfüllbar, dann gibt es laut Definition ein Modell $\mathcal{A}$ von S, das
für jede in S vorkommende Variable x_i das Literal $\ell = x_i$ bzw. $\ell = \neg x_i$ enthält. Sei $\mathcal{A}_\ell$ eine
Belegung mit $\ell \in \mathcal{A}_\ell$. Ist $\mathcal{A}_\ell$ ein Modell von S, dann ist $\mathcal{A}_\ell$ auch Modell der Klauselmenge,
die man wie folgt aus S erhält:

(1) Entferne jede Klausel aus S, die ℓ enthält, und
(2) entferne das Literal $\overline{\ell}$ aus den verbliebenen Klauseln.

Die so konstruierte Klauselmenge wird mit S^ℓ bezeichnet. Es gilt

$$S^\ell = \{C - \{\overline{\ell}\} \mid C \in S \text{ und } \ell \notin C\}.$$

Anstelle von $S^{\ell\ell'}$ schreiben wir vereinfacht $S^{\ell,\ell'}$.

Beispiel 12.7 Für

$$S = \big\{\{a, \neg b, c\}, \{\neg a, c\}, \{\neg a, b\}, \{\neg b, c\}\big\}$$

ist

$$S^a = \big\{\{c\}, \{b\}, \{\neg b, c\}\big\}$$

und

$$S^{a, \neg b} = \big\{\{c\}, \square\big\}. \qquad\qquad\qquad \square$$

Wir betrachten ein Modell $\mathcal{A} = \{a, b, c\}$ der obigen Menge S. Da $a \in \mathcal{A}$, ist $\mathcal{A}$ ebenfalls
Modell von S^a, denn S^a besteht sozusagen aus dem „Rest" von S, der noch nicht dadurch
erfüllt ist, dass a den Wahrheitswert w besitzt. Formaler ausgedrückt, heißt das: Besitzt S
ein Modell $\mathcal{A}$ mit $\ell \in \mathcal{A}$, dann ist $\mathcal{A}$ ebenfalls Modell von S^ℓ. Besitzt S also ein Modell,
dann besitzt entweder S^ℓ oder $S^{\overline{\ell}}$ ein Modell. Andererseits kann jedes Modell von S^ℓ bzw.
von $S^{\overline{\ell}}$ zu einem Modell von S ausgebaut werden.

Satz 12.3 *Sei S eine Klauselmenge und ℓ ein Literal. S ist erfüllbar genau dann, wenn S^ℓ oder $S^{\overline{\ell}}$ erfüllbar ist.*

Beweis ($\rightarrow$): Sei S erfüllbar. Dann gibt es eine Belegung $\mathcal{A}$, so dass für jedes $C \in S$ gilt $\mathcal{A} \cap C \neq \emptyset$. Ist $\overline{\ell} \notin \mathcal{A}$, dann gilt $\mathcal{A} \cap C = \mathcal{A} \cap (C - \{\overline{\ell}\})$ für jedes $C \in S$. Also ist $\mathcal{A}$ Modell von S^ℓ. Ist $\ell \notin \mathcal{A}$, dann ist – entsprechend – $\mathcal{A}$ Modell von $S^{\overline{\ell}}$. Also ist S^ℓ erfüllbar oder $S^{\overline{\ell}}$ ist erfüllbar.

($\leftarrow$): Sei S^ℓ erfüllbar, und $\mathcal{A}$ sei Modell von S^ℓ. Dann ist $\mathcal{B} = (\mathcal{A} - \{\overline{\ell}\}) \cup \{\ell\}$ ebenfalls Modell von S^ℓ, da weder ℓ noch $\overline{\ell}$ in einer Klausel in S^ℓ vorkommt. Da jede Klausel in S entweder (1) in S^ℓ vorkommt oder (2) aus einer Klausel in S^ℓ durch Hinzufügen von $\overline{\ell}$ entsteht oder (3) ℓ enthält, ist $\mathcal{B}$ auch Modell von S.

Ist $S^{\overline{\ell}}$ erfüllbar, dann ist $\mathcal{B}' = (\mathcal{A} - \{\ell\}) \cup \{\overline{\ell}\}$ Modell von S – das kann ähnlich wie oben gezeigt werden. ∎

Satz 12.3 kann man auch für unerfüllbare Klauselmengen formulieren.

Korollar 12.3 *Sei S eine Klauselmenge und ℓ ein Literal. S ist unerfüllbar genau dann, wenn weder S^ℓ noch $S^{\overline{\ell}}$ erfüllbar sind.*

Aus dieser Beobachtung kann im folgenden Satz eine induktive Definition der Menge aller unerfüllbaren Klauselmengen abgeleitet werden. Wir weisen an dieser Stelle nochmals darauf hin, dass nicht nur endliche Klauselmengen in dieser Menge enthalten sind, sondern auch unendliche Mengen von (endlichen) Klauseln. Deshalb reicht die induktive Definition von Formeln aus Definition 7.3 zu ihrer Charakterisierung nicht mehr aus. Beispiele für endliche unerfüllbare Klauselmengen erhält man durch Umformen unerfüllbarer Formeln in äquivalente Klauselmengen. Jede unendliche Klauselmenge, die die leere Klausel enthält, ist ebenfalls unerfüllbar. Es gibt aber auch unendliche Klauselmengen, die nicht die leere Klausel enthalten und trotzdem unerfüllbar sind, wie zum Beispiel $\{\{\neg x_1\}, \{x_1\}, \{x_2\}, \{x_3\}, \ldots\}$. Die Unerfüllbarkeit dieser unendlichen Klauselmenge erkennt man leicht an der Unerfüllbarkeit ihrer endlichen Teilmenge $\{\{\neg x_1\}, \{x_1\}\}$. Interessanterweise besitzt jede unerfüllbare Klauselmenge eine endliche unerfüllbare Teilmenge. Dieses wird später im Endlichkeitssatz Satz 12.5 bewiesen.

Satz 12.4 *Sei $\mathcal{U}$ eine Menge von Klauselmengen, die induktiv definiert ist durch*

(1) jede Klauselmenge mit $\square$ gehört zu $\mathcal{U}$, und
(2) wenn $S^\ell \in \mathcal{U}$ und $S^{\overline{\ell}} \in \mathcal{U}$, dann ist auch $S \in \mathcal{U}$.

Die so definierte Menge $\mathcal{U}$ ist die Menge aller unerfüllbaren Klauselmengen.

Beweis Wir zeigen:

(1) Jede Klauselmenge in $\mathcal{U}$ ist unerfüllbar.
(2) Jede Klauselmenge, die nicht zu $\mathcal{U}$ gehört, ist erfüllbar.

Zu (1) Jede Klauselmenge in $\mathcal{U}$ ist unerfüllbar: Wir führen den Beweis mittels Induktion über den Aufbau der Menge $\mathcal{U}$. In der Induktionsbasis betrachten wir alle Elemente S in $\mathcal{U}$ mit $\square \in S$. Da $\square$ unerfüllbar ist, ist jede Klauselmenge S, die $\square$ enthält, ebenfalls unerfüllbar.

Die Induktionsvoraussetzung stellt fest, dass die Mengen S^ℓ und $S^{\overline{\ell}}$ aus $\mathcal{U}$ unerfüllbar sind. Im Induktionsschluss betrachten wir die aus S^ℓ und $S^{\overline{\ell}}$ konstruierbare Menge S. Nach Definition von $\mathcal{U}$ gehört die Klauselmenge S zu $\mathcal{U}$. Aus Korollar 12.3 folgt direkt, dass S ebenfalls unerfüllbar ist. Damit ist der Induktionsbeweis beendet.

Zu (2) Jede Klauselmenge, die nicht zu $\mathcal{U}$ gehört, ist erfüllbar: Wir betrachten eine Klauselmenge $S \notin \mathcal{U}$ mit den Variablen $x_1, x_2, \ldots, x_i, \ldots$. Nach Punkt 2.) der Definition von $\mathcal{U}$ gibt es eine Folge von Literalen $\ell_1, \ell_2, \ldots, \ell_i, \ldots$ mit $\ell_j \in \{x_j, \neg x_j\}$, so dass $S^{\ell_1, \ldots, \ell_n} \notin \mathcal{U}$ für jedes $n \geq 0$. Wir definieren nun eine Belegung $\mathcal{A}$, die genau diese Literale enthält, also $\mathcal{A} = \{\ell_1, \ldots, \ell_i, \ldots\}$, und zeigen, dass $\mathcal{A}$ ein Modell von S ist.

Dazu müssen wir zeigen, dass $\mathcal{A}$ Modell jeder Klausel in S ist. Sei also C eine beliebige Klausel in S. Da C endlich ist, enthält C nur Variablen aus $\{x_1, \ldots, x_m\}$ für ein geeignetes m. Sei angenommen, dass $\mathcal{A}$ kein Modell von C ist – das heißt $\mathcal{A} \cap C = \emptyset$. Dann enthält $\mathcal{A}$ kein Literal aus C. Also enthält C nur Literale aus $\{\overline{\ell_1}, \ldots, \overline{\ell_m}\}$. Folglich ist $C - \{\overline{\ell_1}, \ldots, \overline{\ell_i}\}$ in $S^{\ell_1, \ldots, \ell_i}$ enthalten, für $0 \leq i \leq m$. Damit enthält $S^{\ell_1, \ell_2, \ldots, \ell_m}$ die Klausel $C - \{\overline{\ell_1}, \overline{\ell_2}, \ldots, \overline{\ell_m}\}$ – das ist aber genau die leere Klausel $\square$. Dann muss $S^{\ell_1, \ell_2, \ldots, \ell_m}$ zu $\mathcal{U}$ gehören, was der Voraussetzung $S^{\ell_1, \ell_2, \ldots, \ell_m} \notin \mathcal{U}$ widerspricht. Damit ist die Annahme $\mathcal{A} \cap C = \emptyset$ widerlegt. $\mathcal{A}$ ist also Modell jeder Klausel C in S und damit auch Modell von S selbst. Also ist S erfüllbar. ∎

Zur Illustration des Verfahrens stellen wir uns einen binären Baum vor, in dem jeder Knoten mit einer Klauselmenge S und seine beiden Nachfolger mit S^ℓ bzw. $S^{\overline{\ell}}$ markiert sind (Abb. 12.5). Entlang jeder Kante von einem Knoten zu einem seiner Nachfolger wird ein Literal aus S entfernt. Dabei wird jedes Literal auf jedem Pfad nur einmal entfernt. Aus der

Abb. 12.5 Idee der Veränderung der Klauselmenge

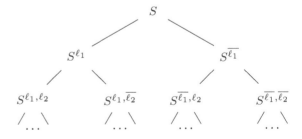

Charakterisierung der unerfüllbaren Klauselmengen in Satz 12.4 ergibt sich, dass für einen solchen Baum, dessen Wurzel mit einer unerfüllbaren unendlichen Klauselmenge markiert ist, auf jedem Pfad nach endlich vielen Schritten eine Klauselmenge erreicht wird, die die leere Klausel $\square$ enthält.

Beispiel 12.8 Wir betrachten die – allerdings endliche – unerfüllbare Klauselmenge $S = \{\{x, y\}, \{\neg x, \neg y\}, \{\neg x, y\}, \{x, \neg y, z\}, \{\neg z\}\}$. Der dazugehörige binäre Baum ist in Abb. 12.6 dargestellt. $\qquad\square$

Rekonstruiert man auf jedem Pfad die Klausel in S, aus der sich schließlich $\square$ ergibt, so erhält man eine unerfüllbare Teilmenge von S. Da jeder innere Knoten des Baumes genau zwei Nachfolger besitzt, muss – nach dem berühmten Satz von König – diese unerfüllbare Teilmenge von S endlich sein.

Satz 12.5 (Endlichkeitssatz) *Sei S eine Klauselmenge. S ist unerfüllbar genau dann, wenn S eine endliche, unerfüllbare Teilmenge besitzt.*

Beweis Sei $\mathcal{F} = \{S \mid S \text{ besitzt eine endliche unerfüllbare Teilmenge}\}$.

Offensichtlich ist jede Klauselmenge in $\mathcal{F}$ unerfüllbar. Wir müssen also lediglich noch zeigen, dass jede unerfüllbare Klauselmenge auch zu $\mathcal{F}$ gehört. Wir benutzen dazu die induktive Definition der Menge $\mathcal{U}$ der unerfüllbaren Klauselmengen aus Satz 12.4 und führen den Beweis mittels Induktion.

In der Induktionsbasis betrachten wir Klauselmengen S, die die leere Klausel $\square$ enthalten. Dann ist $\{\square\}$ eine endliche unerfüllbare Teilmenge von S, und folglich ist S in $\mathcal{F}$.

Die Induktionsvoraussetzung stellt fest, dass S^{ℓ} und $S^{\overline{\ell}}$ unerfüllbar sind und jeweils endliche, unerfüllbare Teilmengen $S_1 \subseteq S^{\ell}$ und $S_2 \subseteq S^{\overline{\ell}}$ besitzen. Im Induktionsschluss betrachten wir die Klauselmenge S. Dann gibt es eine Teilmenge S_3 von Klauseln aus S, so dass $S_3^{\ell} = S_1$ und $S_3^{\overline{\ell}} = S_2$. Da S_1 und S_2 unerfüllbar sind, ist S_3 nach Satz 12.4 ebenfalls unerfüllbar. Jede Klausel in S_3 ist in $S_1 \cup S_2$ oder entsteht aus einer Klausel in S_1 durch

$$S = \{\{x, y\}, \{\neg x, \neg y\}, \{\neg x, y\}, \{x, \neg y, z\}$$

$$S^x = \{\{\neg y\}, \{y\}, \{\neg z\}\} \qquad\qquad S^{\neg x} = \{\{y\}, \{\neg y, z\}, \{\neg z\}\}$$

$$S^{x,y} = \{\square, \{\neg z\}\} \qquad S^{x,\neg y} = \{\square, \{\neg z\}\} \quad S^{\neg x, y} = \{\{z\}, \{\neg z\}\} \qquad S^{\neg x, \neg y} = \{\square, \{\neg z\}\}$$

$$S^{x,\neg y, z} = \{\square\} \qquad S^{x,\neg y, \neg z} = \{\square\}$$

Abb. 12.6 Beweis der Unerfüllbarkeit der Klauselmenge S aus Beispiel 12.8

Hinzufügen von $\overline{\ell}$ bzw. aus einer Klausel in S_2 durch Hinzufügen von ℓ. Da S_1 und S_2 endlich sind, ist S_3 auch endlich. Also ist S_3 die gesuchte endliche unerfüllbare Teilmenge von S, und deshalb gehört S zu $\mathcal{F}$.   ∎

12.5   Erfüllbarkeit von Hornklauseln

Eine syntaktische, also über eine formale Eigenschaft definierte interessante Teilmenge aller Klauselmengen ist die Mengen der *Hornklauseln*. Hornklauseln enthalten nur Klauseln mit höchstens einem Literal, das eine Variable x_i ist – es wird *positives* Literal genannt. Alle anderen Literale in einer Hornklausel sind negierte Variablen $\neg x_j$ – *negative* Literale. Mengen von Hornklauseln sind deshalb von besonderem Interesse, da sich ihre Erfüllbarkeit effizient überprüfen lässt.

Definition 12.7 Eine *Hornklausel* ist eine Klausel, die höchstens ein positives Literal enthält. Eine *positive Hornklausel* besteht nur aus genau einem positiven Literal.

Beispiel 12.9 $\{\neg x_1, x_2, \neg x_3\}$, $\{x_1\}$, $\{\neg x_1, \neg x_2\}$, □ sind Hornklauseln, $\{x_2\}$ ist eine positive Hornklausel, und $\{x_1, \neg x_2, x_3\}$ ist keine Hornklausel.   □

Übrigens ist eine Hornklausel äquivalent zu einer Implikation ohne Negationszeichen: Beispielsweise ist $\{\neg x_1, \neg x_2, \dots, \neg x_n, x_{n+1}\}$ äquivalent zu der Implikation $(x_1 \wedge x_2 \wedge \cdots \wedge x_n) \rightarrow x_{n+1}$. Man kann also mit Hornklauseln gut „Folgerungen" aus (positiven) Fakten ausdrücken. Deswegen lassen sich auch „natürliche" Sachverhalte oft sehr gut durch Hornklauseln beschreiben. Beispielsweise arbeitet die logische Programmiersprache PROLOG arbeitet auf der Basis von Hornklauseln.

Es gibt aber auch Klauselmengen, zu denen es keine äquivalente Menge von Hornklauseln gibt – zum Beispiel $\{\{x, y\}\}$. Dieser Verlust an Ausdrucksstärke hat aber auch seine positiven Seiten: Für Hornklauselmengen kann man einen effizienten Erfüllbarkeitstest angeben.

Lemma 12.1 *Sei S eine unerfüllbare Menge von Hornklauseln. Dann enthält S eine positive Klausel $\{x_i\}$.*

Beweis Sei angenommen, dass S keine positive Klausel $\{x_i\}$ enthält. Dann enthält jede Klausel von S ein negatives Literal. Da jedes Modell einer Klauselmenge einen nicht-leeren Schnitt mit jeder Klausel besitzt, ist die Menge aller negativen Literale $\mathcal{A} = \{\neg x_i \mid i \geq 0\}$ ein Modell von S. Also ist S erfüllbar.   ∎

Für Mengen von Hornklauseln erhalten wir damit eine deutlich vereinfachte Version von Satz 12.3.

Korollar 12.4 *Sei S eine erfüllbare Menge von Hornklauseln und* $\{x_i\} \in S$. *Dann ist* S^{x_i} *erfüllbar.*

Beweis Da $\{x_i\}$ in S ist, enthält $S^{\neg x_i}$ die leere Klausel und ist deshalb unerfüllbar. Da S erfüllbar ist, muss nach Satz 12.3 auch S^{x_i} erfüllbar sein. ∎

Diese beiden Eigenschaften lassen sich zum *Hornklausel-Satz* kombinieren.

Satz 12.6 (Hornklausel-Satz) *Sei S eine Menge von Hornklauseln. S ist erfüllbar genau dann, wenn eine der beiden folgenden Bedingungen erfüllt ist.*

(1) S enthält keine positive Klausel $\{x_i\}$.
(2) S enthält eine positive Klausel $\{x_i\}$ *und* S^{x_i} *ist erfüllbar.*

Auf der Basis des Hornklausel-Satzes erhält man sofort einen sehr effizienten Erfüllbarkeitstest für Hornklauseln – den Hornklausel-Algorithmus (siehe Abb. 12.7). Die Korrektheit des Hornklausel-Algorithmus folgt unmittelbar aus dem Hornklausel-Satz. Da bei jedem Schleifendurchlauf alle positiven und negativen Vorkommen einer Variablen aus der Menge T entfernt werden, ist die Anzahl der Schleifendurchläufe durch die Anzahl der in S vorkommenden Variablen beschränkt. Die Operation, die bei einem Schleifendurchlauf durchgeführt wird, ist effizient durchführbar. Deshalb kann der Hornklausel-Algorithmus als ein sehr effizienter Algorithmus angesehen werden.

Beispiel 12.10 Wir wenden den Hornklausel-Algorithmus aus Abb. 12.7 auf die folgende Menge von Hornklauseln an:

$$S = \big\{\{\neg u, \neg v, \neg x\}, \{\neg w, u\}, \{\neg z, x\}, \{\neg y\}, \{w\}, \{v\}, \{z\}\big\}.$$

Sei T_i der Inhalt der Mengenvariablen T nach dem i-ten Durchlauf der **while**-Schleife. Die Auswahl der positiven Hornklausel ist beliebig.

```
input S (* S ist eine endliche Menge von Hornklauseln *)
T := S
while T enthält eine positive Klausel {xi} do
    T := T^xi
end
if □ ∈ T
    then output „S ist unerfüllbar"
    else output „S ist erfüllbar"
end
```

Abb. 12.7 Hornklausel-Algorithmus

1. T_0 enthält die positive Hornklausel $\{w\}$.
   Damit ist $T_1 = T_0^w = \big\{\{\neg u, \neg v, \neg x\}, \{u\}, \{\neg z, x\}, \{\neg y\}, \{v\}, \{z\}\big\}$.
2. T_1 enthält $\{u\}$.
   Damit ist $T_2 = T_1^u = \big\{\{\neg v, \neg x\}, \{\neg z, x\}, \{\neg y\}, \{v\}, \{z\}\big\}$.
3. T_2 enthält $\{v\}$.
   Damit ist $T_3 = T_2^v = \big\{\{\neg x\}, \{\neg z, x\}, \{\neg y\}, \{z\}\big\}$.
4. T_3 enthält $\{z\}$.
   Damit ist $T_4 = T_3^z = \big\{\{\neg x\}, \{x\}, \{\neg y\}\big\}$.
5. T_4 enthält $\{x\}$.
   Damit ist $T_5 = T_4^x = \big\{\square, \{\neg y\}\big\}$.

Da T_5 die leere Klausel enthält und somit unerfüllbar ist, ist S unerfüllbar. $\qquad\square$

Ist eine Menge S von Hornklauseln erfüllbar, dann kann man aufgrund der getroffenen Auswahl der positiven Hornklauseln in dem oben beschriebenen Algorithmus auch leicht ein Modell von S bestimmen. In diesem Modell sind alle Variablen enthalten, die in positiven Hornklauseln vom Algorithmus ausgewählt werden. Die übrigen Variablen sind in diesem Modell negiert enthalten.

12.6 Resolution

Wir wollen uns wieder der Frage nach der Erfüllbarkeit beliebiger Klauselmengen zuwenden und dazu die Resolutionsmethode vorstellen. Um die Erfüllbarkeit oder Unerfüllbarkeit einer Klauselmenge nachzuweisen, wird die vorgegebene Klauselmenge in der Resolutionsmethode solange um neue Klauseln – so genannte Resolventen – erweitert, bis die leere Klausel erzeugt ist. Gelingt das, dann ist die Ausgangsmenge unerfüllbar. Kann die leere Klausel dagegen nicht erzeugt werden, dann ist die Ausgangsmenge erfüllbar.

Definition 12.8 Sei C_1 eine Klausel, die das Literal ℓ enthält, und C_2 sei eine Klausel, die das Literal $\overline{\ell}$ enthält. Dann heißt die Klausel

$$C = \big(C_1 - \{\ell\}\big) \cup \big(C_2 - \{\overline{\ell}\}\big)$$

Resolvent der Klauseln C_1 und C_2 (nach Literal ℓ).

Beispiele 12.11

(1) Aus den Klauseln $\{x, y\}$ und $\{\neg x, y, \neg z\}$ kann der Resolvent $\{y, \neg z\}$ gebildet werden.
(2) Aus den Klauseln $\{x, y\}$ und $\{\neg x, \neg y\}$ können die Resolventen $\{y, \neg y\}$ und $\{x, \neg x\}$ gebildet werden (und keine anderen). $\qquad\square$

Das folgende *Resolutionslemma* besagt, dass jedes Modell zweier Klauseln auch Modell aller ihrer Resolventen ist.

Lemma 12.2 (Resolutionslemma) *Sei C Resolvent der Klauseln C_1 und C_2. Wenn $\mathcal{A}$ Modell von C_1 und C_2 ist, dann ist $\mathcal{A}$ auch Modell von C.*

Beweis Sei C Resolvent der Klauseln C_1 und C_2 nach Literal ℓ, und sei $\mathcal{A}$ Modell von C_1 und von C_2 (d. h. $\mathcal{A} \cap C_1 \neq \emptyset$ und $\mathcal{A} \cap C_2 \neq \emptyset$). Ist $\ell \notin \mathcal{A}$, dann ist $\mathcal{A} \cap (C_1 - \{\ell\}) \neq \emptyset$; ist $\overline{\ell} \notin \mathcal{A}$, dann ist $\mathcal{A} \cap (C_2 - \{\overline{\ell}\}) \neq \emptyset$. Da einer dieser beiden Fälle eintreten muss, ist $\mathcal{A} \cap ((C_1 - \{\ell\}) \cup (C_2 - \{\overline{\ell}\})) \neq \emptyset$, und $\mathcal{A}$ ist Modell von C. ∎

Vereinigt man also eine Klauselmenge mit den Resolventen, die sich aus ihren Klauseln bilden lassen, erhält man eine logisch äquivalente Klauselmenge. Diese Klauselmenge kann man wiederum mit ihren Resolventen vereinigen ohne die Erfüllbarkeit zu beeinflussen, und so weiter. Lässt sich schließlich die unerfüllbare leere Klausel als Resolvent bilden, so ist die Unerfüllbarkeit der Ausgangsmenge nachgewiesen. Dieses Verfahren wird als *Resolutionsmethode* bezeichnet. Es besteht aus einer syntaktischen Formalisierung von Beweisen für die Unerfüllbarkeit von Formeln.

Definition 12.9 Sei C eine Klausel und S eine Klauselmenge. Eine *Herleitung von C aus S (mittels Resolution)* ist eine endliche Folge von Klauseln $C_1, C_2, \dots, C_n$, wobei

(1) $C_n = C$, und
(2) $C_i \in S$ oder C_i ist Resolvent von C_a und C_b, $a, b < i$, für alle $1 \leq i \leq n$.

Eine *Widerlegung von S (mittels Resolution)* ist eine Herleitung von $\square$ aus S. S heißt in diesem Falle *widerlegbar (mittels Resolution)*.

Beispiele 12.12

(1) Wir betrachten die Klauselmenge $S = \{\{x, y\}, \{\neg x\}, \{\neg y\}\}$. Dann ist $\{x, y\}, \{\neg x\}, \{y\}$ eine Herleitung von $\{y\}$ aus S. Die Folge von Klauseln $\{x, y\}, \{\neg x\}, \{y\}, \{\neg y\}, \square$ ist eine Herleitung von $\square$ aus S:

$$
\begin{aligned}
C_1 &= \{x, y\} & &\text{Klausel aus } S, \\
C_2 &= \{\neg x\} & &\text{Klausel aus } S, \\
C_3 &= \{y\} & &\text{Resolvent aus } C_1 \text{ und } C_2, \\
C_4 &= \{\neg y\} & &\text{Klausel aus } S, \\
C_5 &= \square & &\text{Resolvent aus } C_3 \text{ und } C_4.
\end{aligned}
$$

S ist also widerlegbar.

(2) Die Klauselmenge $S = \{\{x, y\}, \{\neg x, y\}, \{x, \neg y\}, \{\neg x, \neg y\}\}$ ist widerlegbar durch

$$
\begin{array}{lll}
C_1 = \{x, y\} & \text{Klausel aus } S, \\
C_2 = \{\neg x, y\} & \text{Klausel aus } S, \\
C_3 = \{y\} & \text{Resolvent aus } C_1 \text{ und } C_2, \\
C_4 = \{x, \neg y\} & \text{Klausel aus } S, \\
C_5 = \{\neg x, \neg y\} & \text{Klausel aus } S, \\
C_6 = \{\neg y\} & \text{Resolvent aus } C_4 \text{ und } C_5, \\
C_7 = \square & \text{Resolvent aus } C_3 \text{ und } C_6.
\end{array}
$$

Herleitungen mittels Resolution kann man auch als Bäume (vgl. Kap. 11) veranschaulichen. Die Knoten des Baumes sind mit Klauseln markiert. Ist eine Klausel C ein Resolvent, so sind die Klauseln C_1 und C_2, aus denen er gebildet wurde, seine beiden Nachfolger. (C_1 und C_2 heißen auch *Eltern-Klauseln von C*.)

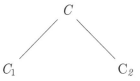

Die beiden Herleitungen aus Beispiel 12.12 lassen sich wie in Abb. 12.8 veranschaulichen.

Wir wollen nun nachweisen, dass die Begriffe widerlegbar und unerfüllbar äquivalent sind. Aus der Widerlegbarkeit einer Klauselmenge S lässt sich deren Unerfüllbarkeit folgern, („Korrektheit der Resolutionsmethode"), und umgekehrt lässt sich aus der Unerfüllbarkeit von S auf die Existenz einer Widerlegung von S mittels Resolution („Vollständigkeit der Resolutionsmethode") schließen.

Satz 12.7 (Korrektheit der Resolutionsmethode) *Ist eine Klauselmenge S erfüllbar, dann ist S nicht mittels Resolution widerlegbar.*

Beweis Sei S eine erfüllbare Klauselmenge. Dann gibt es ein Modell $\mathcal{A}$ von S. Sei $C_1, C_2, \ldots, C_n$ eine Herleitung von C_n aus S.

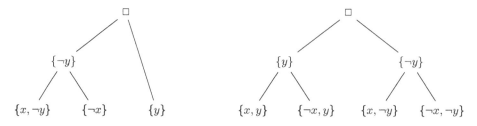

Abb. 12.8 Widerlegungen von Klauselmengen mittels Resolution

Da $C_1 \in S$, ist $\mathcal{A}$ Modell von C_1. Ist $C_{i+1} \in S$, dann ist $\mathcal{A}$ ebenfalls Modell von C_{i+1}. Anderenfalls ist C_{i+1} Resolvent von C_a und C_b für $a, b < i + 1$. Ist $\mathcal{A}$ Modell von C_a und C_b, so ist nach dem Resolutionslemma $\mathcal{A}$ ebenfalls Modell von C_{i+1}. Also folgt schließlich, dass $\mathcal{A}$ Modell von C_n ist. Da $\square$ unerfüllbar ist, ist $\mathcal{A}$ kein Modell von $\square$. Demnach ist $C_n \neq \square$. Folglich gibt es keine Herleitung von $\square$ aus S, das heißt S ist nicht widerlegbar.∎

Satz 12.7 zeigt tatsächlich die *Korrektheit der Resolutionsmethode:* Ist eine Klauselmenge S mittels Resolution widerlegbar, dann ist S unerfüllbar.

Nun müssen wir noch die Vollständigkeit der Resolutionsmethode beweisen. Dazu überlegen wir zunächst anhand eines Beispiels, wie man aus Herleitungen der leeren Klausel aus S^ℓ und aus $S^{\overline{\ell}}$ eine Herleitung der leeren Klausel aus S konstruieren kann.

Sei die Klauselmenge S beispielsweise gegeben als

$$S = \big\{ \{u, \neg v, w, x\}, \{u, v, w, x\}, \{u, \neg w\}, \{u, w, \neg x\}, \{\neg u, x\}, \{\neg u, \neg x\} \big\}.$$

Um die Unerfüllbarkeit von S gemäß Korollar 12.3 zu beweisen, müssen wir Widerlegungen der beiden Klauselmengen $S^x = \big\{ \{u, \neg w\}, \{u, w\}, \{\neg u\} \big\}$ und $S^{\neg x} = \big\{ \{u, \neg v, w\}, \{u, v, w\}, \{u, \neg w\}, \{\neg u\} \big\}$ angeben. Diese Widerlegungen sind in Abb. 12.9 dargestellt. Die „Blätter" der beiden Bäume in Abb. 12.9 sind Klauseln aus S^x bzw. Klauseln aus $S^{\neg x}$. Nun fügen wir in alle Blätter, die nicht durch Klauseln in S beschriftet sind, das entfernte Literal x bzw. $\neg x$ wieder ein und führen die Resolutionsschritte wie gehabt durch (siehe Abb. 12.10). Wir bekommen so aus den beiden Herleitungen von $\square$ aus S^x und aus $S^{\neg x}$ zwei Herleitungen aus S: Die eine von $\{x\}$ und die andere von $\{\neg x\}$. Die leere Klausel kann nun gerade als der Resolvent von $\{x\}$ und $\{\neg x\}$ erhalten werden. Wir können also die beiden Herleitungen zusammenfügen und durch den zusätzlichen Resolutionsschritt zu einer Herleitung von $\square$ aus S ergänzen.

Lemma 12.3 *Ist S^ℓ widerlegbar, dann ist $\square$ oder $\{\overline{\ell}\}$ aus S herleitbar.*

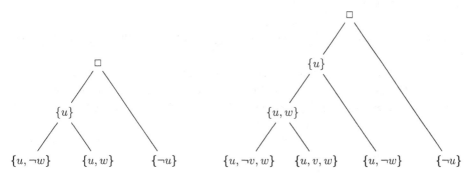

Abb. 12.9 Widerlegungen von S^x und $S^{\neg x}$

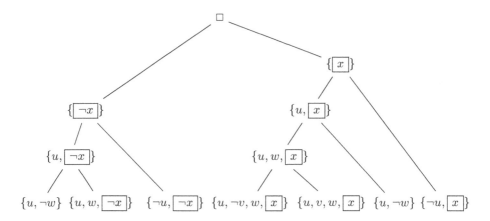

Abb. 12.10 Widerlegung von S

Beweis Sei S^ℓ widerlegbar. Dann gibt es eine Herleitung $C_1, \ldots, C_m$ von $\square$ aus S^ℓ. Wir fügen das entfernte Literal $\bar{\ell}$ in die Herleitung von $\square$ aus S^ℓ auf folgende Weise ein: Für $1 \leq i \leq m$ definieren wir Klauseln C_i' durch

$$C_i' = \begin{cases} C_i, & \text{falls } C_i \in S, \\ C_i \cup \{\bar{\ell}\}, & \text{falls } C_i \cup \{\bar{\ell}\} \in S \text{ und } C_i \notin S, \\ C, & \text{falls } C_i \text{ Resolvent von } C_a \text{ und } C_b \text{ nach } \ell' \text{ ist,} \\ & \quad \text{wobei } C \text{ Resolvent von } C_a' \text{ und } C_b' \text{ nach } \ell' \text{ ist.} \end{cases}$$

Da $C_i' \in \{C_i, C_i \cup \{\bar{\ell}\}\}$ und $C_m = \square$ ist, ist $C_1', \ldots, C_m'$ eine Herleitung von $\square$ oder $\{\bar{\ell}\}$ aus S.   ∎

Satz 12.8 (Vollständigkeit der Resolutionsmethode) *Ist eine Klauselmenge S unerfüllbar, dann ist S widerlegbar mittels Resolution.*

Beweis Sei S unerfüllbar. Wir führen einen induktiven Beweis über die Definition von unerfüllbaren Klauselmengen aus Satz 12.4.

Induktionsbasis: Ist $\square \in S$, dann ist $\square$ eine Widerlegung von S.

Induktionsvoraussetzung: Für jedes Literal ℓ gilt: Ist S^ℓ unerfüllbar, dann ist S^ℓ widerlegbar.

Induktionsschluss: Sei S unerfüllbar. Dann sind auch S^ℓ und $S^{\bar{\ell}}$ unerfüllbar. Nach obigem Lemma 12.3 ist (1) $\square$ aus S herleitbar oder (2) $\{\ell\}$ und $\{\bar{\ell}\}$ sind aus S herleitbar. Im Fall (1) haben wir bereits die Widerlegbarkeit von S gezeigt. Im Fall (2) ist $\square$ Resolvent von $\{\ell\}$ und $\{\bar{\ell}\}$. Deshalb lässt sich aus den Herleitungen von $\{\ell\}$ und $\{\bar{\ell}\}$ ergänzt um einen weiteren Resolutionsschritt, mit dem $\square$ aus $\{\ell\}$ und $\{\bar{\ell}\}$ resolviert wird, eine Herleitung von $\square$ aus S konstruieren. Also ist S widerlegbar.   ∎

Aus der Korrektheit und der Vollständigkeit der Resolutionsmethode ergibt sich der *Resolutionssatz der Aussagenlogik*:

Satz 12.9 (Resolutionssatz) *Sei S eine Klauselmenge. S ist unerfüllbar genau dann, wenn S mittels Resolution widerlegbar ist.*

Die *Unerfüllbarkeit* einer beliebigen Formel α kann man nun dadurch beweisen, dass man eine zu α erfüllbarkeitsäquivalente Formel α' in konjunktiver Normalform bildet, diese als Klauselmenge darstellt und mittels Resolution die leere Klausel herleitet.

Entsprechend kann man die *Gültigkeit* einer Formel α dadurch beweisen, dass man wie eben beschrieben die Unerfüllbarkeit von $\neg\alpha$ nachweist. Dazu noch ein abschließendes Beispiel.

Beispiel 12.13 Wir zeigen, dass

$$\alpha = \big((\neg x \vee y) \wedge (\neg y \vee z) \wedge (x \vee \neg z) \wedge (x \vee y \vee z)\big) \to (x \wedge y \wedge z)$$

eine Tautologie ist.

Es genügt, dazu die Unerfüllbarkeit von $\neg\alpha$ nachzuweisen,

$$\neg\alpha \equiv (\neg x \vee y) \wedge (\neg y \vee z) \wedge (x \vee \neg z) \wedge (x \vee y \vee z) \wedge (\neg x \vee \neg y \vee \neg z).$$

Abb. 12.11 veranschaulicht einen Beweis mittels Resolution, α ist also eine Tautologie. □

Von besonderem Interesse ist das aus der Resolutionsmethode ableitbare einfache algorithmische Verfahren zum Testen der Unerfüllbarkeit einer gegebenen Klauselmenge[1]: Man fügt zu der Ausgangsmenge von Klauseln solange Resolventen hinzu, bis die leere Klausel erzeugt wurde – dann ist die Ausgangsmenge unerfüllbar – oder bis keine neuen Resolventen mehr gebildet werden können – dann ist die Ausgangsmenge erfüllbar. Der Algorithmus ist in Abb. 12.12 dargestellt.

Beispiel 12.14 Wir wenden den Algorithmus aus Abb. 12.12 auf die Klauselmenge

$$S = \big\{\{x, y, z\}, \{\neg y, z\}, \{y, \neg z\}, \{\neg x, z\}, \{\neg y\}\big\}$$

an. R_i bezeichne den Inhalt der Mengenvariablen R nach dem i-ten Durchlauf der **repeat**-Schleife. Dann ergibt sich

Also endet der Algorithmus nach drei Schleifendurchläufen mit der Ausgabe, dass S unerfüllbar ist. □

---

[1] Die untersuchten Klauselmengen seien hier endlich.

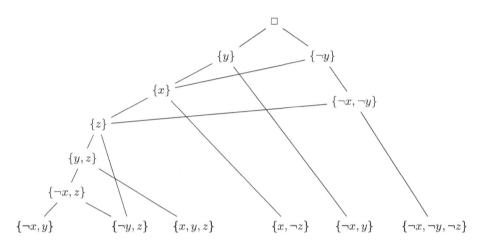

Abb. 12.11 Widerlegung von $\neg\alpha$ mittels Resolution

$$R_0 = \emptyset,$$
$$R_1 = R_0 \cup \{\text{alle Resolventen aus } R_0\}$$
$$= R_0 \cup \big\{\{x,z\}, \{x,y\}, \{y,z\}, \{z,\neg z\}, \{y,\neg y\}, \{\neg x, y\}, \{\neg z\}\big\},$$
$$R_2 = R_1 \cup \big\{\{y\}, \{z\}, \{x\}\big\},$$
$$R_3 = R_2 \cup \big\{\square\big\}.$$

Die Korrektheit dieses Unerfüllbarkeitstests für Klauselmengen folgt sofort aus dem Resolutionssatz 12.9 Da aus n Variablen insgesamt $\sum_{i=0}^{2n} \binom{2n}{i}$ unterschiedliche Klauseln gebildet werden können, muss die **repeat**-Schleife höchstens 2^{2n}-mal durchlaufen werden. Man kennt Folgen von Formeln $\phi_0, \phi_1, \phi_2, \ldots$, für die dieser Algorithmus – und jeder andere auf Resolution basierende Algorithmus – auch tatsächlich $2^{\varepsilon\cdot n}$ viele Klauseln (für ein $\varepsilon > 0$) erzeugen muss, bis eine Herleitung der leeren Klausel aus α_n gefunden wird. Deshalb wird die Resolutionsmethode als nicht „effizient" betrachtet. Ein Beispiel für solche Formeln ist

Abb. 12.12 Unerfüllbarkeitstest
für Klauselmengen

```
input Klauselmenge S
R := ∅
repeat
    S := S ∪ R; R := ∅
    for alle Paare von Klauseln Cᵢ, Cⱼ aus S und
            alle Resolventen C ∉ S von Cᵢ und Cⱼ do
        R := R ∪ {C}
    end (∗ for ∗)
until R = ∅
if □ ∈ S then
    output „unerfüllbar"
else output „erfüllbar"
end .
```

die Beschreibung des Taubenschlagprinzips durch aussagenlogische Formeln. Das Tauben-schlagprinzip besagt ja, dass $k+1$ Tauben nicht in einen Taubenschlag mit k Löchern passen, so dass in jedem Loch höchstens eine Taube sitzt. Wir beschreiben nun die Negation dieser Aussage

> *„ $k + 1$ Tauben sitzen in k Taubenschlägen und in jedem Taubenschlag sitzt höchstens eine Taube."*

als aussagenlogische Formel. Da das Taubenschlagprinzip eine wahre Aussage ist, ist deren Negation unerfüllbar. Die elementaren Aussagen darin sind *„Taube i sitzt in Taubenschlag j."* und werden durch Variablen $x_{i,j}$ ($1 \leq i \leq k+1$, $1 \leq j \leq k$) ausgedrückt. Zuerst betrachten wir die Teilaussage *„$k + 1$ Tauben sitzen in k Taubenschlägen"*. Für jede Taube i gilt also, dass sie in einem der k Taubenschläge sitzt – d. h. dass eine der Variablen $x_{i,1}, \ldots, x_{i,k}$ wahr ist. Daraus ergibt sich die Formel

$$\alpha_k = \bigwedge_{i=1}^{k+1} (x_{i,1} \vee \cdots \vee x_{i,k}).$$

Die zweite Teilaussage *„In Taubenschlag j sitzt höchstens eine Taube"* kann umformuliert werden zu *„Wenn Taube i in Taubenschlag j sitzt, dann kann dort keine andere Taube sitzen"*. Daraus erhalten wir die Implikationen $x_{i,j} \to \neg x_{i',j}$ für alle Paare verschiedener Tauben $i \neq i'$. Durch Umformung in eine konjunktive Normalform erhält man für die zweite Teilaussage die Formel

$$\beta_k = \bigwedge_{j=1}^{k} \bigwedge_{i=1}^{k} (\neg x_{i,j} \vee \neg x_{i+1,j}) \wedge \cdots \wedge (\neg x_{i,j} \vee \neg x_{k+1,j}).$$

Das Taubenschlagprinzip für $k + 1$ Tauben ist die Formel $\phi_k = (\alpha_k \wedge \beta_k)$. Jede Formel ϕ_k ist unerfüllbar, besteht aus weniger als k^3 Klauseln und kann effizient erzeugt werden. Man kann zeigen, dass keine Herleitung der leeren Klausel mittels Resolution effizient ist.

Beispiel 12.15 Wir betrachten das Taubenschlagprinzip für drei Tauben, also die Formel ϕ_2. Zur besseren Übersicht schreiben wir die Variablen

$$x_{1,1} \; x_{1,2} \; x_{2,1} \; x_{2,2} \; x_{3,1} \; x_{3,2}$$

$$\text{als} \quad a \quad b \quad c \quad d \quad e \quad f \; .$$

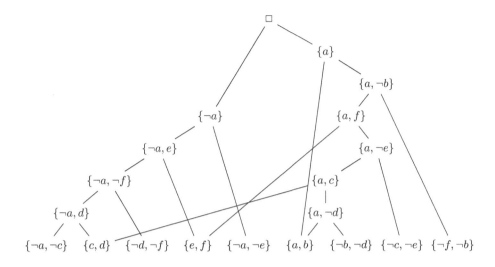

Abb. 12.13 Widerlegung der Taubenschlagformel ϕ_2

Damit erhalten wir für ϕ_2 die Klauselmenge

$$\Big\{ \ \{a,b\}, \{c,d\}, \{e,f\},$$

$$\{\neg a, \neg c\}, \{\neg a, \neg e\}, \{\neg b, \neg d\}, \{\neg b, \neg f\}, \{\neg c, \neg e\}, \{\neg d, \neg f\} \ \Big\}$$

Eine Resolutions-Herleitung der leeren Klausel daraus ist in Abb. 12.13 dargestellt. □

12.7 Klauselmengen in 2KNF

Im Unterschied zur allgemeinen Situation lässt sich die Unerfüllbarkeit endlicher Klauselmengen, deren Klauseln jeweils höchstens nur zwei Literale enthalten, effizient testen. Das kann man sich dadurch erklären, dass jeder Resolvent aus zwei solchen Klauseln wiederum nicht mehr als zwei Literale enthalten kann. Deshalb können bei Anwendung der Resolutionsmethode auf eine Klauselmenge mit n Variablen höchstens $\binom{2 \cdot (n+1)}{2}$ Klauseln gebildet werden.

Ein anschaulicher Unerfüllbarkeitstest basiert auf einer Darstellung von Klauselmengen durch gerichtete Graphen, auf denen ein Erreichbarkeitstest (siehe Satz 11.7) durchgeführt wird. Jede Klausel $\{\ell_1, \ell_2\}$ ist äquivalent zu den beiden Implikationen $\overline{\ell_1} \to \ell_2$ und $\overline{\ell_2} \to \ell_1$. Eine einelementige Klausel $\{\ell\}$ ist ja gleich $\{\ell, \ell\}$ und folglich äquivalent zu $\overline{\ell} \to \ell$. Eine Klauselmenge aus solchen „kleinen" Klauseln mit höchstens zwei Literalen wird eine 2KNF genannt. Sie kann als Graph betrachtet werden, dessen Knoten die vorkommenden Literale sind und dessen Kanten den äquivalenten Implikationen entsprechen.

Abb. 12.14 Graph G_S zur Klauselmenge $S = \{\{x_1, \neg x_2\}, \{x_1, x_3\}, \{\neg x_1, \neg x_2\}, \{x_2, \neg x_3\}\}$

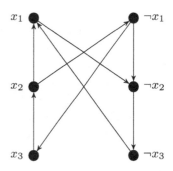

Definition 12.10 Sei S eine Klauselmenge in 2KNF, die nicht die leere Klausel enthält. Seien $\{x_1, \ldots, x_n\}$ die in S vorkommenden Variablen. Dann ist $G_S = (V, E)$ der Graph mit

(1) $V = \{x_1, \ldots, x_n, \neg x_1, \ldots, \neg x_n\}$,
(2) $E = \{(\ell_1, \ell_2) \mid \{\overline{\ell_1}, \ell_2\} \in S\}$.

Beispiel 12.16 Die Klauselmenge

$$\{\{x_1, \neg x_2\}, \{x_1, x_3\}, \{\neg x_1, \neg x_2\}, \{x_2, \neg x_3\}\}$$

ergibt den Graphen in Abb. 12.14. □

Man mache sich klar, dass jede zweielementige Klausel in S zwei Kanten in G_S bestimmt; bei jeder einelementigen Klausel gilt $\ell_1 = \ell_2$, wodurch genau eine Kante bestimmt wird. Der Einfachheit halber schreiben wir die Kante (ℓ_1, ℓ_2) als $\ell_1 \to \ell_2$. Ein Pfad von ℓ nach ℓ' wird durch $\ell \to^* \ell'$ beschrieben.

Jeder nicht-leere Pfad $\ell \to^+ \ell'$ in G_2 entspricht einer Folge von Implikationen aus S, die mit ℓ beginnt und mit ℓ' endet. Aufgrund der Transitivität von $\to$ ist dann $\ell \to \ell'$ eine Folgerung aus S. Zudem kann diese Klausel mittels Resolution hergeleitet werden.

Lemma 12.4 *G_S besitzt einen Pfad $\ell \to^+ \ell'$ genau dann, wenn $\{\overline{\ell}, \ell'\}$ aus S mittels Resolution herleitbar ist.*

Beweis Enthalte G_S einen Pfad $\ell \to^+ \ell'$, der aus den Kanten

$$\ell \to \ell_1, \ell_1 \to \ell_2, \ldots, \ell_k \to \ell'$$

besteht. Also enthält S die Klauseln

$$\{\overline{\ell}, \ell_1\}, \{\overline{\ell_1}, \ell_2\}, \ldots, \{\overline{\ell_k}, \ell'\}.$$

Bildet man zuerst den Resolventen der ersten beiden Klauseln, resolviert den wiederum mit der nächsten Klausel und so weiter, dann ergibt sich eine Herleitung der Klausel $\{\bar{\ell}, \ell'\}$.

Sei $C = \{\bar{\ell}, \ell'\}$ aus S mittels Resolution herleitbar. Hat die Herleitung die Länge 1, dann ist $\{\bar{\ell}, \ell'\}$ in S und folglich $\ell \to \ell'$ eine Kante in G_S. Hat C eine Herleitung der Länge $n+1$, dann unterscheiden wir zwei Fälle. Entweder gilt $C \in S$. Dann können wir so argumentieren wie oben. Anderenfalls ist C Resolvent zweier Klauseln $C_a = \{\bar{\ell}, \overline{\ell''}\}$ und $C_b = \{\ell'', \ell'\}$. Nach Induktionsvoraussetzung gibt es Pfade $\ell \to^+ \overline{\ell''}$ und $\overline{\ell''} \to^+ \ell'$, also zwei Pfade, die man zu einem Pfad $\ell \to^+ \ell'$ zusammenkleben kann.   ■

Enthält G_S einen Pfad $x \to^+ \neg x$, dann ist $\{\neg x\}$ aus S herleitbar. Enthält G_S außerdem noch einen Pfad $\neg x \to^+ x$, dann ist auch $\{x\}$ aus S herleitbar. Diese beiden Klauseln lassen sich zur leeren Klausel resolvieren.

Satz 12.10 *S ist unerfüllbar genau dann, wenn eine Variable x in S vorkommt, so dass G_S einen Pfad $x \to^+ \neg x$ und einen Pfad $\neg x \to^+ x$ enthält.*

Beweis Sei S unerfüllbar. Dann gibt es eine Herleitung der leeren Klausel aus S. Da die leere Klausel nur aus zwei einelementigen Klauseln resolviert werden kann, gibt es eine Variable x, so dass $\{x\}$ und $\{\neg x\}$ aus S herleitbar sind. Aus obigem Lemma 12.4 folgt, dass dann G_S die Pfade $\neg x \to^+ x$ und $x \to^+ \neg x$ enthalten muss.

Sei S erfüllbar. Wir nehmen an, dass G_S einen Pfad $x \to^+ \neg x$ und einen Pfad $\neg x \to^+ x$ enthält. Nach Lemma 12.4 sind dann $\{\neg x\}$ und $\{x\}$ aus S herleitbar. Also ist mit einem weiteren Resolutionsschritt auch die leere Klausel aus S herleitbar. Aufgrund der Korrektheit der Resolution ist S unerfüllbar, womit wir einen Widerspruch zur Annahme hergeleitet haben.   ■

Abb. 12.15 Graph zur
Klauselmenge
$\{\{x_1, \neg x_2\}, \{x_1, x_3\}, \{\neg x_1, \neg x_2\}, \{\neg x_3\}, \{\neg x_1\}\}$

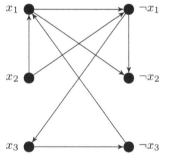

Beispiele 12.17

(1) Die Klauselmenge in Beispiel 12.16 ist erfüllbar, da es für jedes x_i einen der beiden Pfade $x_i \rightarrow^+ \neg x_i$ oder $\neg x_i \rightarrow^+ x_i$ nicht gibt: es gibt keinen Pfad $x_1 \rightarrow^+ \neg x_1$, keinen Pfad $\neg x_2 \rightarrow^+ x_2$ und keinen Pfad $\neg x_3 \rightarrow^+ x_3$.

(2) Der Graph zu einer unerfüllbaren Klauselmenge ist in Abb. 12.15 dargestellt. Er enthält einen Pfad $x_3 \rightarrow^+ \neg x_3$ und einen Pfad $\neg x_3 \rightarrow x_3$. $\qquad\qquad$ □

Modulare Arithmetik

13

Zusammenfassung

Wir übertragen die Regeln des Rechnens mit ganzen Zahlen auf endliche Zahlenbereiche. Das ist insbesondere für das Rechnen mit Computern wichtig, die selbst bei größtem Speicher nur mit endlich vielen Zahlen umgehen können. Zur Veranschaulichung stellen wir ein weit verbreitetes und berühmtes Verschlüsselungsverfahren vor – das RSA-Verfahren.

Arithmetik bezeichnet umgangssprachlich das Rechnen mit ganzen Zahlen mit den Grundrechenarten Addition, Subtraktion, Multiplikation und Division mit Rest. Die Addition von beliebig großen ganzen Zahlen ist eine allgemein bekannte arithmetische Funktion. Wir benutzen die Addition aber auch in einem anderem Kontext. Wenn man um 18 Uhr eine 14-stündige Reise beginnt, dann erreicht man das Ziel um 8 Uhr. Das Ergebnis der Addition $18 + 14$ ist in diesem Kontext also 8. Auf den ganzen Zahlen gilt für die Addition dagegen $18 + 14 = 32$. Bei Uhrzeiten – wir betrachten hier nur die ganzen Stunden – ist das Ergebnis jedoch immer ein Wert in der Menge $\{0, 1, 2, \ldots, 23\}$ (0 Uhr und 24 Uhr bedeuten das gleiche). Anstatt über 23 hinauszuzählen, beginnt man also wieder bei 0. Demzufolge sind 32 und 8 gleichbedeutend. Abb. 13.1 hilft beim Rechnen mit Uhrzeiten. Die Uhrzeiten, die es tatsächlich gibt, sind grau hinterlegt: 0 Uhr bis 23 Uhr. Gerät man beim Rechnen zu einer anderen Uhrzeit, dann geht man in Richtung Mittelpunkt des Kreises (oder vom Mittelpunkt weg), bis man eine grau hinterlegte Uhrzeit erreicht hat. Geht man von 32 in Richtung Mittelpunkt, dann erreicht man so die 8. Die 8 erreicht man auch von 56, 80, 104 usw. Alle Zahlen, von denen man die 8 erreicht, sind bei dieser Art des Rechnens gleichbedeutend mit 8.

Wir verallgemeinern diese Idee und übertragen die Addition und die Multiplikation auf endliche Mengen $\mathbb{Z}_k = \{0, 1, 2, 3, \ldots, k-1\}$ für beliebige $k \in \mathbb{N}^+$. (Im Beispiel mit den Uhrzeiten haben wir in $\mathbb{Z}_{24} = \{0, 1, 2, \ldots, 22, 23\}$ gerechnet.) Der Definitionsbereich von Addition und Multiplikation ist dann $\mathbb{Z}_k \times \mathbb{Z}_k$, und der Wertebereich ist $\mathbb{Z}_k$. Dabei kommt

© Der/die Autor(en), exklusiv lizenziert an Springer Fachmedien Wiesbaden GmbH, ein Teil von Springer Nature 2024
C. Meinel und M. Mundhenk, *Mathematische Grundlagen der Informatik*,
https://doi.org/10.1007/978-3-658-43136-5_13

Abb. 13.1 Uhrzeiten und
gleichbedeutende Zahlen

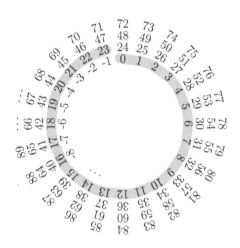

man mit der üblichen Definition der Rechenoperationen nicht hin. Zum Beispiel kann für
die Addition auf $\mathbb{Z}_{24}$ nicht $16 + 19 = 35$ gelten. Das Paar $(16, 19)$ liegt zwar im Definitionsbereich $\mathbb{Z}_{24} \times \mathbb{Z}_{24}$, aber die Summe 35 ist nicht im Wertebereich $\mathbb{Z}_{24}$. Das Ergebnis der
Addition in $\mathbb{Z}_{24}$ von $16 + 19$ kann man wieder in Abb. 13.1 ablesen. Dort sieht man, dass
die Summe 35 gleichbedeutend mit 11 ist. Also ist in $\mathbb{Z}_{24}$ die Summe $16 + 19$ gleich 11. Bei
der Multiplikation in $\mathbb{Z}_{24}$ geht es genauso. In $\mathbb{Z}_{24}$ ist das Produkt $5 \cdot 13$ gleich 17. Wie kann
man diese Art des Rechnens mathematisch exakt beschreiben? Grundlage dafür ist die Teilbarkeitsrelation, die wir bereits in Kap. 4 kennengelernt haben und auf die im Abschn. 13.1
ausführlich eingegangen wird. Welchen Sinn hat es überhaupt, so zu rechnen? Grundla-
genforscher haben sich bereits vor Jahrhunderten mit den Eigenschaften von natürlichen
Zahlen beschäftigt, die man mittels dieser Methodik beschreiben kann (siehe Abschn. 13.3
bis 13.5). Erstaunlicherweise lassen sich heutzutage deren Ergebnisse nutzen, um Nachrichten zu verschlüsseln, die z. B. über das Internet oder Mobilfunknetze übertragen werden
(siehe Abschn. 13.7). Auf der Basis aktueller Forschung hat sich sogar herausgestellt, dass es
praktisch unmöglich ist, mit diesen Methoden verschlüsselte Nachrichten als Unbefugter zu
entschlüsseln. Von dieser Anwendung haben die „Väter" der Methoden sicherlich nichtein-
mal geträumt. Die mathematisch exakte Beschreibung dieser Methoden und das Verständnis
ihrer Funktionsweise ist die Grundlage für Analysen in einem so sensiblen Gebiet wie der
Verschlüsselung.

13.1   Die Teilbarkeitsrelation

Eine positive ganze Zahl a (mit $a \neq 0$) *teilt* eine ganze Zahl b, falls es eine ganze Zahl k
gibt, so dass $a = k \cdot b$. Äquivalent zu „a teilt b" sind die Ausdrucksweisen „a ist Teiler von
b" und „b ist Vielfaches von a". Formal schreibt man $a \mid b$ für die Teilbarkeitsrelation „a teilt

b". D. h. die Relation | ist eine Teilmenge von $\mathbb{N}^+ \times \mathbb{Z}$ und ist definiert als

$$\{(a, b) \mid \exists k \in \mathbb{Z} : b = k \cdot a\}.$$

In der Teilbarkeitsrelation werden nur die *positiven* Teiler betrachtet. Wenn wir über Teiler sprechen, meinen wir stets positive Zahlen. Die Menge aller Teiler von n wird mit $T(n)$ bezeichnet und ist definiert durch

$$T(n) = \left\{a \in \mathbb{N}^+ \mid a|n\right\}.$$

Beispiele 13.1

(1)   14 ist ein Teiler von 154, da $154 = 11 \cdot 14$.
        14 ist ein Teiler von 0, da $0 = 0 \cdot 14$.
        14 ist ein Teiler von 14, da $0 = 1 \cdot 14$.
        14 ist ein Teiler von -42, da $-42 = -3 \cdot 14$.
        14 ist kein Teiler von 21, da $21 = \frac{3}{2} \cdot 14$ und $\frac{3}{2} \notin \mathbb{Z}$.

(2) Wir schreiben die Ergebnisse aus Punkt (1) nochmal in der Relationen-Schreibweise auf: $14 \mid 154$, $14 \mid 0$, $14 \mid 14$, $14 \mid -42$ und $14 \nmid 21$.

(3) Zahlen mit Teiler 24 stehen in Abb. 13.1 in der selben Spalte wie 24.

(4) Die folgende Tabelle enthält Zahlen und ihre Teiler.

a	8	12	15	28
$T(a)$	$\{1, 2, 4, 8\}$	$\{1, 2, 3, 4, 6, 12\}$	$\{1, 3, 5, 15\}$	$\{1, 2, 4, 7, 14, 28\}$

□

Die Teilbarkeitsrelation ist offensichtlich reflexiv, transitiv und nicht symmetrisch. Wir betrachten weitere Eigenschaften von ihr.

Lemma 13.1 *Sei $m \in \mathbb{N}^+$ und $b \in \mathbb{N}$, und gelte $m|b$. Dann gilt für alle $a \in \mathbb{N}$:*

$$m|a \text{ genau dann, wenn } m|(a + b).$$

Beweis Es gelte $m|b$. Dann gibt es ein $k \in \mathbb{Z}$ mit $b = k \cdot m$.

Aus $m|a$ folgt $a = l \cdot m$ für ein $l \in \mathbb{N}$, und daraus folgt $a + b = (l + k) \cdot m$ für $l, k \in \mathbb{N}$. Also gibt es eine ganze Zahl $s = l + k$ mit $a + b = s \cdot m$. Das heißt $m|(a + b)$.

Aus $m|(a + b)$ folgt $a + b = q \cdot m$ für ein $q \in \mathbb{Z}$. Da $b = k \cdot m$ folgt $a = (q - k) \cdot m$. Da $a + b \geq a$, gilt $q - k \geq 0$. Also gibt es eine ganze Zahl $r = q - k$ mit $a = r \cdot m$, und damit gilt $m|a$. ∎

Beispiel 13.2 Es gilt $14 \mid 42$.

  Aus $14 \mid 70$ folgt $14 \mid 112$, da $102 = 42 + 70$.

  Aus $14 \mid 168$ folgt $14 \mid 126$, da $168 = 126 + 42$. ☐

Die *gemeinsamen Teiler* zweier Zahlen a und b sind die Zahlen, die sowohl Teiler von a als auch Teiler von b sind. Sie bilden also die Menge $T(a) \cap T(b)$.

Beispiel 13.3 Die gemeinsamen Teiler von 8 und 12 sind

$$\underbrace{\{1, 2, 4, 8\}}_{T(8)} \cap \underbrace{\{1, 2, 3, 4, 6, 12\}}_{T(12)} = \{1, 2, 4\} \,.$$

Die gemeinsamen Teiler von 8 und 15 sind

$$\underbrace{\{1, 2, 4, 8\}}_{T(8)} \cap \underbrace{\{1, 3, 5, 15\}}_{T(15)} = \{1\} \,.$$ ☐

Lemma 13.1 besagt, dass die gemeinsamen Teiler von a und b genau die gemeinsamen Teiler von $a + b$ und b sind. Wir schreiben dieses Lemma noch einmal in dieser Formulierung auf.

Korollar 13.1 *Seien $a, b \in \mathbb{N}^+$. Dann gilt*

$$T(a) \cap T(b) = T(a + b) \cap T(b).$$

Schließlich verallgemeinern wir dieses Korollar.

Lemma 13.2 *Seien $a, b \in \mathbb{N}^+$. Dann gilt für alle $k \in \mathbb{N}$*

$$T(a) \cap T(b) = T(a + k \cdot b) \cap T(b).$$

Beweis Wir beweisen das Lemma mittels Induktion über k. Die Induktionsbasis für $k = 0$ gilt offensichtlich. Als Induktionsvoraussetzung gelte $T(a) \cap T(b) = T(a + k \cdot b) \cap T(b)$ für ein beliebiges $k \in \mathbb{N}$. Im Induktionsschluss muss daraus $T(a) \cap T(b) = T(a + (k + 1) \cdot b) \cap T(b)$ gefolgert werden. Mit Korollar 13.1 gilt $T(a + k \cdot b) \cap T(b) = T(a + (k + 1) \cdot b) \cap T(b)$. Mit der Induktionsvoraussetzung folgt daraus

$$T(a) \cap T(b) \;=\; T(a + k \cdot b) \cap T(b) \;=\; T(a + (k + 1) \cdot b) \cap T(b).$$

Damit ist der Induktionsschluss bewiesen. ■

Der *größte gemeinsame Teiler* zweier natürlicher Zahlen ist die größte Zahl, die Teiler beider Zahlen ist. Jedes Paar von ganzen Zahlen besitzt einen gemeinsamen Teiler, der größer oder gleich 1 ist. Ist der größte gemeinsame Teiler von a und b gleich 1, dann ist 1 der einzige gemeinsame Teiler von a und b. In diesem Fall heißen a und b *teilerfremd*.

Beispiele 13.4

(1) Wir führen Beispiel 13.1 fort. Der größte gemeinsame Teiler von 8 und 12 ist 4, und der größte gemeinsame Teiler von 12 und 15 ist 3. Der größte gemeinsame Teiler von 15 und 28 ist 1. Also sind 15 und 28 teilerfremd. 8 und 12 sind nicht teilerfremd, und 12 und 15 sind ebenfalls nicht teilerfremd.

(2) 1 ist teilerfremd zu jeder anderen Zahl. Jede Zahl a hat nur einen gemeinsamen Teiler mit 1, nämlich die 1 selbst. $\qquad\qquad\square$

Die 1 ist Teiler jeder ganzen Zahl, und jede natürliche Zahl a ist Teiler von sich selbst (mit Ausnahme von $a = 0$). Die Menge $T(0)$ der Teiler von 0 ist unendlich groß, da jede Zahl 0 teilt (mit Ausnahme der 0). Die Menge $T(1)$ der Teiler von 1 ist einelementig. Jede natürliche Zahl $a \geq 2$ besitzt mindestens zwei Teiler, nämlich 1 und sich selbst. Die natürlichen Zahlen mit genau zwei Teilern heißen *Primzahlen*. Die Teiler einer Primzahl a sind 1 und a selbst. Die kleinsten Primzahlen sind 2, 3, 5, 7, 11, 13, 17, 19. Wir haben bereits zwei wichtige Eigenschaften von Primzahlen kennengelernt: es gibt unendlich viele Primzahlen (Satz 6.1), und jede natürliche Zahl ≥ 2 lässt sich eindeutig als Produkt von Primzahlen darstellen (Satz 7.7).

Falls b kein Teiler von a ist, dann bleibt beim Teilen von a durch b ein Rest. Zum Beispiel ist 39 geteilt durch 16 gleich 2 Rest 7, da $39 = 2 \cdot 16 + 7$. Der Rest ist eine natürliche Zahl, die kleiner als die Zahl ist, durch die geteilt wird. Der folgende Satz zeigt, dass der Rest beim Teilen zweier ganzer Zahlen eindeutig ist.

Satz 13.1 *Seien a und b natürliche Zahlen, und $b \geq 1$. Es gibt eindeutig bestimmte natürliche Zahlen q und r mit den Eigenschaften*

$$a = q \cdot b + r \qquad und \qquad 0 \leq r < b.$$

Beweis Der Beweis zerfällt in zwei Teile. Zuerst wird für beliebig gewähltes a und b gezeigt, dass die gesuchten q und r existieren. Anschließend wird nachgewiesen, dass es nicht zwei verschiedene Paare (q, r) mit den beschriebenen Eigenschaften geben kann.

Der Beweis des ersten Teiles wird mittels Induktion über a geführt.

Induktionsbasis $a = 0$: Mit $q = 0$ und $r = 0$ gilt $0 = q \cdot b + r$ für beliebiges b. Da $b \geq 1$, gilt ebenfalls $r < b$.

Induktionsvoraussetzung: Die Behauptung gilt für die natürliche Zahl a.

Induktionsschluss: Die Behauptung ist für die natürliche Zahl $a + 1$ zu beweisen. Nach Induktionsvoraussetzung gibt es eindeutig bestimmte q' und r' mit $a = q' \cdot b + r'$.

Fall 1: $r' + 1 = b$. Dann gilt $a + 1 = q' \cdot b + (r' + 1) = (q' + 1) \cdot b + 0$. Also ist $a + 1 = q \cdot b + r$ für $q = q' + 1$ und $r = 0$.

Fall 2: $r' + 1 < b$. Dann ist $a + 1 = q' \cdot b + (r' + 1)$. Also ist $a + 1 = q \cdot b + r$ für $q = q'$ und $r = r' + 1$.

In beiden Fällen gilt $0 \leq r < b$. Damit ist der Induktionsschluss bewiesen.

Nun zum zweiten Teil des Beweises. Seien (q, r) und (s, t) zwei Paare mit $a = q \cdot b + r = s \cdot b + t$ und $0 \leq r < b$ sowie $0 \leq t < b$. Dann gilt $q \cdot b + r = s \cdot b + t$ und damit $(q - s) \cdot b = t - r$. Falls $q \neq s$, dann ist $(q - s) \cdot b \in \{\ldots, -3 \cdot b, -2 \cdot b, -b, b, 2 \cdot b, 3 \cdot b, \ldots\}$ und $t - r \in \{-b + 1, \ldots, -2, -1, 0, 1, 2, \ldots, b - 1\}$. Da $b \geq 1$, ist der Durchschnitt dieser beiden Mengen leer. Deshalb besitzt die Gleichung $(q - s) \cdot b = t - r$ keine Lösung mit $q \neq s$. Also muss $q = s$ gelten. Aus $q = s$ folgt $0 = t - r$ und damit $t = r$. Folglich gilt insgesamt $(q, r) = (s, t)$. Also ist das gesuchte Paar eindeutig. ∎

13.2 Modulare Addition und Multiplikation

Da für jedes Paar $(a, b) \in \mathbb{N} \times \mathbb{N}^+$ das Paar $(q, r) \in \mathbb{N} \times \mathbb{N}$ mit $a = q \cdot b + r$ und $0 \leq r < b$ eindeutig bestimmt ist, kann (q, r) auch als Funktionswert von (a, b) unter einer geeigneten Funktion aufgefasst werden. Dabei ist q das Ergebnis der ganzzahligen Division von a durch b. Sie wird mit $\lfloor \frac{a}{b} \rfloor$ bezeichnet und ist wie folgt definiert.

$$\left\lfloor \frac{a}{b} \right\rfloor = \text{die größte ganze Zahl } m \text{ mit } m \leq \frac{a}{b}$$

Beispiele 13.5

(1) $\left\lfloor \frac{135}{24} \right\rfloor = 5$, da $5 \leq \frac{135}{24} = 5\frac{15}{24} < 6$.

(2) $\left\lfloor \frac{6}{2} \right\rfloor = 3$, da $3 \leq \frac{6}{2} = 3 < 4$.

(3) Bei der ganzzahligen Division von negativen Zahlen muss man aufpassen. Es gilt $\left\lfloor \frac{-135}{24} \right\rfloor = -6$, da $-6 \leq \frac{-135}{24} = -5\frac{15}{24} < -5$. □

Der Rest r bei der ganzzahligen Division ist $r = a - \lfloor \frac{a}{b} \rfloor \cdot b$. Dieser Rest wird durch die Funktion mod mit

$$a \bmod b = a - \left\lfloor \frac{a}{b} \right\rfloor \cdot b.$$

beschrieben. („a mod b" wird ausgesprochen als „a modulo b".) Auch wenn diese formale Definition der Funktion kompliziert aussieht, ist ihre Bedeutung einfach zu verstehen. Nach Satz 13.1 gilt nämlich $a = \lfloor \frac{a}{b} \rfloor \cdot b + (a \bmod b)$.

Beispiele 13.6

(1) Der Rest bei der ganzzahligen Division von 135 durch 24 ist

$$135 - \left\lfloor \frac{135}{24} \right\rfloor \cdot 24 = 135 - 120 = 15.$$

Also gilt 135 mod 24 = 15.

(2) −135 mod 24 = 9, da −135 − (−6 · 24) = 9.

(3) In Abb. 13.1 besteht jede Spalte aus den Zahlen mit dem gleichen Rest beim Teilen durch 24. Zum Beispiel haben 3, 27, 51, 75 alle Rest 3 beim Teilen durch 24. Beim Rechnen mit Uhrzeiten geben also alle Ergebnisse mit dem gleichen Rest beim Teilen durch 24 die gleiche Uhrzeit an. □

Die Operation mod liefert die folgende Äquivalenzrelation, die bereits in Abschn. 4.4 betrachtet wurde.

Definition 13.1 Sei m eine positive natürliche Zahl. Die Relation $R_m \subseteq \mathbb{Z} \times \mathbb{Z}$ ist definiert durch

$$R_m = \big\{(a, b) \,\big|\, m | (a - b)\big\}.$$

Wir haben bereits in Beispiel 4.9(5) gezeigt, dass R_m eine Äquivalenzrelation ist. m teilt $a - b$ genau dann, wenn $a - b$ ein Vielfaches von m ist. Also muss der Rest beim Teilen von a durch m und beim Teilen von b durch m gleich sein. Das bedeutet, dass $a \bmod m = b \bmod m$: auch wenn a und b verschieden sind, können sie modulo m gleich sein.

Lemma 13.3 *Seien* $a, b \in \mathbb{Z}$ *und* $m \in \mathbb{N}^+$. *Dann gilt:*

$a R_m b$ *ist logisch äquivalent zu* $(a \bmod m) = (b \bmod m)$.

Beweis Laut Definition bedeutet $a R_m b$, dass $m | (a - b)$. Das ist gleichbedeutend mit

$$\exists k \in \mathbb{Z}: \ a - b = k \cdot m.$$

Nun beschreiben wir a und b durch ihre Summen aus Vielfachen von m und Rest, und erhalten daraus die äquivalente Aussage

$$\exists k \in \mathbb{Z}: \ \left(\left\lfloor \frac{a}{m} \right\rfloor \cdot m + a \bmod m \right) - \left(\left\lfloor \frac{b}{m} \right\rfloor \cdot m + b \bmod m \right) = k \cdot m.$$

Wir bringen alle Vielfachen von m auf die rechte Seite und klammern m aus.

$$\exists k \in \mathbb{Z}: \ (a \bmod m) - (b \bmod m) = \left(k - \left\lfloor \frac{a}{m} \right\rfloor + \left\lfloor \frac{b}{m} \right\rfloor \right) \cdot m.$$

Die linke Seite der Gleichung ist die Differenz $(a \bmod m) - (b \bmod m)$ von zwei Zahlen aus $\mathbb{Z}_m$. Der kleinste Wert, den diese Differenz annehmen kann, ist $0 - (m - 1) = -m + 1$, und der größte mögliche Wert ist $(m - 1) + 0 = m - 1$. Also liegt die Differenz in der Menge

$$D = \{-m + 1, -m + 2, \ldots, -1, 0, 1, \ldots, m - 2, m - 1\}\,.$$

Die Summe $k - \lfloor \frac{a}{m} \rfloor + \lfloor \frac{b}{m} \rfloor$ ist eine ganze Zahl. Also ist die rechte Seite der Gleichung ein Vielfaches von m. Das einzige Vielfache von m in D ist 0, da $-m$ bereits kleiner als alle Elemente von D und m größer als alle Elemente von D ist. Also ist die obige Aussage äquivalent zu

$$(a \bmod m) - (b \bmod m) = 0$$

und ebenso zu

$$a \bmod m \;=\; b \bmod m\,. \qquad \blacksquare$$

Aufgrund dieser Eigenschaft schreibt man für $a\, R_m\, b$ auch $a \equiv b \pmod m$. Da es sich bei R_m um eine Kongruenzrelation handelt, sagt man „a und b sind kongruent modulo m" zu „$a \equiv b \pmod m$".

Beispiel 13.7 Es gilt $47 \equiv 22 \pmod 5$, da $47 \bmod 5 = 22 \bmod 5 = 2$. Also sind 47 und 22 kongruent modulo 5.

Dagegen gilt $47 \equiv 22 \pmod 6$ nicht, da $47 \bmod 6 = 5$ und $22 \bmod 6 = 4$. Also sind 47 und 22 nicht kongruent modulo 6. □

Für jedes k in $\mathbb{Z}_m = \{0, 1, 2, \ldots, m - 1\}$ ist die Äquivalenzklasse

$$[k]_{R_m} = \{a \in \mathbb{Z} \mid a \bmod m = k\}$$

die Menge aller Zahlen mit Rest k beim Teilen durch m. Jede Menge $[k]_{R_m}$ wird *Restklasse* mod m genannt. Die Faktormenge

$$\mathbb{Z}/R_m = \big\{[0]_{R_m}, [1]_{R_m}, [2]_{R_m}, \ldots, [m-1]_{R_m}\big\}$$

ist genau die Menge aller Restklassen mod m.

Eine Menge, die aus jeder Restklasse mod m genau ein Element enthält, wird *Repräsentantensystem* von $\mathbb{Z}/R_m$ genannt. Für $\mathbb{Z}/R_5 = \{[0], [1], [2], [3], [4]\}$ haben wir zum Beispiel die Repräsentantensysteme $\{0, 1, 2, 3, 4\}(= \mathbb{Z}_5)$ und $\{1, 5, 7, 19, 23\}$. Offensichtlich ist $\mathbb{Z}_m = \{0, 1, 2, \ldots, m - 1\}$ ein Repräsentantensystem für $\mathbb{Z}/R_m$ (für jedes $m \in \mathbb{N}^+$). Auf $\mathbb{Z}_m$ kann nun entsprechend den ganzen Zahlen die Rechenoperation Addition definiert werden, wobei die Summe von a und b der Repräsentant von $[a + b]_{R_m}$ in $\mathbb{Z}_m$ ist.

Beispiel 13.8 Die Summe von 3 und 4 auf $\mathbb{Z}_5$ ist der Repräsentant der Restklasse $[3+4]_{R_5}$ in $\mathbb{Z}_5$. Aus $7R_5 2$ folgt $[7]_{R_5} = [2]_{R_5}$. Da 2 der Repräsentant von $[2]_{R_5}$ in $\mathbb{Z}_5$ ist, ist 2 also genauso der Repräsentant von $[7]_{R_5}$ in $\mathbb{Z}_5$. Folglich ist die Summe von 3 und 4 auf $\mathbb{Z}_5$ gleich 2.   □

Da $(a+b) \bmod m = ((a+b) \bmod m) \bmod m$, folgt mit Lemma 13.3 die Gleichheit der Restklassen $[a+b]_{R_m} = [(a+b) \bmod m]_{R_m}$. Die Zahl $(a+b) \bmod m$ ist in $\mathbb{Z}_m$ enthalten. Also ist die Summe von a und b auf $\mathbb{Z}_m$ gleich $(a+b) \bmod m$. Entsprechend ist das Produkt von a und b auf $\mathbb{Z}_m$ als $(a \cdot b) \bmod m$ definiert.

Man kann die Addition (bzw. die Multiplikation) auf der Faktormenge also letztlich mittels Addition (bzw. Multiplikation) auf den ganzen Zahlen und der modulo-Operation ausdrücken. Anstatt auf den Faktormengen rechnet man dann nur noch auf $\mathbb{Z}_m$. Alle Rechenergebnisse, die außerhalb von $\mathbb{Z}_m$ liegen, werden modulo m genommen und dadurch wieder in den richtigen Bereich gebracht. Das entspricht genau dem Rechnen mit den Elementen der Faktormenge, aber es ist einfacher zu beschreiben und stimmt direkter mit unserer Vorstellung vom Rechnen überein. Diese Art der Addition und der Multiplikation auf $\mathbb{Z}_m$ nennt man modulare Addition und modulare Multiplikation.

Beispiel 13.9

(1) Wir addieren 5, 8, 13 und 7 auf $\mathbb{Z}_{14}$. Das Ergebnis ist

$$(5 + 8 + 13 + 7) \bmod 14 = 33 \bmod 14 = 5.$$

(2) Die Addition auf $\mathbb{Z}_m$ kann man sich wie das Drehen eines Zeigers auf einer Uhr mit m Einheiten (= Stunden) vorstellen. Wir betrachten die Addition $2 + 6$ auf $\mathbb{Z}_{11}$. Man stellt den Zeiger auf 2 und dreht um 6 Einheiten weiter. Danach steht der Zeiger auf 8. Das Ergebnis ist $(2 + 6) \bmod 11 = 8$, oder anders ausgedrückt $2 + 6 \equiv 8 \pmod{11}$. In Abb. 13.2 ist diese Art des Rechnens graphisch dargestellt. Bei der Addition $7 + 8$ auf $\mathbb{Z}_{11}$ überschreitet man den „Nullpunkt". Man beginnt mit dem Zeiger auf 7 und stellt den Zeiger dann um 8 Einheiten vor. Das Ergebnis ist 4. Entsprechend gilt $(7+8) \bmod 11 = 4$ und $7 + 8 \equiv 4 \pmod{11}$.

(3) Wir multiplizieren 5, 4 und 12 auf $\mathbb{Z}_{14}$. Das Ergebnis ist

$$(5 \cdot 4 \cdot 12) \bmod 14 = 240 \bmod 14 = 2.$$

(4) Wir wollen die Multiplikation auf $\mathbb{Z}_{14}$ nochmal am „Uhrenmodell" nachvollziehen. Das Produkt $9 \cdot 3$ kann als Summe $9 + 9 + 9$ ausgedrückt werden. Der Zeiger wird also zuerst auf 0 gestellt und dann dreimal um 9 Einheiten vorgestellt. Das Ergebnis ist $3 \cdot 9 \bmod 14 = 27 \bmod 14 = 13$ (siehe Abb. 13.2).

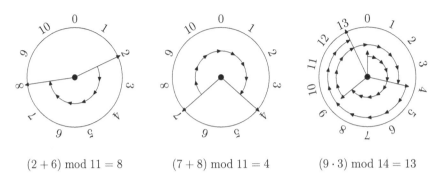

$$(2+6) \bmod 11 = 8 \qquad (7+8) \bmod 11 = 4 \qquad (9 \cdot 3) \bmod 14 = 13$$

Abb. 13.2 Modulare Addition und Multiplikation

(5) Wir berechnen 2^{10} auf $\mathbb{Z}_{14}$. Das Ergebnis ist

$$2^{10} \bmod 14 = 1024 \bmod 14 = 2.$$

(6) Beim Berechnen von 2^{2+2+1} auf $\mathbb{Z}_3$ könnte man in Versuchung geraten, zuerst den Exponenten $2 + 2 + 1$ auf $\mathbb{Z}_3$ zu bestimmen und dann 2 damit zu potenzieren. Da $2 + 2 + 1 \bmod 3 = 2$, wäre das Ergebnis $2^2 \bmod 3 = 1$. Das ist jedoch falsch! Das korrekte Ergebnis erhält man durch Ausmultiplizieren der Potenz.

$$2^{2+2+1} \bmod 3 \ = \ 2^5 \bmod 3 \ = \ 32 \bmod 3 \ = \ 2 \,.$$

Wir werden noch sehen, wie das Potenzieren beim modularen Rechnen vereinfacht wird. $\qquad\square$

13.3 Modulares Rechnen

Es gibt einige Regeln, die die modulare Addition und Multiplikation leichter machen als über den ganzen Zahlen. Das liegt daran, dass man die Zwischenergebnisse bereits modular reduzieren kann, ohne das Endergebnis zu verfälschen. Zum Beispiel gilt

$$9 \cdot 8 \cdot 10 \bmod 11 \ = \ (9 \cdot 8 \bmod 11) \cdot 10 \bmod 11 \ = \ 6 \cdot 10 \bmod 11 \ = \ 5.$$

Hier wurde $9 \cdot 8$ bereits reduziert (d. h. durch $9 \cdot 8 \bmod 11$ ersetzt), bevor das Produkt $9 \cdot 9 \cdot 10$ vollständig ausgerechnet war. Wir wollen jetzt betrachten, unter welchen Bedingungen das geht. So wie man z. B. arithmetische Gleichungen $x = y$ zu $x + z = y + z$ umformen kann, indem auf beiden Seiten der Gleichung das gleiche addiert wird, lassen sich auch Kongruenzen $a \equiv b \pmod{m}$ umformen, indem auf beiden Seiten kongruente Werte addiert werden.

Die Lemmas dieses Abschnitts gelten für alle $a, b, c, d \in \mathbb{Z}$ und für alle $m \in \mathbb{N}^+$.

Lemma 13.4 *Aus $a \equiv b \ (mod\, m)$ und $c \equiv d \ (mod\, m)$ folgt*

$$a + c \equiv b + d \ (mod\, m).$$

Beweis $a \equiv b \ (\text{mod}\, m)$ bedeutet $m | (a - b)$. Also gibt es ein $k \in \mathbb{Z}$ mit $a - b = k \cdot m$. Entsprechend folgt aus $c \equiv d \ (\text{mod}\, m)$ die Existenz eines $l \in \mathbb{Z}$ mit $c - d = l \cdot m$. Die Addition dieser beiden Gleichungen ergibt

$$a - b + c - d = k \cdot m + l \cdot m\,.$$

Ordnet man die Summanden auf der linken Seite um und klammert man auf der rechten Seite aus, dann erhält man

$$(a + c) - (b + d) = (k + l) \cdot m\,.$$

Also ist $(a + c) - (b + d)$ ein Vielfaches von m. Das heißt $m | ((a + c) - (b + d))$ und damit $a + c \equiv b + d \ (\text{mod}\, m)$. ∎

Dieses Lemma erlaubt, bei der modularen Addition an beliebiger Stelle modular zu reduzieren. Es gilt

$$(x + y) \bmod m = ((x \bmod m) + (y \bmod m)) \bmod m\,,$$

da $z \equiv z \bmod m \ (\text{mod}\, m)$ für alle $z \in \mathbb{Z}$. Also kann man $(1234 + 6789) \bmod 10$ wie folgt ausrechnen.

$$\begin{aligned}
(1234 + 6789) \bmod 10 &= ((1234 \bmod 10) + (6789 \bmod 10)) \bmod 10 \\
&= (4 + 9) \bmod 10 \\
&= 3
\end{aligned}$$

Entsprechend gelten

$$(x + y) \bmod m = (x + (y \bmod m)) \bmod m$$

und

$$(x + y) \bmod m = ((x \bmod m) + y) \bmod m\,.$$

Für die Multiplikation ergeben sich entsprechende Umformungsregeln.

Lemma 13.5 *Aus $a \equiv b \ (mod\, m)$ und $c \equiv d \ (mod\, m)$ folgt*

$$a \cdot c \equiv b \cdot d \ (mod\,m).$$

Beweis Sei $r_a = a \bmod m$. Da $a \equiv b \ (mod\,m)$, gilt $r_a = b \bmod m$. Nach Satz 13.1 gibt es $k_a, k_b \in \mathbb{N}$ mit $a = k_a \cdot m + r_a$ und $b = k_b \cdot m + r_a$. Entsprechend gibt es für $r_c = c \bmod m$ natürliche Zahlen k_c und k_d, so dass $c = k_c \cdot m + r_c$ und $d = k_d \cdot m + r_c$. Nun gilt

$$
\begin{aligned}
&(a \cdot c) \bmod m \\
&= \big((k_a \cdot m + r_a) \cdot (k_c \cdot m + r_c)\big) \bmod m \\
&= \big(m \cdot (k_a \cdot k_c \cdot m + r_a \cdot k_c + r_c \cdot k_a) + r_a \cdot r_c\big) \bmod m \\
&= \big((m \cdot (k_a \cdot k_c \cdot m + r_a \cdot k_c + r_c \cdot k_a)) \bmod m + r_a \cdot r_c\big) \bmod m \\
&= (r_a \cdot r_c) \bmod m
\end{aligned}
$$

Analog gilt

$$(b \cdot d) \bmod m = (r_a \cdot r_c) \bmod m.$$

Also folgt $(a \cdot c) \bmod m = (b \cdot d) \bmod m$ und damit $a \cdot c \equiv b \cdot d \ (mod\,m)$. ∎

Damit ergibt sich

$$(x \cdot y) \bmod m \ = \ ((x \bmod m) \cdot (y \bmod m)) \bmod m$$

sowie

$$(x \cdot y) \bmod m \ = \ (x \cdot (y \bmod m)) \bmod m$$

und

$$(x \cdot y) \bmod m \ = \ ((x \bmod m) \cdot y) \bmod m \ .$$

Bei der Multiplikation ist die Erleichterung beim modularen Rechnen noch größer als bei der Addition.

$$
\begin{aligned}
(1234 \cdot 6789) \bmod 10 &= ((1234 \bmod 10) \cdot (6789 \bmod 10)) \bmod 10 \\
&= (4 \cdot 9) \bmod 10 \\
&= 6
\end{aligned}
$$

Man beachte, dass die Umkehrung der Implikation in Lemma 13.5 nicht gilt. Aus $c \equiv d \ (mod\,m)$ und $a \cdot c \equiv b \cdot d \ (mod\,m)$ folgt also nicht $a \equiv b \ (mod\,m)$. Gilt z. B. $c \bmod m = d \bmod m = 0$, dann erfüllen alle a und b die Äquivalenz $a \cdot c \equiv b \cdot d \ (mod\,m)$. Die Äquivalenz $a \equiv b \ (mod\,m)$ würde daraus durch Teilen durch 0 entstehen, was auch modular nicht erlaubt ist. Die 0 kann modular auch durch Vielfache von c und d entstehen. Für $m = 9$ können $c = d = 3$ und $a = 3$ sowie $b = 6$ gewählt werden. Offensichtlich gilt $c \equiv d \pmod{m}$ und $a \cdot c \equiv b \cdot d \pmod{m}$, aber nicht $a \equiv b \pmod{m}$. Division durch 0 kann also nur vermieden werden, wenn c und m teilerfremd sind.

Lemma 13.6 *Seien c und m teilerfremd. Dann gilt: aus $a \cdot c \equiv b \cdot c \pmod{m}$ folgt $a \equiv b \pmod{m}$.*

Beweis Es gelte $a \cdot c \equiv b \cdot c \pmod{m}$. Also gilt $m | ((a - b) \cdot c)$. Wenn c und m teilerfremd sind, folgt $m | (a - b)$, also $a \equiv b \pmod{m}$. ∎

Lemma 13.7 *Wenn m und $a \cdot b$ nicht teilerfremd sind, dann sind m und a oder m und b nicht teilerfremd.*

Beweis Sei t ein gemeinsamer Teiler von m und $a \cdot b$ mit $t \geq 2$. Da t ein Produkt von Primzahlen ist (Satz 7.7), besitzt t einen Teiler p, der eine Primzahl ist – einen sogenannten *Primfaktor*. Wegen der Transitivität der Teilbarkeitsrelation ist p ebenfalls Teiler von m und $a \cdot b$. Die Darstellung von $a \cdot b$ als Produkt von Primzahlen enthält also ebenfalls p. Jeder Primfaktor von $a \cdot b$ ist Primfaktor von a oder Primfaktor von b (oder von beiden). Also ist p Primfaktor von a oder von b, und damit auch Teiler von a oder von b. ∎

Durch äquivalentes Umformen erhält man aus diesem Lemma die folgende Aussage.

Korollar 13.2 *Wenn m teilerfremd zu a und zu b ist, dann ist m auch teilerfremd zu $a \cdot b$.*

Primzahlen spielen eine besondere Rolle beim modularen Rechnen. Für eine Primzahl p ist jede Zahl in $\mathbb{Z}_p^+ = \{1, 2, \ldots, p - 1\}$ teilerfremd. Das führt dazu, dass $\mathbb{Z}_p$ für jedes $n \in \mathbb{Z}_p^+$ als Menge aller Vielfachen (modulo p) von n aufgefasst werden kann.

Beispiele 13.10 Wir betrachten die Aussage für die Primzahl $p = 7$ und $n = 4$. In der Menge aller Vielfachen von 4 modulo 7 braucht man Faktoren ≥ 7 nicht zu berücksichtigen, da sie durch Reduktion zu kleineren Faktoren werden. Also ist

$$\{(0 \cdot 4) \bmod 7, (1 \cdot 4) \bmod 7, (2 \cdot 4) \bmod 7, \ldots, (6 \cdot 4) \bmod 7\}$$

die Menge aller Vielfachen von 4 modulo 7. Wir rechnen nun die einzelnen Elemente der Menge aus und erhalten

$$\{0, 4, 1, 5, 2, 6, 3\}.$$

Das ist genau die Menge $\mathbb{Z}_7$.

Abb. 13.3 Beispiel zu
Satz 13.8

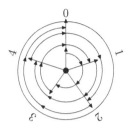 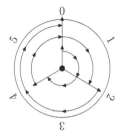

Die Vielfachen von 3   Die Vielfachen von 4
durchlaufen $\mathbb{N}_5$ durchlaufen nicht $\mathbb{N}_6$

Wir schauen uns das für $p = 5$ und $n = 4$ nochmal auf dem „Uhrenmodell" an. Man
startet mit dem Zeiger auf der 0 und dreht den Zeiger dann wiederholt um 3 Einheiten
vor. Wenn man wieder bei der 0 ankommt, hat man alle Zahlen auf dem Ziffernblatt in
der Reihenfolge 0, 3, 1, 4, 2, 0 durchlaufen. Dieses Beispiel ist in Abb. 13.3. Dort sieht man
auch, dass diese Eigenschaft nicht für alle p und n gilt. Für $p = 6$ und $n = 4$ durchläuft
man nur die Zahlenfolge 0, 4, 2, 0. □

Lemma 13.8 *Für jede Primzahl p und jede Zahl $n \in \mathbb{Z}_p^+$ gilt*

$$\{i \cdot n \bmod p \mid i \in \mathbb{Z}_p^+\} = \mathbb{Z}_p^+.$$

Beweis Sei p eine Primzahl und $n \in \mathbb{Z}_p^+$. Wir betrachten zwei Vielfache $a \cdot n$ und $b \cdot n$ von
n, mit $a, b \in \mathbb{Z}_p^+$ und $a \neq b$. Dann gilt ebenfalls $a \not\equiv b \pmod{p}$. Da $n \in \mathbb{Z}_p^+$ und p eine
Primzahl ist, sind n und p teilerfremd. Mit Lemma 13.6 folgt $a \cdot n \not\equiv b \cdot n \pmod{p}$, und
damit gilt $(a \cdot n \bmod p) \neq (b \cdot n \bmod p)$.

Die Elemente der Menge $\{i \cdot n \bmod p \mid i \in \mathbb{Z}_p^+\}$ sind also paarweise verschieden. Deshalb
enthält sie $\sharp(\mathbb{Z}_p^+) = p - 1$ Elemente. Offensichtlich ist diese Menge eine Teilmenge von
$\mathbb{Z}_p$. Außerdem enthält diese Menge nicht die 0, da n und jedes $i \in \mathbb{Z}_p^+$ teilerfremd zu p
sind. Folglich gilt $\{i \cdot n \bmod p \mid i \in \mathbb{Z}_p^+\} = \mathbb{Z}_p^+$. ■

Da $0 \cdot n \equiv 0 \pmod{p}$, kann das Lemma direkt erweitert werden.

Korollar 13.3 *Für jede Primzahl p und jede Zahl $n \in \mathbb{Z}_p^+$ gilt*

$$\{i \cdot n \bmod p \mid i \in \mathbb{Z}_p\} = \mathbb{Z}_p.$$

13.4 Größter gemeinsamer Teiler und der Algorithmus von Euklid

Zwei Zahlen haben stets mindestens einen gemeinsamen Teiler, nämlich die 1. Kennt man den größten gemeinsamen Teiler zweier Zahlen, dann weiß man, ob die Zahlen teilerfremd sind. Um den größten gemeinsamen Teiler zu finden, muss man nicht alle Teiler der beiden Zahlen bestimmen. Wir werden in diesem Abschnitt ein Verfahren kennenlernen, mit dem er sehr schnell auszurechnen ist. Als Grundlage dafür schauen wir uns zunächst zwei einfache Eigenschaften des größten gemeinsamen Teilers an.

Der größte gemeinsame Teiler zweier positiver natürlicher Zahlen a und b wird mit $ggT(a, b)$ bezeichnet. Es gilt also zum Beispiel $ggT(12, 15) = 3$ und $ggT(27532216, 23838008) = 4712$. Als nächstes werden wir eine Methode vorstellen, mit der man den größten gemeinsamen Teiler sehr schnell ausrechnen kann. Die Grundlage dafür bildet folgendes Lemma.

Lemma 13.9 *Seien* $a, b \in \mathbb{N}^+$. *Dann gilt*

$$ggT(a, b) = ggT(a \bmod b, b).$$

Beweis Seien a und b in $\mathbb{N}^+$. Dann gibt es ein $k \in \mathbb{N}$, so dass $a \bmod b = a - k \cdot b$. Folglich ist $a = (a \bmod b) + k \cdot b$. Nach Lemma 13.2 sind die gemeinsamen Teiler von $a \bmod b$ und b genau die gemeinsamen Teiler von $a \bmod b + k \cdot b$ und b – d. h. $T(a \bmod b) \cap T(b) = T(a \bmod b + k \cdot b) \cap T(b)$. Also sind auch die größten gemeinsamen Teiler gleich, d. h.

$$ggT(a \bmod b, b) = ggT(\underbrace{a \bmod b + k \cdot b}_{=a}, b) = ggT(a, b). \qquad \blacksquare$$

Das Verfahren zur Berechnung des größten gemeinsamen Teilers zweier Zahlen ist untrennbar mit dem Namen *Euklid* (ca. 365–300 v. Chr.) verbunden und wird auch *Euklidischer Algorithmus* genannt. Man kann den Euklidischen Algorithmus durch folgende induktive Definition der Funktion $ggT_E : \mathbb{N}^+ \times \mathbb{N}^+ \to \mathbb{N}^+$ beschreiben.

$$ggT_E(a, b) = \begin{cases} b, & \text{falls } a \bmod b = 0 \\ ggT_E(b, a \bmod b), & \text{sonst (d.h. falls } a \bmod b \neq 0) \end{cases}$$

Die Schreibweise bedeutet, dass die Berechnung des Funktionswertes $ggT_E(a, b)$ abhängig davon abläuft, ob $a \bmod b = 0$.

Fall 1: Es gilt $a \bmod b = 0$. Dann ist $ggT_E(a, b) = b$.

Fall 2: Es gilt $a \bmod b \neq 0$. Dann ist $ggT_E(a, b) = ggT_E(b, a \bmod b)$.

Wir haben es also mit einer induktiven Definition zu tun.

Beispiele 13.11

(1) Wir betrachten die Bestimmung des Wertes $ggT_E(116, 34)$. Zuerst muss 116 mod 34 berechnet werden, damit bestimmt werden kann, ob Fall 1 oder Fall 2 eintritt. Da 116 mod 34 = 14, tritt Fall 2 ein. Deshalb ist

$$ggT_E(116, 34) = ggT_E(34, 14) \,.$$

Nun muss 34 mod 14 berechnet werden. Da 34 mod 14 = 6, tritt wieder Fall 2 ein und es gilt

$$ggT_E(34, 14) = ggT_E(14, 6) \,.$$

Mit 14 mod 6 = 2 folgt

$$ggT_E(14, 6) = ggT_E(6, 2) \,.$$

Nun gilt 6 mod 2 = 0, und damit folgt schließlich

$$ggT_E(6, 2) = 2 \,.$$

Insgesamt ist nun

$$ggT_E(116, 34) \; = \; ggT_E(34, 14) \; = \; ggT_E(14, 6) \; = \; ggT_E(6, 2) \; = \; 2 \,,$$

und damit $\quad ggT_E(116, 34) \; = \; 2 \quad$ berechnet worden.

Da $\{1, 2, 17, 34\}$ die Teiler von 34 und $\{1, 2, 4, 29, 58, 116\}$ die Teiler von 116 sind, ist $ggT_E(116, 34)$ tatsächlich der größte gemeinsame Teiler von 116 und 34.

(2) Wir betrachten die Berechnung von $ggT_E(27532216, 23838008)$.

$$
\begin{aligned}
&ggT_E(27532216, 23838008) \\
&= ggT_E(23838008, 3694208) = ggT_E(3694208, 1672760) \\
&= \; ggT_E(1672760, 348688) \; = \; ggT_E(348688, 278008) \\
&= \; ggT_E(278008, 70680) \; = \; ggT_E(70680, 65968) \\
&= \; ggT_E(65968, 4712) \; = \; \quad 4712
\end{aligned}
$$

Hier können wir nicht mehr leicht verifizieren, dass der berechnete Wert tatsächlich der größte gemeinsame Teiler von 27532216 und 23838008 ist. □

Der folgende Satz besagt, dass $ggT_E(a, b)$ stets der größte gemeinsame Teiler von a und b ist. Das bedeutet, dass mit dem Euklidischen Algorithmus korrekt der größte gemeinsame Teiler berechnet wird.

Satz 13.2 *Seien a und b positive natürliche Zahlen. Dann gilt*

$$ggT_E(a, b) = ggT(a, b).$$

Beweis Wir führen einen Induktionsbeweis über die Größe von b.

Induktionsbasis: $b = 1$. Dann ist $ggT(a, b) = b$. Da $a \bmod 1 = 0$, ist nach Definition des Euklidischen Algorithmus $ggT_E(a, b) = b$. Also gilt $ggT_E(a, b) = ggT(a, b)$.

Induktionsvoraussetzung: $ggT_E(a, b) = ggT(a, b)$ für alle $b \le m$.

Induktionsschluss: Wir zeigen $ggT_E(a, m + 1) = ggT(a, m + 1)$. Zur Vereinfachung der Schreibweise sei $m' = m + 1$. Wir betrachten die beiden Fälle in der Definition von ggT_E getrennt.

Fall 1: Es sei $a \bmod m' = 0$. Dann ist m' ein Teiler von a. Da m' der größte Teiler von m' ist, gilt $ggT(a, m') = m'$. Nach Definition des Euklidischen Algorithmus ist $ggT_E(a, m') = m'$. Also gilt $ggT_E(a, m') = ggT(a, m')$.

Fall 2: Es sei $a \bmod m' \ne 0$.

Fall 2.1: Es sei $a < m'$. Dann ist $a \bmod m' = a$. Nach der Definition des Euklidischen Algorithmus ist $ggT_E(a, m') = ggT_E(m', a)$. Da $a < m'$, gilt laut Induktionsvoraussetzung $ggT_E(m', a) = ggT(m', a)$. Wegen $ggT(x, y) = ggT(y, x)$ folgt schließlich $ggT_E(a, m') = ggT(a, m')$.

Fall 2.2: Es bleibt noch der Fall $a > m'$. Nach der Definition des Euklidischen Algorithmus ist

$$ggT_E(a, m') = ggT_E(m', a \bmod m').$$

Da $(a \bmod m') < m'$, folgt aus der Induktionsvoraussetzung

$$ggT_E(m', a \bmod m') = ggT(m', a \bmod m').$$

Die Reihenfolge der Argumente spielt für den größten gemeinsamen Teiler keine Rolle, d. h. es gilt $ggT(x, y) = ggT(y, x)$ für alle $x, y \in \mathbb{N}^+$. Damit folgt

$$ggT(m', a \bmod m') = ggT(a \bmod m', m').$$

Nach Lemma 13.9 gilt

$$ggT(a \bmod m', m') = ggT(a, m').$$

Diese Folge von Gleichheiten liefert insgesamt

$$ggT_E(a, m') = ggT(a, m').$$ ∎

Mit Hilfe des Euklidischen Algorithmus kann man sehr schnell den größten gemeinsamen Teiler bestimmen. Man kann übrigens zeigen, dass – gemessen an der Größe der Zahlen – die

Berechnung des Euklidischen Algorithmus am aufwändigsten für zwei aufeinanderfolgende Fibonacci-Zahlen ist.

Der größte gemeinsame Teiler von a und b lässt sich als Summe von Vielfachen von a und b beschreiben. Zum Beispiel ist für $a = 116$ und $b = 34$ der größte gemeinsame Teiler $ggT(116, 34) = 2$, und $2 = (-12) \cdot 116 + 41 \cdot 34$. Diese Darstellung von $ggT(a, b)$ wird *Vielfachsummendarstellung* genannt.

Satz 13.3 *Seien a und b positive natürliche Zahlen. Dann gibt es ganze Zahlen p und q mit der Eigenschaft*

$$ggT(a, b) = p \cdot a + q \cdot b.$$

Beweis Seien a und b positive natürliche Zahlen. Wir führen einen Induktionsbeweis über die Anzahl der Anwendungen der obigen Formel ggT_E zur Berechnung des größten gemeinsamen Teilers.

Induktionsbasis: Der größte gemeinsame Teiler $ggT(a, b)$ von a und b lässt sich mit einer Anwendung von ggT_E berechnen. Dann ist $a \bmod b = 0$ und $ggT(a, b) = b$. Also gilt $ggT(a, b) = p \cdot a + q \cdot b$ für $p = 0$ und $q = 1$.

Induktionsvoraussetzung: Die Behauptung gilt für Zahlen a und b, für die sich $ggT(a, b)$ durch k Anwendungen von ggT_E berechnen lässt.

Induktionsschluss: Seien a und b Zahlen, für die sich $ggT(a, b)$ durch $k+1$ Anwendungen von ggT_E berechnen lässt. Also gilt $ggT(a, b) = ggT(b, a \bmod b)$. Da $ggT(b, a \bmod b)$ durch k Anwendungen von ggT_E berechenbar ist, gibt es nach Induktionsvoraussetzung ganze Zahlen p' und q' mit $ggT(b, a \bmod b) = p' \cdot b + q' \cdot (a \bmod b)$. Durch Einsetzen der Definition von mod erhalten wir

$$p' \cdot b + q' \cdot (a \bmod b) = p' \cdot b + q' \cdot \left(a - \left\lfloor \frac{a}{b} \right\rfloor \cdot b\right).$$

Fasst man die Vielfachen von b zusammen, dann ergibt sich

$$p' \cdot b + q' \cdot \left(a - \left\lfloor \frac{a}{b} \right\rfloor \cdot b\right) = q' \cdot a + \left(p' - q' \cdot \left\lfloor \frac{a}{b} \right\rfloor\right) \cdot b.$$

Mit $ggT(a, b) = ggT(b, a \bmod b)$ folgt schließlich

$$ggT(a, b) = p \cdot a + q \cdot b$$

für $p = q'$ und $q = p' - q' \cdot \left\lfloor \frac{a}{b} \right\rfloor$. ∎

Für teilerfremde Zahlen wurde dieser Satz als *Lemma von Bachet* bekannt, da er vom französischen Mathematiker *Claude Gaspar Bachet de Mézirac* (1581–1638) bewiesen wurde. Der oben geführte Beweis des Satzes erlaubt die Bestimmung der gesuchten Werte p und q bei der Berechnung von ggT_E.

Beispiel 13.12 Wir wollen die Vielfachsummendarstellung des größten gemeinsamen Teilers von 116 und 34 bestimmen. Dazu betrachten wir die oben durchgeführte Berechnung $ggT_E(116, 34)$ rückwärts. Die letzte Berechnung darin ist $ggT_E(6, 2) = 2$. Entsprechend der Induktionsbasis folgt $ggT_E(6, 2) = p \cdot 6 + q \cdot 2$ für $p = 0$ und $q = 1$. Der größte gemeinsame Teiler von 14 und 6 berechnet sich durch $ggT_E(14, 6) = ggT_E(6, 2)$. Aus $ggT_E(6, 2) = 0 \cdot 6 + 1 \cdot 2$ folgt entsprechend dem Induktionsschluss mit $p' = 0$ und $q' = 1$, dass

$$ggT_E(14, 6) = q' \cdot 14 + \left(p' - q' \cdot \left\lfloor \tfrac{14}{6} \right\rfloor \right) \cdot 6$$
$$= 1 \cdot 14 + (0 - 1 \cdot 2) \cdot 6$$
$$= 1 \cdot 14 - 2 \cdot 6.$$

Entsprechend folgt

$$ggT_E(34, 14) = -2 \cdot 34 + \left(1 - 2 \cdot \left\lfloor \frac{34}{14} \right\rfloor \right) \cdot 14 = -2 \cdot 34 + 5 \cdot 14$$

und schließlich

$$ggT_E(116, 34) = 5 \cdot 116 + \left(-2 - 5 \cdot \left\lfloor \frac{116}{34} \right\rfloor \right) \cdot 34 = 5 \cdot 116 - 17 \cdot 34. \qquad \Box$$

13.5 Der kleine Satz von Fermat

Wir fragen zunächst, ob sich modulare Addition und Multiplikation invertieren lassen wie die Addition und die Multiplikation auf den ganzen Zahlen. Dort können wir das Ergebnis einer Addition durch eine Subtraktion rückgängig machen, und das der Multiplikation durch eine Division.

Wir betrachten die Funktion $f(n) = n + 5$ auf den ganzen Zahlen. Da es sich um eine bijektive Funktion handelt, existiert auch die inverse Funktion f^{-1} mit $f^{-1}(f(n)) = n$. Offensichtlich ist $f^{-1}(z) = z + (-5)$. Die Addition auf den ganzen Zahlen lässt sich also durch die Addition einer negativen Zahl invertieren. Betrachtet man die Funktion f nun modular z. B. auf $\mathbb{Z}_7$ als $f(n) = (n + 5) \bmod 7$, dann lässt sich auch die inverse Funktion durch eine Addition einer positiven Zahl ausdrücken. Das liegt daran, dass $-5 \equiv 2 \pmod 7$. Also hat modulo 7 die Subtraktion von 5 den gleichen Effekt wie die Addition von 2. Man kann deshalb f^{-1} ebenfalls durch eine Addition ausdrücken: $f^{-1}(z) = (z + 2) \bmod 7$. Es gilt

$$f^{-1}(f(n)) = (((n + 5) \bmod 7) + 2) \bmod 7$$
$$= ((n + 5) + 2) \bmod 7$$
$$= (n + 7) \bmod 7$$
$$= n \ .$$

Die Umkehrfunktion zu $f(n) = (n + a) \bmod m$ ist $f^{-1}(z) = (z + b) \bmod m$, wobei b sich bestimmt durch $a + b \equiv 0 \pmod{m}$. Offensichtlich existiert zu jedem a und m ein solches b.

Betrachten wir nun eine modulare Multiplikationsfunktion, zum Beispiel $f(n) = (n \cdot 5) \bmod 7$. Kann man die zu f inverse Funktion auch als Multiplikationsfunktion ausdrücken? Dazu muss ein b mit $(n \cdot 5) \cdot b \equiv n \pmod{7}$ gefunden werden. Das heißt, für b muss $5 \cdot b \equiv 1 \pmod{7}$ gelten. Für $b = 3$ gilt diese Kongruenz. Also ist die zu f inverse Funktion $f^{-1}(z) = (z \cdot 3) \bmod 7$.

3 heißt *invers zu 5 bezüglich Multiplikation* mod 7, da $5 \cdot 3 \equiv 1 \pmod{7}$.

Definition 13.2 Seien $a, b \in \mathbb{N}$ und $m \in \mathbb{N}^+$. b heißt *invers zu a bezüglich Multiplikation* mod m, falls $n \cdot a \cdot b \equiv n \pmod{m}$ für alle $n \in \mathbb{Z}_m$.

Nicht jede modulare Multiplikationsfunktion besitzt eine inverse Funktion, da sie nicht bijektiv sein muss. Zum Beispiel hat $g(n) = (n \cdot 6) \bmod 8$ keine inverse Funktion. Das liegt daran, dass 6 eine gerade Zahl ist, und jedes Vielfache von 6 modulo 8 ebenfalls gerade ist. Deshalb gibt es kein Vielfaches von 6, das modulo 8 den Wert 1 hat.

Aus Satz 13.3 kann man schließen, dass a ein Inverses bezüglich Multiplikation mod m besitzt, falls $ggT(a, m) = 1$.

Satz 13.4 *Seien a und m teilerfremde natürliche Zahlen. Dann gibt es ein $b \in \mathbb{N}$ mit $a \cdot b \equiv 1 \pmod{m}$.*

Beweis Für teilerfremde a und m gilt $ggT(a, m) = 1$. Also gibt es p und q, so dass $1 = p \cdot a + q \cdot m$. Modular gilt dann

$$1 \equiv p \cdot a + q \cdot m \pmod{m}$$
$$\equiv (p \cdot a) \bmod m + \underbrace{(q \cdot m) \bmod m}_{=0} \pmod{m}$$
$$\equiv p \cdot a \pmod{m}. \qquad \blacksquare$$

Beispiel 13.13 Sei $a = 9$ und $m = 16$. Die beiden Zahlen sind teilerfremd, d. h. $ggT(9, 14) = 1$. Entsprechend Beispiel 13.12 finden wir heraus, dass $1 = -3 \cdot 9 + 2 \cdot 14$. Da $-3 \equiv 11 \pmod{14}$, folgt aus dem Beweis von Satz 13.4, dass $1 \equiv 11 \cdot 9 \pmod{14}$.

n	0	1	2	3	4	5	6	7	8	9	10
n^7	0	1	128	2187	16384	78125	279936	823543	2097152	4782969	10000000
$n^7 \bmod 11$	0	1	7	9	5	3	8	6	2	4	10
$\left(n^7\right)^3$	0	1	8	27	64	125	216	343	512	729	1000
$\left(n^7\right)^3 \bmod 11$	0	1	2	3	4	5	6	7	8	9	10

Abb. 13.4 Darstellung von $f(n) = n^7 \bmod 11$ und deren Inverse $f^{-1}(z) = z^3 \bmod 11$

Das Inverse zu 9 bezüglich Multiplikation mod 14 ist also 11. Für die Funktion $f(n) = (n \cdot 9) \bmod 14$ ist also $f^{-1}(z) = (z \cdot 11) \bmod 14$ die inverse Funktion. $\qquad \square$

Wenn m eine Primzahl ist, dann besitzt jedes $a \in \mathbb{Z}_m^+$ ein Inverses bezüglich Multiplikation mod m. Deshalb besitzt jede Funktion $f(n) = (n \cdot a) \bmod m$ eine inverse Funktion.

Kommen wir nun zur nächstschwierigen arithmetischen Operation – der Potenzierung. Betrachten wir die Funktion $f(n) = (n^5) \bmod 7$. Besitzt diese Funktion ein Inverses? Kann das ebenfalls durch Potenzierung entstehen?

Definition 13.3 Seien a, b und m ganze Zahlen. b heißt *invers zu a bezüglich Potenzierung* mod m, falls $\left(n^a\right)^b \equiv n \pmod{m}$ für alle $n \in \mathbb{Z}_m$.

Beispiel 13.14

(1) Sei $a = 7$ und $m = 11$. Dann ist $b = 3$ invers zu 7 bezüglich Potenzierung mod 11. Abb. 13.4 zeigt, wie sich n^7 und $\left(n^7\right)^3$ berechnen. Dort sieht man auch, dass $\{n^7 \bmod 11 \mid n \in \mathbb{Z}_{11}\} = \mathbb{Z}_{11}$. Das zeigt, dass $n^7 \bmod 11$ eine injektive Funktion ist.
(2) Für $a = 6$ gibt es kein Inverses bezüglich Potenzierung mod 11, da die Funktion $f(n) = n^6 \bmod 11$ nicht injektiv ist. Es gilt z. B. $f(5) = f(6) = 5$. $\qquad \square$

Die folgende Eigenschaft der Potenzierung wurde von Pierre de Fermat (1607–1665) entdeckt und ist als *kleiner Satz von Fermat* bekannt. Sie bildet die Grundlage zur Ermittlung von Potenzierungsfunktionen mit Inversen.

Satz 13.5 *Für jede Primzahl p und jede Zahl $n \in \mathbb{Z}_p^+$ gilt*

$$n^{p-1} \equiv 1 \pmod{p}.$$

Beweis Wir betrachten das Produkt $n \cdot (2 \cdot n) \cdot (3 \cdot n) \cdot \ldots \cdot ((p-1) \cdot n)$ aller Elemente von $\{i \cdot n \bmod p \mid i \in \mathbb{Z}_p^+\}$. Aus Lemma 13.8 folgt

$$\underbrace{n \cdot (2 \cdot n) \cdot (3 \cdot n) \cdot \ldots \cdot ((p-1) \cdot n)}_{\text{Produkt aller Elemente von } \{i \cdot n \bmod p \mid i \in \mathbb{Z}_p^+\}} \equiv \underbrace{1 \cdot 2 \cdot 3 \cdot \ldots \cdot (p-1)}_{\text{Produkt aller Elemente von } \mathbb{Z}_p^+} (\bmod\, p).$$

Durch Umformen der linken Seite ergibt sich

$$1 \cdot 2 \cdot 3 \cdot \ldots \cdot (p-1) \cdot n^{p-1} \equiv 1 \cdot 2 \cdot 3 \cdot \ldots \cdot (p-1) \quad (\bmod\, p).$$

Da p teilerfremd zu allen Elementen von $\mathbb{Z}_p^+$ ist, ist p ebenfalls teilerfremd zu dem Produkt $1 \cdot 2 \cdot 3 \cdot \ldots \cdot (p-1)$ aller Elemente von $\mathbb{Z}_p^+$. Mit Lemma 13.6 kann dieses Produkt von beiden Seiten der Kongruenz entfernt werden, und damit erhält man

$$n^{p-1} \equiv 1 \quad (\bmod\, p). \qquad \blacksquare$$

Durch Multiplikation beider Seiten der Äquivalenz mit n ergibt sich die folgende Äquivalenz, die offensichtlich auch für $n = 0$ gilt.

Korollar 13.4 *Für jede Primzahl p und jede Zahl $n \in \mathbb{Z}_p$ gilt $n^p \equiv n$ (mod p).*

Da $n = n^1$, sind p und 1 im Exponenten also gleichbedeutend. Es gilt $p \equiv 1 \pmod{p-1}$. In der Tat lässt sich das Korollar zu folgender Aussage verallgemeinern: wenn man modulo einer Primzahl p rechnet, kann im Exponenten modulo $p - 1$ gerechnet werden.

Korollar 13.5 *Für jede Primzahl p, jede Zahl $n \in \mathbb{Z}_p$ und jedes $m \in \mathbb{N}$ gilt $n^m \equiv n^{m \bmod (p-1)}$ (mod p).*

Beweis Sei p eine Primzahl und $n \in \mathbb{Z}_p^+$, und sei m eine beliebige natürliche Zahl. Dann gibt es eine natürliche Zahl k mit $m = k \cdot (p-1) + (m \bmod (p-1))$. Mit Satz 13.5 folgt dann

$$n^m = n^{k \cdot (p-1) + (m \bmod p-1)}$$

$$= \underbrace{n^{p-1} \cdot \ldots \cdot n^{p-1}}_{k\text{-mal}} \cdot n^{m \bmod (p-1)}$$

$$\equiv n^{m \bmod (p-1)} \quad (\bmod\, p) \ . \qquad \blacksquare$$

Zu einer Funktion $f(n) = n^a \bmod p$ lässt sich damit unter folgenden Bedingungen die inverse Funktion finden: (1) p muss eine Primzahl sein, und (2) a und $p - 1$ müssen teilerfremd sein. Aus (2) folgt, dass es ein Inverses zu a bezüglich Multiplikation mod $p - 1$ gibt. Sei b dieses Inverse. Dann gilt $a \cdot b \equiv 1 \pmod{p-1}$. Damit folgt

$$(n^a)^b = n^{a \cdot b}$$
$$\equiv n^{a \cdot b \bmod (p-1)} \pmod{p}$$
$$\equiv n \pmod{p}$$

für alle $n \in \mathbb{Z}_p$.

Beispiel 13.15 In Beispiel 13.14(1) war $a = 7$ und $p = 11$. Also ist p eine Primzahl, und a ist teilerfremd mit $p - 1 = 10$. Nun kann das Inverse zu a bezüglich Multiplikation mod $p - 1$ bestimmt werden. Da $1 = 3 \cdot 7 - 2 \cdot 10$, gilt $3 \cdot 7 \equiv 1 \pmod{10}$. Also ist 3 invers zu 7 bezüglich Multiplikation mod 10. Folglich gilt

$$(n^7)^3 \equiv n \pmod{11}$$

für alle $n \in \mathbb{Z}_{11}$. $\qquad\qquad\qquad\qquad\qquad\qquad\qquad\qquad\qquad\qquad$ □

Wir fassen diese Überlegungen zum folgenden Korollar zusammen.

Korollar 13.6 *Sei p eine Primzahl und a teilerfremd zu p − 1. Dann gibt es eine natürliche Zahl b, so dass für alle $n \in \mathbb{Z}_p$ gilt:*

$$(n^a)^b \equiv n \pmod{p} .$$

13.6 Verschlüsselung mit dem kleinen Satz von Fermat

Ein Sender (traditionell *Alice* genannt) will eine Nachricht an einen Empfänger (*Bob*) über eine Datenleitung schicken. Im folgenden Beispiel schickt Alice die Nachricht „ICH SCHWÄNZE DIE VORLESUNG" an Bob. Da Alice die Nachricht im Klartext durch die Datenleitung schickt, kann potenziell jeder diese Nachricht sehen und verstehen, während sie übertragen wird.

Damit nur Bob die Nachricht verstehen kann, wollen Alice und Bob ihre Nachrichten verschlüsseln. Dazu vereinbaren sie, die Buchstaben der Nachrichten gemäß der folgenden *Verschlüsselungstabelle* miteinander zu vertauschen. Die Tabelle enthält für jeden Buchstaben und das Leerzeichen eine *Chiffre*, die wiederum ein Buchstabe oder das Leerzeichen ist.

Buchstabe	A	B	C	D	E	F	G	H	I	J	K	L	M	N	O	P	Q	R	S	T	U	V	W	X	Y	Z	Ä	
Chiffre	D	Z	W	X	Q	A	Ä	K	U	I	V	C	B	Y	F	H	G	E	P	R	S	J	M	N	L		T	O

Alice ersetzt nun jeden Buchstaben des Klartextes durch seine in der Verschlüsselungstabelle stehende Chiffre. Der Klartext

ICH SCHWÄNZE DIE VORLESUNG

wird dann verschlüsselt zu

UWK0PWKMTY QOXIQOJFECQPSYÄ.

Diese verschlüsselte Nachricht wird nun an Bob übertragen.

Bob entschlüsselt die Nachricht genau umgekehrt: er ersetzt jede Chiffre der verschlüsselten Nachricht durch den in der Verschlüsselungstabelle stehenden zugehörigen Buchstaben.

Die prinzipielle Art dieser Verschlüsselung heißt *Blockchiffre*. Die zu verschlüsselnden Daten – der Klartext – werden in Blöcke gleicher Länge (z. B. Buchstaben und Leerzeichen) aufgeteilt, die dann blockweise chiffriert werden. Das hat den Vorteil, dass zum Beispiel Texte beliebiger Länge verschlüsselt werden können. Die Größe der Blöcke kann beliebig gewählt werden. Im obigen Beispiel hätten wir statt Blöcken aus jeweils einem Buchstaben auch eine Verschlüsselungstabelle für Blöcke aus jeweils zwei Buchstaben benutzen können.

Im Computer werden beliebige Zeichen des Alphabets durch Folgen von 0en und 1en („Bits und Bytes") dargestellt. Diese Folgen kann man als Zahlen interpretieren. Eine Verschlüsselungstabelle stellt dann nichts anderes als eine bijektive Funktion mit gleichem Definitions- und Wertebereich dar. Die Verschlüsselungstabelle von oben zur Verschlüsselung von 28 verschiedenen Zeichen ergibt so eine Funktion f mit Definitions- und Wertebereich $\mathbb{Z}_{28} = \{0, 1, 2, \ldots, 27\}$ wie folgt.

n	0	1	2	3	4	5	6	7	8	9	10	11	12	13	14
$f(n)$	3	25	22	23	16	0	26	10	20	8	21	2	1	24	5

	15	16	17	18	19	20	21	22	23	24	25	26	27
	7	6	4	15	17	18	9	12	13	11	27	19	14

Eine Nachricht ist dementsprechend eine Folge von Zahlen $n_1, \ldots, n_k$. Damit Alice verschlüsselte Nachrichten an Bob senden kann, muss Alice eine Verschlüsselungsfunktion besitzen, und Bob muss das Inverse der Verschlüsselungsfunktion besitzen – die dazugehörige Entschlüsselungsfunktion. Das Ziel ist es, die Verschlüsselungsfunktion so zu wählen, dass die folgenden Bedingungen erfüllt sind.

1. Kein Unbefugter kann die verschlüsselte Nachricht entschlüsseln. Eine solche Verschlüsselungsfunktion heißt *sicher*.
2. Die Ver- und die Entschlüsselungsfunktion müssen schnell auszurechnen sein.
3. Es darf nicht schwierig sein, eine Verschlüsselungsfunktion und die dazugehörige Entschlüsselungsfunktion zu finden.

Letztlich wird Ver- und Entschlüsselung durch bijektive Funktionen auf $\mathbb{Z}_k = \{0, 1, 2, 3, \ldots, k - 1\}$ ausgedrückt. Die mathematische Beschreibung von Verschlüsselungen hat den Vorteil, dass Sicherheit, schnelle Berechenbarkeit usw. genau untersucht werden können. Bemerkenswerterweise wurde die mathematische Theorie, die vielen modernen Verschlüsselungstechniken zugrunde liegt, zu weiten Teilen bereits vor Jahrhunderten entwickelt – also zu Zeiten, in denen man ihre Anwendungen auf Computern nicht einmal erahnen konnte. Die Grundlagen stammen wie bereits gesehen u. a. von Euklid (etwa 300 v. Chr.) aus dem antiken Griechenland, oder aus China (um 300), und darauf aufbauend von Fermat (um 1650) und Euler (um 1750) aus Europa. Wichtige Betrachtungen zur Sicherheit von Verschlüsselungsfunktionen stammen aus dem Computerzeitalter.

Zur Konstruktion einer Verschlüsselungsfunktion, die eine bijektive Funktion mit Definitions- und Wertebereich $\mathbb{Z}_k$ ist, bietet sich die modulare Arithmetik an. Funktionen aus Additionen und Multiplikationen sind aber keine gute Wahl, da sich damit verschlüsselte Nachrichten auch ohne Kenntnis der Ver- und Entschlüsselungsfunktion durch statistische Analysen leicht entschlüsseln lassen. Mittels modularer Potenzierung erhält man jedoch sichere Verschlüsselungsfunktionen.

Eine Verschlüsselungsfunktion durch Potenzierung kann entsprechend Korollar 13.6, das auf dem kleinen Satz von Fermat (Satz 13.5) basiert, wie folgt konstruiert werden.

1. Wähle eine Primzahl $p > 2$ und eine Zahl $a \in \mathbb{Z}_p^+$, die teilerfremd zu $p - 1$ ist. Die Verschlüsselungsfunktion ist dann die Funktion $v : \mathbb{Z}_p \to \mathbb{Z}_p$ mit

$$v(n) = n^a \bmod p\,.$$

2. Da a und $p - 1$ teilerfremd sind, gibt es laut Korollar 13.6 ein b mit $\left(n^a\right)^b \equiv n \pmod{p}$. Dieses b ist nun der Exponent der Entschlüsselungsfunktion $e : \mathbb{Z}_p \to \mathbb{Z}_p$ mit

$$e(n) = n^b \bmod p\,.$$

Nun gilt für alle $n \in \mathbb{Z}_p$

$$e(v(n)) = (n^a \bmod p)^b \bmod p$$
$$= (n^a)^b \bmod p$$
$$= n \bmod p \ .$$

Damit Alice und Bob sich verschlüsselte Nachrichten zuschicken können, kann Bob p, a und b mit Eigenschaften wie im obigen Beispiel wählen. Nun teilt er Alice die Werte p und a mit. Nachrichten an Bob verschlüsselt Alice mit der Verschlüsselungsfunktion $v(x) = x^a \bmod p$. Bob entschlüsselt die Nachrichten von Alice mit der Entschlüsselungsfunktion $e(y) = y^b \bmod p$. Für kleine Primzahlen p kann mit Computerhilfe eine solche Verschlüsselung ohne Kenntnis der Verschlüsselungsfunktion entschlüsselt werden. Man kennt bis heute kein schnelles allgemeines Rechenverfahren, das ohne Kenntnis von a und p (oder von b und p) erlaubt, von Alice verschlüsselte Nachrichten zu entschlüsseln.

Beispiel 13.16 *Bestimmung von Ver- und Entschlüsselungsfunktion.* Es soll eine Folge von Zahlen aus $\{0, 1, 2, \ldots, 31\}$ übermittelt werden. Um diese Zahlen zu verschlüsseln, muss eine Primzahl ≥ 32 gewählt werden. Wir wählen $p = 47$. Dann ist $p - 1 = 46$, und $a = 15$ ist teilerfremd zu $p - 1$. Damit haben wir die Verschlüsselungsfunktion

$$v(n) = n^{15} \bmod 47 \ .$$

Um die Entschlüsselungsfunktion zu bestimmen, müssen wir das Inverse zu 15 bezüglich Multiplikation mod 46 bestimmen. Mit dem Algorithmus von Euklid erhalten wir $b = 43$. Damit haben wir die Entschlüsselungsfunktion

$$e(n) = n^{43} \bmod 47 \ . \qquad \qquad \square$$

Nun wollen wir die Zahl 27 verschlüsseln – also $v(27) = 27^{15} \bmod 47$ berechnen. Um nicht 15 Multiplikationen durchführen zu müssen, benutzen wir einen Rechentrick zum schnellen Potenzieren. Zum Beispiel gilt

$$3^8 = 3^{2 \cdot 4} = \left(3^2\right)^4 = \left(\left(3^2\right)^2\right)^2 \ .$$

Statt achtmal 3 zu multiplizieren, kommen wir also mit drei Quadrierungen aus. Beim modularen Rechnen kann nach jeder Quadrierung reduziert werden. Also lässt sich zum Beispiel $3^8 \bmod 11$ wie folgt berechnen.

$$3^8 \bmod 11 = \left(\left(3^2\right)^2\right)^2 \bmod 11 = \left(9^2\right)^2 \bmod 11 = 4^2 \bmod 11 = 5$$

Ausschließlich mit Quadrierungen kommt man nur aus, wenn der Exponent eine Potenz von 2 ist. Im allgemeinen Fall – also für beliebige Exponenten – kann man die Darstellung des Exponenten als binärer Term benutzen (siehe Definition 7.4 und Satz 7.12). Zum Beispiel ist die Darstellung von 10 als binärer Term

$$10 = 2 \cdot (2 \cdot (2 \cdot (2 \cdot 0 + 1) + 0) + 1) + 0 \,.$$

Damit gilt

$$
\begin{aligned}
n^{10} &= n^{2 \cdot (2 \cdot (2 \cdot (2 \cdot 0 + 1) + 0) + 1) + 0} \\
&= \left(n^2\right)^{2 \cdot (2 \cdot (2 \cdot 0 + 1) + 0) + 1} \\
&= \left(n^2\right)^{2 \cdot (2 \cdot (2 \cdot 0 + 1) + 0)} \cdot n^2 \\
&= \left(\left(n^2\right)^2\right)^{2 \cdot (2 \cdot 0 + 1)} \cdot n^2 \\
&= \left(\left(\left(n^2\right)^2\right)^2\right)^{(2 \cdot 0 + 1)} \cdot n^2 \\
&= \left(\left(n^2\right)^2\right)^2 \cdot n^2 \,.
\end{aligned}
$$

Diese Darstellung einer Potenz als Produkt von Quadraten erhält man sehr schnell aus der Binärdarstellung einer Zahl. Die Binärdarstellung von 10 ist $b_3 b_2 b_1 b_0 = 1010$. Jede 1 in der Binärdarstellung liefert einen Faktor. Die Anzahl der Quadrate, die ineinander geschachtelt werden, hängt von der Stelle in der Binärdarstellung ab, an der die 1 steht. Aus $b_3 = 1$ folgt der Faktor mit 3 geschachtelten Quadraten

$$\left(\left(n^2\right)^2\right)^2 \,.$$

Aus $b_1 = 1$ folgt der Faktor mit einem Quadrat

$$n^2 \,.$$

Damit haben wir alle Faktoren für die Darstellung von n^{10}.

Beispiele 13.17

(1) *Berechnung von* $v(27) = 27^{15} \bmod 47$. Die Binärdarstellung von 15 ist

$$b_3 b_2 b_1 b_0 = 1111 \,.$$

Daraus ergibt sich

$$n^{15} = \underbrace{\left(\left(n^2\right)^2\right)^2}_{b_3=1} \cdot \underbrace{\left(n^2\right)^2}_{b_2=1} \cdot \underbrace{n^2}_{b_1=1} \cdot \underbrace{n}_{b_0=1} \,.$$

Dieser Ausdruck enthält die Quadrate n^2 und $\left(n^2\right)^2$ mehrfach. Um ihn möglichst schnell auszurechnen, geht man am besten von rechts nach links vor. Dabei muss man jedes

Quadrat nur einmal ausrechnen und kann es in den verschiedenen Vorkommen im Term einsetzen.

$$27^{15} \bmod 47 = \left(\left(27^2 \right)^2 \right)^2 \cdot \left(27^2 \right)^2 \cdot 27^2 \cdot 27 \quad \bmod 47$$

$$= \left(24^2 \right)^2 \cdot 24^2 \cdot 24 \cdot 27 \quad \bmod 47$$

$$= 12^2 \cdot 12 \cdot 24 \cdot 27 \quad \bmod 47$$

$$= 3 \cdot 12 \cdot 24 \cdot 27 \quad \bmod 47$$

$$= 3 \cdot 12 \cdot 37 \quad \bmod 47$$

$$= 3 \cdot 21 \quad \bmod 47$$

$$= 16$$

Also ist $v(27) = 16$.

(2) *Berechnung von* $e(16) = 16^{43} \bmod 47$. Nun wollen wir die 16 wieder entschlüsseln. Die Entschlüsselungsfunktion ist $e(n) = n^{43} \bmod 47$. Die Binärdarstellung von 43 ist

$$b_5 b_4 b_3 b_2 b_1 b_0 = 101011 \,.$$

Daraus ergibt sich der folgende Ausdruck zum Berechnen von n^{43}.

$$n^{43} = \underbrace{\left(\left(\left((n^2)^2 \right)^2 \right)^2 \right)^2}_{b_5=1} \cdot \underbrace{\left((n^2)^2 \right)^2}_{b_3=1} \cdot \underbrace{n^2}_{b_1=1} \cdot \underbrace{n}_{b_0=1} \,.$$

Auf diese Weise berechnen wir nun $e(16) = 16^{43} \bmod 47$.

$$16^{43} \bmod 47 = \left(\left(\left(\left(16^2 \right)^2 \right)^2 \right)^2 \right)^2 \cdot \left(\left(16^2 \right)^2 \right)^2 \cdot 16^2 \cdot 16 \quad \bmod 47$$

$$= \left(\left(\left(21^2 \right)^2 \right)^2 \right)^2 \cdot \left(21^2 \right)^2 \cdot 21 \cdot 16 \quad \bmod 47$$

$$= \left(\left(18^2 \right)^2 \right)^2 \cdot 18^2 \cdot 21 \cdot 16 \quad \bmod 47$$

$$= \left(42^2 \right)^2 \cdot 42 \cdot 21 \cdot 16 \quad \bmod 47$$

$$= 25^2 \cdot 42 \cdot 21 \cdot 16 \quad \bmod 47$$

$$= 14 \cdot 42 \cdot 21 \cdot 16 \quad \bmod 47$$

$$= 14 \cdot 42 \cdot 7 \quad \bmod 47$$

$$= 14 \cdot 12 \quad \bmod 47$$

$$= 27$$

Wenn Alice die Nachricht

$$27, \ 28, \ 29, \ 30, \ 25, \ 18$$

an Bob übermitteln will, dann wendet sie auf jede der Zahlen die Verschlüsselungsfunktion v an und schickt die damit erhaltene Folge

$$16, \ 8, \ 10, \ 35, \ 36, \ 37$$

an Bob. Bob wendet dann auf jede der Zahlen seine Entschlüsselungsfunktion e an und bekommt damit wieder die eigentliche Nachricht von Alice heraus.

13.7 Das RSA-Verfahren

Das praktische Problem bei dieser Art der Verschlüsselung ist die Übermittlung der Verschlüsselungsfunktion. In unserem Beispiel bestimmt Bob die Parameter p, a und b, und schickt die Verschlüsselungsfunktion – also p und a – an Alice. Da davon ausgegangen werden muss, dass die Kommunikation zwischen Alice und Bob abgehört wird (sonst wäre Verschlüsselung ja überflüssig), muss Bob einen anderen und abhörsicheren Weg wählen, um die Verschlüsselungsfunktion an Alice zu übermitteln. Denn wer die Parameter a und p der Verschlüsselungsfunktion kennt, kann leicht die Entschlüsselungsfunktion – d. h. deren Parameter b und p – bestimmen.

Eine geniale Erweiterung des obigen Verfahrens erlaubt sichere Verschlüsselung, auch wenn die Verschlüsselungsfunktion öffentlich bekannt ist – man spricht hier von *Public-Key-Cryptography*. Anstelle nur *einer* Primzahl, modular zu der gerechnet wird, nimmt man das Produkt von zwei Primzahlen. Kennt man beide Primzahlen, dann ist das Bestimmen der Entschlüsselungsfunktion einfach. Kennt man jedoch nur das Produkt, dann ist bis heute keine Methode bekannt, mit der man schnell die Entschlüsselungsfunktion bestimmen kann. Mathematisch beruht das Verfahren auf einer Erweiterung des kleinen Satzes von Fermat, die von Leonard Euler (1707–1783) bewiesen wurde.

Satz 13.6 *Seien p und q zwei Primzahlen, und a sei eine zu $(p-1) \cdot (q-1)$ teilerfremde Zahl. Dann gibt es eine Zahl b mit $a \cdot b \equiv 1 \ (mod \ (p-1) \cdot (q-1))$, so dass für alle $n \in \mathbb{Z}_{p \cdot q}$ gilt:*

$$\left(n^a\right)^b \equiv n \ (mod \ p \cdot q) \ .$$

Auf diesem Satz basiert das RSA-Verfahren von Ronald Rivest, Adi Shamir und Leonard Adleman aus dem Jahr 1977. Es ist eines der ganz großen Ergebnisse der Informatik. Die drei Wissenschaftler erhielten dafür im Jahr 2002 den Turing-Award, der als Nobelpreis für Informatik angesehen wird.

1. Bob wählt zwei Primzahlen p und q, berechnet $m = p \cdot q$, sowie $k = (p - 1) \cdot (q - 1)$ und wählt eine zu k teilerfremde Zahl a. Schließlich berechnet Bob eine Zahl b mit $a \cdot b \equiv 1 \pmod{(p - 1) \cdot (q - 1)}$.
2. Bob schickt m und a an Alice.
3. Alice verschlüsselt Nachrichten an Bob mit der Verschlüsselungsfunktion $v(n) = n^a \bmod m$.
4. Bob entschlüsselt Nachrichten von Alice mit der Entschlüsselungsfunktion $e(n) = n^b \bmod m$.

Hier kann Bob die Verschlüsselungsfunktion – d. h. die Parameter m und a – unbesorgt auf einer abhörbaren Leitung an Alice schicken. Bis heute ist kein schnelles Verfahren bekannt, das aus m und a den für die Entschlüsselungsfunktion nötigen Parameter b schnell berechnet.

Beispiel 13.18 Alice und Bob wollen sich Nachrichten als Folgen von Zahlen aus $\{0, 1, 2, \ldots, 127\}$ schicken. Bob bestimmt die Ver- und die Entschlüsselungsfunktion. Er muss also zwei Primzahlen p und q wählen, so dass $p \cdot q \geq 128$. Bob wählt $p = 37$ und $q = 5$. Er berechnet $m = p \cdot q = 185$ und $k = (p - 1) \cdot (q - 1) = 144$. Die Zahl $a = 65$ ist teilerfremd zu 144. Das Inverse zu 65 bezüglich Multiplikation mod 144 ist 113.
  Die Verschlüsselungsfunktion ist

$$v(n) = n^{65} \bmod 185$$

und die Entschlüsselungsfunktion ist

$$e(n) = n^{113} \bmod 185 \ .$$

Bob schickt die Parameter $a = 65$ und $m = 185$ an Alice. Damit ist Alice in der Lage, Nachrichten an Bob zu verschlüsseln. $\qquad\qquad\square$

Man kennt bis heute kein schnelles allgemeines Rechenverfahren, das ohne Kenntnis von a, p und q erlaubt, von Alice verschlüsselte Nachrichten zu entschlüsseln. Je schneller die Computer werden, desto größere Primzahlen muss man zum praktisch sicheren Verschlüsseln nehmen. Heutzutage benutzt man dazu Primzahlen mit etwa 200 Dezimalstellen. Das Finden solcher Primzahlen und die Bestimmung der übrigen Parameter der Ver- und Entschlüsselungsfunktionen geht recht schnell.

Das Besondere an dem RSA-Verfahren – die Public-Key-Eigenschaft – liegt darin, dass Bob die Verschlüsselungsfunktion in einem „Telefonbuch" veröffentlichen kann, so dass jeder sie zum Verschlüsseln von Nachrichten an Bob benutzen kann. Da nur Bob die Entschlüsselungsfunktion kennt und niemand sie herleiten kann, ist Bob der einzige, der an ihn gesendete verschlüsselte Nachrichten auch entschlüsseln kann.

Literatur

Boole'sche Algebra:

G. Birkhoff, T.C. Bartee *Angewandte Algebra*. R.Oldenbourg Verlag, 1973.
F.M. Brown *Boolean reasoning*. Kluwer Academic Publishers, 1990.
Ch. Meinel, Th. Theobald *Algorithmen und Datenstrukturen im VLSI-Design*. Springer-Verlag, 1998.
E. Mendelson *Boole'sche Algebra und logische Schaltungen*. McGraw-Hill, 1982.

Graphen:

B. Bollobás *Extremal graph theory*. Academic Press, 1978.
N. Christofides *Graph theory: an algorithmic approach*. Academic Press, 1975.
F. Harary *Graph theory*. Addison-Wesley, 1969.
S.O. Krumke, H. Noltemeier *Graphentheoretische Konzepte und Algorithmen*. Teubner Verlag, 2005.
D.B. West *Introduction to graph theory*. Prentice Hall, 1996.

Logik:

D. Gries, F.B. Schneider *A logical approach to discrete math*. Springer-Verlag, 1993.
M. Fitting *First-order logic and automated theorem proving*. Springer-Verlag, 1996.
E. Mendelson *Introduction to mathematical logic*. Wadsworth, 1987.
A. Nerode, R.A. Shore *Logic for applications*. Springer-Verlag, 1993.
U. Schöning *Logik für Informatiker*. Spektrum Akademischer Verlag; Bibliographisches Institut, 5. Auflage, 2000.

Modulare Arithmetik:

A. Bartholomé, J. Rung, H. Kern *Zahlentheorie für Einsteiger*. Vieweg, 1995.
J. Ziegenbalg *Elementare Zahlentheorie*. Verlag Harri Deutsch, 2002.
K.H. Rosen *Elementary number theory and its applications*. Addison-Wesley, 1993.
P. Bundschuh *Einführung in die Zahlentheorie*. Springer-Verlag, 2002.

Symbolverzeichnis

$\mathbb{N}$	natürliche Zahlen
$\mathbb{N}^+$	positive natürliche Zahlen
$\mathbb{Q}$	rationale Zahlen
$\mathbb{R}$	reelle Zahlen
$\mathbb{Z}$	ganze Zahlen
$\mathbb{Z}_k$	$= \{0, 1, 2, \ldots, k-1\}$
$\mathbb{Z}_p^+$	$= \{1, 2, \ldots, p-1\}$
$=$	Gleichheit
$\neq$	Ungleichheit
$\lceil \frac{a}{b} \rceil$	kleinste ganze Zahl $\leq \frac{a}{b}$ (obere Gaußklammer)
$\lfloor \frac{a}{b} \rfloor$	größte ganze Zahl $\leq \frac{a}{b}$ (untere Gaußklammer)
f	Wahrheitswert ‚falsch‘
w	Wahrheitswert ‚wahr‘
$\wedge$	logische Konjuktion
$\vee$	logische Disjunktion
$\neg$	logische Negation
$\rightarrow$	logische Implikation
$\leftrightarrow$	logische Äquivalenz
$\equiv$	Formeläquivalenz
$\exists$	Existenzquantor
$\forall$	Allquantor
$x \in A$	x ist Element der Menge A
$x \notin A$	x ist kein Element von A
$\sharp M$	Mächtigkeit der Menge M
$|M|$	Mächtigkeit der Menge M
$|w|$	Länge des Wortes w
$\overline{M}$	Komplementärmenge der Menge M
$\emptyset$	leere Menge
$A \subseteq B$	A ist Teilmenge von B
$A \subset B$	A ist echte Teilmenge von B

$A \nsubseteq B$	A ist keine Teilmenge von B
$A \supseteq B$	A ist Obermenge von B
$A \supset B$	A ist echte Obermenge von B
$A \nsupseteq B$	A ist keine Obermenge von B
$\mathcal{P}(M)$	Potenzmenge von M
$A \cup B$	Vereinigung der Mengen A und B
$\bigcup \mathcal{F}$	Vereinigung aller Mengen der Mengenfamilie $\mathcal{F}$
$A \cap B$	Durchschnitt der Mengen A und B
$\bigcap \mathcal{F}$	Durchschnitt aller Mengen der Mengenfamilie $\mathcal{F}$
$A - B$	Differenz der Mengen A und B
$A \times B$	Produkt der Mengen A und B
(a, b)	geordnetes Paar aus a und b
M^t	t-faches Produkt von M
M^*	Vereinigung aller i-fachen Produkte von M (für alle i)
■	Beweisende
Δ_A	Identitätsrelation über der Menge A
$a \mid b$	a ist Teiler von b (Teilbarkeitsrelation)
$a \nmid b$	a ist kein Teiler von b (Komplement der Teilbarkeitsrelation)
R^{-1}	inverse Relation zu R
$A \otimes B$	inneres Produkt der Relationen A und B
$A \circ B$	Komposition der Relationen A und B
$\sim_R$	Schreibweise für Äquivalenzrelation R
$\sim$	vereinfachte Schreibweise für Äquivalenzrelation R
$[a]_\sim$	Äquivalenzklasse, zu der a gehört, bzgl. der Äquivalenzrelation $\sim$
$A/\sim$	Zerlegung von A bzgl. der Äquivalenzrelation $\sim$ (Quotientenmenge)
R_m	Menge der Restklassen mod m
$f : A \to B$	Abbildung $f \subseteq A \times B$
$f(a)$	Bild von a bei f
$f : a \mapsto b$	Zuordnung von a zu Bild b einer Abbildung f
id_A	identische Abbildung auf der Menge A
$|w|$	Länge des Wortes w
$\left[\begin{smallmatrix} n \\ k \end{smallmatrix}\right]$	Anzahl von k-Permutationen einer n-elementigen Menge
$n!$	Fakultätsfunktion
$\binom{n}{k}$	Anzahl von k-elementigen Teilmengen einer n-elementigen Menge
Prob	Wahrscheinlichkeitsverteilung
$E[X]$	Erwartungswert der Zufallsvariable X
$Var[X]$	Varianz der Zufallsvariable X
$\mathbb{B}$	Menge der Boole'schen Konstanten $\{0, 1\}$
$\overline{\alpha}$	Boole'sches Komplement von α
$\alpha + \beta$	Boole'sche Summe von α und β
$\alpha \cdot \beta$	Boole'sches Produkt von α und β
$G = (V, E)$	Graph G mit Knotenmenge V und Kantenmenge E
K_n	vollständiger Graph mit n Knoten

$K_{n,m}$	vollständiger bipartiter Graph mit Bipartition aus n und m Knoten
$G[V']$	durch Knotenmenge V' induzierter Teilgraph von G
$V = U \bowtie W$	Menge V besitzt eine disjunkte Zerlegung in U und W
$G \cup G'$	Vereinigung der Graphen G und G'
$G \cap G'$	Durchschnitt der Graphen G und G'
$\overline{G}$	Komplement des Graphen G
$deg(v)$	Grad eines Knotens
$indeg(v)$	Eingrad eines Knotens
$outdeg(v)$	Ausgrad eines Knotens
A_G	Adjazenzmatrix des Graphen G
$\mathcal{A}$	Belegung
DNF	disjunktive Normalform
$\square$	leere Klausel
KNF	konjunktive Normalform
2KNF	Formel in KNF mit Klauseln aus höchstens 2 Literalen
$T(n)$	Menge aller Teiler von n
$\lfloor \frac{a}{b} \rfloor$	ganzzahlige Division von a durch b
$a \bmod b$	der Rest bei der ganzzahligen Division von a durch b
$a \equiv b \ (\bmod\ m)$	Kongruenz von a und b, modulo m
R_m	Restklassen modulo m
$ggT(a, b)$	der größte gemeinsame Teiler von a und b

Printed in the United States
by Baker & Taylor Publisher Services